U0259089

统计信号处理

频率估计

〔印〕斯瓦加塔·南迪（Swagata Nandi）
〔印〕德巴西斯·昆都（Debasis Kundu） 著

华小强 程永强 译

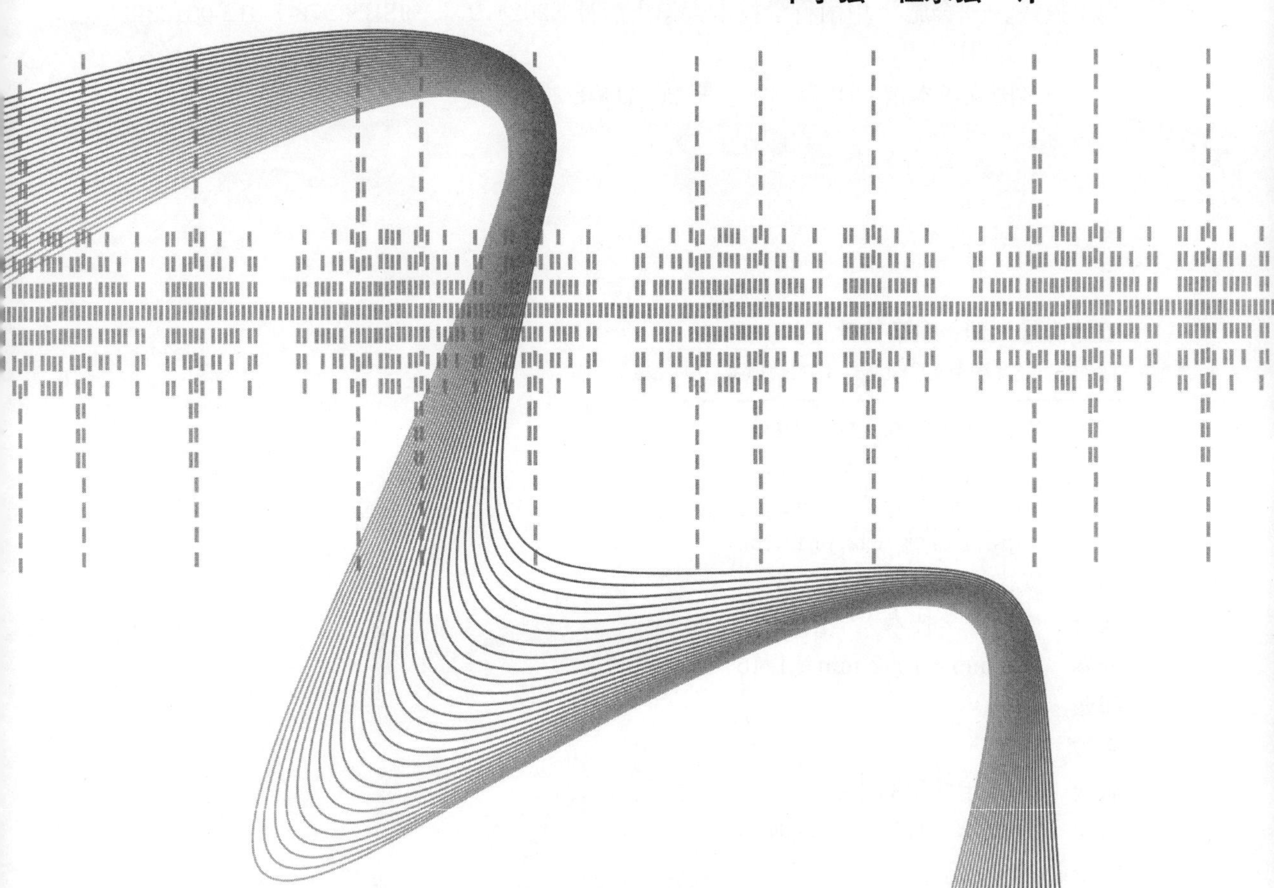

中国科学技术大学出版社

安徽省版权局著作权合同登记号：第 12242165 号

图书在版编目(CIP)数据

统计信号处理 ：频率估计 / (印)斯瓦加塔·南迪，(印)德巴西斯·昆都著 ；华小强，程永强译. -- 合肥 ：中国科学技术大学出版社，2024.9. -- ISBN 978-7-312-06123-3

Ⅰ. TN911.72

中国国家版本馆 CIP 数据核字第 2024JX0920 号

统计信号处理：频率估计
TONGJI XINHAO CHULI：PINLÜ GUJI

出版 中国科学技术大学出版社
安徽省合肥市金寨路 96 号，230026
http://press.ustc.edu.cn
https://zgkxjsdxcbs.tmall.com
印刷 安徽国文彩印有限公司
发行 中国科学技术大学出版社
开本 787 mm×1092 mm 1/16
印张 13.5
字数 312 千
版次 2024 年 9 月第 1 版
印次 2024 年 9 月第 1 次印刷
定价 68.00 元

内 容 简 介

本书总结了常用的频率估计方法和相关模型，主要介绍了频率估计的基本问题、信号处理的基础数学知识、频率估计的一些常用方法、渐近性质、分量数的估计、基频模型及其推广、使用正弦模型的真实数据实例、多维模型、线性调频信号模型、随机幅度正弦模型和线性调频模型以及其他相关模型。

本书为信息与通信领域从事信号分析及应用的广大科研人员和工程设计人员提供信号处理的基础知识，便于读者了解频率估计方法体系。

作 者 简 介

斯瓦加塔·南迪(Swagata Nandi)现任印度统计学院理论统计和数学系德里中心副教授,曾在印度理工学院坎普尔分校获得硕士和博士学位。斯瓦加塔·南迪在攻读博士学位期间,师从德巴西斯·昆都(Debasis Kundu)教授和S.K.Iyer教授。在2005年加入印度统计学院之前,斯瓦加塔·南迪是德国海德堡大学和曼海姆大学的博士后研究员,研究方向包括统计信号处理、非线性回归、代理数据分析、EM算法和生存分析,在印度和国际多家期刊上发表了35篇论文,并合撰了一部有关统计信号处理方面的专著,曾获得印度科学协会青年科学家奖和C.L.Chandana学生奖。

德巴西斯·昆都教授于1982年和1984年获得印度统计学院的学士和硕士学位,1985年获得美国匹兹堡大学数学硕士学位,1989年在C.R.Rao教授的指导下获得美国宾夕法尼亚州立大学数学博士学位。博士毕业后,德巴西斯·昆都进入美国得克萨斯大学达拉斯分校担任助理教授,后在1990年加入印度理工学院坎普尔分校。2011—2014年,德巴西斯·昆都担任印度理工学院坎普尔分校数学和统计系主任,目前担任印度理工学院坎普尔分校教务主任。面向统计学的不同领域,德巴西斯·昆都的主要研究方向为分布理论、生命周期数据分析、统计信号处理和统计计算等。发表研究论文300余篇,被引近12000次,H指数为55,指导或联合指导了14名博士和5名工程硕士,合撰了两部关于统计信号处理和阶跃应力模型的研究著作,并合作编写了一本关于统计计算的书籍,是印度国家科学院院士和印度概率与统计学会院士,曾获得加拿大数学学会的钱达纳奖、印度概率与统计学会的杰出统计学家奖、印度运筹学学会颁发的马哈拉诺比斯奖和印度理工学院坎普尔分校的杰出教师奖。目前担任《印度概率统计学会杂志》主编，并在 *Communications in Statistics*：*Theory and Methods*、*Communications in Statistics*：*Simulation and Computation*、*Communications in Statistics*：*Case Studies* 和 *Sankhya B*：*Applied and Interdisciplinary Statistics* 等期刊的编辑委员会任职，曾担任 *IEEE Transactions on Reliability*、*Journal of Statistical Theory and Practice* 和 *Journal of Distribution Theory* 期刊的编委。

第 2 版前言

本书第 1 版基于 2012 年为施普林格出版社撰写的一篇简报，其核心内容为正弦模型。应施普林格出版社邀请，第 1 版针对统计学领域的特定主题撰写了一篇扩展评论。第 1 版面向统计领域，介绍了研究人员关注的统计信号处理领域的相关问题，我们打算在未来将其扩展成一部成熟的研究专著。

自第 1 版出版以来，我们在相关领域已开展了大量的工作。两篇关于线性调频信号相关问题及模型的博士论文已经在印度理工学院坎普尔分校数学和统计系完成，与一些著名的数论结果建立了有趣的联系。该领域还出现了许多其他有趣的新发展，因此我们决定撰写第 2 版，将该领域取得的新成果进行汇总、整理。

相比第 1 版，本书内容发生了翻天覆地的变化，但主要结构和数学水平保持不变。它仍然不能被称为教科书，但可作为该领域的参考书。我们修改了大部分内容并增加了三部分内容：基频模型及其推广、线性调频信号模型、随机幅度线性调频模型。除这些主要变化外，本书第 2 版还纳入了许多新观点和参考文献，修正了一些错误内容，并提出了几个开放性的问题以供未来研究。

本书涉及的研究内容得到了印度政府科学和工程研究委员会资助。最后，我们要感谢施普林格出版社的 Sagarika Ghosh 女士和 Nupur Singh 女士帮助我们在有限的时间内完成了本书写作。

斯瓦加塔・南迪
德巴西斯・昆都
2020 年 4 月

前　　言

我们的博士课题都与统计信号处理相关，尽管我们取得博士学位的时间相差了 15 年。本书第一作者德巴西斯·昆都由其博导 C. R. Rao 教授引领进入该研究领域，第二作者斯瓦加塔·南迪由第一作者德巴西斯·昆都引领进入该研究领域。频率估计在统计信号处理领域的不同问题中起着重要作用，受到了广泛关注，因此我们在珍贵的研究生涯中花费了大量时间来解决统计信号处理中不同模型的问题。

对于频率估计问题，尽管在工程实践中有大量文献可供参考，但是在统计学文献中却缺乏重视。Quinn 和 Hannan 的著作是统计领域关于频率估计的唯一著作。我们一直都在考虑写一篇关于这个课题的评论文章，所以在收到施普林格出版社就该主题撰写一篇简报的邀请时，我们倍感惊喜和荣幸。

在这篇简报中，我们回顾了迄今为止处理频率估计问题的多种方法，但是对频率估计技术还没有进行详尽的调查和研究。我们认为频率估计技术是包含多种课题的学科领域，因此需要针对性的研究著作。当然，课题的多样性有利于大家选择自己的研究方向，挖掘自己的研究兴趣，本书中的参考文献列表也远不够完整。

本书保持了难度适中的数学水平。第 4 章主要涉及更高数学水平的一些渐近理论，在不失去连续性的情况下，可以在第一次阅读时跳过该章，高年级本科生的数学水平足以满足其他章节的学习要求。我们撰写本简报的目的是介绍统计领域中频率估计问题和当前面临的挑战，而这些挑战存在于不同的科学和技术领域，相信统计学可以在解决与频率估计相关问题方面发挥出重要作用。我们在第 8 章中提供了几个相关模型，其中几个悬而未决的问题仍有待学界解答。

每本书都有特定的读者群体，本书主要面向数学或统计学专业的高年级本科生和研究生，但尚不能称其为教科书。我们希望本书能激励学生在统计信号处理领域继续深造，并对在该领域开始研究生涯的年轻研究人员有所助益。如果本书能帮助到读者，那将是对我们的极大肯定。

德巴西斯·昆都
斯瓦加塔·南迪
2012年1月

本书主要符号

a.e.	几乎到处
$\arg(z)$	$\tan^{-1}(\theta)$，其中 $z=r\mathrm{e}^{\mathrm{i}\theta}$
$\boldsymbol{I}_n$	n 阶单位矩阵
$\mathrm{rank}(\boldsymbol{A})$	矩阵 $\boldsymbol{A}$ 的秩
$\mathrm{tr}(\boldsymbol{A})$	矩阵 $\boldsymbol{A}$ 的迹
$\det(\boldsymbol{A})$	矩阵 $\boldsymbol{A}$ 的行列式
$N(a,b^2)$	期望为 a 和方差为 b^2 的一元正态分布
$N_p(\mathbf{0},\boldsymbol{\Sigma})$	均值为 $\mathbf{0}$ 向量、方差为色散矩阵 $\boldsymbol{\Sigma}$ 的 p 变量正态分布
χ_p^2	p 自由度卡方分布
$X_n \xrightarrow{\mathrm{d}} X$	X_n 在分布上收敛于 X
$X_n \xrightarrow{p} X$	X_n 以概率 p 收敛到 X
a.s.	几乎可以肯定
$X_n \xrightarrow{\mathrm{a.s.}} X$	X_n 几乎肯定会收敛到 X
$X \stackrel{\mathrm{d}}{=} Y$	X 和 Y 具有相同的分布
$o(a_n)$	$a_n \to 0\ (n\to\infty)$
$O(a_n)$	$\lim\limits_{n\to\infty} a_n = C\ (n\to\infty)$
$X_n = o_p(a_n)$	对于任意正数 ε，使得 $\lim\limits_{n\to\infty} P(\lvert X_n/a_n\rvert \geqslant \varepsilon)=0$
$X_n = O_p(a_n)$	X_n/a_n 概率有界 $(n\to\infty)$
$\lVert \boldsymbol{x} \rVert$	$\sqrt{x_1^2+\cdots+x_n^2}$，$\boldsymbol{x}=(x_1,x_2,\cdots,x_n)$
$\mathbb{R}$	实数集
$\mathbb{R}^d$	d 维欧几里得空间
$\mathbb{C}$	复数集
$\lvert \boldsymbol{A} \rvert$	矩阵行列式 $\boldsymbol{A}$

本书主要缩略词

1D	一维
2D	二维
3D	三维
AIC	Akaike 信息准则
ALSE(s)	近似最小二乘估计量
AM	振幅
AMLE(s)	近似最大似然估计量
AR	自回归
ARCOS	自回归调幅余弦
ARIMA	自回归积分移动平均
ARMA	移动平均模型
BIC	贝叶斯信息准则
CV	交叉验证
ECG	心电图
EDC	有效检测准则
EM	期望最大化
ESPRIT	基于旋转不变技术的信号参数估计
EVLP	等方差线性预测
FFM	基频模型
GFFM	广义基频模型
i. i. d.	独立同分布
Im(z)	复数 z 的虚部
ITC	信息论准则
IQML	迭代二次极大似然
KIC	昆都信息准则
LAD	最小绝对偏差
LS	最小二乘法
LSE(s)	最小二乘估计量
MA	移动平均线
MCMC	马尔可夫链蒙特卡罗法
MDL	最小描述长度

MFBLP	改进的前向后向线性预测
MLE(*s*)	最大似然估计量
MRI	磁共振成像
MSE	均方误差
NSD	噪声空间分解
PCE	正确估计概率
PDF	概率密度函数
PMF	概率质量函数
PPC	多项式相位 Chrip 信号
PE	周期图估计量
QIC	奎恩信息准则
QT	奎恩和汤姆森
Re(z)	复数 z 的实部
RGB	红绿蓝
RSS	残差平方和
SAR	合成孔径雷达
SIC	Sakai 信息准则
SVD	奇异值分解
TLS-ESPRIT	基于旋转不变技术的信号参数最小二乘估计
WIC	Wang 信息准则
WLSE(*s*)	加权最小二乘估计量

目　　录

第1章 绪　　论

信号处理可以被广义地理解为从自然观测中恢复信息。在实际中,接收信号通常受到多方面的干扰,包括热干扰、电干扰、大气干扰或其他故意干扰。由于信号的随机性,统计技术在信号分析中起着重要作用。统计学也可用于系统的数学建模、模型参数估计和模型性能评估等。统计信号处理本质上是指使用适当的统计技术分析随机信号。

本书旨在介绍用于分析周期数据的不同信号处理模型,以及与之相关的不同统计和计算问题。我们每天都在观察生活中的周期性现象,印度德里每天的温度、每天参观泰姬陵的游客人数或者正常人(健康者)的心电图信号,这些都具有明显的周期性。由于不同原因,观测信号可能不完全是周期性的,但它们可以近似为周期性。从以下示例中可以清楚地看出,虽然学科不同,但获得的观测结果几乎都遵循周期性规律。图 1.1 所示为正常人的心电图(ECG)信号;图 1.2 所示为一个天文数据集,包含一颗可变恒星在连续 600 个午夜的亮度;图 1.3 所示为 1953 年 1 月至 1960 年 12 月,国际航空公司每月乘客数经典数据集(来自时间序列数据库 http://www.robhyndman.info/TDSL)。

最简单的周期函数是正弦函数,其表达式形式为

$$y(t) = A\cos(\omega t) + B\sin(\omega t) \tag{1.1}$$

这里 $A^2 + B^2$ 被称为 $y(t)$的振幅,ω 为频率。通常,平滑零均值周期函数 $y(t)$可写为

$$y(t) = \sum_{k=1}^{\infty}[A_k\cos(k\omega t) + B_k\sin(k\omega t)] \tag{1.2}$$

即 $y(t)$的 Fourier 展开式,A_k 和B_k 可以从 $y(t)$中获得唯一值,其中 $k = 1,\cdots,\infty$。然而,实际应用中我们很难观察到平滑的 $y(t)$,正如上述三个示例中观察到的那样,$y(t)$会受到噪声干扰,所以以下模型可用于分析有噪声的周期信号。加噪的周期信号可以表示为

$$y(t) = \sum_{k=1}^{\infty}[A_k\cos(k\omega t) + B_k\sin(k\omega t)] + X(t) \tag{1.3}$$

式中,$X(t)$是噪声分量。在实践中不可能估计无限个参数,因此式(1.3)可近似为

$$y(t) = \sum_{k=1}^{p}[A_k\cos(\omega_k t) + B_k\sin(\omega_k t)] + X(t) \tag{1.4}$$

式中,$p<\infty$。通常情况下,上述问题可转化为从观测信号$\{y(t); t = 1,\cdots,n\}$中估计p, A_k, B_k, ω_k 的值,其中 $k = 1,\cdots,p$。

需要注意的是,与使用式(1.4)相比,使用相关的复数模型可能更便捷。由于没有固定的公式,我们使用了相应的复数模型

$$y(t) = \sum_{k=1}^{p}\alpha_k e^{i\omega_k t} + X(t) \tag{1.5}$$

在式(1.5)中,$y(t)$和 α_k 都是复数,且 $i = \sqrt{-1}$。式(1.5)可以通过对式(1.4)进行

Hilbert 变换得到，所以这两个模型是等价的。尽管在实践中观察到的信号总是实数形式，但通过对信号进行 Hilbert 变换，可以使用相应的复数模型。式(1.5)的任何分析结果或数值程序均可用于式(1.4)，反之亦然。

从数据$\{y(t);t=1,\cdots,n\}$中估计式(1.4)的参数是一个经典问题，该问题因其广泛的适用性而受到了极大关注。Brillinger 讨论了不同领域的一些非常重要的实际应用，并提供了使用正弦模型求和的解决方案[1]，该模型在信号处理中得到了广泛应用。Kay 和 Marple 着眼于信号处理器[4]，撰写了一篇优秀的说明性文章。在文献[9]中可以找到关于该特定问题的 300 多条参考文献。如果想获得更多信息，请参考 Prasad、Chakraborty 和 Parthasarathy 以及 Kundu 在该领域的两篇论文。[6-7] Quinn 和 Hannan 的专著是该领域的另一项重要文献。[8]

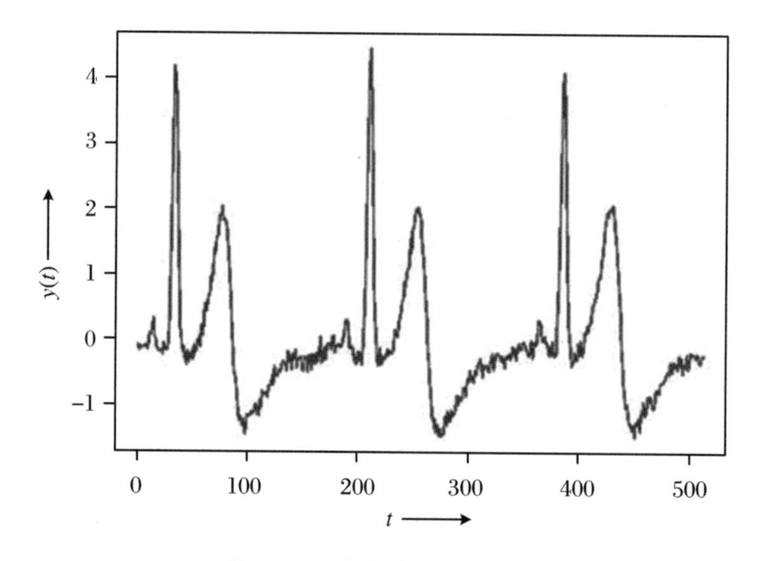

图 1.1　正常人的心电图信号

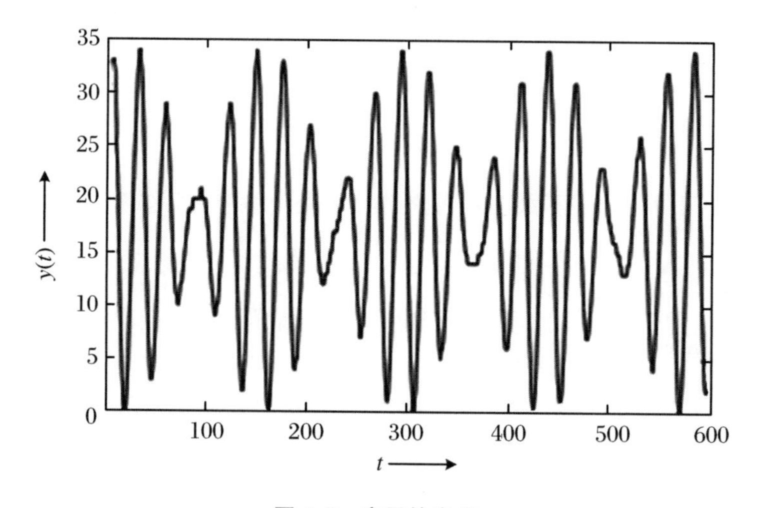

图 1.2　变星的亮度

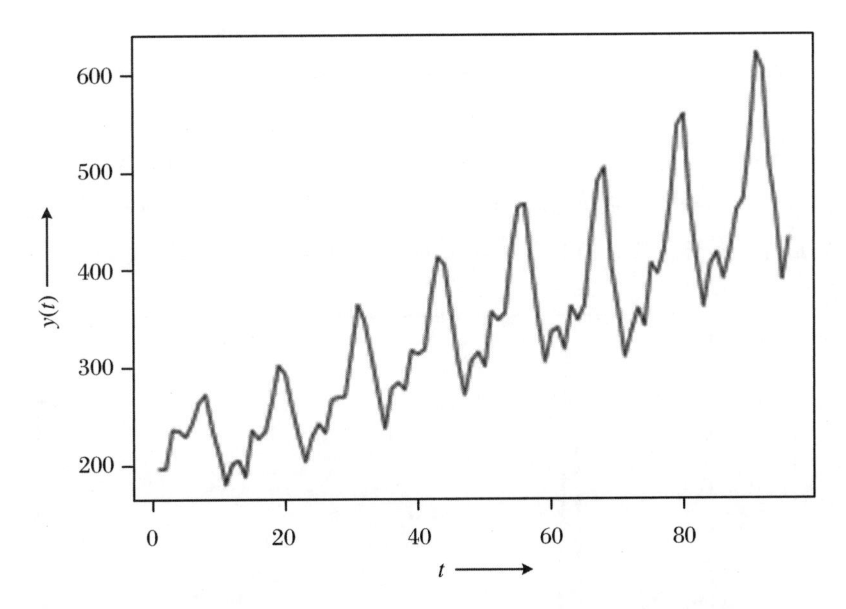

图1.3　1953年1月至1960年12月，国际航空公司每月乘客数

这个经典问题涉及很多十分有趣的方向。虽然式(1.4)可被看作一个非线性回归模型，但该模型并不能满足多种估计量在性能良好情况下所需的标准假设。因此，推导估计量的性质是一个重要问题。通常的一致性和渐近正态性结果不遵循一般结果。此外，找到这些未知参数的估计量是一个数值难题。如果 $p\geqslant 2$，那么问题会变得更加复杂。综上所述，不管从理论还是从计算的角度来看，这个问题都是一个具有挑战性的问题。

式(1.4)为一个非线性回归模型，因此在存在独立同分布误差$\{X(t)\}$的情况下，最小二乘法似乎是估计未知参数的合理选择。然而，现实是传统的周期图估计量(PE)取代了最小二乘估计量(LSE)，且变得更受欢迎。频率的PE可通过查找周期图函数$I(\omega)$的局部最大值获得，其中

$$I(\omega)=\frac{1}{n}\left|\sum_{t=1}^{n}y(t)\mathrm{e}^{-\mathrm{i}\omega t}\right|^{2}\tag{1.6}$$

Hannan和Walker分别独立地获得了PE的理论性质，观察到频率PE的收敛速率为$O_p(n^{-3/2})$。[3,10]Kundu观察到频率和振幅LSE的收敛速率分别为$O_p(n^{-3/2})$和$O_p(n^{-1/2})$。[5]这种不寻常的频率收敛速率使模型从理论角度看上去非常有趣。

寻找LSE或PE在计算复杂度时是一个具有挑战性的问题。因为频率的最小二乘曲面和周期图曲面在本质上是高度非线性的，所以这个问题十分棘手。两个曲面中都存在若干局部最优解，因此任何迭代过程都需要非常好的(足够接近真实值)初始估计才能正常工作，而Newton-Raphson法或Gauss-Newton法等标准方法对这个问题并不适用。找到频率初始值的一个常见方法是找到周期图函数$I(\omega)$的局部极大值，即限制搜索空间，仅在离散点$\{\omega_j=2\pi j/n;j=0,\cdots,n-1\}$处。通过循环迭代，周期图函数逐渐在真实频率处具有局部最大值，但如果两个频率彼此非常接近，则该方法无法正常工作。

为了观察到问题的复杂性，考虑以下合成信号的周期图函数：

$$y(t)=3.0\cos(0.20\pi t)+3.0\sin(0.20\pi t)+0.25\cos(0.19\pi t)+0.25\sin(0.19\pi t)+X(t),\quad t=1,\cdots,75 \tag{1.7}$$

这里$\{X(t);t=1,\cdots,75\}$是均值为0、方差为0.5的独立同分布正态随机变量。模型(1.7)观测信号的周期图函数如图1.4所示。在这种情况下，两个频率显然是不可解析的，因此不能直接选择初始估计值来启动任何迭代过程以找到LSE或PE。

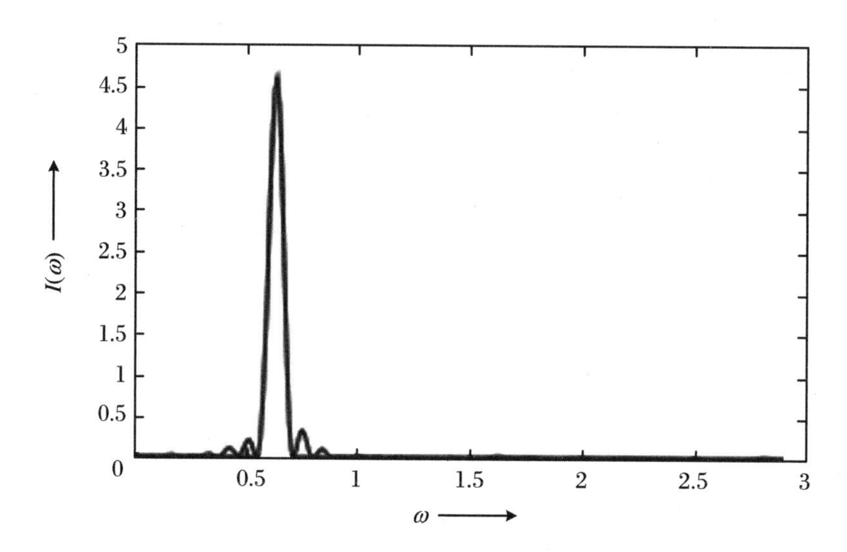

图1.4　由式(1.7)获得的合成数据的周期图函数

正因如此，在实践中还可以使用其他一些方法，尝试在不使用任何迭代过程的情况下找到有效的估计量。大多数方法是利用著名的Prony方程（参见第2章）得到的递归关系公式

$$\sum_{j=0}^{2p}c(j)y(t-j)=\sum_{j=0}^{2p}c(j)X(t-j),\quad t=2p+1,\cdots,n \tag{1.8}$$

式中，$c(0)=c(2p)=1,c(j)=c(2p-j);j=0,\cdots,2p$。式(1.8)在形式上等同于$p$个正弦信号的线性组合建模为AMAR$(2p,2p)$过程。系数$c(1),\cdots,c(2p-1)$仅取决于频率$\omega_1\cdots,\omega_p$，并且是唯一的。基于上述关系，自20世纪70年代以来，从观测信号$\{y(t);t=1,\cdots,n\}$中估计$\{c(j);j=1,\cdots,2p-1\}$已经发展出多种技术手段，并且从对系数$c(1),\cdots,c(2p-1)$的估计中可以容易地获得$\omega_1,\cdots,\omega_p$的估计。因为所有这些方法在本质上都是非迭代的，所以它们不需要任何初始值估计。但这些方法产生的频率估计大多是$O_p(n^{-1/2})$，而不是$O_p(n^{-3/2})$。因此，它们的效率远低于LSE或PE。

另一个重要的问题是估计未知量p。Fisher首次将该问题转化为假设问题检验。[2]随后其他研究人员尝试了不同的信息理论标准，即AIC、BIC、EDC等或其变体，但是选择合适的补偿函数非常困难。交叉验证技术也被用于估计p，但是在计算上它要求很高，特别是当p很大时，而在实践中时常会出现p很大的情况。式(1.4)的p估计是一个开放的问题,目前仍然没有任何令人满意的解决方案。

线性调频(Chirp)模型非常接近正弦模型,被广泛用于分析近周期信号,其表达式为

$$y(t) = A\cos(\alpha t + \beta t^2) + B\sin(\alpha t + \beta t^2) + X(t)$$

这里 $A^2 + B^2$ 是 $y(t)$的振幅,信号 α 为频率,β 为调频率。Chirp 模型可视为频率调制模型,其频率随时间 t 呈线性变化。该模型已被广泛应用于多个工程领域,如声呐、雷达、通信等。更通用的 Chirp 模型可定义为

$$y(t) = \sum_{k=1}^{p} [A_k\cos(\alpha_k t + \beta_k t^2) + B_k\sin(\alpha_k t + \beta_k t^2)] + X(t) \tag{1.9}$$

基于观测信号$\{y(t);t=1,\cdots,n\}$估计式(1.9)的未知参数是一个极具挑战却十分有趣的问题。在过去的 30 年里,信号处理与统计文献都进行了大量工作来处理与该模型相关的理论和计算问题。

本书旨在从统计学的角度对这些问题的不同方面进行全面总结,这在其他文献中是不曾有的,同时还提供了几种相关模型并进行了简要介绍。另外,我们简要介绍了二维模型和三维模型。有趣的是,该模型的自然二维扩展在纹理分析和光谱学中具有多种应用。为了更好地理解本书中讨论的不同程序,我们提供了一些真实的数据分析。最后,我们在这些领域提出了一些开放和具有挑战性的问题。

后续各章的主要内容包括:第 2 章回顾了基础知识;第 3 章讨论了不同的估计方法;第 4 章给出了不同估计量的理论性质;第 5 章回顾了不同的阶次估计方法;第 6 章讨论了基频模型和广义基频模型;第 7 章分析了一些实际数据集;第 8 章介绍了多维模型;第 9 章介绍了线性调频信号模型;第 10 章提供了随机幅度正弦模型和线性调频模型;最后,第 11 章提供了几个相关模型。

参 考 文 献

[1] Brillinger D R. Fitting cosines: some procedures and some physical examples[M]//MacNeill I B, Umphrey G J. Applied probability, stochastic processes and sampling theory. Dordrecht: Reidel, 1987.

[2] Fisher R A. Tests of significance in harmonic analysis[J]. Proceedings of the Royal Society of London. Series A, Containing Papers of a Mathematical and Physical Character, 1929, 125(796): 54-59.

[3] Hannan E J. Non-linear time series regression[J]. Journal of Applied Probability, 1971, 8(4): 767-780.

[4] Kay S M, Marple S L. Spectrum analysis: A modern perspective[J]. Proceedings of the IEEE, 1981, 69(11): 1380-1419.

[5] Kundu D. Estimating the number of sinusoids in additive white noise[J]. Signal Processing, 1997,

56(1):103-110.

[6] Kundu D. Estimating parameters of sinusoidal frequency: some recent developments[J]. National Academy Science Letters, 2002, 25(3): 53-73.

[7] Prasad S, Chakrabarty M, Parthasarathy H. The role of statistics in signal processing a brief review and some emerging trends[J]. Indian Journal of Pure and Applied Mathematics, 1995, 26 (96): 546-578.

[8] Quinn B G, Hannan E J. The estimation and tracking of frequency[M]. London: Cambridge University Press, 2001.

[9] Stoica P. List of references on spectral line analysis[J]. Signal Processing, 1993, 31(3): 329-340.

[10] Walker A M. On the estimation of a harmonic component in a time series with stationary independent residuals[J]. Biometrika, 1971, 58(1): 21-36.

第 2 章 符号和预备知识

在本书中，标量由常规的小写或大写字母表示，向量和矩阵由英文字母的小写粗斜体和大写粗斜体表示；对于希腊字母，则应该结合上下文推断其含义。对于实矩阵 $\boldsymbol{A}$，$\boldsymbol{A}^{\mathrm{T}}$ 表示其转置。同样，对于复矩阵 $\boldsymbol{A}$，$\boldsymbol{A}^{\mathrm{H}}$ 表示其复共轭转置。一个 $n\times n$ 对角矩阵，具有对角元素 $\lambda_1,\cdots,\lambda_n$，可用 $\mathrm{diag}\{\lambda_1,\cdots,\lambda_n\}$ 表示。若 $\boldsymbol{A}$ 是实矩阵或复矩阵，则其在列空间上的投影矩阵用 $\boldsymbol{P}_{\boldsymbol{A}}=\boldsymbol{A}(\boldsymbol{A}^{\mathrm{T}}\boldsymbol{A})^{-1}\boldsymbol{A}^{\mathrm{T}}$ 或 $\boldsymbol{P}_{\boldsymbol{A}}=\boldsymbol{A}(\boldsymbol{A}^{\mathrm{H}}\boldsymbol{A})^{-1}\boldsymbol{A}^{\mathrm{H}}$ 表示。读者可能不太熟悉这些定义和矩阵理论，为了便于阅读，我们先介绍一下矩阵的相关理论，更多详细信息请参考文献[21]。

2.1 矩阵理论相关结果

定义 2.1 一个 $n\times n$ 矩阵 $\boldsymbol{J}$ 若遵守如下形式，便可称其为反射矩阵或置换矩阵：

$$\boldsymbol{J}=\begin{bmatrix}0&0&\cdots&0&1\\0&0&\cdots&1&0\\\vdots&\vdots&&\vdots&\vdots\\0&1&\cdots&0&0\\1&0&\cdots&0&0\end{bmatrix}\tag{2.1}$$

2.1.1 特征值和特征向量

$\boldsymbol{A}$ 为一个 $n\times n$ 矩阵。行列式 $|\boldsymbol{A}-\lambda\boldsymbol{I}|$ 是 n 次 λ 多项式，被称为 $\boldsymbol{A}$ 的特征多项式。方程 $|\boldsymbol{A}-\lambda\boldsymbol{I}|=0$ 被称为 $\boldsymbol{A}$ 的特征方程。这个方程的根叫作 $\boldsymbol{A}$ 的特征值。对应任何根 λ_i，存在一个非空列向量 $\boldsymbol{p}_i$，它被称为特征向量，可表示为 $\boldsymbol{A}\boldsymbol{p}_i=\lambda_i\boldsymbol{p}_i$，$\boldsymbol{p}_i^{\mathrm{H}}\boldsymbol{p}_i=1$。

2.1.2 特征值和矩阵的迹

(1) 当矩阵一致时，$\mathrm{tr}(\boldsymbol{A}+\boldsymbol{B})=\mathrm{tr}(\boldsymbol{A})+\mathrm{tr}(\boldsymbol{B})$ 并且 $\mathrm{tr}(\boldsymbol{CD})=\mathrm{tr}(\boldsymbol{DC})$；

(2) 设 $\lambda_i(i=1,\cdots,n)$ 为 $n\times n$ 矩阵 $\boldsymbol{A}$ 的特征值，则

$$\mathrm{tr}(\boldsymbol{A})=\sum_{i=1}^{n}\lambda_i,\quad \det(\boldsymbol{A})=\prod_{i=1}^{n}\lambda_i$$

(3) 关于对称矩阵 $\boldsymbol{A}$，$\mathrm{tr}(\boldsymbol{A}^p)=\sum_{i=1}^{n}\lambda_i^p, p>0$；

(4) 对于具有特征值 $\lambda_1,\cdots,\lambda_n$ 的 $n\times n$ 对称非奇异矩阵 $\boldsymbol{A}$，$\boldsymbol{A}^{-1}$ 的特征值为 $\lambda_i^{-1}(i=1,\cdots,n)$，$\mathrm{tr}(\boldsymbol{A}^{-1})=\sum_{i=1}^{n}\lambda_i^{-1}$。

2.1.3 半正定矩阵

定义 2.2 当且仅当所有 $\boldsymbol{x}$ 满足 $\boldsymbol{x}^{\mathrm{T}}\boldsymbol{A}\boldsymbol{x}\geqslant 0$ 时，该对称矩阵 $\boldsymbol{A}$ 被称为半正定矩阵。

(1) 半正定矩阵的特征值是非负的；

(2) 对于半正定矩阵 $\boldsymbol{A}$，$\mathrm{tr}(\boldsymbol{A})\geqslant 0$；

(3) 对一个秩为 r 的 $n\times n$ 矩阵 $\boldsymbol{A}$，当且仅当存在秩为 r 的 $n\times n$ 矩阵 $\boldsymbol{B}$ 使得 $\boldsymbol{A}=\boldsymbol{B}\boldsymbol{B}^{\mathrm{T}}$，那么 $\boldsymbol{A}$ 是半正定的；

(4) 如果 $\boldsymbol{A}$ 是半正定的，那么 $\boldsymbol{X}^{\mathrm{T}}\boldsymbol{A}\boldsymbol{X}=\boldsymbol{0}\Rightarrow\boldsymbol{A}\boldsymbol{X}=\boldsymbol{0}$。

2.1.4 正定矩阵

定义 2.3 对于所有非零向量 $\boldsymbol{x}$，满足 $\boldsymbol{x}^{\mathrm{T}}\boldsymbol{A}\boldsymbol{x}>0$ 的对称矩阵 $\boldsymbol{A}$ 被称为正定矩阵。正定矩阵也是半正定矩阵。

(1) 单位矩阵 $\boldsymbol{I}_n$ 显然是正定的，对角线上是正项的对角矩阵也是正定的；

(2) 如果 $\boldsymbol{A}$ 是正定的，那么它是非单数的；

(3) 正定矩阵的特征值都是正的；

(4) 若当且仅当存在一个非奇异矩阵 $\boldsymbol{B}$，使得 $\boldsymbol{A}=\boldsymbol{B}\boldsymbol{B}^{\mathrm{T}}$，则 $\boldsymbol{A}$ 是正定的；

(5) 如果 $\boldsymbol{A}$ 是正定的，则 $\boldsymbol{A}$ 的任何主子式也是正定的；

(6) 正定矩阵的对角元素都是正的；

(7) 如果 $\boldsymbol{A}$ 是正定的，那么 $\boldsymbol{A}^{-1}$ 也是正定的；

(8) 如果 $\boldsymbol{A}$ 是正定的，那么 $\mathrm{rank}(\boldsymbol{B}\boldsymbol{A}\boldsymbol{B}^{\mathrm{T}})=\mathrm{rank}(\boldsymbol{B})$；

(9) 如果 $\boldsymbol{A}$ 是 $n\times n$ 正定矩阵，$\boldsymbol{B}$ 是秩为 p 的 $p\times n$ 矩阵，则 $\boldsymbol{B}\boldsymbol{A}\boldsymbol{B}^{\mathrm{T}}$ 为正定矩阵；

(10) 如果 $\boldsymbol{A}$ 是秩为 p 的 $n\times p$ 矩阵，那么 $\boldsymbol{A}^{\mathrm{T}}\boldsymbol{A}$ 是正定的；

(11) 如果 $\boldsymbol{A}$ 是正定的，那么对于任何向量 $\boldsymbol{d}$，存在以下关系：

$$\max_{\boldsymbol{h}:\boldsymbol{h}\neq 0}\left\{\frac{(\boldsymbol{h}^{\mathrm{T}}\boldsymbol{d})^2}{\boldsymbol{h}^{\mathrm{T}}\boldsymbol{A}\boldsymbol{h}}\right\}=\boldsymbol{d}^{\mathrm{T}}\boldsymbol{A}^{-1}\boldsymbol{d}$$

2.1.5 幂等矩阵

定义 2.4 如果 $\boldsymbol{P}^2=\boldsymbol{P}$，矩阵 $\boldsymbol{P}$ 是幂等矩阵。非对称幂等矩阵称为投影矩阵。

(1) 如果 $\boldsymbol{P}$ 是对称的，当且仅当它的 r 个特征值等于 1，且 $n-r$ 个特征值等于 0，则 $\boldsymbol{P}$ 是秩为 r 的幂等矩阵；

(2) 如果 $\boldsymbol{P}$ 是幂等的，那么 $\boldsymbol{I}-\boldsymbol{P}$ 也是；

(3) 如果 $\boldsymbol{P}$ 是一个投影矩阵，那么 $\mathrm{tr}(\boldsymbol{P})=\mathrm{rank}(\boldsymbol{P})$；

(4) 除单位矩阵外，幂等矩阵是奇异的；

(5) 投影矩阵是半正定的；

(6) 幂等矩阵总是可对角化的，其特征值为 0 或 1；

(7) 幂等矩阵的秩等于它的迹；

(8) $\boldsymbol{P}^2=\boldsymbol{P}\Leftrightarrow \mathrm{rank}(\boldsymbol{P})+\mathrm{rank}(\boldsymbol{I}-\boldsymbol{P})=n$，其中 n 是矩阵的阶数。

2.1.6　厄米特矩阵

定义 2.5　如果 $\boldsymbol{A}=\boldsymbol{A}^{\mathrm{H}}$，其中 $\boldsymbol{A}^{\mathrm{H}}$ 为矩阵 $\boldsymbol{A}$ 的共轭转置。设 a_{ij} 为矩阵 $\boldsymbol{A}$ 的第 (i,j) 个元素，$a_{ij}=\overline{a_{ji}}$ 是 a_{ji} 的复共轭，那么矩阵 $\boldsymbol{A}$ 称为厄米特矩阵。

定义 2.6　如果 $\boldsymbol{U}^{\mathrm{H}}\boldsymbol{U}=\boldsymbol{I}$，则 $\boldsymbol{U}$ 是酉矩阵。

(1) 如果 $\boldsymbol{A}$ 是厄米特矩阵，则 $\boldsymbol{A}$ 的特征值是实数；

(2) 若 $\boldsymbol{A}$ 为厄米特矩阵，则存在酉矩阵 $\boldsymbol{U}$，使得 $\boldsymbol{A}=\boldsymbol{U}\boldsymbol{\Lambda}\boldsymbol{U}^{\mathrm{H}}$，其中 $\boldsymbol{\Lambda}$ 为 $\boldsymbol{A}$ 的特征值的对角矩阵。

2.1.7　谱分解

设 $\boldsymbol{A}$ 为 $n\times n$ 的实对称矩阵，存在一个正交矩阵 $\boldsymbol{P}$，使得

$$\boldsymbol{P}^{\mathrm{T}}\boldsymbol{A}\boldsymbol{P}=\mathrm{diag}\{\lambda_1,\cdots,\lambda_n\}=\boldsymbol{\Delta} \tag{2.2}$$

式中，$\lambda_1,\cdots,\lambda_n$ 是 $\boldsymbol{A}$ 的特征值。

因为 $\boldsymbol{P}$ 是正交的，$\boldsymbol{P}^{\mathrm{T}}=\boldsymbol{P}^{-1}$。假设矩阵 $\boldsymbol{P}$ 有 n 个列向量 $\boldsymbol{p}_1,\cdots,\boldsymbol{p}_n$，那么由式(2.2)可得

$$\boldsymbol{A}\boldsymbol{P}=\boldsymbol{P}\mathrm{diag}\{\lambda_1,\cdots,\lambda_n\}$$

和 $\boldsymbol{A}\boldsymbol{p}_i=\lambda_i\boldsymbol{p}_i$。因此式(2.2)也可以写成

$$\boldsymbol{A}=\lambda_1\boldsymbol{p}_1\boldsymbol{p}_1^{\mathrm{T}}+\cdots+\lambda_n\boldsymbol{p}_n\boldsymbol{p}_n^{\mathrm{T}}=\boldsymbol{P}\boldsymbol{\Delta}\boldsymbol{P}^{\mathrm{T}}$$

同时也被称为 $\boldsymbol{A}$ 的谱分解。

如果 $\boldsymbol{A}$ 是一个厄米特矩阵，那么 $\boldsymbol{A}$ 的所有特征值都是实数，同上可得

$$\boldsymbol{A}=\lambda_1\boldsymbol{p}_1\boldsymbol{p}_1^{\mathrm{H}}+\cdots+\lambda_n\boldsymbol{p}_n\boldsymbol{p}_n^{\mathrm{H}}=\boldsymbol{P}\boldsymbol{\Delta}\boldsymbol{P}^{\mathrm{H}}$$

对于所有的 i 来说，如果 $\lambda_i>0$，那么

$$\boldsymbol{A}^{-1}=\sum_{i=1}^{n}\frac{1}{\lambda_i}\boldsymbol{p}_i\boldsymbol{p}_i^{\mathrm{T}}\quad 或\quad \boldsymbol{A}^{-1}=\sum_{i=1}^{n}\frac{1}{\lambda_i}\boldsymbol{p}_i\boldsymbol{p}_i^{\mathrm{H}}$$

2.1.8　Cholesky 分解

厄米特正定矩阵 $\boldsymbol{A}$ 的 Cholesky 分解(即 $\boldsymbol{x}^{\mathrm{H}}\boldsymbol{A}\boldsymbol{x}>0,\boldsymbol{x}\neq 0$)形式为

$$\boldsymbol{A}=\boldsymbol{L}\boldsymbol{L}^{\mathrm{H}}$$

式中，$\boldsymbol{L}$ 是具有实对角项和正对角项的下三角矩阵，$\boldsymbol{L}^{\mathrm{H}}$ 表示 $\boldsymbol{L}$ 的共轭转置。每个厄米特正定矩阵都有唯一的 Cholesky 分解，因此每个实对称正定矩阵都有唯一的 Cholesky 分解。Cholesky 分解也可以表示为实对角项和正对角项的唯一上三角矩阵。

2.1.9 奇异值分解

如果 $\boldsymbol{A}$ 是一个 $n\times m$ 实矩阵或秩为 k 的复矩阵，则存在一个 $n\times n$ 正交矩阵 $\boldsymbol{U}$、一个 $m\times m$ 正交矩阵 $\boldsymbol{V}$ 和一个 $n\times m$ 矩阵 $\boldsymbol{\Sigma}$，使得

$$\boldsymbol{A}=\boldsymbol{U\Sigma V} \tag{2.3}$$

其中 $\boldsymbol{\Sigma}$ 被定义为

$$\boldsymbol{\Sigma}=\begin{bmatrix}\boldsymbol{S} & \boldsymbol{0}\\ \boldsymbol{0} & \boldsymbol{0}\end{bmatrix},\quad \boldsymbol{S}=\mathrm{diag}\{\sigma_1^2,\cdots,\sigma_k^2\}$$

$\sigma_1^2\geqslant\cdots\geqslant\sigma_k^2>0$ 是 $\boldsymbol{A}^{\mathrm{T}}\boldsymbol{A}$ 或 $\boldsymbol{A}^{\mathrm{H}}\boldsymbol{A}$ 的 k 个非零特征值，具体取决于 $\boldsymbol{A}$ 是实矩阵还是复矩阵。

2.1.10 向量微分

设 $\boldsymbol{\beta}=(\beta_1,\beta_2,\cdots,\beta_p)^{\mathrm{T}}$ 为 $p\times 1$ 的列向量，且 $Q(\boldsymbol{\beta})$ 为 $\boldsymbol{\beta}$ 的实值函数，则 $Q(\boldsymbol{\beta})$ 的一阶导数和二阶导数分别为以下 $p\times 1$ 向量和 $p\times p$ 矩阵：

$$\frac{\mathrm{d}Q(\boldsymbol{\beta})}{\mathrm{d}\boldsymbol{\beta}}=\left(\frac{\partial Q(\boldsymbol{\beta})}{\partial\beta_1},\frac{\partial Q(\boldsymbol{\beta})}{\partial\beta_1},\cdots,\frac{\partial Q(\boldsymbol{\beta})}{\partial\beta_p}\right)^{\mathrm{T}}$$

$$\frac{\mathrm{d}^2Q(\boldsymbol{\beta})}{\mathrm{d}\boldsymbol{\beta}\mathrm{d}\boldsymbol{\beta}^{\mathrm{T}}}=\begin{pmatrix}\frac{\partial^2Q(\boldsymbol{\beta})}{\partial\beta_1^2} & \frac{\partial^2Q(\boldsymbol{\beta})}{\partial\beta_1\partial\beta_2} & \cdots & \frac{\partial^2Q(\boldsymbol{\beta})}{\partial\beta_1\partial\beta_p}\\ \frac{\partial^2Q(\boldsymbol{\beta})}{\partial\beta_1\partial\beta_2} & \frac{\partial^2Q(\boldsymbol{\beta})}{\partial\beta_2^2} & \cdots & \frac{\partial^2Q(\boldsymbol{\beta})}{\partial\beta_2\partial\beta_p}\\ \vdots & \vdots & & \vdots\\ \frac{\partial^2Q(\boldsymbol{\beta})}{\partial\beta_1\partial\beta_p} & \frac{\partial^2Q(\boldsymbol{\beta})}{\partial\beta_2\partial\beta_p} & \cdots & \frac{\partial^2Q(\boldsymbol{\beta})}{\partial\beta_p^2}\end{pmatrix}$$

(1) 对于 p 阶的行向量 $\boldsymbol{c}$，$\dfrac{\mathrm{d}(\boldsymbol{\beta}^{\mathrm{T}}\boldsymbol{c})}{\mathrm{d}\boldsymbol{\beta}}=\boldsymbol{c}$；

(2) 对于 $p\times p$ 的对称矩阵 $\boldsymbol{C}$，$\dfrac{\mathrm{d}(\boldsymbol{\beta}^{\mathrm{T}}\boldsymbol{C}\boldsymbol{\beta})}{\mathrm{d}\boldsymbol{\beta}}=2\boldsymbol{C}\boldsymbol{\beta}$。

2.1.11 矩阵求逆公式

(1) 当 $\boldsymbol{A}$ 和 $\boldsymbol{D}$ 都是对称矩阵，且所有逆矩阵都存在时，则

$$\begin{pmatrix}\boldsymbol{A} & \boldsymbol{B}\\ \boldsymbol{B}^{\mathrm{T}} & \boldsymbol{D}\end{pmatrix}=\begin{pmatrix}\boldsymbol{A}^{-1}+\boldsymbol{F}\boldsymbol{E}^{-1}\boldsymbol{E}^{\mathrm{T}} & -\boldsymbol{F}\boldsymbol{E}^{-1}\\ -\boldsymbol{E}^{-1}\boldsymbol{F}^{\mathrm{T}} & \boldsymbol{E}^{-1}\end{pmatrix}$$

$$=\begin{pmatrix}\boldsymbol{G}^{-1} & -\boldsymbol{G}^{-1}\boldsymbol{H}\\ -\boldsymbol{H}^{\mathrm{T}}\boldsymbol{G}^{-1}\boldsymbol{D}^{-1} & \boldsymbol{H}^{\mathrm{T}}\boldsymbol{G}^{-1}\boldsymbol{H}\end{pmatrix}$$

其中 $E = D - B^{T}A^{-1}B$，$F = A^{-1}B$，$G = A - BD^{-1}B^{T}$ 和 $H = BD^{-1}$。

(2) 设 A 为非奇异矩阵，u 和 v 为两列向量。那么

$$(A + uv^{T})^{-1} = A^{-1} - \frac{A^{-1}uv^{T}A^{-1}}{1 + v^{T}A^{-1}u}$$

$$(A - uv^{T})^{-1} = A^{-1} + \frac{A^{-1}uv^{T}A^{-1}}{1 - v^{T}A^{-1}u}$$

(3) 设 A 和 B 分别为 $m \times m$ 和 $n \times n$ 的非奇异矩。U 为 $m \times n$ 矩阵，V 为 $n \times m$ 矩阵。那么

$$(A + UBV)^{-1} = A^{-1} - A^{-1}UB(B + BVA^{-1}UB)^{-1}BVA^{-1}$$

使 $B = I_n$，$U = \pm u$，$V = v^{T}$，上述恒等式可简化为(2)中的表达式。

(4) 设 A 为 $n \times p$、秩为 p 的矩阵，$a_{(j)}$ 是 A 的第 j 列，$j = 1, \cdots, p$。那么 $(A^{T}A)^{-1}$ 中的 (j, j) 元素是

$$(A^{T}A)_{jj}^{-1} = [a_{(j)}(I_n - P_j)a_{(j)}]^{-1}$$

式中，$P_j = A^{(j)}(A^{(j)T}A^{(j)})^{-1}A^{(j)T}$，$A^{(j)}$ 是省略其第 j 列的矩阵 A。

2.2　线性和可分离回归

在本节中，我们将简要讨论线性回归中的一些基本结果，以及将在本书中使用的一些相关的主题。更多相关的详细信息，感兴趣的读者可以参考 Seber 和 Lee 撰写的教科书。[19] p 个协变量的多元线性($n \gg p$)回归模型可表示为

$$y_i = \beta_0 + \beta_1 x_{i1} + \cdots + \beta_{p-1} x_{i,p-1} + \varepsilon_i, \quad i = 1, \cdots, n \tag{2.4}$$

式中，$y_1, \cdots, y_n$ 为响应变量 y 的观测值。x_{ij} 是第 j 个协变量 x_j 的 i 个值，β_j 是待估计的未知参数。其中未知参数 $\{y_i; j = 0, 1, \cdots, p-1\}$ 可通过测量 ε_i 的误差获得，可用矩阵表示为

$$\begin{pmatrix} y_1 \\ y_2 \\ \vdots \\ y_n \end{pmatrix} = \begin{pmatrix} 1 & x_{11} & x_{12} & \cdots & x_{1,p-1} \\ 1 & x_{21} & x_{22} & \cdots & x_{2,p-1} \\ \vdots & \vdots & \vdots & & \vdots \\ 1 & x_{n1} & x_{n2} & \cdots & x_{n,p-1} \end{pmatrix} \begin{pmatrix} \beta_0 \\ \beta_1 \\ \vdots \\ \beta_{p-1} \end{pmatrix} + \begin{pmatrix} \varepsilon_1 \\ \varepsilon_2 \\ \vdots \\ \varepsilon_n \end{pmatrix}$$

或

$$Y = X\boldsymbol{\beta} + \boldsymbol{\varepsilon}$$

这里 Y 称为响应向量，$n \times p$ 矩阵 X 为回归矩阵，$\boldsymbol{\beta}$ 为参数向量，$\boldsymbol{\varepsilon}$ 为误差向量。通常以线性无关的方式选择列向量，因此 X 是满秩矩阵且 $\mathrm{rank}(X) = p$。

假设 X 的秩为 p，$\varepsilon_1, \cdots, \varepsilon_n$ 是均值为 0、方差为 σ^2 的随机变量，那么 $E(\boldsymbol{\varepsilon}) = \mathbf{0}$ 和 $\mathrm{Var}(\boldsymbol{\varepsilon}) = \sigma^2 I_n$。最小二乘估计量 $\beta_0, \beta_1, \cdots, \beta_{p-1}$ 最小化为

$$\sum_{i=1}^{n}\varepsilon_i^2 = \sum_{i=1}^{n}[y_i - \beta_0 - \beta_1 x_{i1} - \cdots - \beta_{p-1}x_{i,p-1}]^2$$
$$\Rightarrow \boldsymbol{\varepsilon}^{\mathrm{T}}\boldsymbol{\varepsilon} = (\boldsymbol{Y} - \boldsymbol{X\beta})^{\mathrm{T}}(\boldsymbol{Y} - \boldsymbol{X\beta})$$
$$= \boldsymbol{Y}^{\mathrm{T}}\boldsymbol{Y} - 2\boldsymbol{\beta}^{\mathrm{T}}\boldsymbol{X}^{\mathrm{T}}\boldsymbol{Y} + \boldsymbol{\beta}^{\mathrm{T}}\boldsymbol{X}^{\mathrm{T}}\boldsymbol{X\beta}$$

在 $\boldsymbol{\varepsilon}^{\mathrm{T}}\boldsymbol{\varepsilon}$ 中对 $\boldsymbol{\beta}$ 微分，已知$\frac{\partial\boldsymbol{\varepsilon}^{\mathrm{T}}\boldsymbol{\varepsilon}}{\partial\boldsymbol{\beta}}=\boldsymbol{0}$，求解 $\boldsymbol{\beta}^{\mathrm{T}}\boldsymbol{X}^{\mathrm{T}}\boldsymbol{Y}=\boldsymbol{Y}^{\mathrm{T}}\boldsymbol{X\beta}$ 可得

$$-2\boldsymbol{X}^{\mathrm{T}}\boldsymbol{Y} + 2\boldsymbol{X}^{\mathrm{T}}\boldsymbol{X\beta} = \boldsymbol{0} \Rightarrow \boldsymbol{X}^{\mathrm{T}}\boldsymbol{X\beta} = \boldsymbol{X}^{\mathrm{T}}\boldsymbol{Y}$$

回归矩阵 $\boldsymbol{X}$ 的秩为 p，因此 $\boldsymbol{X}^{\mathrm{T}}\boldsymbol{X}$ 是正定且非奇异的。因此，上述矩阵方程有唯一解，为

$$\hat{\boldsymbol{\beta}} = (\boldsymbol{X}^{\mathrm{T}}\boldsymbol{X})^{-1}\boldsymbol{X}^{\mathrm{T}}\boldsymbol{Y}$$

下面的恒等式证实 $\hat{\boldsymbol{\beta}}$ 是最小值：

$$(\boldsymbol{Y} - \boldsymbol{X\beta})^{\mathrm{T}}(\boldsymbol{Y} - \boldsymbol{X\beta}) = (\boldsymbol{Y} - \boldsymbol{X}\hat{\boldsymbol{\beta}})^{\mathrm{T}}(\boldsymbol{Y} - \boldsymbol{X}\hat{\boldsymbol{\beta}}) + (\hat{\boldsymbol{\beta}} - \boldsymbol{\beta})^{\mathrm{T}}\boldsymbol{X}^{\mathrm{T}}\boldsymbol{X}(\hat{\boldsymbol{\beta}} - \boldsymbol{\beta})$$

以下数据在线性回归及其分析中很重要：

(1) 拟合值：$\hat{\boldsymbol{Y}}=\boldsymbol{X}\hat{\boldsymbol{\beta}}$；

(2) 残差：$\hat{\boldsymbol{\varepsilon}}=\boldsymbol{Y}-\hat{\boldsymbol{Y}}=\boldsymbol{Y}-\boldsymbol{X}\hat{\boldsymbol{\beta}}=(\boldsymbol{I}_n-\boldsymbol{P}_X)\boldsymbol{Y}$，其中 $\boldsymbol{PX}=\boldsymbol{X}(\boldsymbol{X}^{\mathrm{T}}\boldsymbol{X})^{-1}\boldsymbol{X}^{\mathrm{T}}$ 是 $\boldsymbol{X}$ 的列空间上的投影矩阵；

(3) 残差平方和(RSS)：

$$\hat{\boldsymbol{\varepsilon}}^{\mathrm{T}}\hat{\boldsymbol{\varepsilon}} = (\boldsymbol{Y} - \boldsymbol{X}\hat{\boldsymbol{\beta}})^{\mathrm{T}}(\boldsymbol{Y} - \boldsymbol{X}\hat{\boldsymbol{\beta}})$$
$$= \boldsymbol{Y}^{\mathrm{T}}\boldsymbol{Y} - \hat{\boldsymbol{\beta}}^{\mathrm{T}}\boldsymbol{X}^{\mathrm{T}}\boldsymbol{Y}$$
$$= \boldsymbol{Y}^{\mathrm{T}}\boldsymbol{Y} - \hat{\boldsymbol{\beta}}^{\mathrm{T}}\boldsymbol{X}^{\mathrm{T}}\boldsymbol{X}\hat{\boldsymbol{\beta}}$$

最小二乘估计量的性质：在 $E(\boldsymbol{\varepsilon})=\boldsymbol{0}$，$\mathrm{Var}(\boldsymbol{\varepsilon})=\sigma^2\boldsymbol{I}_n$ 的假设下，可以证明

$$E(\hat{\boldsymbol{\beta}}) = \boldsymbol{\beta}, \quad \mathrm{Var}(\hat{\boldsymbol{\beta}}) = \sigma^2(\boldsymbol{X}^{\mathrm{T}}\boldsymbol{X})^{-1}$$

σ^2 的估计：如果 $\boldsymbol{Y}=\boldsymbol{X\beta}+\boldsymbol{\varepsilon}$，$n\times p$ 的矩阵 $\boldsymbol{X}$ 满秩且秩为 p，并满足 $E(\boldsymbol{\varepsilon})=\boldsymbol{0}$，$\mathrm{Var}(\boldsymbol{\varepsilon})=\sigma^2\boldsymbol{I}_n$，则

$$s^2 = \frac{(\boldsymbol{Y} - \boldsymbol{X}\hat{\boldsymbol{\beta}})^{\mathrm{T}}(\boldsymbol{Y} - \boldsymbol{X}\hat{\boldsymbol{\beta}})}{n-p} = \frac{\mathrm{RSS}}{n-p}$$

是 σ^2 的无偏估计量。

正态分布：假设 $\boldsymbol{Y}$ 服从$N_n(\boldsymbol{X\beta},\sigma^2\boldsymbol{I}_n)$，$\boldsymbol{X}$ 是$n\times p$ 的满秩矩阵，则

(1) $\hat{\boldsymbol{\beta}}$ 服从 $N_p(\boldsymbol{\beta},\sigma^2(\boldsymbol{X}^{\mathrm{T}}\boldsymbol{X})^{-1})$；

(2) $\boldsymbol{\beta}$ 是独立于s^2 的；

(3) $\frac{(n-p)s^2}{\sigma^2}$服从 χ^2_{n-p}；

(4) $(\hat{\boldsymbol{\beta}}-\boldsymbol{\beta})^{\mathrm{T}}\boldsymbol{X}^{\mathrm{T}}\boldsymbol{X}(\hat{\boldsymbol{\beta}}-\boldsymbol{\beta})$服从 χ^2_p。

接下来介绍可分离回归技术。

Richards 最初引入的可分离回归技术适用于以下形式的非线性模型[22]，其中一些参数是线性的：

$$y_t = \sum_{j=1}^{p} A_j f_j(\theta, t) + e_t, \quad t = 1, \cdots, n \tag{2.5}$$

这里,$A_1, \cdots, A_p$ 和 θ 为未知参数;θ 是向量值;$f_j(\theta, t)$ 是 θ 的已知非线性函数;$\{e_t\}$ 是误差随机变量的序列。而 $A_1, \cdots, A_p$ 是线性参数,而 θ 是非线性参数。为了找到 $A_1, \cdots, A_p$ 和 θ 的 LSE,将模型(2.5)写成矩阵形式为

$$\begin{pmatrix} y_1 \\ y_2 \\ \vdots \\ y_n \end{pmatrix} = \begin{pmatrix} f_1(\theta,1) & f_2(\theta,1) & \cdots & f_p(\theta,1) \\ f_1(\theta,2) & f_2(\theta,2) & \cdots & f_p(\theta,2) \\ \vdots & \vdots & & \vdots \\ f_1(\theta,n) & f_2(\theta,n) & \cdots & f_p(\theta,n) \end{pmatrix} \begin{pmatrix} A_1 \\ A_2 \\ \vdots \\ A_p \end{pmatrix} + \begin{pmatrix} e_1 \\ e_2 \\ \vdots \\ e_n \end{pmatrix}$$

或

$$\boldsymbol{Y} = \boldsymbol{X}(\theta)\boldsymbol{v} + \boldsymbol{e}$$

然后,关于 $\boldsymbol{v} = (A_1, \cdots, A_p)^{\mathrm{T}}$ 和 θ 的 LSE 最小化表示为

$$Q(\boldsymbol{v}, \theta) = (\boldsymbol{Y} - \boldsymbol{X}(\theta)\boldsymbol{v})^{\mathrm{T}}(\boldsymbol{Y} - \boldsymbol{X}(\theta)\boldsymbol{v}) \tag{2.6}$$

对于固定的 θ,$Q(\boldsymbol{v}, \theta)$ 关于 $\boldsymbol{v}$ 的最小化表示为

$$\hat{\boldsymbol{v}}(\theta) = (\boldsymbol{X}^{\mathrm{T}}(\theta)\boldsymbol{X}(\theta))^{-1}\boldsymbol{X}^{\mathrm{T}}(\theta)\boldsymbol{Y}$$

在式(2.6)中用 $\boldsymbol{v}$ 替换 $\hat{\boldsymbol{v}}(\theta)$,可得

$$\begin{aligned} Q(\hat{\boldsymbol{v}}(\theta), \theta) &= (\boldsymbol{Y} - \boldsymbol{X}(\theta)(\boldsymbol{X}^{\mathrm{T}}(\theta)\boldsymbol{X}(\theta))^{-1}\boldsymbol{X}^{\mathrm{T}}(\theta)\mathrm{Y})^{\mathrm{T}}(\boldsymbol{Y} - \boldsymbol{X}(\theta)\,(\boldsymbol{X}^{\mathrm{T}}(\theta)\boldsymbol{X}(\theta))^{-1}\boldsymbol{X}^{\mathrm{T}}(\theta)\boldsymbol{Y}) \\ &= \boldsymbol{Y}^{\mathrm{T}}(\boldsymbol{I} - \boldsymbol{P}_{\boldsymbol{X}(\theta)})^{\mathrm{T}}(\boldsymbol{I} - \boldsymbol{P}_{\boldsymbol{X}(\theta)})\boldsymbol{Y} \\ &= \boldsymbol{Y}^{\mathrm{T}}(\boldsymbol{I} - \boldsymbol{P}_{\boldsymbol{X}(\theta)})\boldsymbol{Y} \\ &= \boldsymbol{Y}^{\mathrm{T}}\boldsymbol{Y} - \boldsymbol{Y}^{\mathrm{T}}\boldsymbol{P}_{\boldsymbol{X}(\theta)}\boldsymbol{Y} \end{aligned}$$

式中,$\boldsymbol{P}_{\boldsymbol{X}(\theta)} = \boldsymbol{X}(\theta)(\boldsymbol{X}^{\mathrm{T}}(\theta)\boldsymbol{X}(\theta))^{-1}\boldsymbol{X}^{\mathrm{T}}(\theta)$ 是 $\boldsymbol{X}(\theta)$ 的列空间上的投影矩阵,$\boldsymbol{X}(\theta)$ 是对称的幂等矩阵。

因此,$Q(\hat{\boldsymbol{v}}(\theta), \theta)$ 只是一个关于 θ 的函数。LSE 分两步获得:首先 $Q(\hat{\boldsymbol{v}}(\theta), \theta)$ 关于 θ 最小化,最小化的结果表示为 $\hat{\theta}$;然后使用 $\hat{\boldsymbol{v}}(\hat{\theta})$ 来估计线性参数 $A_1, \cdots, A_p$。

在最小二乘估计法中,可分离回归技术分两步将线性参数与非线性参数分离。这简化了许多复杂非线性模型中的估计方法。

2.3　非线性回归模型:Jennrich 的研究成果

非线性回归在统计信号处理中起着重要作用。在本节中,我们介绍了 Jennrich 建立的非线性回归分析的一些基本理论结果[8],这方面可参见文献[25]或文献[11]。对于非线性回归模型的其他相关内容,可以参考文献[1]或文献[23]。

考虑以下形式的一般非线性回归模型:

$$y_t = f_t(\theta^0) + \varepsilon_t, \quad t = 1, 2, \cdots, n \tag{2.7}$$

式中,$f_t(\theta)$ 是欧几里得空间子集 Θ 上的已知实值连续函数;$\{\varepsilon_t\}$ 是均值为 0、方差 $\sigma^2 > 0$ 的独立同分布随机变量;θ^0 和 σ^2 的值未知。

任何使得 $Q(\theta)=\frac{1}{n}\sum_{t=1}^{n}(y_t-f_t(\theta))^2$ 最小化的 $\hat{\theta}\in\Theta$ 都被称为基于 $\{y_t\}_{t=1}^{n}$ 的 n 个观测值 θ^0 的最小二乘估计量。

定义 2.7(尾积和尾叉积) 设 $\{x_t\}_{t=1}^{\infty}$ 和 $\{y_t\}_{t=1}^{\infty}$ 是两个实数序列：

$$(x,y)_n=\frac{1}{n}\sum_{t=1}^{n}x_ty_t$$

如果 $\lim_{n\to\infty}(x,y)_n$ 存在，则其极限 (x,y) 称为 x 和 y 的尾积。设 g 和 h 是 Θ 上的两个实值函数序列，使得 $(g(\alpha),h(\beta))_n$ 对于所有 $\alpha,\beta\in\Theta$ 均一致收敛于 $(g(\alpha),h(\beta))$。如果 (g,h) 表示在 $\Theta\times\Theta$ 上取 (α,β) 到 $(g(\alpha),h(\beta))$ 的函数，则该函数称为 g 和 h 的尾叉积。另外，如果 g 和 h 的分量是连续的，那么 (g,h) 作为连续函数的统一极限也是连续的。

引理 2.1 如果 $f:A\times B\to\mathbb{R}$ 是连续函数，其中 $A\subseteq\mathbb{R}$ 和 $B\subseteq\mathbb{R}$ 是闭合的，且 B_1 是 B 的有界子集，那么 $\sup_{y\in B_1}f(x,y)$ 是 x 的连续函数。

定理 2.1 设 E 是欧几里得空间，$\Theta\subset\mathbb{R}$ 是紧集。设 $f:E\times\Theta\to\mathbb{R}$，其中 f 是有界且连续的。如果 $F_1,F_2,\cdots$ 上的分布函数在分布上收敛于 F，那么

$$\int f(x,\theta)\mathrm{d}F_n(x)\to\int f(x,\theta)\mathrm{d}F(x)$$

对所有 $\theta\in\Theta$ 一致。

定理 2.2 设 E 为欧几里得空间，$\Theta\subseteq\mathbb{R}^p$，$\Theta$ 为紧集。设 $f:E\times\Theta\to\mathbb{R}$，其中对于每个 x，f 是 θ 的连续函数；对于每个 θ，f 是 x 的可测函数。设 $|f(x,\theta)|\leqslant g(x)$ 对于所有 x 和 θ 成立，其中 g 是有界的连续函数，$\int g(x)\mathrm{d}F(x)<\infty$，$F$ 是 E 上的分布函数。如果 $x_1,x_2,\cdots$ 是 F 的随机样本，那么对于每一个 $x=(x_1,x_2,\cdots)$ 都有

$$\frac{1}{n}\sum_{t=1}^{n}f(x_t,\theta)\to\int f(x,\theta)\mathrm{d}F(x)$$

对所有 $\theta\in\Theta$ 一致。

2.3.1 最小二乘估计量的存在性

引理 2.2 设 $Q:\Theta\times Y\to\mathbb{R}$，其中 Θ 为欧几里得空间 $\mathbb{R}^p$ 的可数子集，Y 为预测空间。如果令 $\theta\in\Theta$，Q 是 y 的可测函数，对于任意 $y\in Y$，$\theta\in\Theta$ 都是有限的，那么存在一个从 Y 到 Θ 的可测函数 $\hat{\theta}$，使得对于所有 $y\in Y$，$Q(\hat{\theta}(y),y)=\inf_{\theta\in\Theta}Q(\theta,y)$ 成立。

引理 2.3 令 $Q:\Theta\times Y\to\mathbb{R}$，其中 Θ 是欧几里得空间 $\mathbb{R}^p$ 的紧子集，Y 是预测空间。如果对于固定的 $\theta\in\Theta$，Q 是 y 的一个可测函数，对于任意 $y\in Y$，它是 θ 的一个连续函数，那么存在一个从 Y 到 Θ 的可测函数 $\hat{\theta}$，使得对于所有的 $y\in Y$，$Q(\hat{\theta}(y),y)=\inf_{\theta\in\Theta}Q(\theta,y)$ 成立。

2.3.2　最小二乘估计量的一致性和渐近正态性

在本小节中，描述了Jennrich给出的充分条件[8]，在这些条件下最小二乘估计量是严格一致且渐近正态的。

假设2.1　加性误差序列$\{\varepsilon_t\}$，$t=1,2,\cdots$是满足$E(\varepsilon_t)=0$和$\mathrm{Var}(\varepsilon_t)=\sigma^2$的独立同分布实值随机变量序列。

假设2.2　函数$f_t(\theta)=f(x_t,\theta)$与自身的尾叉积存在，且方程

$$\lim_{n\to\infty}\frac{1}{n}\sum_{t=1}^{n}\left[f_t(\theta)-f_t(\theta^0)\right]^2=Q(\theta)$$

在$\theta=\theta^0$处具有唯一的最小值，其中θ^0是Θ的内点。

注意，在函数序列$\{f_t(\theta)\}$的尾叉积存在的假设下，上述极限存在。

引理2.4　令$\{\varepsilon_t\}$，$t=1,2,\cdots$是满足假设2.1的实值随机变量序列，并假设$\{x_t\}$是实数序列，其与自身的尾积存在，那么对于任意序列$\{\varepsilon_t\}$，满足$\lim\limits_{n\to\infty}\frac{1}{n}\sum\limits_{i=1}^{n}x_i\varepsilon_i=0$。

定理2.3　令$\{\varepsilon_t\}$，$t=1,2,\cdots$满足假设2.1；$\{g_t\}$，$t=1,2,\cdots$是Θ上的实值连续函数序列；其中Θ是$\mathbb{R}^p$的紧子集。如果$\{g_t\}$与自身的尾叉积存在，那么对于任意序列$\{\varepsilon_t\}$，有

$$\frac{1}{n}\sum_{t=1}^{n}g_t(\theta)\varepsilon_t\to 0,\quad \forall\,\theta\in\Theta$$

定理2.4　令$\{\hat{\theta}_n\}$是模型(2.7)的最小二乘估计量序列。让$\{\varepsilon_t\}$和$\{f_t\}$分别满足假设2.1和假设2.2，那么$\hat{\theta}_n$和$\hat{\sigma}_n^2=Q(\hat{\theta}_n)$分别是$\theta^0$和$\sigma^2$的严格一致估计量。

为了建立最小二乘估计序列$\hat{\theta}_n$的渐近正态性，我们需要进行求导：

$$f'_{ti}(\theta)=\frac{\partial}{\partial\theta_i}f_t(\theta),\quad f''_{tij}(\theta)=\frac{\partial^2}{\partial\theta_i\partial\theta_j}f_t(\theta)$$

让$f'=(f'_{ti})$，$f''=(f''_{tij})$，我们考虑以下假设。

假设2.3　对于$i,j=1,\cdots,p$，存在导数f'_{ti}和f''_{tij}在θ上是连续的。f_t，f'_{ti}和f''_{tij}之间存在所有可能的尾叉积。对于任意$\theta\in\Theta$，令

$$a_{nij}(\theta)=\frac{1}{n}\sum_{t=1}^{n}f'_{ti}f'_{tj},\quad i,j=1,2,\cdots,p$$

考虑矩阵$\boldsymbol{A}_n(\theta)=(a_{nij}(\theta))$；$i,j=1,2,\cdots,p$，使得$a_{ij}(\theta)=\lim\limits_{n\to\infty}a_{nij}(\theta)$和$\boldsymbol{A}(\theta)=\lim\limits_{n\to\infty}\boldsymbol{A}_n(\theta)$成立。

假设2.4　矩阵$\boldsymbol{A}(\theta^0)$是非奇异的。

定理2.5　设$\{\hat{\theta}_n\}$是一个最小二乘估计序列。根据假设2.1～假设2.4：

$$\sqrt{n}(\hat{\theta}_n-\theta^0)\xrightarrow{\mathrm{d}}N_p(\boldsymbol{0},\boldsymbol{A}^{-1}(\theta^0))$$

2.4 数值算法

不同的数值算法已被广泛用于开发信号处理模型的有效估计程序中。我们已经在本书中介绍了一些常用的方法,更多细节可以在文献[12,16]等中找到。

2.4.1 迭代法

为了找到方程 $f(x)=0$ 的根,通常不可能在有限步数内明确地找到零点 ξ,我们需要使用近似方法。这些方法大多是迭代的,具有以下形式。从初始值 x_0 开始,逐次逼近 $x_i(i=1,2,\cdots,\xi)$,计算式为

$$x_{i+1} = h(x_i), \quad i = 1,2,\cdots$$

式中,$h(\cdot)$是一个迭代函数。从 $f(x)=0$ 中求得的 x 说明 $x=h(x)$不是唯一的表示,且有很多方法可以做到这一点。例如,方程式 $x^3+x-1=0$ 可以表示为

$$x = 1 - x^3, \quad x = (1-x)^{\frac{1}{3}}, \quad x = (1+x^2)^{-1}, \quad \cdots$$

如果 ξ 是$h(h(\xi)=\xi)$的不动点,所有不动点也是 f 的零点,且 h 在其每个不动点的邻域内是连续的,那么每个极限点序列$\{x_i;i=1,2,\cdots\}$是 h 的不动点、f 的零点(参见文献[20])。

接下来的问题是如何找到一个合适的迭代函数,一般来说,迭代函数 h 可以通过如下方法找到:如果 ξ 是函数$f:\mathbb{R}\to\mathbb{R}$的零点,并且 f 在该点的邻域$N(\xi)$内充分可微,则 f 关于 $x_0\in N(\xi)$的泰勒级数展开式是

$$f(\xi) = f(x_0) + (\xi - x_0)f'(x_0) + \frac{1}{2!}(\xi - x_0)^2 f''(x_0) + \cdots$$
$$+ \frac{1}{k!}(\xi - x_0)^k f^{(k)}(x_0 + \lambda(\xi - x_0)), \quad 0 < \lambda < 1$$

如果忽略高阶项,则我们可以根据给定的邻点 x_0 近似表示点 ξ 的等式,例如

$$f(\xi) = f(x_0) + (\xi - x_0)f'(x_0) = 0 \tag{2.8}$$

$$f(\xi) = f(x_0) + (\xi - x_0)f'(x_0) + \frac{1}{2!}(\xi - x_0)^2 f''(x_0) = 0 \tag{2.9}$$

它们产生了近似值

$$\xi_{1*} = x_0 - \frac{f(x_0)}{f'(x_0)}$$

$$\xi_{2*} = x_0 - \frac{f'(x_0) \pm \sqrt{(f'(x_0))^2 - 2f(x_0)f''(x_0)}}{f''(x_0)}$$

总的来说,ξ_{1*} 和 ξ_{2*} 必须通过其自身求导方案进行进一步修正。因此,我们通过迭代方法得到

$$x_{i+1} = h_1(x_i), \quad h_1(x) = x - \frac{f(x)}{f'(x)} \tag{2.10}$$

$$x_{i+1} = h_2(x_i), \quad h_2(x) = x - \frac{f'(x) \pm \sqrt{(f'(x))^2 - 2f(x)f''(x)}}{f''(x)} \tag{2.11}$$

式(2.10)给出的第一个方法是经典的 Newton-Raphson 法，式(2.11)给出的是其扩展公式。

现在一个重要的问题是近似值序列$\{x_0, x_1, \cdots x_n\}$是否总是收敛到某个数ξ呢？答案是否定的，但是有足够的条件可以使序列收敛。接下来，如果它收敛，那么ξ是否会是$x = h(x)$的根呢？考虑方程

$$x_{n+1} = h(x_n)$$

随着n的增加，左侧趋于根ξ，如果h是连续的，则右侧趋于$h(\xi)$。因此，在极限中，我们有$\xi = h(\xi)$，这表明ξ是方程$x = h(x)$的根。现在，如何选择h和初始逼近x_0使得序列$\{x_n\}$收敛到根，我们有以下定理。

定理 2.6(文献[18])　令$x = \xi$是$f(x) = 0$的根，令$N(\xi)$是包含$x = \xi$的邻域(区间)。设$h(x)$和$h'(x)$在$N(\xi)$中连续，其中$h(x)$由$x = h(x)$定义，相当于$f(x) = 0$。如果对于任意的在$N(\xi)$中的x，$|h'(x)| < 1$成立，则近似序列$\{x_n\}$收敛到根ξ，在$N(\xi)$中选择假设初始近似值x_0。

Newton-Raphson 法的一些缺点如下：如果初始估计值与根的距离不够近，Newton-Raphson 法可能无法收敛或收敛到错误的根，其连续估计可能收敛得太慢或根本不收敛。

2.4.2　下降单纯形法

下降单纯形法是一种多维优化算法，即寻找一个或多个自变量的函数的最小值，参考文献[15]。该方法只需要对函数求值，不需要求导。单纯形是由n维的$n+1$个点(顶点)和所有相互连接的线段、多边形面等组成的几何图形。在二维空间中，它是一个三角形，在三维空间中，它是一个四面体。基本思想是从起始值开始通过反射、扩展和收缩移动。

该算法非常简单，可以通过多种方式实现，实现上的主要区别是基于初始单纯形的构造方法和终止迭代过程的终止准则。通常初始单纯形S是通过生成$n+1$个围绕初始起点的$\boldsymbol{x}_1, \boldsymbol{x}_2, \cdots, \boldsymbol{x}_{n+1}$顶点来构造的，如$\boldsymbol{x}_s \in \mathbb{R}^n$。最常用的选项是$\boldsymbol{x}_1 = \boldsymbol{x}_s$，其余的顶点通过以下两种方式之一生成：① S在$\boldsymbol{x}_1$处为直角，且$\boldsymbol{x}_j = \boldsymbol{x}_0 + s_j\boldsymbol{e}_j$，$j = 2, \cdots, n+1$，其中$s_j$是$\boldsymbol{e}_j$方向上的步长，即$\mathbb{R}^n$中的单位向量。② S为所有边都具有指定长度的正则单纯形。

假设我们试图最小化函数$f(\boldsymbol{x})$，并且我们有$\boldsymbol{x}_1, \cdots, \boldsymbol{x}_{n+1}$个顶点，那么单纯形算法的一次迭代包括：

步骤(1) 排序：根据顶点处的值$f(\boldsymbol{x}_1) < f(\boldsymbol{x}_2) < \cdots < f(\boldsymbol{x}_{n+1})$进行排序。如果满足终止条件，则停止。

步骤(2) 计算除最差点 $\bar{\boldsymbol{x}}=\frac{1}{n}\sum_{i=1}^{n}\boldsymbol{x}_i$ 以外的所有点的质心 $\boldsymbol{x}_{n+1}$。

步骤(3) 反射：计算反射点

$$\boldsymbol{x}_{\mathrm{r}}=\bar{\boldsymbol{x}}+\alpha(\bar{\boldsymbol{x}}-\boldsymbol{x}_{n+1}),\quad \alpha>0$$

如果 $f(\boldsymbol{x}_1)<f(\boldsymbol{x}_{\mathrm{r}})<f(\boldsymbol{x}_n)$，则通过用反射点 $\boldsymbol{x}_{\mathrm{r}}$ 替换最差点 $\boldsymbol{x}_{n+1}$来查找新的单纯形，并转至步骤(1)。

步骤(4) 扩展：如果 $f(\boldsymbol{x}_{\mathrm{r}})<f(\boldsymbol{x}_1)$，则计算展开点

$$\boldsymbol{x}_{\mathrm{e}}=\boldsymbol{x}_{\mathrm{r}}+\beta(\boldsymbol{x}_{\mathrm{r}}-\bar{\boldsymbol{x}}),\quad \beta>1$$

如果 $f(\boldsymbol{x}_{\mathrm{e}})<f(\boldsymbol{x}_{\mathrm{r}})$，则通过用 $\boldsymbol{x}_{\mathrm{e}}$ 替换 $\boldsymbol{x}_{n+1}$得到一个新的单纯形并转至步骤(1)；否则，通过用 $\boldsymbol{x}_{\mathrm{r}}$ 替换 $\boldsymbol{x}_{n+1}$得到一个新的单纯形，然后转到步骤(1)。

步骤(5) 最差点收缩：如果 $f(\boldsymbol{x}_{\mathrm{r}})<f(\boldsymbol{x}_n)$，则计算收缩点

$$\boldsymbol{x}_{\mathrm{c}}=\bar{\boldsymbol{x}}+\gamma(\boldsymbol{x}_{n+1}-\bar{\boldsymbol{x}}),\quad 0<\gamma\leqslant 0.5$$

如果 $f(\boldsymbol{x}_{\mathrm{c}})<f(\boldsymbol{x}_{n+1})$，则通过用 $\boldsymbol{x}_{\mathrm{c}}$ 替换 $\boldsymbol{x}_{n+1}$获得新的单纯形，然后转到步骤(1)。

步骤(6) 收缩：替换除 $\boldsymbol{x}_1$ 外的所有点为

$$\boldsymbol{x}_i=\boldsymbol{x}_1+\rho(\boldsymbol{x}_i-\boldsymbol{x}_1),\quad 0<\rho<1$$

然后转到步骤(1)。

大多数使用的标准值是 $\alpha=1,\beta=2,\gamma=0.5$ 和 $\rho=0.5$。

2.4.3 Fisher Score 法

考虑一个具有对数似然函数 $l(\boldsymbol{\theta})$的模型，其中 $\boldsymbol{\theta}$ 是 p 变量参数向量，然后，通过 Fisher Score 法求解 $\hat{\boldsymbol{\theta}}$，即 $\boldsymbol{\theta}$ 的 MLE，由迭代过程给出

$$\boldsymbol{\theta}^{(k+1)}=\boldsymbol{\theta}^{(k)}-\left\{E\left[\frac{\partial^2 l(\boldsymbol{\theta})}{\partial\boldsymbol{\theta}\partial\boldsymbol{\theta}^{\mathrm{T}}}\right]\right\}_{\boldsymbol{\theta}^{(k)}}^{-1}\left(\frac{\partial l(\boldsymbol{\theta})}{\partial\boldsymbol{\theta}}\right)_{\boldsymbol{\theta}^{(k)}}$$

式中，$\boldsymbol{\theta}^{(k)}$是第 k 步的估计值。该算法类似最大化似然 $l(\boldsymbol{\theta})$的 Newton-Raphson 法，将 Hessian 矩阵，即信息矩阵$\frac{\partial^2 l(\boldsymbol{\theta})}{\partial\boldsymbol{\theta}\partial\boldsymbol{\theta}^{\mathrm{T}}}$替换为其期望值。由于存在以下关系，信息矩阵在给定的迭代中更有可能是正定的，表达式为

$$-E\left[\frac{\partial^2 l(\boldsymbol{\theta})}{\partial\boldsymbol{\theta}\partial\boldsymbol{\theta}^{\mathrm{T}}}\right]=E\left[\frac{\partial l(\boldsymbol{\theta})}{\partial\boldsymbol{\theta}}\frac{\partial l(\boldsymbol{\theta})}{\partial\boldsymbol{\theta}^{\mathrm{T}}}\right]$$

这在一般条件下均可以满足。

2.5 其　　他

2.5.1 参考定义

令$\{a_n\}_{n=1}^{\infty}$为实数序列，$\{g_n\}_{n=1}^{\infty}$为正实数序列，设$\{X_n\}$为一个随机变量序列。

定义 2.8　a_n 的阶数小于 g_n，如果

$$\lim_{n \to \infty} g_n^{-1} a_n = 0$$

那么可以写为 $a_n = o(g_n)$。

定义 2.9　a_n 至多是 g_n 阶，如果存在正实数 M 使得对于任意 n，$g_n^{-1} | a_n | \leqslant M$，那么可以写为 $a_n = O(g_n)$。

定义 2.10　在一定概率上 X_n 的阶数比 g_n 小，如果满足

$$g_n^{-1} X_n \xrightarrow{p} 0$$

那么可以写为 $X_n = o_p(g_n)$。

定义 2.11　X_n 在一定概率上至多为 g_n 阶，如果对于任意 $\varepsilon > 0$，都存在一个正实数 M_ε 使得

$$P(| X_n | \geqslant M_\varepsilon g_n) \leqslant \varepsilon$$

则对于任意 n，可以写为 $X_n = O_p(g_n)$。

2.5.2　参考定理

在本节中，我们将介绍本书中使用的一些基本概率结果，有关详细证明，请参阅文献[3]。

定理 2.7(Borel-Cantelli 引理)　设 $\{A_n\}$，$n = 1, 2, \cdots$ 为集合序列，$A = \overline{\lim_{n \to \infty}} A_n$，$P$ 是一个概率集函数。那么

(1) $\sum\limits_{n=1} P(A_n) < \infty \Rightarrow P(A) = 0$。

(2) $\sum\limits_{n=1}^{\infty} P(A_n) = \infty$，事件 A_n 是独立的 $\Rightarrow P(A) = 1$。

定理 2.8(Lindeberg-Feller 中心极限定理)　设 $\{X_n\}$ 是一个具有分布函数为 F_n 的独立随机变量序列。令 $E(X_n) = \mu_n$，存在 $V(X_n) = \sigma_n^2 \neq 0$。定义

$$Y_n = \frac{\sum\limits_{i=1}^{n} (X_i - \mu_i)}{B_n}, \quad B_n = \left(\sum_{i=1}^{n} \sigma_i^2\right)^{1/2}$$

其关系式为

$$\lim_{n \to \infty} \max_{1 \leqslant i \leqslant n} \frac{\sigma_i}{B_n} \longrightarrow 0 \quad 和 \quad Y_n \xrightarrow{\mathrm{d}} N(0,1)$$

当且仅当任意 $\varepsilon > 0$，

$$\lim_{n \to \infty} \frac{1}{B_n^2} \sum_{i=1}^{n} \int_{| x - \mu_i | > \varepsilon B_n} (x - \mu_i)^2 \mathrm{d} F_i(x) = 0$$

定理 2.9(有限移动平均的中心极限定理)　$\{X_t; t \in (0, \pm 1, \pm 2, \cdots)\}$ 可以定义为

$$X_t = \mu + \sum_{j=0}^{m} b_j e_{t-j}$$

式中，$b_0 = 1$，$\sum\limits_{j=0}^{m} b_j \neq 0$，$\{e_t\}$ 为一系列不相关的 $(0, \sigma^2)$ 随机变量序列。假设

$$n^{1/2}-e_n \xrightarrow{\mathrm{d}} N(0,\sigma^2),\quad \bar{e}_n=\frac{1}{n}\sum_{j=1}^{n}e_j$$

然后

$$n^{1/2}(\bar{x}_n-\mu)\xrightarrow{\mathrm{d}} N\left(0,\sigma^2\left(\sum_{j=0}^{m}b_j\right)^2\right)$$

式中，$\bar{x}_n=\frac{1}{n}\sum_{t=1}^{n}X_t$。

定理 2.10(线性过程的中心极限定理) 设协方差时间序列$\{X_t\}$满足

$$X_t=\sum_{j=0}^{\infty}\alpha_j e_{t-j}$$

式中，$\sum_{j=0}^{\infty}|\alpha_j|<\infty$ 且 $\sum_{j=0}^{\infty}\alpha_j\neq 0$，$\{e_t\}$为一系列不相关的$(0,\sigma^2)$随机变量序列。令$\gamma_X(\cdot)$表示$\{X_t\}$的自协方差函数。假设 $n^{1/2}\bar{e}_n$ 为在分布上收敛于$N(0,\sigma^2)$的随机变量，那么

$$n^{-\frac{1}{2}}\sum_{t=1}^{n}X_t \xrightarrow{\mathrm{d}} N\left(0,\sum_{h=-\infty}^{\infty}\gamma_X(h)\right)$$

其中

$$\sum_{h=-\infty}^{\infty}\gamma_X(h)=\left(\sum_{j=0}^{\infty}\alpha_j\right)^2\sigma^2$$

定理 2.11(弱平稳过程线性函数的中心极限定理[5]) 设$\{X_t;t\in T=(0,\pm 1,\pm 2,\cdots)\}$是一个由下式定义的时间序列

$$X_t=\sum_{j=0}^{\infty}\alpha_j e_{t-j}$$

式中，$\sum_{j=0}^{\infty}|\alpha_j|<\infty$，$\{e_t\}$具有分布函数$F_t(e)$的$(0,\sigma^2)$随机变量序列，满足

$$\lim_{\delta\to\infty}\sup_{t\in T}\int_{|e|>\delta}e^2\mathrm{d}F_t(e)=0$$

设$\{C_t\}_{t=1}^{\infty}$是一个固定实数序列，满足

(1) $\lim_{n\to\infty}\sum_{t=1}^{n}C_t^2=\infty$；

(2) $\lim_{n\to\infty}\frac{C_n^2}{\sum_{t=1}^{n}C_t^2}=0$；

(3) $\lim_{n\to\infty}\frac{\sum_{t=1}^{n-h}C_tC_{t+|h|}}{\sum_{t=1}^{n}C_t^2}=g(h)$，$h=0,\pm 1,\pm 2$。

令 $V=\sum_{h=-\infty}^{\infty}g(h)\gamma_X(h)\neq 0$，其中 $\gamma_X(\cdot)$ 为$\{X_t\}$的自协方差函数，那么

$$\left[\sum_{t=1}^{n}C_t^2\right]^{-1/2}\sum_{t=1}^{n}C_tX_t \xrightarrow{\mathrm{d}} N(0,V)$$

2.5.3　稳定分布

定义 2.12　如果对于任意正数 A 和 B，存在正数 C 和实数 D 使得随机变量 X 具有稳定分布

$$X_1 + X_2 \stackrel{\mathrm{d}}{=} CX + D \tag{2.12}$$

式中，X_1，X_2 是 X 的独立副本。

如果式(2.12)对 $D=0$ 成立，那么一个随机变量 X 被称为严格稳定的。

定义 2.13　如果有一个独立同分布随机变量 $Z_1,Z_2,\cdots$，正数序列 $\{b_n\}$ 和实数序列 $\{a_n\}$ 存在如下关系，则称随机变量 X 具有稳定分布：

$$\frac{1}{b_n}\sum_{i=1}^{n} Z_i - a_n \xrightarrow{\mathrm{d}} X$$

定义 2.14　如果存在参数 $0<\alpha\leqslant 2,\sigma\geqslant 0,-1\leqslant\beta\leqslant 1$ 和 μ 分布使得其特征函数具有以下形式，则称随机变量 X 具有稳定分布：

$$E\exp[\mathrm{i}tX] = \begin{cases} \exp\left\{-\sigma^{\alpha}\,|t|^{\alpha}\left[1-\mathrm{i}\beta(\mathrm{sign}(t))\tan\left(\dfrac{\pi\alpha}{2}\right)\right]+\mathrm{i}\mu t\right\}, & \alpha\neq 1 \\ \exp\left\{-\sigma|t|\left[1+\mathrm{i}\beta\dfrac{2}{\pi}(\mathrm{sign}(t))\ln|t|\right]+\mathrm{i}\mu t\right\}, & \alpha = 1 \end{cases}$$

该参数 α 称为稳定性指数或特征指数，

$$\mathrm{sign}(t) = \begin{cases} 1, & t>0 \\ 0, & t=0 \\ -1, & t<0 \end{cases}$$

上述三种稳定分布的定义是等价的。参数 σ(尺度参数)、β(偏度参数)和 μ 是唯一的(当 $\alpha=2$ 时，β 无关紧要)并用 $X\sim S_\alpha(\sigma,\beta,\mu)$ 表示。

定义 2.15　对称(0 周围)随机变量 X 被称为具有对称 α 稳定(SαS)分布，尺度参数为 σ，稳定性指数为 α，如果随机变量 X 的特征函数为

$$E\,\mathrm{e}^{\mathrm{i}tX} = \mathrm{e}^{-\sigma^{\alpha}|t|^{\alpha}} \tag{2.13}$$

我们将 X 的分布表示为 SαS(σ)。请注意 $\alpha=2$ 的 SαS 随机变量服从 $N(0,2\sigma^2)$，$\alpha=1$ 时为 Cauchy 随机变量，其密度函数为

$$f_\sigma(x) = \frac{\sigma}{\pi(x^2+\sigma^2)}$$

该 SαS 分布是具有非零位移和偏态参数的一般稳定分布的特例。具有小特征指数 SαS 分布的随机变量具有很强的脉冲性。随着 α 减小，异常值的发生率和强度都会增加，从而产生脉冲阶跃。

关于 SαS 的详细处理，读者可参考文献[17]。

接下来介绍平稳随机变量的基本性质。

(1) 设 X_1 和 X_2 为独立随机变量，其分布 $X_j\sim S_\alpha(\sigma_j,\beta_j,\mu_j)$，$j=1,2$，那么 $X_1+X_2\sim S_\alpha(\sigma,\beta,\mu)$，式中

$$\sigma=(\sigma_1^\alpha+\sigma_2^\alpha)^{1/\alpha},\quad \beta=\frac{\beta_1\sigma_1^\alpha+\beta_2\sigma_2^\alpha}{\sigma_1^\alpha+\sigma_2^\alpha},\quad \mu=\mu_1+\mu_2$$

(2) 设 $X\sim S_\alpha(\sigma,\beta,\mu)$ 且 a 为实常数，那么

$$X+a\sim S_\alpha(\sigma,\beta,\mu+a)$$

(3) 设 $X\sim S_\alpha(\sigma,\beta,\mu)$ 且 a 为非零实常数，那么

$$aX\sim S_\alpha[|a|\sigma,\mathrm{sign}(a)\beta,a\mu],\quad \alpha\neq 1$$

$$aX\sim S_\alpha\left[|a|\sigma,\mathrm{sign}(a)\beta,a\mu-\frac{2}{\pi}a(\ln|a|)\sigma\beta\right],\quad \alpha=1$$

(4) 对任意 $0<\alpha<2$，$X\sim S_\alpha(\sigma,\beta,0)\Leftrightarrow X\sim S_\alpha(\sigma,-\beta,0)$。

(5) 当且仅当 $\beta=0,\mu=0$ 时，$X\sim S_\alpha(\sigma,\beta,\mu)$ 是对称的；当且仅当 $\beta=0$ 时，它关于 μ 对称。

命题：设 γ 在 $\left(-\frac{\pi}{2},\frac{\pi}{2}\right)$ 上是均匀分布的，W 是指数分布，且均值为 1。假设 γ 和 W 是独立的，那么

$$Y=\frac{\sin(\alpha\gamma)}{(\cos\gamma)^{\frac{1}{\alpha}}}\left(\frac{\cos((1-\alpha)\gamma)}{W}\right)^{\frac{1-\alpha}{\alpha}}\tag{2.14}$$

分布为 $S_\alpha(1,0,0)=S_\alpha S(1)$。

这个命题在模拟平稳随机变量时很有用，在 Gauss 情况下 $\alpha=2$，式(2.14)简化为 $W^{1/2}\sin(2\gamma)/\cos(\gamma)$，这是用于生成 $N(0,2)$ 个随机变量的 Box-Muller 方法(参见文献[2])。

定义 2.16 设 $\boldsymbol{X}=(X_1,X_2,\cdots,X_d)$ 在 $\mathbb{R}^d$ 中为 α 平稳随机向量，则

$$\Phi(t)=\Phi(t_1,t_2,\cdots,t_d)=E\cdot\exp[\mathrm{i}(t^{\mathrm{T}}\boldsymbol{X})]=E\cdot\exp(\mathrm{i}\sum_{k=1}^{d}t_kX_k)$$

表示其特征函数，$\Phi(t)$ 也称为随机变量 $X_1,X_2,\cdots,X_d$ 的联合特征函数。

结果 2.1 设 $\boldsymbol{X}$ 为 $\mathbb{R}^d$ 中的随机向量。

(1) 如果随机变量 $X_1,X_2,\cdots,X_d$ 的所有线性组合是对称稳定的，那么 $\boldsymbol{X}$ 是 $\mathbb{R}^d$ 中的对称稳定随机向量。

(2) 如果所有线性组合都是稳定的且稳定指数大于或等于 1，则 $\boldsymbol{X}$ 是 $\mathbb{R}^d$ 中的稳定向量。

2.5.4 数论结果和猜想

建立与 Chirp 信号模型有关的渐近理论需要一些数论结果和猜想的支撑。下面的三角函数在研究与正弦模型相关的不同理论中被广泛使用。这些结果很容易证明，可参见文献[14]。

结果 2.2

$$\frac{1}{n}\sum_{t=1}^{n}\cos(\omega t)=o\left(\frac{1}{n}\right)\tag{2.15}$$

$$\frac{1}{n}\sum_{t=1}^{n}\sin(\omega t) = o\left(\frac{1}{n}\right) \tag{2.16}$$

$$\frac{1}{n}\sum_{t=1}^{n}\cos^2(\omega t) = \frac{1}{2} + o\left(\frac{1}{n}\right) \tag{2.17}$$

$$\frac{1}{n}\sum_{t=1}^{n}\sin^2(\omega t) = \frac{1}{2} + o\left(\frac{1}{n}\right) \tag{2.18}$$

$$\frac{1}{n^{k+1}}\sum_{t=1}^{n}t^k\cos^2(\omega t) = \frac{1}{2(k+1)} + o\left(\frac{1}{n}\right) \tag{2.19}$$

$$\frac{1}{n^{k+1}}\sum_{t=1}^{n}t^k\sin^2(\omega t) = \frac{1}{2(k+1)} + o\left(\frac{1}{n}\right) \tag{2.20}$$

$$\frac{1}{n^{k+1}}\sum_{t=1}^{n}t^k\cos(\omega t)\sin(\omega t) = o\left(\frac{1}{n}\right) \tag{2.21}$$

对于 Chirp 信号模型也需要类似的结论。

结果 2.3　设 $\theta_1,\theta_2\in(0,\pi)$，$k=0,1,\cdots$，除不可数的情况外，以下等式均成立：

$$\lim_{n\to\infty}\frac{1}{n}\sum_{t=1}^{n}\cos(\theta_1 t + \theta_2 t^2) = 0 \tag{2.22}$$

$$\lim_{n\to\infty}\frac{1}{n}\sum_{t=1}^{n}\sin(\theta_1 t + \theta_2 t^2) = 0 \tag{2.23}$$

$$\lim_{n\to\infty}\frac{1}{n^{k+1}}\sum_{t=1}^{n}t^k\cos^2(\theta_1 t + \theta_2 t^2) = \frac{1}{2(k+1)} \tag{2.24}$$

$$\lim_{n\to\infty}\frac{1}{n^{k+1}}\sum_{t=1}^{n}t^k\sin^2(\theta_1 t + \theta_2 t^2) = \frac{1}{2(k+1)} \tag{2.25}$$

$$\lim_{n\to\infty}\frac{1}{n^{k+1}}\sum_{t=1}^{n}t^k\cos(\theta_1 t + \theta_2 t^2)\sin(\theta_1 t + \theta_2 t^2) = 0 \tag{2.26}$$

使用文献[24]的数论结果，可以证明上述结果，详情参见文献[13]。

文献[24]提出了以下猜想，尽管大量的模拟结果表明了该猜想的有效性，但它仍然是一个有待解决的问题。这个猜想也是被用来研究与 Chirp 信号模型有关的一些重要结果。

猜想：设 $\theta_1,\theta_2,\theta'_1,\theta'_2\in(0,\pi)$，$k=0,1,\cdots$，除可计数的点数外，以下等式成立：

$$\lim_{n\to\infty}\frac{1}{\sqrt{n}n^k}\sum_{t=1}^{n}t^k\cos(\theta_1 t + \theta_2 t^2)\sin(\theta'_1 t + \theta'_2 t^2) = 0 \tag{2.27}$$

另外，如果 $\theta_2\neq\theta'_2$，那么

$$\lim_{n\to\infty}\frac{1}{\sqrt{n}n^k}\sum_{t=1}^{n}t^k\cos(\theta_1 t + \theta_2 t^2)\cos(\theta'_1 t + \theta'_2 t^2) = 0$$

$$\lim_{n\to\infty}\frac{1}{\sqrt{n}n^k}\sum_{t=1}^{n}t^k\sin(\theta_1 t + \theta_2 t^2)\sin(\theta'_1 t + \theta'_2 t^2) = 0$$

2.6 Prony 方程和指数模型

2.6.1 Prony 方程

现在我们提供一个在统计信号处理文献中被广泛使用的重要结果，它被称为 Prony 方程。化学工程师 Prony 在 1795 年提出了该方法，主要是为了估计实指数模型的未知参数。我们可以在一些数值分析书中找到该理论，如文献[4,7]。Prony 观察到，对于任意非零常实数 $\alpha_1,\cdots,\alpha_M$ 和不同的常数 $\beta_1,\cdots,\beta_M$，如果

$$\mu(t) = \alpha_1 e^{\beta_1 t} + \cdots + \alpha_M e^{\beta_M t}, \quad t = 1,\cdots,n \tag{2.28}$$

那么存在 $(M+1)$ 个常数 $\{g_0,\cdots,g_M\}$，使得

$$\boldsymbol{A}\boldsymbol{g} = \boldsymbol{0} \tag{2.29}$$

式中

$$\boldsymbol{A} = \begin{bmatrix} \mu(1) & \cdots & \mu(M+1) \\ \vdots & & \vdots \\ \mu(n-M) & \cdots & \mu(n) \end{bmatrix}, \quad \boldsymbol{g} = \begin{bmatrix} g_0 \\ \vdots \\ g_M \end{bmatrix}, \quad \boldsymbol{0} = \begin{bmatrix} 0 \\ \vdots \\ 0 \end{bmatrix} \tag{2.30}$$

请注意，为了不失一般性，我们总是可以对 $g_0,\cdots,g_M$ 进行限制，使得 $\sum_{j=0}^{M} g_j^2 = 1$ 和 $g_0 > 0$。线性方程组(2.29) 被称为 Prony 方程。以下多项式方程

$$p(x) = g_0 + g_1 x + \cdots + g_M x^M = 0 \tag{2.31}$$

的根为 $e^{\beta_1},\cdots,e^{\beta_M}$。因此，$\{\beta_1,\cdots,\beta_M\}$ 和 $\{g_0,g_1,\cdots,g_M\}$ 之间存在一一对应关系，使得

$$\sum_{j=0}^{M} g_j^2 = 1, \quad g_0 > 0 \tag{2.32}$$

此外，$\{g_0,g_1,\cdots,g_M\}$ 不依赖于 $\{\alpha_1,\cdots,\alpha_M\}$。那么如何从给定的 $\mu(1),\cdots,\mu(n)$ 中重构 $\{\alpha_1,\cdots,\alpha_M\}$ 和 $\{\beta_1,\cdots,\beta_M\}$ 呢？可以按如下方式完成，请注意，式(2.30)中定义的矩阵 $\boldsymbol{A}$ 的秩为 M。因此，存在唯一的 $\{g_0,g_1,\cdots,g_M\}$ 使得式(2.29)和式(2.32)同时成立。使用式(2.31)从 $\{g_0,g_1,\cdots,g_M\}$ 中重构 $\{\beta_1,\cdots,\beta_M\}$。现在为了重构 $\{\alpha_1,\cdots,\alpha_M\}$，将式(2.28)写为

$$\boldsymbol{\mu} = \boldsymbol{X}\boldsymbol{\alpha} \tag{2.33}$$

式中，$\boldsymbol{\mu} = (\mu(1),\cdots,\mu(n))^{\mathrm{T}}$ 和 $\boldsymbol{\alpha} = (\alpha_1,\cdots,\alpha_M)^{\mathrm{T}}$ 分别是 $n \times 1$ 和 $M \times 1$ 的向量。$n \times M$ 的矩阵 $\boldsymbol{X}$ 为

$$\boldsymbol{X} = \begin{bmatrix} e^{\beta_1} & \cdots & e^{\beta_{st}} \\ \vdots & & \vdots \\ e^{n\beta_1} & \cdots & e^{n\beta_s} \end{bmatrix} \tag{2.34}$$

因此，$\boldsymbol{\alpha} = (\boldsymbol{X}^{\mathrm{T}}\boldsymbol{X})^{-1}\boldsymbol{X}^{\mathrm{T}}\boldsymbol{\mu}$。注意，因为 $\beta_1,\cdots,\beta_M$ 是不同的，所以 $\boldsymbol{X}^{\mathrm{T}}\boldsymbol{X}$ 是一个满秩矩阵。

2.6.2　无阻尼指数模型

Prony 观察到真实指数模型的关系如式(2.29)所示，复杂指数模型或俗称的无阻尼指数模型也获得了相同的结果。复杂指数模型可以表示为

$$\mu(t) = A_1 e^{i\omega_1 t} + \cdots + A_M e^{i\omega_A t}, \quad t = 1,\cdots,n \tag{2.35}$$

式中，$A_1,\cdots,A_M$ 为复数，$0<\omega_k<2\pi(k=1,\cdots,M)$ 且 $i=\sqrt{-1}$。此时存在 $\{g_0,\cdots,g_M\}$，从而可以满足式(2.29)。多项式方程 $p(z)=0$ 的根为 $z_1=e^{i\omega_1},\cdots,z_M=e^{i\omega_M}$，如式(2.31)所示。可以观察到

$$|z_1| = \cdots = |z_M| = 1, \quad \bar{z}_k = z_k^{-1}, \quad k = 1,\cdots,M \tag{2.36}$$

这里 $\bar{z}_k$ 表示 z_k 的复共轭，定义新多项式

$$q(z) = z^{-M}\bar{p}(z) = \bar{g}_0 z^{-M} + \cdots + \bar{g}_M \tag{2.37}$$

由式(2.36)可以看出，$p(z)$ 和 $q(z)$ 具有相同的根。因此，可以获得

$$\frac{g_k}{g_M} = \frac{\bar{g}_{M-k}}{\bar{g}_0}, \quad k = 0,\cdots,M \tag{2.38}$$

通过比较两个多项式 $p(z)$ 和 $q(z)$ 的系数，如果我们认为

$$b_k = g_k\left(\frac{\bar{g}_0}{g_M}\right)^{-\frac{1}{2}}, \quad k = 0,\cdots,M \tag{2.39}$$

那么

$$b_k = \bar{b}_{M-k}, \quad k = 0,\cdots,M \tag{2.40}$$

式(2.40)是共轭对称的，可以写成

$$\boldsymbol{b} = \boldsymbol{J}\bar{\boldsymbol{b}} \tag{2.41}$$

式(2.41)中，$\boldsymbol{b}=(b_0,\cdots,b_M)^{\mathrm{T}}$，而 $\boldsymbol{J}$ 是式(2.1)定义的交换矩阵。由上面的讨论可以看出，对于式(2.35)中的 $\mu(t)$，存在一个向量 $\boldsymbol{g}=(g_0,\cdots,g_M)^{\mathrm{T}}$，使得 $\sum_{k=0}^{M} g_k^2 = 1$。其中 $\boldsymbol{g}$ 满足式(2.29)，同时也满足

$$\boldsymbol{g} = \boldsymbol{J}\bar{\boldsymbol{g}} \tag{2.42}$$

相关详细信息请参见文献[9]。

2.6.3　正弦模型之和

Prony 方法也适用于正弦模型的求和，假设 $\mu(t)$ 可以写成

$$\mu(t) = \sum_{k=1}^{p}[A_k\cos(\omega_k t) + B_k\sin(\omega_k t)], \quad t = 1,\cdots,n \tag{2.43}$$

式中，$A_1,\cdots,A_p$ 和 $B_1,\cdots,B_p$ 是实数；频率 $\omega_1,\cdots,\omega_p$ 是不同的，$0<\omega_k<\pi(k=1,\cdots,p)$。因此式(2.43)可以用写为

$$\mu(t) = \sum_{k=1}^{p} C_k e^{i\omega_k t} + \sum_{k=1}^{p} D_k e^{-i\omega_k t}, \quad t = 1,\cdots,n \tag{2.44}$$

式中，$C_k=(A_k-\mathrm{i}B_k)/2, D_k=(A_k+\mathrm{i}B_k)/2$。式(2.44)的模型与式(2.35)中的相同，因此存在一个向量 $\boldsymbol{g}=(g_0,\cdots,g_{2p})$，使得 $\sum_{j=0}^{2p}g_j^2=1$ 满足

$$\begin{bmatrix}\mu(1) & \cdots & \mu(2p+1)\\ \vdots & & \vdots\\ \mu(n-2p) & \cdots & \mu(n)\end{bmatrix}\begin{bmatrix}g_0\\ \vdots\\ g_{2p}\end{bmatrix}=\begin{bmatrix}0\\ \vdots\\ 0\end{bmatrix} \tag{2.45}$$

且

$$\boldsymbol{g}=\boldsymbol{J}\bar{\boldsymbol{g}} \tag{2.46}$$

2.6.4 线性预测

观察式(2.35)中定义的 $\mu(t)$，它满足以下后向线性预测方程：

$$\begin{bmatrix}\mu(2) & \cdots & \mu(M+1)\\ \vdots & & \vdots\\ \mu(n-M+1) & \cdots & \mu(n)\end{bmatrix}\begin{bmatrix}d_1\\ \vdots\\ d_M\end{bmatrix}=-\begin{bmatrix}\mu(1)\\ \vdots\\ \mu(n-M)\end{bmatrix} \tag{2.47}$$

显然，对于 $j=1,\cdots,M$ 来说，$d_j=b_j/b_0$。式(2.47)被称为 M 阶后向线性预测方程。此时，多项式方程

$$p(z)=1+d_1z+\cdots+d_Mz^M=0 \tag{2.48}$$

的根为 $\mathrm{e}^{\mathrm{i}\omega_1},\cdots,\mathrm{e}^{\mathrm{i}\omega_M}$。

按照相同的方式，可以注意到，如式(2.35)中定义的 $\mu(t)$ 也满足以下正向线性预测方程：

$$\begin{bmatrix}\mu(M) & \cdots & \mu(1)\\ \vdots & & \vdots\\ \mu(n-1) & \cdots & \mu(n-M)\end{bmatrix}\begin{bmatrix}a_1\\ \vdots\\ a_M\end{bmatrix}=-\begin{bmatrix}\mu(M+1)\\ \vdots\\ \mu(n)\end{bmatrix} \tag{2.49}$$

式中，$a_1=b_{M-1}/b_M, a_2=b_{M-2}/b_M,\cdots,a_M=b_0/b_M$。式(2.49)被称为第 M 阶正向线性预测方程。此外，多项式方程

$$p(z)=1+a_1z+\cdots+a_Mz^M=0 \tag{2.50}$$

的根为 $\mathrm{e}^{-\mathrm{i}\omega_1},\cdots,\mathrm{e}^{-\mathrm{i}\omega_M}$。

考虑 $\mu(t)$ 具有式(2.43)形式的情况，显然多项式方程(2.48)和方程(2.50)的根都在 $\mathrm{e}^{\pm\mathrm{i}\omega_1},\cdots,\mathrm{e}^{\pm\mathrm{i}\omega}$ 处，所以两个方程相应系数的多项式必须相等。在这种情况下，前向后向线性预测方程可以表示为

$$\begin{bmatrix}\mu(2) & \cdots & \mu(M+1)\\ \vdots & & \vdots\\ \mu(n-M+1) & \cdots & \mu(n)\\ \mu(M) & \cdots & \mu(1)\\ \vdots & & \vdots\\ \mu(n-1) & \cdots & \mu(n-M)\end{bmatrix}\begin{bmatrix}d_1\\ \vdots\\ d_M\end{bmatrix}=-\begin{bmatrix}\mu(1)\\ \vdots\\ \mu(n-M)\\ \mu(M+1)\\ \vdots\\ \mu(n)\end{bmatrix} \tag{2.51}$$

在有关信号处理的文献中，线性预测法应用广泛。可参见文献[10]。

2.6.5 矩阵束

假设 $\boldsymbol{A}$ 和 $\boldsymbol{B}$ 分别是两个 $n\times n$ 实矩阵或复矩阵。所有矩阵的集合表示为 $\mathscr{A}$,使得

$$\mathscr{A} = \{\boldsymbol{C}:\boldsymbol{C} = \boldsymbol{A} - \lambda\boldsymbol{B},\text{其中 }\lambda\text{ 为任意复数}\}$$

被称为线性矩阵束或矩阵束,参见文献[6],它由 $(\boldsymbol{A},\boldsymbol{B})$ 表示。所有 λ 的集合,使得 $\det(\boldsymbol{A}-\lambda\boldsymbol{B})=0$,被称为矩阵束 $(\boldsymbol{A},\boldsymbol{B})$ 的特征值。矩阵束 $(\boldsymbol{A},\boldsymbol{B})$ 的特征值可通过求解以下形式的一般特征值问题获得:

$$\boldsymbol{A}\boldsymbol{x} = \lambda\boldsymbol{B}\boldsymbol{x}$$

如果 $\boldsymbol{B}^{-1}$ 存在,那么

$$\boldsymbol{A}\boldsymbol{x} = \lambda\boldsymbol{B}\boldsymbol{x} \Leftrightarrow \boldsymbol{B}^{-1}\boldsymbol{A}\boldsymbol{x} = \lambda\boldsymbol{x}$$

当 $\boldsymbol{B}^{-1}$ 不存在或近似为奇异矩阵时,可以使用有效的方法来计算 $(\boldsymbol{A},\boldsymbol{B})$ 的特征值,可参见文献[6]。矩阵束在数值线性代数中得到了相当广泛的应用。最近在频谱估计方法中也可以发现矩阵束方法的广泛使用。

参考文献

[1] Bates D M, Watts D G. Nonlinear regression and its applications[M]. New York: Wiley, 1988.

[2] Box G E P, Muller M E. A note on the generation of random normal deviates[J]. The Annals of Mathematical Statistics, 1958, 29(2): 610-611.

[3] Chung K L, Zhong K. A course in probability theory[M]. New York: Academic Press, 2001.

[4] Froberg C E. Introduction to numerical analysis[M]. 2nd ed. Boston: Addision-Wesley Publishing Company, 1969.

[5] Fuller W A. Introduction to statistical time series[M]. New York: Wiley, 1976.

[6] Golub G, van Loan C. Matrix computations[M]. 3rd ed. London: The Johns Hopkins University Press, 1996.

[7] Hilderband F B. An introduction to numerical analysis[M]. New York: McGraw-Hill, 1956.

[8] Jennrich R I. Asymptotic properties of non-linear least squares estimators[J]. The Annals of Mathematical Statistics, 1969, 40(2): 633-643.

[9] Kannan N, Kundu D. On modified EVLP and ML methods for estimating superimposed exponential signals[J]. Signal Processing, 1994, 39(3): 223-233.

[10] Kumaresan R, Tufts D. Estimating the parameters of exponentially damped sinusoids and pole-zero modeling in noise[J]. IEEE Transactions on Acoustics, Speech and Signal Processing, 1982, 30(6): 833-840.

[11] Kundu D. Asymptotic properties of the complex valued non-linear regression model[J]. Communications in Statistics-Theory and Methods, 1991, 20(12): 3793-3803.

[12] Kundu D. Statistical computing; existing methods and recent developments[M]. New Delhi: Narosa, 2004.

[13] Lahiri A,Kundu D,Mitra A. Efficient algorithm for estimating the parameters of a chirp signal [J]. Journal of Multivariate Analysis,2012,108:15-27.

[14] Mangulis V. Handbook of series for scientists and engineers[M]. New York:Academic Press,1965.

[15] Nelder J A,Mead R. A simplex method for function minimization[J]. The Computer Journal, 1965,7(4):308-313.

[16] Ortega J M,Rheinboldt W C. Iterative solution of nonlinear equations in several variables[M]. New York:Academic Press,1970.

[17] Samorodnitsky G,Taqqu M S. Stable non-Gaussian random processes;stochastic models with infinite variance[M]. New York:Chapman and Hall,1994.

[18] Sastry S S. Introductory methods of numerical analysis[M]. 4th ed. New Delhi:Prentice-Hall of India Private Limited,2005.

[19] Seber G A F,Lee A J. Linear regression analysis[M]. 2nd ed. New York:Wiley,2018.

[20] Stoer J,Bulirsch R. Introduction to numerical analysis[M]. 2nd ed. Berlin:Springer,1992.

[21] Rao C R. Linear statistical inference and its applications[M]. 2nd ed. New York:Wiley,1973.

[22] Richards F S G. A method of maximum likelihood estimation[J]. Journal of the Royal Statistical Society,Series B,1961,23(2):469-475.

[23] Seber A,Wild B. Nonlinear regression[M]. New York:Wiley,1989.

[24] Vinogradov I M. The method of trigonometrical sums in the theory of numbers[M]. New York: Dover publications Inc. Interscience Publishers,1954.

[25] Wu C F. Asymptotic theory of nonlinear least squares estimation[J]. The Annals of Statistics, 1981,9(3):501-513.

第 3 章　频 率 估 计

在本章中,我们介绍多种周期信号频率的估计过程,主要考虑以下正弦模型的和:

$$y(t) = \sum_{k=1}^{p}[A_k\cos(\omega_k t) + B_k\sin(\omega_k t)] + X(t), \quad t = 1,\cdots,n \tag{3.1}$$

其中 $A_k, B_k, \omega_k (k=1,\cdots,p)$是未知的。在本章中,假设 p 已知,在第 5 章中,我们将提供 p 的不同估计方法,误差分量 $X(t)$的均值为 0 且方差有限,其可以表示为以下形式。

假设 3.1　$\{X(t); t=1,\cdots,n\}$是独立同分布随机变量,$E(X(t)) = 0$,$V(X(t)) = \sigma^2$。

假设 3.2　$X(t)$是一个线性平稳过程,其形式如下:

$$X(t) = \sum_{j=0}^{\infty} a(j)e(t-j) \tag{3.2}$$

其中 $\{e(t); t = 1,2,\cdots\}$是独立同分布随机变量,$E(e(t)) = 0, V(e(t)) = \sigma^2$,$\sum_{j=0}^{\infty}|a(j)| < \infty$。

尽管在这两个假设下使用了所有可用的方法,但不同方法得到的这些估计量的理论性质可能不同。

在本章中,我们主要讨论不同的估计方法,其中的大多数方法用于解决频率估计问题。我们将在第 4 章中讨论这些估计量的性质。如果频率已知,则模型(3.1)可被视为线性回归模型。因此,根据误差结构,可以使用简单最小二乘法或广义最小二乘法估计线性参数 $A_k, B_k (k=1,\cdots,p)$。即使频率未知,也可以采用类似方法。

3.1　近似最小二乘估计和周期图估计

在本节中,首先假设 $p=1$,稍后将提供 p 为一般值时的估计方法。在假设 3.1 的条件下,最直观的估计量是最小二乘估计量(LSE),即 $\hat{A}$,$\hat{B}$ 和 $\hat{\omega}$ 使下式最小化:

$$Q(A,B,\omega) = \sum_{t=1}^{n}[y(t) - A\cos(\omega t) - B\sin(\omega t)]^2 \tag{3.3}$$

LSE 的求解是一个非线性优化问题,也是被大家熟知的一个数值难题。标准算法如 Newton-Raphson 法、Gauss-Newton 法或其变体可用于最小化式(3.3)。通常情况下,即使迭代过程从一个非常好的初始值开始,标准算法也可能不会收敛。Rice 和 Rosenblatt

观察到最小二乘曲面在真实参数值附近有几个局部最小值[23]，所以大多数迭代程序即使在收敛时也往往收敛到局部最小值而不是全局最小值。

因此，即使已知 LSE 是最有效的估计量，求解 LSE 也是一个具有挑战性的问题，所以在相关统计信号处理的文献中已经做了大量工作以求解与 LSE 类似的估计量。

首先，我们给出了在实际应用中最常用的计算频率估计量的方法。对于 $p=1$，模型(3.1)可以表示为

$$\boldsymbol{Y} = \boldsymbol{Z}(\omega)\boldsymbol{\theta} + \boldsymbol{e} \tag{3.4}$$

其中

$$\boldsymbol{Y} = \begin{bmatrix} y(1) \\ \vdots \\ y(n) \end{bmatrix}, \quad \boldsymbol{Z}(\omega) = \begin{bmatrix} \cos(\omega) & \sin(\omega) \\ \vdots & \vdots \\ \cos(n\omega) & \sin(n\omega) \end{bmatrix}$$
$$\boldsymbol{\theta} = \begin{bmatrix} A \\ B \end{bmatrix}, \quad \boldsymbol{e} = \begin{bmatrix} X(1) \\ \vdots \\ X(n) \end{bmatrix} \tag{3.5}$$

因此，对于给定的 ω，A 和 B 的 LSE 为

$$\hat{\boldsymbol{\theta}}(\omega) = \begin{bmatrix} \hat{A}(\omega) \\ \hat{B}(\omega) \end{bmatrix} = (\boldsymbol{Z}^{\mathrm{T}}(\omega)\boldsymbol{Z}(\omega))^{-1}\boldsymbol{Z}^{\mathrm{T}}(\omega)\boldsymbol{Y} \tag{3.6}$$

代入结果 2.2，式(3.6)可以写成

$$\begin{bmatrix} \hat{A}(\omega) \\ \hat{B}(\omega) \end{bmatrix} = \begin{bmatrix} 2\sum_{t=1}^{n} y(t)\cos(\omega t)/n \\ 2\sum_{t=1}^{n} y(t)\sin(\omega t)/n \end{bmatrix} \tag{3.7}$$

替换式(3.3)中的 $\hat{A}(\omega)$和 $\hat{B}(\omega)$，可得

$$\frac{1}{n}Q(\hat{A}(\omega),\hat{B}(\omega),\omega) = \frac{1}{n}\boldsymbol{Y}^{\mathrm{T}}\boldsymbol{Y} - \frac{1}{n}\boldsymbol{Y}^{\mathrm{T}}\boldsymbol{Z}(\omega)\boldsymbol{Z}^{\mathrm{T}}(\omega)\boldsymbol{Y} + o(1) \tag{3.8}$$

因此，最小化 $Q(\hat{A}(\omega),\hat{B}(\omega),\omega)/n$ 的 $\hat{\omega}$ 等价于最大化下式中的 $\tilde{\omega}$：

$$I(\omega) = \frac{1}{n}\boldsymbol{Y}^{\mathrm{T}}\boldsymbol{Z}(\omega)\boldsymbol{Z}^{\mathrm{T}}(\omega)\boldsymbol{Y} = \frac{1}{n}\left\{\left[\sum_{t=1}^{n} y(t)\cos(\omega t)\right]^2 + \left[\sum_{t=1}^{n} y(t)\sin(\omega t)\right]^2\right\}$$

其中 $\hat{\omega} - \tilde{\omega} \xrightarrow{\text{a.e.}} 0$。通过最大化 $I(\omega)$，$0\leqslant\omega\leqslant\pi$ 得到的估计量被称为 ω 的 ALSE。

虽然 ALSE 的计算与 LSE 的计算是同一类问题，但可以通过一些标准算法（如 Newton-Raphson 法或 Gauss-Newton 法）来最大化 $I(\omega)$。实际上，它不是最大化 $I(\omega)$，$0\leqslant\omega\leqslant\pi$，而是在 Fourier 频率，即在点 $2\sqrt{\pi}j/n$，$0\leqslant j<[n/2]$处最大化。因此，$\tilde{\tilde{\omega}} = 2\pi j_0/n$ 是 ω 的估计量，其中

$$I(\omega_{j_0}) > I(\omega_k), \quad k = 1,\cdots,[n/2]; \quad k \neq j_0$$

它也被称为 ω 的 PE。虽然它不是一个有效估计量，但它被广泛用作迭代过程的初始估计值，以计算频率的有效估计量。

该方法可以轻松地推广到 $p>1$ 的模型中，其主要思想是去除信号 $\{y(t)\}$ 中第一个分量的影响，并重复整个过程，详细方法见 3.12 节。

3.2　等方差线性预测

Bai 等人基于误差假设 3.1 提出了等方差线性预测(EVLP)方法[2]，用于估计模型(3.1)的频率，其方法主要是在缺少 $\{X(t); t=1,\cdots,n\}$ 的情况下利用 $\{y(t); t=1,\cdots,n\}$ 来满足式(2.45)。EVLP 方法的思路如下：将 $(n-2p)\times(p+1)$ 数据矩阵 $\boldsymbol{Y}_D$ 视为

$$\boldsymbol{Y}_D = \begin{bmatrix} y(1) & \cdots & y(2p+1) \\ \vdots & & \vdots \\ y(n-2p) & \cdots & y(n) \end{bmatrix} \tag{3.9}$$

如果缺少 $\{\boldsymbol{X}(t)\}$，那么 $\operatorname{rank}(\boldsymbol{Y}_D) = \operatorname{rank}(\boldsymbol{Y}_D^{\mathrm{T}}\boldsymbol{Y}_D/n) = 2p$，这表示对称矩阵 $(\boldsymbol{Y}_D^{\mathrm{T}}\boldsymbol{Y}_D/n)$ 的特征值为 0，重数为 1。因此，存在一个对应零特征值的特征向量 $\boldsymbol{g} = (g_0,\cdots,g_{2p})$，如 $\sum_{j=0}^{2p} g_j^2 = 1$，且多项式方程

$$p(x) = g_0 + g_1 x + \cdots + g_{2p}x^{2p} = 0 \tag{3.10}$$

有如下根：$\mathrm{e}^{\pm \mathrm{i}\omega_1},\cdots,\mathrm{e}^{\pm \mathrm{i}\omega_p}$。利用这一想法，Bai 等人提出当 $\{X(t)\}$ 满足误差假设 3.1 时[2]，从对称矩阵 $(\boldsymbol{Y}_D^{\mathrm{T}}\boldsymbol{Y}_D/n)$ 得到归一化特征向量 $\hat{\boldsymbol{g}} = (\hat{g}_0,\cdots,\hat{g}_{2p})$，使得 $\sum_{j=0}^{2p} \hat{g}_j^2 = 1$ 对应最小特征值。因此可得多项式方程

$$\hat{p}(x) = \hat{g}_0 + \hat{g}_1(x) + \cdots + \hat{g}_{2p}x^{2p} = 0 \tag{3.11}$$

并从估计的根中获得 $\omega_1,\cdots,\omega_p$ 的估计。

Bai 等人已经证明，当 $n\to\infty$，EVLP 方法提供了未知频率的一致估计量。[2]有趣的是，虽然 EVLP 频率估计量是一致的，但通过前面提到的最小二乘法得到的相应线性参数估计量并不是一致估计量。此外，Bai 等人通过大量的仿真研究观察到，EVLP 估计量的性能在小样本情况下不理想。[3]

3.3　改进的前向/后向线性预测

在有关信号处理的文献中，2.6.4 小节所述的前向/后向线性预测方法已被用于估计正弦信号的频率。Kumaresan 通过大量的仿真研究观察到，存在噪声的情况下，p 阶线性估计方法在估计频率时效果不佳，尤其是当两个频率彼此非常接近时。[10]

因此，Kumaresan 和 Tufts、Kumaresan 使用了扩展阶前向/后向线性预测方法，并称其为修正前向/后向线性预测(MFBLP)方法。[10,27]具体描述如下，选择一个 L，如 $n-2p$

$\geqslant L > 2p$，设置 L 阶后向和前向性预测方程

$$\begin{bmatrix} y(L) & \cdots & y(1) \\ \vdots & & \vdots \\ y(n-1) & \cdots & y(n-L) \\ y(2) & \cdots & y(L+1) \\ \vdots & & \vdots \\ y(n-L+1) & \cdots & y(n) \end{bmatrix} \begin{bmatrix} b_1 \\ \vdots \\ b_L \end{bmatrix} = - \begin{bmatrix} y(L+1) \\ \vdots \\ y(n) \\ y(1) \\ \vdots \\ y(n-L) \end{bmatrix} \tag{3.12}$$

Kumaresan 已经证明，在无噪声的情况下 $\{y(t)\}$ 满足式(3.12)，且在多项式方程

$$p(x) = x^L + b_1 x^{L-1} + \cdots + b_L = 0 \tag{3.13}$$

的 L 个根中，$2p$ 个根的形式为 $e^{\pm i\omega_k}$，其余 $L-2p$ 根的模不等于 1。[10] 式(3.12)可以写成

$$\boldsymbol{Ab} = -\boldsymbol{h} \tag{3.14}$$

Tufts 和 Kumaresan 建议通过将矩阵 $\boldsymbol{A}$ 的较小奇异值设置为 0，利用向量 $\boldsymbol{b}$ 的截断奇异值分解多项式方程的解。[27] 因此，如果 $\boldsymbol{A}$ 的奇异值分解如式(2.3)所示的 $\boldsymbol{v}_k$，$\boldsymbol{u}_k$ $(k=1,\cdots,2p)$，其中 $\boldsymbol{v}_k$，$\boldsymbol{u}_k$ 分别是 $\boldsymbol{A}^{\mathrm{T}}\boldsymbol{A}$ 和 $\boldsymbol{AA}^{\mathrm{T}}$ 的特征向量，$\sigma_1^2 \geqslant \cdots \geqslant \sigma_{2p}^2 > 0$ 是 $\boldsymbol{A}^{\mathrm{T}}\boldsymbol{A}$ 的 $2p$ 个非零特征值，则方程组(3.14)的解 $\hat{\boldsymbol{b}}$ 表示为

$$\hat{\boldsymbol{b}} = -\sum_{k=1}^{2p} \frac{1}{\sigma_k} [\boldsymbol{u}_k^{\mathrm{T}} \boldsymbol{h}] \boldsymbol{v}_k \tag{3.15}$$

截断奇异值分解的作用是在获得解向量 $\hat{\boldsymbol{b}}$ 之前，提高噪声数据中的信噪比。一旦求得 $\hat{\boldsymbol{b}}$，就得到 L 次多项式

$$\hat{p}(x) = x^L + \hat{b}_1 x^{L-1} + \cdots + \hat{b}_L \tag{3.16}$$

的 L 个根，然后选择绝对值中最接近 1 的 $2p$ 个根。如果误差方差很小，预计在这 L 个根中，$2p$ 个根将形成 p 对共轭，并且从文献[10,27]介绍的方法中可以很容易地估计出频率。

Kumaresan 的大量仿真结果表明，如果 $L \approx 2n/3$，MFBLP 的性能良好且误差方差较小。[10] 本例中涉及的计算主要是矩阵 $\boldsymbol{A}$ 的奇异值分解，然后是 L 次多项式的根求解。尽管 MFBLP 在小样本的情况下表现良好，但 Rao 指出 MFBLP 的估计量并不一致。[22]

3.4 噪声空间分解

Kundu 和 Mitra 提出了噪声空间分解(NSD)法[14-15]，其基本思想可以描述如下。考虑下式中的 $(n-L)\times(L+1)$ 矩阵：

$$\boldsymbol{A} = \begin{bmatrix} \mu(1) & \cdots & \mu(L+1) \\ \vdots & & \vdots \\ \mu(n-L) & \cdots & \mu(n) \end{bmatrix} \tag{3.17}$$

对于任何整数 $L(2p\leqslant L\leqslant n-2p)$，$\mu(t)$与 2.6.3 小节中的定义相同。$\boldsymbol{A}^{\mathrm{T}}\boldsymbol{A}/n$ 的谱分解可以表示为

$$\frac{1}{n}\boldsymbol{A}^{\mathrm{T}}\boldsymbol{A} = \sum_{i=1}^{L+1}\sigma_i^2\boldsymbol{u}_i\boldsymbol{u}_i^{\mathrm{T}} \tag{3.18}$$

式中，$\sigma_1^2\geqslant\cdots\geqslant\sigma_{L+1}^2$是 $\boldsymbol{A}^{\mathrm{T}}\boldsymbol{A}/n$ 的特征值，$\boldsymbol{u}_1,\cdots,\boldsymbol{u}_{L+1}$是相应的正交特征向量。由于矩阵 $\boldsymbol{A}$ 的秩为 $2p$，

$$\sigma_{2p+1}^2 = \cdots = \sigma_{L+1}^2 = 0$$

矩阵 $\boldsymbol{A}^{\mathrm{T}}\boldsymbol{A}$ 的列张成的零空间的秩是$L+1-2p$。利用 Prony 方程，我们得到

$$\boldsymbol{AB} = \boldsymbol{0}$$

其中 $\boldsymbol{B}$ 是一个秩为$(L+1-2p)$的$(L+1)\times(L+1-2p)$矩阵：

$$\boldsymbol{B} = \begin{bmatrix} g_0 & 0 & \cdots & 0 \\ g_1 & g_0 & \cdots & 0 \\ \vdots & \vdots & & \vdots \\ g_{2p} & g_{2p-1} & \cdots & 0 \\ 0 & g_{2p} & \cdots & g_0 \\ 0 & 0 & \cdots & g_1 \\ \vdots & \vdots & & \vdots \\ 0 & 0 & \cdots & g_{2p} \end{bmatrix} \tag{3.19}$$

且 $g_0,\cdots,g_{2p}$与之前定义的相同。此外，$\boldsymbol{B}$ 的列张成的空间是矩阵 $\boldsymbol{A}^{\mathrm{T}}\boldsymbol{A}$ 的列张成的零空间。

考虑下式中的$(n-L)\times(L+1)$矩阵：

$$\widetilde{\boldsymbol{A}} = \begin{bmatrix} y(1) & \cdots & y(L+1) \\ \vdots & & \vdots \\ y(n-L) & \cdots & y(n) \end{bmatrix}$$

将 $\widetilde{\boldsymbol{A}}^{\mathrm{T}}\widetilde{\boldsymbol{A}}/n$ 谱分解写为

$$\frac{1}{n}\boldsymbol{A}^{\mathrm{T}}\boldsymbol{A} = \sum_{i=1}^{L+1}\widetilde{\sigma}_i^2\widetilde{\boldsymbol{u}}_i\,\widetilde{\boldsymbol{u}}_i^{\mathrm{T}}$$

式中，$\widetilde{\sigma}_1^2>\cdots>\widetilde{\sigma}_{L+1}^2$是$\widetilde{\boldsymbol{A}}^{\mathrm{T}}\widetilde{\boldsymbol{A}}/n$ 的有序特征值，$\widetilde{\boldsymbol{u}}_1,\cdots,\widetilde{\boldsymbol{u}}_{L+1}$分别对应 $\widetilde{\sigma}_1^2,\cdots,\widetilde{\sigma}_{L+1}$的正交特征向量。将$(L+1)\times(L+1-2p)$矩阵$\boldsymbol{C}$ 构造为

$$\boldsymbol{C} = [\widetilde{\boldsymbol{u}}_{2p+1}:\cdots:\widetilde{\boldsymbol{u}}_{L+1}]$$

划分矩阵 $\boldsymbol{C}$ 为

$$\boldsymbol{C}^{\mathrm{T}} = [\boldsymbol{C}_{1k}^{\mathrm{T}}:\boldsymbol{C}_{2k}^{\mathrm{T}}:\boldsymbol{C}_{3k}^{\mathrm{T}}],\quad k = 0,1,\cdots,L-2p$$

式中，$\boldsymbol{C}_{1k}^{\mathrm{T}},\boldsymbol{C}_{2k}^{\mathrm{T}},\boldsymbol{C}_{3k}^{\mathrm{T}}$分别为$(L+1-2p)\times k$，$(L+1-2p)\times(2p+1)$，$(L+1-2p)\times(L-k-2p)$。找到一个$(L+1-2p)$阶向量$\boldsymbol{x}_k$，如

$$\begin{bmatrix}\boldsymbol{C}_{1k}^{\mathrm{T}} \\ \boldsymbol{C}_{3k}^{\mathrm{T}}\end{bmatrix}\boldsymbol{x}_k = \boldsymbol{0},\quad k = 0,1,\cdots,L-2p$$

可得

$$\boldsymbol{b}^k = \boldsymbol{C}_{2k}^{\mathrm{T}}\boldsymbol{x}_k$$

向量 $\boldsymbol{b}^0,\cdots,\boldsymbol{b}^{L-2p}$ 的平均值向量 $\boldsymbol{b}$ 为

$$\boldsymbol{b} = \frac{1}{L+1-2p}\sum_{k=0}^{L-2p}\boldsymbol{b}^k = [\hat{g}_0,\hat{g}_1,\cdots,\hat{g}_{2p}]$$

构造多项式方程

$$\hat{g}_0 + \hat{g}_1 x + \cdots + \hat{g}_{2p}x^{2p} = 0 \tag{3.20}$$

并从式(3.20)的复共轭根得到频率估计。

Kundu 和 Mitra 证明，尽管 NSD 估计量的渐近分布尚未确定，但其有很强的一致性。[15] 大量的仿真研究表明，NSD 估计量的性能较好，并且在 $L\approx n/3$ 时表现最佳。NSD 估计的计算主要包括 $(L+1)\times(L+1)$ 矩阵奇异值分解和 $2p$ 次多项式方程的根求解。

3.5 基于旋转不变技术的信号参数估计

Roy 在其博士论文中首次提出了通过旋转不变技术(ESPRIT)来估计信号参数[24]，此外，Roy 和 Kailath 在文献[25]中也提到了此方法，其基本思想来自 Prony 的齐次方程组。对于给定的 L，当 $2p<L<n-2p$ 时，构造两个 $(n-L)\times L$ 矩阵 $\boldsymbol{A}$ 和 $\boldsymbol{B}$：

$$\boldsymbol{A} = \begin{bmatrix} y(1) & \cdots & y(L) \\ \vdots & & \vdots \\ y(n-L) & \cdots & y(n-1) \end{bmatrix},\quad \boldsymbol{B} = \begin{bmatrix} y(2) & \cdots & y(L+1) \\ \vdots & & \vdots \\ y(n-L+1) & \cdots & y(n) \end{bmatrix}$$

如果 $\boldsymbol{C}_1 = (\boldsymbol{A}^{\mathrm{T}}\boldsymbol{A} - \sigma^2\boldsymbol{I})$ 且 $\boldsymbol{C}_2 = \boldsymbol{B}^{\mathrm{T}}\boldsymbol{A} - \sigma^2\boldsymbol{K}$，其中 $\boldsymbol{I}$ 是 $L\times L$ 单位矩阵，$\boldsymbol{K}$ 是一个 $L\times L$ 矩阵，沿主对角线的第一个下对角线为 1，其余为 0，考虑矩阵束 $\boldsymbol{C}_1-\gamma\boldsymbol{C}_2$。

Pillai 在文献[18]中提到，在矩阵束 $\boldsymbol{C}_1-\gamma\boldsymbol{C}_2$ 的 L 个特征值中，$2p$ 个非零特征值的形式为 $\mathrm{e}^{\pm\mathrm{i}\omega_k}(k=1,\cdots,p)$。因此，从这 $2p$ 个非零特征值可以估计出未知频率 $\omega_1,\cdots,\omega_p$。进一步观察到，若 $\sigma^2=0$，则矩阵束 $\boldsymbol{C}_1-\gamma\boldsymbol{C}_2$ 的 $L-2p$ 个特征值为 0。

在实践中使用 ESPRIT 需要注意以下问题：① 矩阵 $\boldsymbol{C}_1$ 和 $\boldsymbol{C}_2$ 都包含未知量 σ^2，如果 σ^2 非常小，可以忽略，否则，需要对其进行估计，或者可以使用一些先验知识。② 从总特征值中分离出 $2p$ 个非零 L 阶特征值。同样，σ^2 如果很小，影响不大，但对于大的 σ^2 而言，非零特征值与零特征值的分离可能会很麻烦。主要的计算量是计算矩阵束 $\boldsymbol{C}_1-\gamma\boldsymbol{C}_2$ 的特征值，如果 σ^2 很小，那么这个问题就是病态的。在这种情况下，矩阵 $\boldsymbol{A}$ 和矩阵 $\boldsymbol{B}$ 都是近似奇异矩阵。为了避免这两个问题发生，建议采用以下方法。

3.6 基于旋转不变技术的信号参数最小二乘估计

Roy 和 Kailath 提出了基于旋转不变技术的信号参数最小二乘估计(TLS-

ESPRIT)[25],主要是为了克服ESPRIT算法在实践中涉及的一些问题。与3.5节中符号的意义相同,构建 $2L\times 2L$ 矩阵 $\boldsymbol{R}$ 和 $\boldsymbol{\Sigma}$ 分别为

$$\boldsymbol{R}=\begin{bmatrix}\boldsymbol{A}^{\mathrm{T}}\\ \boldsymbol{B}^{\mathrm{T}}\end{bmatrix}[\boldsymbol{AB}] \quad \text{和} \quad \boldsymbol{\Sigma}=\begin{bmatrix}\boldsymbol{I} & \boldsymbol{K}\\ \boldsymbol{K}^{\mathrm{T}} & \boldsymbol{I}\end{bmatrix}$$

设 $\boldsymbol{e}_1,\cdots,\boldsymbol{e}_{2p}$ 为与最大 $2p$ 个特征值对应的矩阵束 $(\boldsymbol{R}-\gamma\boldsymbol{\Sigma})$ 的 $2p$ 个正交特征向量。现在基于 $\boldsymbol{e}_1,\cdots,\boldsymbol{e}_{2p}$ 构造两个 $L\times 2p$ 矩阵 $\boldsymbol{E}_1$ 和 $\boldsymbol{E}_2$ 如下:

$$[\boldsymbol{e}_1:\cdots:\boldsymbol{e}_{2p}]=\begin{bmatrix}\boldsymbol{E}_1\\ \boldsymbol{E}_2\end{bmatrix}$$

然后得到一个 $4p\times 2p$ 的矩阵 $\boldsymbol{W}$ 及两个 $2p\times 2p$ 矩阵 $\boldsymbol{W}_1,\boldsymbol{W}_2$,如下所示:

$$[\boldsymbol{E}_1:\boldsymbol{E}_2]\boldsymbol{W}=\boldsymbol{0} \quad \text{和} \quad \boldsymbol{W}=\begin{bmatrix}\boldsymbol{W}_1\\ \boldsymbol{W}_2\end{bmatrix}$$

最后,得到 $-\boldsymbol{W}_1\boldsymbol{W}_2^{-1}$ 的 $2p$ 个特征值。同样,Pillai在文献[18]中证明,在无噪声的情况下,上述 $2p$ 个特征值的形式为 $\mathrm{e}^{\pm \mathrm{i}\omega k}(k=1,\cdots,p)$。因此,可以根据矩阵 $-\boldsymbol{W}_1\boldsymbol{W}_2^{-1}$ 的特征值来估计频率。

众所周知,TLS-ESPRIT方法的性能比ESPRIT方法好得多,这两种方法的性能取决于 L 的值。在这种情况下,主要计算包括 $L\times L$ 矩阵束 $(\boldsymbol{R}-\gamma\boldsymbol{\Sigma})$ 的特征值和特征向量的求解。虽然TLS-ESPRIT的性能非常好,但TLS-ESPRIT或ESPRIT的一致性属性尚未验证。

3.7 Quinn法

Quinn提出了在 $p=1$ 的情况下估算模型(3.1)频率的方法。[20]它可以很容易地扩展到一般 p 值情况下,详情参见文献[15]。Quinn法可在存在误差假设3.2的情况下应用,该方法基于Fourier系数的插值,并利用了当频率周期图估计量在Fourier频率上受限时具有收敛速度 $O(1/n)$ 的性质。

该方法可以描述如下:令

$$Z(j)=\sum_{t=1}^{n}y(t)\mathrm{e}^{-\mathrm{i}2\pi jt/n},\quad j=1,\cdots,n$$

算法3.1

步骤(1) 令 $\tilde{\omega}$ 为 $|Z(j)|^2$ 的最大值,其中 $1\leqslant j\leqslant n$。

步骤(2) 令 $\hat{\alpha}_1=\mathrm{Re}\{Z(\tilde{\omega}-1)/Z(\tilde{\omega})\}$,$\hat{\alpha}_2=\mathrm{Re}\{Z(\tilde{\omega}+1)/Z(\tilde{\omega})\}$,$\hat{\delta}_1=\hat{\alpha}_1/(1-\hat{\alpha}_1)$,$\hat{\delta}_2=-\hat{\alpha}_2/(1-\hat{\alpha}_2)$。如果 $\hat{\delta}_1>0$ 和 $\hat{\delta}_2>0$,则令 $\hat{\delta}=\hat{\delta}_2$,否则令 $\hat{\delta}=\hat{\delta}_1$。

步骤(3) 通过 $\hat{\omega}=2\pi(\tilde{\omega}+\hat{\delta})/n$ 估计出 ω。

计算上,Quinn法很容易实现。可以观察到,Quinn法产生频率的一致估计量,并且频率估计量的渐近均方误差为 $O(1/n^3)$ 阶。虽然Quinn法仅针对单分量,但可以很容

易地扩展到 $p>1$ 模型中。详细方法将在 3.12 节做进一步描述。

3.8 迭代二次最大似然法

Bresler 和 Macovski 提出了迭代二次最大似然(IQML)法[4]，这是第一个用于计算模型(3.1)未知参数 LSE 的专用算法。估计误差是一个独立同分布的随机变量，服从正态分布，其 LSE 也称为 MLE。将模型(3.1)改写为

$$\boldsymbol{Y} = \boldsymbol{Z}(\boldsymbol{\omega})\boldsymbol{\theta} + \boldsymbol{e} \tag{3.21}$$

其中

$$\boldsymbol{Y} = \begin{bmatrix} y(1) \\ \vdots \\ y(n) \end{bmatrix}, \quad \boldsymbol{Z}(\omega) = \begin{bmatrix} \cos(\omega_1) & \sin(\omega_1) & \cdots & \cos(\omega_p) & \sin(\omega_p) \\ \vdots & \vdots & & \vdots & \vdots \\ \cos(n\omega_1) & \sin(n\omega_1) & \cdots & \cos(n\omega_p) & \sin(n\omega_p) \end{bmatrix}$$

$$\boldsymbol{\theta}^{\mathrm{T}} = [A_1, B_1, \cdots, A_p, B_p], \quad \boldsymbol{e}^{\mathrm{T}} = [X(1), \cdots, X(n)], \quad \boldsymbol{\omega}^{\mathrm{T}} = (\omega_1, \cdots, \omega_p)$$

因此，可以通过关于 $\boldsymbol{\omega},\boldsymbol{\theta}$ 最小化式(3.22)来获得未知参数的 LSE。

$$Q(\boldsymbol{\omega},\boldsymbol{\theta}) = (\boldsymbol{Y} - \boldsymbol{Z}(\boldsymbol{\omega})\boldsymbol{\theta})^{\mathrm{T}}(\boldsymbol{Y} - \boldsymbol{Z}(\boldsymbol{\omega})\boldsymbol{\theta}) \tag{3.22}$$

因此，对于给定的 $\boldsymbol{\omega},\boldsymbol{\theta}$ 的 LSE 可得

$$\hat{\boldsymbol{\theta}}(\boldsymbol{\omega}) = (\boldsymbol{Z}(\boldsymbol{\omega})^{\mathrm{T}}\boldsymbol{Z}(\boldsymbol{\omega}))^{-1}\boldsymbol{Z}(\boldsymbol{\omega})^{\mathrm{T}}\boldsymbol{Y} \tag{3.23}$$

将式(3.23)代入式(3.22)，可得

$$R(\boldsymbol{\omega}) = Q(\hat{\boldsymbol{\theta}}(\boldsymbol{\omega}),\boldsymbol{\omega}) = \boldsymbol{Y}^{\mathrm{T}}(\boldsymbol{I} - \boldsymbol{P}_Z)\boldsymbol{Y} \tag{3.24}$$

其中 $\boldsymbol{P}_Z = \boldsymbol{Z}(\boldsymbol{\omega})(\boldsymbol{Z}(\boldsymbol{\omega})^{\mathrm{T}}\boldsymbol{Z}(\boldsymbol{\omega}))^{-1}\boldsymbol{Z}(\boldsymbol{\omega})^{\mathrm{T}}$ 是 $\boldsymbol{Z}(\boldsymbol{\omega})$ 的列张成的空间上的投影矩阵。观察 $\boldsymbol{I} - \boldsymbol{P}_Z = \boldsymbol{P}_B$，其中，矩阵 $\boldsymbol{B} = \boldsymbol{B}(\boldsymbol{g})$ 与式(3.19)中的定义相同，且 $\boldsymbol{P}_B = \boldsymbol{B}(\boldsymbol{B}^{\mathrm{T}}\boldsymbol{B})^{-1}\boldsymbol{B}^{\mathrm{T}}$ 是与 $\boldsymbol{P}_Z$ 正交的投影矩阵。IQML 方法主要关于未知向量 $\boldsymbol{g} = (g_0, \cdots, g_{2p})^{\mathrm{T}}$ 求 $\boldsymbol{Y}^{\mathrm{T}}\boldsymbol{P}_B\boldsymbol{Y}$ 的最小值，等价于用未知参数向量 $\boldsymbol{\omega}$ 对式(3.24)进行最小化。首先，请注意

$$\boldsymbol{Y}^{\mathrm{T}}\boldsymbol{P}_B\boldsymbol{Y} = \boldsymbol{g}^{\mathrm{T}}\boldsymbol{Y}_D^{\mathrm{T}}(\boldsymbol{B}^{\mathrm{T}}\boldsymbol{B})^{-1}\boldsymbol{Y}_D\boldsymbol{g} \tag{3.25}$$

式中，$\boldsymbol{Y}_D$ 是式(3.9)中定义的 $(n-2p)\times(2p+1)$ 矩阵。Bresler 和 Macovski 提出了以下算法来最小化 $\boldsymbol{Y}^{\mathrm{T}}\boldsymbol{P}_B\boldsymbol{Y} = \boldsymbol{g}^{\mathrm{T}}\boldsymbol{Y}_D^{\mathrm{T}}(\boldsymbol{B}^{\mathrm{T}}\boldsymbol{B})^{-1}\boldsymbol{Y}_D\boldsymbol{g}$。[4]

算法 3.2

步骤(1) 假设在第 k 步，向量的 $\boldsymbol{g}$ 值为 $\boldsymbol{g}_{(k)}$；

步骤(2) 计算 $\boldsymbol{C}_{(k)} = \boldsymbol{Y}_D^{\mathrm{T}}(\boldsymbol{B}_{(k)}^{\mathrm{T}}\boldsymbol{B}_{(k)})^{-1}\boldsymbol{Y}_D$，其中 $\boldsymbol{B}_{(k)}$ 由 $\boldsymbol{g}_{(k)}$ 替换式(3.19)矩阵 $\boldsymbol{B}$ 中的 $\boldsymbol{g}$ 获得；

步骤(3) 求解二次优化问题

$$\min_{\boldsymbol{x}:\|\boldsymbol{x}\|=1} \boldsymbol{x}^{\mathrm{T}}\boldsymbol{C}_{(k)}\boldsymbol{x}$$

并且假设解决方案是 $\boldsymbol{g}_{(k+1)}$；

步骤(4) 检查是否收敛，即 $|\boldsymbol{g}_{(k+1)} - \boldsymbol{g}_{(k)}| < \varepsilon$，其中 ε 是预设值。如果满足收敛，则转至步骤(5)，否则转至步骤(1)；

步骤(5) 从 $\boldsymbol{g}$ 的估计中得到 $\boldsymbol{\omega}$ 的估计。

虽然上述算法没有收敛性证明,但在实际应用中效果相当好。

3.9 改进的 Prony 算法

Kundu 提出了改进的 Prony 算法[11],该算法关于向量 $\boldsymbol{g}$ 最小化以下等式:

$$\Psi(\boldsymbol{g}) = \boldsymbol{Y}^{\mathrm{T}} \boldsymbol{P}_{\boldsymbol{B}} \boldsymbol{Y} \tag{3.26}$$

其中矩阵 $\boldsymbol{B}(\boldsymbol{g})$ 和投影矩阵 $\boldsymbol{P}_{\boldsymbol{B}}$ 与 3.8 节中的定义相同,$\Psi(\boldsymbol{g})$ 在标量乘法下是不变的,即

$$\Psi(\boldsymbol{g}) = \Psi(c\boldsymbol{g})$$

式中,c 是任意常数,$c \in \mathbb{R}$。所以

$$\min_{\boldsymbol{g}} \Psi(\boldsymbol{g}) = \min_{\boldsymbol{g}:\boldsymbol{g}^{\mathrm{T}}\boldsymbol{g}=1} \Psi(\boldsymbol{g})$$

若要将 $\Psi(\boldsymbol{g})$ 关于 $\boldsymbol{g}$ 最小化,先根据 $\boldsymbol{g}$ 的不同分量对 $\Psi(\boldsymbol{g})$ 进行微分,再令其为 0,求解以下非线性方程可得:

$$\boldsymbol{C}(\boldsymbol{g})\boldsymbol{g} = \boldsymbol{0}, \quad \boldsymbol{g}^{\mathrm{T}}\boldsymbol{g} = 1 \tag{3.27}$$

式中,$\boldsymbol{C} = \boldsymbol{C}(\boldsymbol{g})$ 是一个 $(2p+1) \times (2p+1)$ 对称矩阵,它的第 (i,j) 元素 $(i,j=1,\cdots,2p+1)$ 可以表示为

$$c_{ij} = \boldsymbol{Y}^{\mathrm{T}}\boldsymbol{B}_i\,(\boldsymbol{B}^{\mathrm{T}}\boldsymbol{B})^{-1}\boldsymbol{B}_j^{\mathrm{T}}\boldsymbol{Y} - \boldsymbol{Y}^{\mathrm{T}}\boldsymbol{B}\,(\boldsymbol{B}^{\mathrm{T}}\boldsymbol{B})^{-1}\boldsymbol{B}_j^{\mathrm{T}}\boldsymbol{B}_i\,(\boldsymbol{B}^{\mathrm{T}}\boldsymbol{B})^{-1}\boldsymbol{B}^{\mathrm{T}}\boldsymbol{Y}$$

式中,矩阵 $\boldsymbol{B}_j^{\mathrm{T}}(j=1,\cdots,2p+1)$ 的元素只有 0 和 1,如

$$\boldsymbol{B}(\boldsymbol{g}) = \sum_{j=0}^{2p} g_j \boldsymbol{B}_j$$

式(3.27)是一个非线性特征值问题,Kundu 提出了以下迭代方案来求解非线性方程组[11]:

$$(\boldsymbol{C}(\boldsymbol{g}^{(k)}) - \lambda^{(k+1)}\boldsymbol{I})\boldsymbol{g}^{(k+1)} = \boldsymbol{0}, \quad \boldsymbol{g}^{(k+1)\mathrm{T}}\boldsymbol{g}^{(k+1)} = 1 \tag{3.28}$$

式中,$\boldsymbol{g}^{(k)}$ 表示上述迭代过程的第 k 次迭代,且 $\lambda^{(k+1)}$ 是 $\boldsymbol{C}(\boldsymbol{g}^{(k)})$ 最接近于 0 的特征值。当 $|\lambda^{(k+1)}|$ 与 $\|\boldsymbol{C}\|$ 相比足够小时,迭代过程停止,其中 $\|\boldsymbol{C}\|$ 表示矩阵 $\boldsymbol{C}$ 的矩阵范数。改进的 Prony 算法的收敛性证明参见文献[12]。

3.10 约束最大似然法

在 IQML 或改进的 Prony 算法中,未使用式(2.42)中导出的向量 $\boldsymbol{g}$ 的对称结构。Kannan 和 Kundu 利用向量 $\boldsymbol{g}$ 的对称结构提出约束 MLE。[9] 该问题与式(3.26)中给出的 $\Psi(\boldsymbol{g})$ 关于 $g_0, g_1, \cdots, g_{2p}$ 的最小化问题相同。

再次对 $\Psi(\boldsymbol{g})$ 关于 $g_0, g_1, \cdots, g_{2p}$ 进行微分并使其等于 0,得到如下形式的矩阵方程:

$$\boldsymbol{C}(\boldsymbol{x})\boldsymbol{x} = \boldsymbol{0} \tag{3.29}$$

式中，$\boldsymbol{C}$ 是一个 $(p+1)\times(p+1)$ 矩阵，$\boldsymbol{x}=(x_0,\cdots,x_p)^{\mathrm{T}}$。矩阵 $\boldsymbol{C}$ 的元素 $c_{ij}(i,j=0,\cdots,p)$ 如下所示：

$$
\begin{aligned}
c_{ij} &= \boldsymbol{Y}^{\mathrm{T}}\boldsymbol{U}_i(\boldsymbol{B}^{\mathrm{T}}\boldsymbol{B})^{-1}\boldsymbol{U}_j^{\mathrm{T}}\boldsymbol{Y}+\boldsymbol{Y}^{\mathrm{T}}\boldsymbol{U}_j(\boldsymbol{B}^{\mathrm{T}}\boldsymbol{B})^{-1}\boldsymbol{U}_i^{\mathrm{T}}\boldsymbol{Y}\\
&\quad -\boldsymbol{Y}^{\mathrm{T}}B(\boldsymbol{B}^{\mathrm{T}}\boldsymbol{B})^{-1}(\boldsymbol{U}_i^{\mathrm{T}}\boldsymbol{U}_j+\boldsymbol{U}_j^{\mathrm{T}}\boldsymbol{U}_i)(\boldsymbol{B}^{\mathrm{T}}\boldsymbol{B})^{-1}\boldsymbol{B}^{\mathrm{T}}\boldsymbol{Y}
\end{aligned}
$$

其中矩阵 $\boldsymbol{B}$ 与式(3.19)中定义的相同，g_{p+k} 替换为 g_{p-k}，$k=1,\cdots,p$。$\boldsymbol{U}_1,\cdots,\boldsymbol{U}_p$ 是 $n\times(n-2p)$ 全0或全1矩阵

$$
\boldsymbol{B}=\sum_{j=0}^{p}g_j\boldsymbol{U}_j
$$

采用类似改进 Prony 算法的迭代格式求解 $\hat{\boldsymbol{x}}=(\hat{x}_0,\cdots,\hat{x}_p)^{\mathrm{T}}$，解即为式(3.29)。一旦获得了 $\hat{\boldsymbol{x}},\hat{\boldsymbol{g}}$ 就可以通过以下方式轻松获得：

$$
\hat{\boldsymbol{g}}=(\hat{x}_0,\cdots,\hat{x}_{p-1},\hat{x}_p,\hat{x}_{p-1},\cdots,\hat{x}_0)^{\mathrm{T}}
$$

从 $\hat{\boldsymbol{g}}$ 中同样可以获得 $\omega_1,\cdots,\omega_p$ 的估计值。Kannan 和 Kundu 已经证明了算法的收敛性，约束 MLE 的性能达到了预期效果。[9]

3.11 期望最大化算法

Dempster，Laird 和 Rubin 提出的期望最大化(EM)算法是解决数据不完整时最大似然估计问题的通用方法。[6]有关 EM 算法的详细信息请参考文献[16]。虽然该算法最初用于不完整数据，但有时在数据完整时也同样有效。在假设误差为独立同分布正态随机变量的情况下，Feder 和 Weinstein 已经使用 EM 算法非常有效地估计出模型(3.1)的未知参数。[7]

为了让大家更好地理解，接下来简要解释一下 EM 算法。用 $\boldsymbol{Y}$ 表示观测(可能不完整)数据，其概率密度函数为 $f_Y(\boldsymbol{y};\boldsymbol{\theta})$，参数向量为 $\boldsymbol{\theta}\in\boldsymbol{\Theta}\subset\mathbb{R}^k$，并让 $\boldsymbol{X}$ 表示与 $\boldsymbol{Y}$ 相关的完备数据向量

$$
H(\boldsymbol{X})=\boldsymbol{Y}
$$

其中 $H(\cdot)$ 是一个多对一的不可逆函数。因此，$\boldsymbol{X}$ 的密度函数 $f_X(\boldsymbol{x};\boldsymbol{\theta})$ 可以写成

$$
f_X(\boldsymbol{x};\boldsymbol{\theta})=f_{X\mid Y=y}(\boldsymbol{x};\boldsymbol{\theta})f_Y(\boldsymbol{y};\boldsymbol{\theta}),\quad \forall H(\boldsymbol{x})=\boldsymbol{y} \tag{3.30}
$$

式中，$f_{X\mid Y=y}(\boldsymbol{x};\boldsymbol{\theta})$ 是 $\boldsymbol{Y}=\boldsymbol{y}$ 下给定 $\boldsymbol{X}$ 的条件概率密度函数。对式(3.30)两边取对数后，可以得到

$$
\ln f_Y(\boldsymbol{y};\boldsymbol{\theta})=\ln f_X(\boldsymbol{x};\boldsymbol{\theta})-\ln f_{X\mid Y=y}(\boldsymbol{x};\boldsymbol{\theta}) \tag{3.31}
$$

取式(3.31)两侧参数值 $\boldsymbol{\theta}'$ 处 $\boldsymbol{Y}=\boldsymbol{y}$ 的条件期望，得到

$$
\ln f_Y(\boldsymbol{y};\boldsymbol{\theta})=E\{\ln f_X(\boldsymbol{x};\boldsymbol{\theta})\mid \boldsymbol{Y}=\boldsymbol{y},\boldsymbol{\theta}'\}-E\{\ln f_{X\mid Y=y}(\boldsymbol{x};\boldsymbol{\theta})\mid \boldsymbol{Y}=\boldsymbol{y},\boldsymbol{\theta}'\} \tag{3.32}
$$

如果我们定义 $L(\boldsymbol{\theta})=\ln f_Y(\boldsymbol{y};\boldsymbol{\theta})$，$U(\boldsymbol{\theta},\boldsymbol{\theta}')=E\{\ln f_X(\boldsymbol{x};\boldsymbol{\theta})\mid \boldsymbol{Y}=\boldsymbol{y},\boldsymbol{\theta}'\}$ 和 $V(\boldsymbol{\theta},\boldsymbol{\theta}')=E\{\ln f_{X\mid Y=y}(\boldsymbol{x};\boldsymbol{\theta})\mid \boldsymbol{Y}=\boldsymbol{y},\boldsymbol{\theta}'\}$，那么式(3.32)可写为

$$
L(\boldsymbol{\theta})=U(\boldsymbol{\theta},\boldsymbol{\theta}')-V(\boldsymbol{\theta},\boldsymbol{\theta}')
$$

式中，$L(\boldsymbol{\theta})$是观测数据的对数似然函数，需要将其最大化以获得$\boldsymbol{\theta}$的最大似然函数。由Jensen不等式，如文献[5]中的$V(\boldsymbol{\theta},\boldsymbol{\theta}')\leqslant V(\boldsymbol{\theta}',\boldsymbol{\theta}')$可得

$$U(\boldsymbol{\theta},\boldsymbol{\theta}') > U(\boldsymbol{\theta}',\boldsymbol{\theta}')$$

又有

$$L(\boldsymbol{\theta}) > L(\boldsymbol{\theta}') \tag{3.33}$$

式(3.33)是构成EM算法的基础。该算法从一个初始估计值开始，将其表示为$\hat{\boldsymbol{\theta}}^{(m)}$，$m$次迭代后$\boldsymbol{\theta}$的当前估计$\hat{\boldsymbol{\theta}}^{(m+1)}$可推导为

E-step：

Compute $U(\boldsymbol{\theta},\hat{\boldsymbol{\theta}}^{(m)})$

M-step：

Compute $\hat{\boldsymbol{\theta}}^{(m)}=\operatorname{argmax}_{\boldsymbol{\theta}}U(\boldsymbol{\theta},\hat{\boldsymbol{\theta}}^{(m)})$

接下来，我们展示当误差为独立同分布正态随机变量且均值为0、方差为σ^2时，EM算法如何用于估计模型(3.1)的未知频率和振幅。在这些假设下，不带常数项的对数似然函数采用以下形式：

$$l(\boldsymbol{\omega})=-n\ln\sigma-\sum_{t=1}^{n}\frac{1}{\sigma^2}\left\{y(t)-\sum_{k=1}^{p}[A_k\cos(\omega_k t)+B_k\sin(\omega_k t)]\right\}^2 \tag{3.34}$$

很明显，当$k=1,\cdots,p$时，如果$\hat{A}_k$，$\hat{B}_k$和$\hat{\omega}_k$分别是A_k，B_k和ω_k的最大似然估计，则σ^2的最大似然估计为

$$\hat{\sigma}^2=\frac{1}{n}\sum_{t=1}^{n}\left\{y(t)-\sum_{k=1}^{p}[\hat{A}_k\cos(\hat{\omega}_k t)+\hat{B}_k\sin(\hat{\omega}_{\hat{k}} t)]\right\}^2$$

显然，A_k，B_k和ω_k的最大似然估计可以通过最小化下式得到：

$$\frac{1}{n}\sum_{t=1}^{n}\left\{y(t)-\sum_{k=1}^{p}[A_k\cos(\omega_k t)+B_k\sin(\omega_k t)]\right\}^2 \tag{3.35}$$

在这种情况下，可以利用EM算法来计算A_k，B_k和ω_k($k=1,\cdots,p$)的最大似然估计。在利用EM算法时，Feder和Weinstein假设噪声方差是已知的σ^2，不失一般性，可以令其为1。[7]

将数据向量$\boldsymbol{y}(t)$按如下方式表示：

$$\boldsymbol{y}(t)=(y_1(t),\cdots,y_p(t))^{\mathrm{T}} \tag{3.36}$$

其中

$$y_k(t)=A_k\cos(\omega_k t)+B_k\sin(\omega_k t)+X_k(t)$$

这里$X_k(t)$是通过将总噪声$X(t)$任意分解为p个分量得到的，可以表示为

$$\sum_{k=1}^{p}X_k(t)=X(t)$$

所以，如果$\boldsymbol{H}=[1,\cdots,1]$是一个$p\times1$向量，那么模型(3.1)可以写为

$$y(t)=\sum_{k=1}^{p}y_k(t)=\boldsymbol{H}\boldsymbol{y}(t)$$

如果令$X_1(t),\cdots,X_p(t)$是零均值且方差分别为$\beta_1,\cdots,\beta_p$的独立正态随机变量，那么

$$\sum_{k=1}^{p}\beta_k = 1,\quad \beta_k > 0$$

如果 $\hat{A}_k^{(m)}$，$\hat{B}_k^{(m)}$ 和 $\hat{\omega}_k^{(m)}$ 分别表示 A_k，B_k 和 ω_k 的 m 次迭代后的估计，那么

E-step：

$$\hat{y}_k^{(m)}(t) = \hat{A}_k^{(m)}\cos(\hat{\omega}_k^{(m)}t) + \hat{B}_k^{(m)}\sin(\hat{\omega}_k^{(m)}t) + \beta_k\left\{y(t) - \sum_{k=1}^{p}\left[\hat{A}_k^{(m)}\cos(\hat{\omega}_k^{(m)}t) + \hat{B}_k^{(m)}\sin(\hat{\omega}_k^{(m)}t)\right]\right\} \tag{3.37}$$

M-step：

$$(\hat{A}_k^{(m+1)}, \hat{B}_k^{(m+1)}, \hat{\omega}_k^{(m+1)}) = \arg\min_{A,B,\omega}\sum_{t=1}^{n}\left[\hat{y}_k^{(m)}(t) - A\cos(\omega t) - B\sin(\omega t)\right]^2 \tag{3.38}$$

基于 $\hat{y}_k^{(m)}(t), t=1,\cdots,n$；$\hat{A}_k^{(m+1)}$，$\hat{B}_k^{(m+1)}$，$\hat{\omega}_k^{(m+1)}$ 分别是 A_k，B_k，ω_k 的最大似然估计。此算法最重要的特点是将复杂的优化问题分解为 p 个单独的简单一维优化问题。

Feder 和 Weinstein 没有提到在误差方差 σ^2 未知的情况下如何选择 $\beta_1,\cdots,\beta_p$ 以及如何使用 EM 算法。[7] $\beta_1,\cdots,\beta_p$ 的选择对算法的性能起着重要作用，相比于固定的 $\beta_1=\cdots=\beta_p$，动态的 $\beta_1,\cdots,\beta_p$ 可能会提供更好的结果。

在 σ^2 未知的情况下，我们提出以下 EM 算法。假设 $\hat{A}_k^{(m)}$，$\hat{B}_k^{(m)}$，$\hat{\omega}_k^{(m)}$ 和 $\hat{\sigma}^{2(m)}$ 分别是 EM 算法的第 m 步处的 A_k，B_k，ω_k 和 σ^2 的估计值，它们可以从周期图估计值中获得。选取 $\beta_k^{(m)}$ 为

$$\beta_k^{(m)} = \frac{\hat{\sigma}^{2(m)}}{p},\quad k = 1,\cdots,p$$

在式(3.37)的 E-step 中替换 β_k 为 $\beta_k^{(m)}$，并在计算式(3.38)后的 M-step 中获得

$$\hat{\sigma}^{2(m+1)} = \frac{1}{n}\sum_{t=1}^{n}\left\{y(t) - \sum_{k=1}^{p}\left[\hat{A}_k^{(m+1)}\cos(\hat{\omega}_k^{(m+1)}t) + \hat{B}_k^{(m+1)}\sin(\hat{\omega}_k^{(m+1)}t)\right]\right\}^2$$

除非满足收敛标准，否则迭代将继续。收敛性的证明或估计量的性质尚未完善，这方面还需要进一步深入研究。

3.12 顺序估计

到目前为止讨论的不同估计量的一个主要缺点是计算复杂度太高，有时为了降低计算复杂度而牺牲了效率。Prasad、Kundu 和 Mitra 提出了顺序估计[19]，在没有牺牲估计量效率的情况下降低了计算复杂度。

Prasad、Kundu 和 Mitra 在误差假设 3.1 和假设 3.2 下考虑了模型(3.1)。[19] 顺序估计法基本上是对近似最小二乘法的修改，如 3.1 节所述。使用与式(3.5)中相同意义的符号，该方法可描述如下。

算法 3.3

步骤(1) 计算 $\hat{\omega}_1$,可通过最小化 $R_1(\omega)$得到,其中

$$R_1(\omega) = \boldsymbol{Y}^{\mathrm{T}}(\boldsymbol{I} - \boldsymbol{P}_{Z(\omega)})\boldsymbol{Y} \tag{3.39}$$

其中 $\boldsymbol{Z}(\omega)$的定义与3.1节中的定义相同,并且 $\boldsymbol{P}_{Z(\omega)}$是 $\boldsymbol{Z}(\omega)$在列空间上的投影矩阵;

步骤(2) 构造以下向量:

$$\boldsymbol{Y}^{(1)} = \boldsymbol{Y} - \boldsymbol{Z}(\hat{\omega}_1)\hat{\alpha}_1 \tag{3.40}$$

其中

$$\hat{\alpha}_1 = [\boldsymbol{Z}^{\mathrm{T}}(\hat{\omega}_1)\boldsymbol{Z}(\hat{\omega}_1)]^{-1}\boldsymbol{Z}^{\mathrm{T}}(\hat{\omega}_1)\boldsymbol{Y}$$

步骤(3) 可通过最小化 $R_2(\omega)$来获得 $\hat{\omega}_2$,用式(3.39)中的 $\boldsymbol{Y}^{(1)}$来替换 $\boldsymbol{Y}$,可以得到 $R_2(\omega)$;

步骤(4) 将这一过程一直持续到第 p 步。

该算法的主要优点是显著降低了计算量。任意 k 下的 $R_k(\omega)$最小值问题是一个很容易求解的一维优化问题。作者已证明,用顺序方法得到的估计是强一致的,并且它们与最小二乘估计具有相同的收敛速度。此外,如果在 p 步后仍然继续,则表明 A 和 B 的估计几乎肯定收敛到0。

3.13 Quinn 和 Fernandes 法

Quinn 和 Fernandes 利用二阶滤波器在给定频率下消除正弦波的性质,提出了以下方法。[21]首先,考虑模型(3.1),令 $p=1$。根据 Prony 方程,模型满足方程

$$y(t) - 2\cos(\omega)y(t-1) + y(t-2) = X(t) - 2\cos(\omega)X(t-1) + X(t-2) \tag{3.41}$$

因此,$\{y(t)\}$形成了一个自回归移动平均线,即 ARMA 过程,该过程没有稳定或可逆的解。与预期一样,上述过程不依赖线性参数 A 和 B,而依赖于非线性频率 ω。从式(3.41)可以清楚地看出,利用上述$\{y(t)\}$的 ARMA 结构,可以得到 ω 的估计。

式(3.41)可以重写为

$$y(t) - \beta y(t-1) + y(t-2) = X(t) - \alpha X(t-1) + X(t-2) \tag{3.42}$$

问题是在约束 $\alpha=\beta$ 的情况下,用观测值$\{y(t), t=1,\cdots,n\}$来估计未知参数。如果使用标准的基于 ARMA 的技术来估计未知参数,那么它只能产生具有 $O(n^{-1})$阶的渐近方差的估计量。此外,ω 的 LSE 具有 $O(n^{-3})$阶的渐近方差,所以需要使用一些基于 ARMA 的"非标准"技术来获得有效的频率估计量。

如果 α 已知,且 $X(1),\cdots,X(n)$为独立同分布正态随机变量,则可通过最小化下式得到 β:

$$Q(\beta) = \sum_{t=1}^{n}[\xi(t) - \beta\xi(t-1) + \xi(t-2)]^2 \tag{3.43}$$

式中,当 $t<1$ 时 $\xi(t)=0$,当 $t\geqslant 1$ 时

$$\xi(t) = y(t) + \alpha\xi(t-1) - \xi(t-2)$$

最小化式(3.43)可以很容易地得到 β 值,如下所示：

$$\alpha + \frac{\sum_{t=1}^{n} y(t)\xi(t-1)}{\sum_{t=1}^{n} \xi^2(t-1)} \tag{3.44}$$

因此,一种方法是将 α 的新值代入式(3.44)中,然后重新估计 β。Quinn 和 Fernandes 利用这一基本思想,使用适当的加速因子,确保了迭代过程的收敛性[21],具体算法如下。

算法 3.4

步骤(1) 令 $\alpha^{(1)} = 2\cos(\hat{\omega}^{(1)})$,其中 $\hat{\omega}^{(1)}$ 是 ω 的初始估计量；

步骤(2) 对于 $j \geqslant 1$,计算

$$\xi(t) = y(t) + \alpha^{(j)}\xi(t-1) - \xi(t-2), \quad t = 1,\cdots,n$$

步骤(3) 获得

$$\beta^{(j)} = \alpha^{(j)} + \frac{\sum_{t=1}^{n} y(t)\xi(t-1)}{\sum_{t=1}^{n} \xi(t-1)}$$

步骤(4) 如果 $|\alpha^{(j)} - \beta^{(j)}|$ 较小,则停止迭代过程,并获得 ω 的估计值 $\hat{\omega} = \cos^{-1}(\beta^{(j)}/2)$;否则,获得 $\alpha^{(j+1)} = \beta^{(j)}$,并返回到步骤(2)。

在同一篇文章中,作者基于观测到的某个差分算子会消除所有正弦分量的情况,对一般模型(3.1)的算法进行了扩展。如果 $y(1),\cdots,y(n)$ 是从模型(3.1)中得到的,那么从 Prony 方程中可知存在 $\alpha_0,\cdots,\alpha_{2p}$,所以

$$\sum_{j=0}^{2p} \alpha_j y(t-j) = \sum_{j=0}^{2p} \alpha_j X(t-j) \tag{3.45}$$

其中

$$\sum_{j=0}^{2p} \alpha_j z^j = \prod_{j=1}^{p} [1 - 2\cos(\omega_j)z + z^2] \tag{3.46}$$

从式(3.46)中可以清楚地看出,$\alpha_0 = \alpha_{2p} = 1, \alpha_{2p-j} = \alpha_j\ (j=0,\cdots,p-1)$。因此,在这种情况下 $y(1),\cdots,y(n)$ 形成了一个 ARMA$(2p,2p)$ 过程,并且相应辅助多项式的所有零点都在单位圆上。从 Prony 方程中还可以观察到,没有其他小于 $2p$ 阶的多项式具有这种性质。

按照与之前完全相同的推理,Quinn 和 Fernandes 针对多重正弦模型提出了以下算法。[21]

算法 3.5

步骤(1) 如果 $\tilde{\omega}_1,\cdots,\tilde{\omega}_p$ 是 $\omega_1,\cdots,\omega_p$ 的初始估计值,则 $\alpha_1,\cdots,\alpha_p$ 可由下式得到：

$$\sum_{j=0}^{2p} \alpha_j z^j = \prod_{j=1}^{p} (1 - 2z\cos(\tilde{\omega}_j) + z^2)$$

步骤(2) 计算当 $t = 1,\cdots,n$ 时

$$\xi(t) = y(t) - \sum_{j=1}^{2p} \alpha_j \xi(t-j)$$

且对于 $j=1,\cdots,p-1$,计算 $p\times 1$ 向量

$$\boldsymbol{\eta}(t-1) = [\tilde{\xi}(t-1),\cdots,\tilde{\xi}(t-p+1),\xi(t-p)]^{\mathrm{T}}$$

其中

$$\tilde{\xi}(t-j) = \xi(t-j) + \xi(t-2p+j)$$

并且 $t<1$ 时,$\xi(t)=0$。

步骤(3) 令 $\boldsymbol{\alpha}=[\alpha_1,\cdots,\alpha_p]^{\mathrm{T}}$,计算 $\boldsymbol{\beta}=[\beta_1,\cdots,\beta_p]^{\mathrm{T}}$,其中

$$\boldsymbol{\beta} = \boldsymbol{\alpha} - 2\left[\sum_{t=1}^{n}\boldsymbol{\eta}(t-1)\boldsymbol{\eta}(t-1)^{\mathrm{T}}\right]^{-1}\sum_{t=1}^{n} y(t)\boldsymbol{\eta}(t-1)$$

步骤(4) 如果$\max_j|\beta_j-\alpha_j|$较小,则停止迭代,并获得 $\omega_1,\cdots,\omega_p$ 的估计值,否则设 $\boldsymbol{\alpha}=\boldsymbol{\beta}$,然后转至步骤(2)。

该算法适用于小的 p 值,对于一般的 p 来说,其性能不理想,因为它涉及病态的$2p\times 2p$ 矩阵求逆问题。因此,在很大概率上可以通过该算法获得向量 $\boldsymbol{\alpha}$ 和向量 $\boldsymbol{\beta}$ 的元素。

Quinn 和 Fernandes 提出了以下改进算法,该算法即使在大的 p 值条件下也能工作得很好。[21]

算法 3.6

步骤(1) 如果 $\tilde{\omega}_1,\cdots,\tilde{\omega}_p$ 分别是 $\omega_1,\cdots,\omega_p$ 的初始估计量,计算 $\theta_k=2\cos(\tilde{\omega}_k)$ $(k=1,\cdots,p)$。

步骤(2) 计算 $\zeta_j(t)$ $(t=1,\cdots,n;j=1,\cdots,p)$。其中 $\zeta_j(-1)=\zeta_j(-2)=0$,满足

$$\zeta_j(t) - \theta_j\zeta_j(t-1) + \zeta_j(t-2) = y(t)$$

步骤(3) 计算 $\boldsymbol{\theta}=[\theta_1,\cdots,\theta_p]^{\mathrm{T}}$,$\boldsymbol{\zeta}(t)=[\zeta_1(t),\cdots,\zeta_p(t)]^{\mathrm{T}}$,以及

$$\boldsymbol{\psi} = \boldsymbol{\theta} - 2\left[\sum_{t=1}^{n}\boldsymbol{\zeta}(t-1)\boldsymbol{\zeta}(t-1)^{\mathrm{T}}\right]^{-1}\sum_{t=1}^{n} y(t)\boldsymbol{\zeta}(t-1)$$

步骤(4) 如果$|\boldsymbol{\psi}-\boldsymbol{\theta}|$较小,则停止迭代,并获得 $\omega_1,\cdots,\omega_p$ 的估计值,否则设 $\boldsymbol{\theta}=\boldsymbol{\psi}$,然后转至步骤(2)。

Quinn 和 Fernandes 提出的上述两种算法都涉及 $p>1$ 和求 $2p\times 2p$ 矩阵逆的计算。[21]因此,如果 p 非常大,则意味着将存在一个具有挑战性的计算问题。

3.14 放大谐波法

Truong Van 提出了基于放大谐波模型(3.1)的频率估计。[26]文献[26]的主要思想是构造一个过程,使某一频率的幅值与 t 呈拟线性增加,而其他频率的幅值在时间上保持不变。即对于每个频率 ω_k 以及 ω_k 附近的任意估计值 $\omega_k^{(0)}$,在初始条件 $\xi(0)=\xi(-1)=0$ 且 $\alpha_k^{(0)}=\cos(\omega_k^{(0)})$下,将过程 $\xi(t)$定义为以下线性方程的解:

$$\xi(t) - 2\alpha_k^{(0)}\xi(t-1) + \xi(t-2) = y(t),\quad t\geqslant 1 \tag{3.47}$$

使用文献[1]的结果，可以证明

$$\xi(t) = \sum_{j=0}^{t-1} v(j;\omega_k^{(0)})y(t-k), \quad t \geqslant 1 \tag{3.48}$$

其中

$$v(j;\omega) = \frac{\sin(\omega(j+1))}{\sin(\omega)}$$

需要注意的是，该过程$\{\xi(t)\}$取决于$\omega_k^{(0)}$，如果需要的话可以用$\{\xi(t;\omega_k^{(0)})\}$来表示。作者已证明，过程$\{\xi(t)\}$就像一个频率$\omega_k$放大器，并进一步证明了这种放大器的存在。通过观察$y(t)$和$\xi(t-1;\hat{\omega}_k)$相互正交的现象，提出了$\omega_k$的估计量$\hat{\omega}_k$，即

$$\sum_{t=2}^{n} \xi(t-1;\hat{\omega}_k)y(t) = 0 \tag{3.49}$$

Truong Van 提出了两种不同的算法[26]，主要用于求解式(3.49)。第一种算法(算法3.7)适用于初始估计值非常接近真实值的情况，该算法基于 Newton 法求解式(3.49)；第二种算法(算法 3.8)适用于初始估计值与真实值不太接近的情况，该算法还尝试使用最小二乘法找到非线性方程(3.49)的解。

算法 3.7

步骤(1) 找到ω_k的一个初始估计值$\omega_k^{(0)}$。

步骤(2) 计算

$$\omega_k^{(1)} = \omega_k^{(0)} - F(\omega_k^{(0)})(F'(\omega_k^{(0)}))^{-1}$$

其中

$$F(\omega) = \sum_{t=2}^{n} \xi(t-1;\omega)y(t) \quad 且 \quad F'(\omega) = \sum_{t=2}^{n} \frac{\mathrm{d}}{\mathrm{d}\omega}\xi(t-1;\omega)y(t)$$

步骤(3) 如果$\omega_k^{(0)}$和$\omega_k^{(1)}$彼此接近，则停止迭代；否则替换$\omega_k^{(0)}$为$\omega_k^{(1)^2}$，并继续该过程。

算法 3.8

步骤(1) 找到ω_k的一个初始估计值$\omega_k^{(0)}$，并计算$\alpha_k^{(0)} = \cos(\omega_k^{(0)})$。

步骤(2) 计算

$$\alpha_k^{(1)} = \alpha_k^{(0)} + \left[2\sum_{t=2}^{n} \xi^2(t-1;\omega_k^{(0)})\right]^{-1} F(\omega_k^{(0)})$$

步骤(3) 如果$\alpha_k^{(0)}$和$\alpha_k^{(1)}$彼此接近，则停止迭代；否则将$\alpha_k^{(0)}$替换为$\alpha_k^{(1)}$，并继续该过程。从α_k的估计可以很容易地得到ω_k的估计。

3.15 加权最小二乘估计

加权最小二乘估计(WLSE)由 Irizarry 提出[8]，其主要思想是根据权重函数产生渐近无偏估计量，其方差可能低于 LSE。Irizarry 考虑了模型(3.1)，通过最小化式(3.50)，可以得到未知参数的 WLSE[8]：

$$S(\boldsymbol{\omega},\boldsymbol{\theta}) = \sum_{t=1}^{n} w\left(\frac{t}{n}\right)\left\{y(t) - \sum_{k=1}^{p}\left[A_k\cos(\omega_k t) + B_k\sin(\omega_k t)\right]\right\}^2 \tag{3.50}$$

式中，$\boldsymbol{\omega} = (\omega_1,\cdots,\omega_p)$，$\boldsymbol{\theta} = (A_1,\cdots,A_p,B_1,\cdots,B_p)$。权函数 $w(s)$是非负的、有界的，有界方差为[0,1]。此外，$W_0>0$，$W_1^2 - W_0W_2\neq 0$，其中

$$W_n = \int_0^1 s^n w(s)\mathrm{d}s$$

假设权重函数是先验已知的，此时如果令 $\hat{\omega}_1,\cdots,\hat{\omega}_k,\hat{A}_1,\cdots,\hat{A}_k,\hat{B}_1,\cdots,\hat{B}_k$ 分别表示 $\omega_1,\cdots,\omega_k,A_1,\cdots,A_k,B_1,\cdots,B_k$ 的 WLSE，可以看到与 LSE 相同状况，那么它们可以由下式得到。首先相对于 $\omega_1,\cdots,\omega_k$ 最大化 $Q(\boldsymbol{\omega})$获得 $\hat{\omega}_1,\cdots,\hat{\omega}_k$，其中

$$Q(\boldsymbol{\omega}) = \sum_{k=1}^{p}\left|\frac{1}{n}\sum_{t=1}^{n} w\left(\frac{t}{n}\right)y(t)\mathrm{e}^{\mathrm{i}t\omega_k}\right|^2 \tag{3.51}$$

然后对于 $k=1,\cdots,p$ 得到$\hat{A}_k$ 和$\hat{B}_k$：

$$\hat{A}_k = \frac{2\sum_{t=1}^{n} w\left(\frac{t}{n}\right)y(t)\cos(\hat{\omega}_k t)}{\sum_{t=1}^{n} w\left(\frac{t}{n}\right)},\quad \hat{B}_k = \frac{2\sum_{t=1}^{n} w\left(\frac{t}{n}\right)y(t)\sin(\hat{\omega}_k t)}{\sum_{t=1}^{n} w\left(\frac{t}{n}\right)}$$

Irizarry 证明了 WLSE 是相应参数的强一致估计量[8]，且在权函数和误差随机变量的一般假设集下，它们是渐近正态分布的。另外，方差-协方差矩阵的显式表达式与期望的权重函数有关，通过选择适当的权重函数，可以使 WLSE 的渐近方差小于 LSE 的相应渐近方差。此外，未知参数向量 $\boldsymbol{\omega}$，还未说明如何最大化式(3.51)中定义的 $Q(\boldsymbol{\omega})$，这是一个多维优化问题，如果 p 较大，则是一个难以解决的问题。可以使用 3.12 节中 Prasad、Kundu 和 Mitra 的顺序估计程序进行求解[19]，这方面还需要进一步研究。

3.16　Nandi 和 Kundu 法

Nandi 和 Kundu 提出了一种高效率算法[17]，存在加性平稳噪声的情况下(即在误差假设 3.2 下)用于估计正弦信号的参数。该算法的主要特点是：① 估计量是强一致的，并且它们与 LSE 渐近等价；② 从初始频率估计器作为 Fourier 频率上的 PE 开始，该算法收敛为三个步骤；③ 该算法并不是在每个步骤中都使用整个样本。在前两个步骤中，仅使用部分样本，仅在第三步中使用了整个样品。不失一般性，以 $p=1$ 时的算法为例进行介绍。注意，对于一般 p，Prasad、Kundu 和 Mitra 的顺序估计法可以很容易开展。[19]

如果在第 j 阶段，ω 的估计值$\omega^{(j)}$表示为 $\omega^{(j+1)}$，则计算如下：

$$\omega^{(j+1)} = \omega^{(j)} + \frac{12}{n_j}\mathrm{Im}\left[\frac{P(j)}{Q(j)}\right] \tag{3.52}$$

其中

$$P(j) = \sum_{t=1}^{n_j} y(t)\left(t - \frac{n_j}{2}\right)\mathrm{e}^{-\mathrm{i}\omega^{(i)}t} \tag{3.53}$$

$$Q(j) = \sum_{t=1}^{n_j} y(t)\mathrm{e}^{-\mathrm{i}\omega^{(j)}t} \tag{3.54}$$

且 n_j 表示在第 j 次迭代中使用的样本量。假设 $\omega^{(0)}$ 表示 ω 的周期谱估计量，则该算法可采用以下形式。

算法 3.9

步骤(1) 将 $n_1 = n^{0.8}$ 代入式(3.52)，通过 $\omega^{(0)}$ 来计算 $\omega^{(1)}$；

步骤(2) 将 $n_2 = n^{0.9}$ 代入式(3.52)，通过 $\omega^{(1)}$ 来计算 $\omega^{(2)}$；

步骤(3) 将 $n_3 = n$ 代入式(3.52)，通过 $\omega^{(2)}$ 来计算 $\omega^{(3)}$。

值得注意的是，在步骤(1)或步骤(2)中使用的 0.8 或 0.9 不是唯一的，也可以有其他选择，详情参见文献[17]。此外，作者还证明了 $\omega^{(3)}$ 的渐近性质与相应的 LSE 是相同的。

3.17 超有效估计

Kundu 等人提出了一种改进的 Newton-Raphson 法，以获得平稳噪声下模型(3.1)频率的超高效估计$\{X(t)\}$。[13]可以看出，如果该算法从具有收敛速度 $O_p(1/n)$的初始估计开始，并使用适当阶跃因子修正的 Newton-Raphson 法来产生超高效频率估计量，在某种意义上它的渐近方差低于相应 LSE 的渐近方差。这确实是一个非常违反直觉的结果，因为通常的 Newton-Raphson 法不能用于计算 LSE，而通过适当的阶跃因子进行修正，它可以产生超高效的频率估计量。

如果

$$S(\omega) = \boldsymbol{Y}^{\mathrm{T}}\boldsymbol{Z}\,(\boldsymbol{Z}^{\mathrm{T}}\boldsymbol{Z})^{-1}\boldsymbol{Z}^{\mathrm{T}}\boldsymbol{Y} \tag{3.55}$$

式中，$\boldsymbol{Y}$ 和 $\boldsymbol{Z}$ 与式(3.5)中定义的符号意义相同，则 ω 的 LSE 可通过最大化 $S(\omega)$得到。使用 Newton-Raphson 法实现 $S(\omega)$的最大化，即

$$\omega^{(j+1)} = \omega^{(j)} - \frac{S'(\omega^{(j)})}{S''(\omega^{(j)})} \tag{3.56}$$

其中，$\omega^{(j)}$ 与前面定义的相同，即在第 j 阶段 ω 的估计，并且 $S'(\omega^{(j)})$和 $S''(\omega^{(j)})$分别表示评估阶段 $S(\omega)$在 $\omega^{(j)}$ 处的一阶导数和二阶导数。用更小的修正系数对标准 Newton-Raphson 法进行修改，可得

$$\omega^{(j+1)} = \omega^{(j)} - \frac{1}{4} \times \frac{S'(\omega^{(j)})}{S''(\omega^{(j)})} \tag{3.57}$$

假设 $\omega^{(0)}$ 表示 ω 的 PE，则该算法可描述如下。

算法 3.10

步骤(1) 当 $n_1 = n^{6/7}$，计算

$$\omega^{(1)} = \omega^{(0)} - \frac{1}{4} \times \frac{S'_{n_1}(\omega^{(0)})}{S''_{n_1}(\omega^{(0)})}$$

式中，$S'_{n_1}(\omega^{(0)})$和$S''_{n_1}(\omega^{(0)})$分别与$S'(\omega^{(0)})$和$S''(\omega^{(0)})$相同，使用n_1大小的子样本进行计算；

步骤(2) 取$n_j = n$，重复下列步骤：

$$\omega^{(j+1)} = \omega^{(j)} - \frac{1}{4} \times \frac{S'_{n_j}(\omega^{(j)})}{S''_{n_j}(\omega^{(j)})}, \quad j = 1,2,\cdots$$

直到满足合适的停止标准。

可以看出，任何n_1个连续数据点都可以在步骤(1)中用于启动算法，并且在仿真结果中观察到，初始子样本的选择对最终估计量没有显著影响。此外，步骤(1)指数中的因子6/7不是唯一的，还有其他方法可以启动该算法。Kundu等人在广泛的仿真研究中发现此算法迭代收敛非常快[13]，它产生的频率估计量的方差低于相应的LSE。

3.18 结　　论

在本章中，我们讨论了正弦模型和频率的不同估计方法。尽管我们讨论了17种不同的方法，但还有很多种其他的方法有待深入研究。本章的主要目的是比较同一问题的不同解法所带来的不同复杂度，且尝试通过不同的方法获得较优解。这些方法中没有一种方法可以适用所有的模型参数值，所以找到有效的估计量是一个具有挑战性的数值问题。因此，文献中提出了几种次优解，它们的收敛速度不如有效估计值，下一章将介绍不同估计量的详细理论性质。

参考文献

[1] Ahtola J, Tiao G C. Distributions of least squares estimators of autoregressive parameters for a process with complex roots on the unit circle[J]. Journal of Time Series Analysis, 1987, 8(1): 1-14.

[2] Bai Z D, Chen X R, Krishnaiah P R, et al. Asymptotic property on the EVLP estimation for superimposed exponential signals in noise[R]. Pittsburgh University PA Center For Multivariate Analysis, 1987.

[3] Bai Z D, Rao C R, Chow M, et al. An efficient algorithm for estimating the parameters of superimposed exponential signals[J]. Journal of Statistical Planning and Inference, 2003, 110(1-2): 23-34.

[4] Bresler Y, Macovski A. Exact maximum likelihood parameter estimation of superimposed exponential signals in noise[J]. IEEE Transactions on Acoustics, Speech and Signal Processing, 1986, 34(5): 1081-1089.

[5] Chung K L. A course in probability theory[M]. 2nd ed. New York: Academic Press, 1974.

[6] Dempster A P, Laird N M, Rubin D B. Maximum likelihood from incomplete data via the EM algorithm[J]. Journal of the Royal Statistical Society Series B, 1977, 39(1): 1-38.

[7] Feder M, Weinstein E. Parameter estimation of superimposed signals using the EM algorithm [J]. IEEE Transactions on Acoustics, Speech and Signal Processing, 1988, 36(4): 477-489.

[8] Irizarry R A. Weighted estimation of harmonic components in a musical sound signal[J]. Journal of Time Series Analysis, 2002, 23(1): 29-48.

[9] Kannan N, Kundu D. On modified EVLP and ML methods for estimating superimposed exponential signals[J]. Signal Processing, 1994, 39(3): 223-233.

[10] Kumaresan R. Estimating the parameters of exponential signals[D]. Rhode Island: University of Rhode Island, 1982.

[11] Kundu D. Shorter communication: estimating the parameters of undamped exponential signals [J]. Technometrics, 1993, 35(2): 215-218.

[12] Kundu D. Estimating the parameters of complex-valued exponential signals[J]. Computational Statistics & Data Analysis, 1994, 18(5): 525-534.

[13] Kundu D, Bai Z, Nandi S, et al. Super efficient frequency estimation[J]. Journal of Statistical Planning and Inference, 2011, 141(8): 2576-2588.

[14] Kundu D, Mitra A. Consistent method of estimating superimposed exponential signals[J]. Scandinavian Journal of Statistics, 1995, 22: 73-82.

[15] Kundu D, Mitra A. Consistent method for estimating sinusoidal frequencies: A non-iterative approach [J]. Journal of Statistical Computation and Simulation, 1997, 58(2): 171-194.

[16] McLachlan G J, Krishnan T. The EM algorithm and extensions[M]. Hoboken: Wiley, 2008.

[17] Nandi S, Kundu D. A fast and efficient algorithm for estimating the parameters of sum of sinusoidal model[J]. Sankhya, 2006, 68: 283-306.

[18] Pillai S U. Array processing[M]. New York: Springer, 1989.

[19] Prasad A, Kundu D, Mitra A. Sequential estimation of the sum of sinusoidal model parameters [J]. Journal of Statistical Planning and Inference, 2008, 138(5): 1297-1313.

[20] Quinn B G. Estimating frequency by interpolation using Fourier coefficients[J]. IEEE Transactions on Signal Processing, 1994, 42(5): 1264-1268.

[21] Quinn B G, Fernandes J M. A fast efficient technique for the estimation of frequency[J]. Biometrika, 1991, 78(3): 489-497.

[22] Rao C R. Some results in signal detection[M]//Gupta S S, Berger J O. Decision theory and related topics, IV. New York: Springer, 1988, 319-332.

[23] Rice J A, Rosenblatt M. On frequency estimation[J]. Biometrika, 1988, 75(3): 477-484.

[24] Roy R H. ESPRIT-Estimation of signal parameters via rotational invariance technique[D]. State of California: Stanford University, 1987.

[25] Roy R, Kailath T. ESPRIT-estimation of signal parameters via rotational invariance techniques [J]. IEEE Transactions on Acoustics, Speech and Signal Processing, 1989, 37(7): 984-995.

[26] Truong-Van B. A new approach to frequency analysis with amplified harmonics[J]. Journal of the Royal Statistical Society: Series B (Methodological), 1990, 52(1): 203-221.

[27] Tufts D W, Kumaresan R. Estimation of frequencies of multiple sinusoids: Making linear prediction perform like maximum likelihood[J]. Proceedings of the IEEE, 1982, 70(9): 975-989.

第4章 渐近性质

4.1 引　　言

在本章中，我们将讨论第3章中描述的一些估计量的渐近性质。渐近结果或基于大样本的结果在样本量无限增加的假设下处理估计量的性质。在信号处理文献中观察到的统计模型是非常复杂的非线性模型。即使是单分量正弦模型，其频率参数也是高度非线性的。因此，问题一是小样本的许多统计概念无法应用于正弦模型；问题二是在不同的误差假设下，该模型是均值非平稳的。因此，不可能获得第3章中讨论的LSE有限样本的性质或估计量。所有结果都必须是渐近的。最直观的估计量是LSE，最常用的估计量是ALSE。这两个估计量是渐近等价的，我们将在4.4.3小节讨论它们的等价性。正弦模型是一种非线性回归模型，但它不满足Jennrich或Wu关于LSE一致性的标准充分条件[7,25]，详细情况可参考文献[8]。Jennrich首次证明了非线性回归模型 $y(t)=f_t(\theta^0)+\varepsilon(t)$，$t=1,\cdots$ 中的LSE存在。[7]在以下假设下，未知参数 θ 的LSE几乎肯定收敛。定义

$$F_n(\theta_1,\theta_2)=\frac{1}{n}\sum_{t=1}^{n}(f_t(\theta_1)-f_t(\theta_2))^2$$

$F_n(\theta_1,\theta_2)$ 一致收敛到一个连续函数 $F_n(\theta_1,\theta_2)$，且

$$F(\theta_1,\theta_2)\neq 0,\quad 当且仅当\ \theta_1=\theta_2$$

考虑单分量正弦模型，假设在式(4.1)中 $A^0=1$ 和 $B^0=0$。假设模型满足假设3.1，并且 ω^0 是 $[0,\pi]$ 内一点。在这种简单情况下，$F_n(\theta_1,\theta_2)$ 不一致收敛于连续函数。Wu给出了 θ^0 的LSE强一致性的必要条件[25]，即当序列 $\{f_t\}$ 上的Lipschitz型条件代替 $F_n(\theta_1,\theta_2)$ 时的增长率要求。此外，正弦模型也不满足Wu的Lipschitz型条件。

Whittle首次提出了部分理论结果[24]，最近的研究结果参见文献[4-6,8,10-11,13,15,17-20,23]。Walker考虑了含有一个分量的正弦模型，并在假设误差为独立同分布且具有零均值和有限方差的情况下获得了PE的渐近性质。[23]当误差来自弱平稳过程时，Hannan对结果进行了扩展[4]；当误差来自具有连续谱的严格平稳随机过程时，Hannan对结果进行了扩展。[5]Rice和Rosenblatt在文献[20]中讨论了一些计算问题。Quinn和Fernandes在文献[19]中提出基于ARMA拟合的估算过程，估计量具有很强的一致性和有效性。Kundu和Mitra在文献[13]中考虑了误差为独立同分布时的模型，并直接证明了LSE的一致性和渐近正态性。当误差来自平稳线性过程时，Kundu对结果进行了推

广。[10] Irizarry 提出了加权 LSE，并将 LSE 的渐近结果推广到加权 LSE。[6] Nandi、Iyer 和 Kundu 证明了误差为零均值的独立同分布的 LSE 强一致性，但方差可能不是有限的，他们还得到了误差分布对称稳定时 LSE 的渐近分布。[15] 基于 Newton-Raphson 法在正弦频率模型下无法很好地工作的事实，Kundu 等人提出了一种改进的 Newton-Raphson 法，采用较小的步长因子，使得所得估计量具有与 LSE 相同的收敛速度。[11] 此外，所提出的估计量的渐近方差小于 LSE 估计量的渐近方差。因此，这些估计量被称为超有效估计量。

4.2 单分量正弦模型

为了保持简单的数学表达式，首先讨论了单分量正弦模型参数估计的渐近结果。在本章的最后，我们将讨论具有 p 分量的模型。

$$y(t) = A^0\cos(\omega^0 t) + B^0\sin(\omega^0 t) + X(t), \quad t = 1, \cdots, n \tag{4.1}$$

在本节中，我们令 A^0，B^0 和 ω^0 作为未知参数 A，B 和 ω 的真值，令 $\boldsymbol{\theta} = (A, B, \omega)$ 且 $\boldsymbol{\theta}^0$ 为 $\boldsymbol{\theta}$ 的真实值，$\hat{\boldsymbol{\theta}}$ 和 $\tilde{\boldsymbol{\theta}}$ 分别为 $\boldsymbol{\theta}^0$ 的 LSE 和 ALSE；$\{X(t)\}$ 是一个误差随机变量序列。为确保频率分量的存在且 $\{y(t)\}$ 不是纯噪声，假设 A^0 和 B^0 不同时等于 0。由于技术需求，取 $\omega^0 \in (0, \pi)$。目前，我们没有明确提及完整的误差结构。在本章中，我们假设信号分量的数量 p（不同频率）是已知的。将在第 5 章讨论参数 p 的估计问题。

在 4.3 节中，我们将讨论在不同误差假设下 $\boldsymbol{\theta}^0$ 的 LSE 和 ALSE 的一致性和渐近分布。除假设 3.1 和假设 3.2 外，关于误差过程结构还需要以下两个假设。

假设 4.1 $\{X(t)\}$ 是一个零均值独立同分布随机变量序列，当 $0 < \delta \leqslant 1$ 时，$E\,|X(t)|^{1+\delta} < \infty$。

假设 4.2 $\{X(t)\}$ 是一系列独立同分布随机变量，分布为 $S\alpha S(\sigma)$。

备注 4.1

(1) 假设 3.1 是假设 4.1 的一个特例，当 $\delta = 1$ 时两者是相同的。

(2) 如果 $\{X(t)\}$ 满足假设 4.2，那么假设 4.1 也成立，且 $1 + \delta < \alpha \leqslant 2$。因此，从现在开始，我们取 $1 + \delta < \alpha \leqslant 2$。

(3) 假设 3.2 是线性平稳过程的标准假设；任何有限维平稳 AR、MA 或 ARMA 过程都可以表示为具有绝对可和系数的线性过程。如果一个过程满足假设 3.2，则称之为线性平稳过程。

4.3 $\boldsymbol{\theta}^0$ 的最小二乘估计量和近似最小二乘估计量的强一致性

在式(3.3)中定义的 $Q(\boldsymbol{\theta})$ 是残差平方和，在式(1.6)中定义的 $I(\omega)$ 是周期图函数。

定理 4.1 如果$\{X(t)\}$满足假设 3.1、假设 4.1 或假设 3.2,则 LSE $\hat{\boldsymbol{\theta}}$ 和 ALSE $\tilde{\boldsymbol{\theta}}$ 都是 $\boldsymbol{\theta}^0$ 的强一致估计量,即

$$\hat{\boldsymbol{\theta}} \xrightarrow{\text{a.s.}} \boldsymbol{\theta}^0 \text{ 和 } \tilde{\boldsymbol{\theta}} \xrightarrow{\text{a.s.}} \boldsymbol{\theta}^0 \tag{4.2}$$

需要下列引理来证明定理 4.1。

引理 4.1 使 $S_{C_1,K}=\{\boldsymbol{\theta};\boldsymbol{\theta}=(A,B,\theta),|\boldsymbol{\theta}-\boldsymbol{\theta}^0|\geqslant 3C_1,|A|\leqslant K,|B|\leqslant K\}$。若对于任意的 $C_1>0$ 且 $K<\infty$,则下式成立:

$$\liminf_{n\to\infty}\inf_{\boldsymbol{\theta}\in S_{C_1},K}\frac{1}{n}[Q(\boldsymbol{\theta})-Q(\boldsymbol{\theta}^0)]>0 \tag{4.3}$$

那么 $\hat{\boldsymbol{\theta}}$ 是 $\boldsymbol{\theta}^0$ 的强一致估计量。

引理 4.2 如果$\{X(t)\}$满足假设 3.1、假设 4.1 或假设 3.2,则

$$\sup_{\omega\in(0,\pi)}\left|\frac{1}{n}\sum_{t=1}^{n}X(t)\cos(\omega t)\right|\to 0 \quad \text{a.s.} \quad n\to\infty \tag{4.4}$$

推论:

$$\sup_{\omega\in(0,\pi)}\left|\frac{1}{n^{k+1}}\sum_{t=1}^{n}t^kX(t)\cos(\omega t)\right|\to 0 \quad \text{a.s.} \quad k=1,2,\cdots$$

正弦函数的结果也是如此。

引理 4.3 对于任何 $C_2>0$,令 $S_{C_2}=\{\omega:|\omega-\omega^0|>C_2\}$。如果当 $C_2>0$ 时,

$$\overline{\lim}\lim\sup_{\omega\in S_{C_2}}\frac{1}{n}[I(\omega)-I(\omega^0)]<0 \quad \text{a.s.}$$

那么 $\tilde{\omega}$,即 ω^0 的 ALSE,当 $n\to\infty$ 时,收敛到 ω^0。

引理 4.4 假设 $\tilde{\omega}$ 是 ω^0 的 ALSE,当 $n\to\infty$ 时,$n(\tilde{\omega}-\omega^0)\to 0$。

引理 4.1 为 $\hat{\boldsymbol{\theta}}$ 的强一致性提供了充分条件,而引理 4.3 给出了 $\tilde{\omega}$ 的类似条件,即 ω^0 的 ALSE。引理 4.2 用于验证引理 4.1 和引理 4.3 中给出的条件。引理 4.4 需要证明振幅 $\tilde{A}$ 和 $\tilde{B}$ 的 ALSE 的强一致性。

定理 4.1 以简洁的形式说明了 LSE 和 ALSE 的一致性结果,并分两步证明了这一结果。首先是 $\hat{\boldsymbol{\theta}}$ 的强一致性的证明,即 $\boldsymbol{\theta}^0$ 的 LSE;其次是 $\tilde{\boldsymbol{\theta}}$ 的强一致性的证明,即 $\boldsymbol{\theta}^0$ 的 ALSE。证明定理 4.1 所需的引理 4.1～引理 4.4 的证明过程将在附录 A 中给出。我们证明了引理 4.1,因引理 4.3 的证明类似引理 4.1,故不作过多介绍。引理 4.2 在假设 4.1 和假设 3.2 下分别得到证明。

4.3.1 $\hat{\boldsymbol{\theta}}$ 的强一致性证明,$\boldsymbol{\theta}^0$ 的最小二乘估计

在此证明中,我们用 $\hat{\boldsymbol{\theta}}_n$ 表示 $\hat{\boldsymbol{\theta}}$,以明确表明 $\hat{\boldsymbol{\theta}}$ 依赖于 n。如果 $\hat{\boldsymbol{\theta}}_n$ 和 $\boldsymbol{\theta}^0$ 不一致,则会出现情况(1)或情况(2)。

情况(1):对于$\{n\}$的所有子序列$\{n_k\}$,$|\hat{A}_{n_k}|+|\hat{B}_{n_k}|\to\infty$,这意味着$[Q(\hat{\boldsymbol{\theta}}_{n_k})-Q(\boldsymbol{\theta}^0)]/n_k\to\infty$。与此同时,$\hat{\boldsymbol{\theta}}_{n_k}$ 是 $\boldsymbol{\theta}^0$ 的 LSE,当 $n=n_k$ 时,

$Q(\hat{\boldsymbol{\theta}}_{n_k})-Q(\boldsymbol{\theta}^0)<0$,因此这是相互矛盾的。

情况(2):对于$\{n\}$的至少一个子序列$\{n_k\}$,$\hat{\boldsymbol{\theta}}_{n_k}\in S_{C_1,K}$满足$C_1>0$且$0<K<\infty$,可得$[Q(\boldsymbol{\theta})-Q(\boldsymbol{\theta}^0)]/n=f_1(\boldsymbol{\theta})+f_2(\boldsymbol{\theta})$,其中

$$f_1(\boldsymbol{\theta})=\frac{1}{n}\sum_{t=1}^{n}\left[A^0\cos(\omega^0 t)-A\cos(\omega t)+B^0\sin(\omega^0 t)-B\sin(\omega t)\right]^2$$

$$f_2(\boldsymbol{\theta})=\frac{1}{n}\sum_{t=1}^{n}X(t)\left[A^0\cos(\omega^0 t)-A\cos(\omega t)+B^0\sin(\omega^0 t)-B\sin(\omega t)\right]$$

定义集合$S_{C_1,K}^j=\{\boldsymbol{\theta}:|\theta_j-\theta_j^0|>C_1,|A|\leqslant K,|B|\leqslant K\}(j=1,2,3)$,其中$\theta_j$是$\boldsymbol{\theta}$第$j$个元素,即$\theta_1=A,\theta_2=B$和$\theta_3=\omega$,$\theta_j^0$为$\theta_j$的真值。那么假设$S_{C_1,K}\subset\bigcup_{j=1}^{3}S_{C_1,K}^j=S$,并且

$$\liminf_{n\to\infty}\inf_{\boldsymbol{\theta}\in S_{C_1,x}}\frac{1}{n}\left[Q(\boldsymbol{\theta})-Q(\boldsymbol{\theta}^0)\right]\geqslant\liminf_{n\to\infty}\inf_{\boldsymbol{\theta}\in S}\frac{1}{n}\left[Q(\boldsymbol{\theta})-Q(\boldsymbol{\theta}^0)\right]$$

使用引理4.2,$\lim_{n\to\infty}f_2(\boldsymbol{\theta})=0$,可得

$$\liminf_{n\to\infty}\inf_{\boldsymbol{\theta}\in S_{C_1,K}^j}\frac{1}{n}\left[Q(\boldsymbol{\theta})-Q(\boldsymbol{\theta}^0)\right]=\liminf_{n\to\infty}\inf_{\boldsymbol{\theta}\in S_{C_1,K}^j}f_1(\boldsymbol{\theta})>0\quad\text{a.s.}\quad j=1,\cdots,3$$

$$\Rightarrow\liminf_{n\to\infty}\inf_{\boldsymbol{\theta}\in S_{C_1,K}}\frac{1}{ns}\left[Q(\boldsymbol{\theta})-Q(\boldsymbol{\theta}^0)\right]>0$$

因此$j=1$时,

$$\begin{aligned}\liminf_{n\to\infty}\inf_{\boldsymbol{\theta}\in S_{C_1,K}^j}f_1(\boldsymbol{\theta})&=\liminf_{n\to\infty}\inf_{|A-A^0|>C_1}\frac{1}{n}\sum_{t=1}^{n}\{[A^0\cos(\omega^0 t)-A\cos(\omega t)]^2\\&\quad+2[A^0\cos(\omega^0 t)-A\cos(\omega t)][B^0\sin(\omega^0 t)-B\sin(\omega t)]\}\\&=\liminf_{n\to\infty}\inf_{|A-A^0|>C_1}\frac{1}{n}\sum_{t=1}^{n}\left\{[A^0\cos(\omega^0 t)-A\cos(\omega t)]^2>\frac{1}{2}C_1^2>0\right\}\end{aligned}$$

我们在这里使用了结果2.2。类似地,不等式对$j=2,3$成立。因此,通过使用引理4.1可得,$\hat{\boldsymbol{\theta}}$是$\boldsymbol{\theta}^0$的强一致估计量。

4.3.2 $\boldsymbol{\theta}^0$的近似最小二乘估计量,即$\tilde{\boldsymbol{\theta}}$的强一致性证明

我们首先证明了ω^0的ALSE,即$\tilde{\omega}$的一致性,然后给出了线性参数估计量的证明。考虑

$$\begin{aligned}\frac{1}{n}\left[I(\omega)-I(\omega^0)\right]&=\frac{1}{n^2}\left[\left|\sum_{t=1}^{n}y(t)e^{-i\omega t}\right|^2-\left|\sum_{t=1}^{n}y(t)e^{-i\omega^0 t}\right|^2\right]\\&=\frac{1}{n^2}\left\{\left[\sum_{t=1}^{n}y(t)\cos(\omega t)\right]^2+\left[\sum_{t=1}^{n}y(t)\sin(\omega t)\right]^2\right.\\&\quad\left.-\left[\sum_{t=1}^{n}y(t)\cos(\omega^0 t)\right]^2-\left[\sum_{t=1}^{n}y(t)\sin(\omega^0 t)\right]^2\right\}\\&=\left\{\sum_{t=1}^{n}\left[A^0\cos(\omega^0 t)+B^0\sin(\omega^0 t)+X(t)\right]\cos(\omega t)\right\}^2\end{aligned}$$

$$+\left\{\sum_{t=1}^{n}[A^0\cos(\omega^0 t)+B^0\sin(\omega^0 t)+X(t)]\sin(\omega t)\right\}^2$$
$$-\left\{\sum_{t=1}^{n}[A^0\cos(\omega^0 t)+B^0\sin(\omega^0 t)+X(t)]\cos(\omega^0 t)\right\}^2$$
$$-\left\{\sum_{t=1}^{n}[A^0\cos(\omega^0 t)+B^0\sin(\omega^0 t)+X(t)]\sin(\omega^0 t)\right\}^2$$

利用引理 4.2,形式为$\overline{\lim}\sup_{\omega\in S_{C_2}}(1/n)\sum_{t=1}^{n}X(t)\cos(\omega t)=0$ a.s. 和三角恒等式(2.15) 至式(2.21),可得

$$\begin{aligned}\overline{\lim}\lim_{\omega\in S_{C_2}}\frac{1}{n}[I(\omega)-I(\omega^0)]&=-\lim_{n\to\infty}\left[\frac{1}{n}\sum_{t=1}^{n}A^0\cos^2(\omega^0 t)\right]^2\\&\quad-\lim_{n\to\infty}\left[\frac{1}{n}\sum_{t=1}^{n}B^0\sin^2(\omega^0 t)\right]^2\\&=-\frac{1}{4}(A^{0^2}+B^{0^2})<0\end{aligned}$$

因此,使用引理 4.3,$\widetilde{\omega}\to\omega^0$。

我们用引理 4.4 来证明 $\widetilde{A}$ 和 $\widetilde{B}$ 是强一致的。注意

$$\widetilde{A}=\frac{2}{n}\sum_{t=1}^{n}y(t)\cos(\widetilde{\omega}t)=\frac{2}{n}\sum_{t=1}^{n}[A^0\cos(\omega^0 t)+B^0\sin(\omega^0 t)+X(t)]\cos(\widetilde{\omega}t)$$

使用引理 4.2,$\frac{2}{n}\sum_{t=1}^{n}X(t)\cos(\widetilde{\omega}t)\to 0$,$\cos(\widetilde{\omega}t)$ 用泰勒级数在 ω^0 处展开,得

$$\widetilde{A}=\frac{2}{n}\sum_{t=1}^{n}[A^0\cos(\omega^0 t)+B^0\sin(\omega^0 t)][\cos(\omega^0 t)-t(\widetilde{\omega}-\omega^0)\sin(\omega t)]\to A^0$$

使用引理 4.4 和三角函数结果 2.2。

备注 4.2　广泛讨论了模型(4.1)中 $\boldsymbol{\theta}^0$ 的 LSE 和 ALSE 一致性的证明。$p>1$ 时,多重正弦模型参数向量的 LSE 一致性与本节的 $\hat{\boldsymbol{\theta}}$ 和 $\widetilde{\boldsymbol{\theta}}$ 一致性类似。

4.4　$\boldsymbol{\theta}^0$ 的最小二乘估计量和近似最小二乘估计量的渐近分布

本节讨论 $\boldsymbol{\theta}^0$ 在不同误差假设下的 LSE 和 ALSE 的渐近分布。首先讨论了 $\hat{\boldsymbol{\theta}}$ 的渐近分布,即假设 3.2 下 $\boldsymbol{\theta}^0$ 的 LSE,然后在假设 4.2 下考虑该情况。在假设 3.2 下,$\hat{\boldsymbol{\theta}}$ 和 $\widetilde{\boldsymbol{\theta}}$ 的渐近分布为多元正态分布,而在假设 4.2 下,其分布为多元对称稳定分布。我们主要关注这两种情况下 $\hat{\boldsymbol{\theta}}$ 的渐近分布。通过证明 $\widetilde{\boldsymbol{\theta}}$ 和 $\hat{\boldsymbol{\theta}}$ 在任何一种情况下的渐近等价性,证明 $\widetilde{\boldsymbol{\theta}}$ 的渐近分布与 $\hat{\boldsymbol{\theta}}$ 的渐近分布相同。

4.4.1 假设 3.2 下 $\hat{\boldsymbol{\theta}}$ 的渐近分布

假设$\{X(t)\}$满足假设 3.2。设 $Q'(\boldsymbol{\theta})$为一阶导数的 1×3 向量，$Q''(\boldsymbol{\theta})$为 $Q(\boldsymbol{\theta})$的二阶导数的 3×3 矩阵，即

$$Q'(\boldsymbol{\theta}) = \left(\frac{\partial Q(\boldsymbol{\theta})}{\partial A}, \frac{\partial Q(\boldsymbol{\theta})}{\partial B}, \frac{\partial Q(\boldsymbol{\theta})}{\partial \omega}\right) \tag{4.5}$$

$$Q''(\boldsymbol{\theta}) = \begin{pmatrix} \dfrac{\partial^2 Q(\boldsymbol{\theta})}{\partial A^2} & \dfrac{\partial^2 Q(\boldsymbol{\theta})}{\partial A \partial B} & \dfrac{\partial^2 Q(\boldsymbol{\theta})}{\partial A \partial \omega} \\ \dfrac{\partial^2 Q(\boldsymbol{\theta})}{\partial B \partial A} & \dfrac{\partial^2 Q(\boldsymbol{\theta})}{\partial B^2} & \dfrac{\partial^2 Q(\boldsymbol{\theta})}{\partial B \partial \omega} \\ \dfrac{\partial^2 Q(\boldsymbol{\theta})}{\partial \omega \partial A} & \dfrac{\partial^2 Q(\boldsymbol{\theta})}{\partial \omega \partial B} & \dfrac{\partial^2 Q(\boldsymbol{\theta})}{\partial \omega^2} \end{pmatrix} \tag{4.6}$$

$Q'(\boldsymbol{\theta})$和 $Q''(\boldsymbol{\theta})$的元素是

$$\frac{\partial Q(\boldsymbol{\theta})}{\partial A} = -2\sum_{t=1}^{n} X(t)\cos(\omega t), \quad \frac{\partial Q(\boldsymbol{\theta})}{\partial B} = -2\sum_{t=1}^{n} X(t)\sin(\omega t)$$

$$\frac{\partial Q(\boldsymbol{\theta})}{\partial \omega} = 2\sum_{t=1}^{n} tX(t)[A\sin(\omega t) - B\cos(\omega t)]$$

$$\frac{\partial^2 Q(\boldsymbol{\theta})}{\partial A^2} = 2\sum_{t=1}^{n} \cos^2(\omega t), \quad \frac{\partial^2 Q(\boldsymbol{\theta})}{\partial B^2} = 2\sum_{t=1}^{n} \sin^2(\omega t)$$

$$\frac{\partial^2 Q(\boldsymbol{\theta})}{\partial A \partial B} = 2\sum_{t=1}^{n} \cos(\omega t)\sin(\omega t)$$

$$\frac{\partial^2 Q(\boldsymbol{\theta})}{\partial A \partial \omega} = -2\sum_{t=1}^{n} t\cos(\omega t)[A\sin(\omega t) - B\cos(\omega t)] + 2\sum_{t=1}^{n} tX(t)\sin(\omega t)$$

$$\frac{\partial^2 Q(\boldsymbol{\theta})}{\partial B \partial \omega} = -2\sum_{t=1}^{n} t\sin(\omega t)[A\sin(\omega t) - B\cos(\omega t)] - 2\sum_{t=1}^{n} tX(t)\cos(\omega t)$$

$$\frac{\partial^2 Q(\boldsymbol{\theta})}{\partial \omega^2} = 2\sum_{t=1}^{n} t^2[A\sin(\omega t) - B\cos(\omega t)] + 2\sum_{t=1}^{n} t^2 X(t)[A\cos(\omega t) + B\sin(\omega t)]$$

考虑一个 3×3 对角矩阵 $\boldsymbol{D} = \mathrm{diag}\{n^{-1/2}, n^{-1/2}, n^{-3/2}\}$。对 $Q'(\hat{\boldsymbol{\theta}})$用泰勒级数展开法围绕 $\boldsymbol{\theta}^0$ 展开：

$$Q'(\hat{\boldsymbol{\theta}}) - Q'(\boldsymbol{\theta}^0) = (\hat{\boldsymbol{\theta}} - \boldsymbol{\theta}^0)Q''(\bar{\boldsymbol{\theta}}) \tag{4.7}$$

式中，$\bar{\boldsymbol{\theta}}$ 是连接 $\hat{\boldsymbol{\theta}}$ 和 $\boldsymbol{\theta}^0$ 的线上的一个点。因为 $\hat{\boldsymbol{\theta}}$ 是 $\boldsymbol{\theta}^0$ 的 LSE，所以 $Q'(\hat{\boldsymbol{\theta}}) = 0$。通过定理 4.1 可得 $\hat{\boldsymbol{\theta}} \xrightarrow{\text{a.s.}} \boldsymbol{\theta}^0$。因为 $Q(\hat{\boldsymbol{\theta}})$是 $\boldsymbol{\theta}$ 的连续函数，所以我们有

$$\lim_{n\to\infty} \boldsymbol{D}Q''(\bar{\boldsymbol{\theta}})\boldsymbol{D} = \lim_{n\to\infty} \boldsymbol{D}Q''(\boldsymbol{\theta}^0)\boldsymbol{D} = \begin{pmatrix} 1 & 0 & \dfrac{1}{2}B^0 \\ 0 & 1 & -\dfrac{1}{2}A^0 \\ \dfrac{1}{2}B^0 & -\dfrac{1}{2}A^0 & \dfrac{1}{3}(A^{0^2} + B^{0^2}) \end{pmatrix} = \boldsymbol{\Sigma} \tag{4.8}$$

因此，式(4.7)可以写成

$$(\hat{\boldsymbol{\theta}}-\boldsymbol{\theta}^0)\boldsymbol{D}^{-1}=-[Q'(\boldsymbol{\theta}^0)\boldsymbol{D}][\boldsymbol{D}Q''\bar{\boldsymbol{\theta}}\boldsymbol{D}]^{-1} \tag{4.9}$$

因为 $\boldsymbol{D}Q''(\bar{\boldsymbol{\theta}})\boldsymbol{D}$(如对于较大 n)是一个可逆矩阵。利用随机过程的中心极限定理[3]，可以得出一个三元正态分布 $Q'(\boldsymbol{\theta}^0)\boldsymbol{D}$，其平均向量为 0，方差协方差矩阵等于$2\sigma^2c(\omega^0)\boldsymbol{\Sigma}$，其中

$$c(\omega^0)=\left|\sum_{j=0}^{\infty}a(j)\mathrm{e}^{-\mathrm{i}j\omega^0}\right|^2=\left[\sum_{j=0}^{\infty}a(j)\cos(j\omega^0)\right]^2+\left[\sum_{j=0}^{\infty}a(j)\sin(j\omega^0)\right]^2 \tag{4.10}$$

因此，$(\hat{\boldsymbol{\theta}}-\boldsymbol{\theta}^0)\boldsymbol{D}^{-1}\xrightarrow{\mathrm{d}}\mathcal{N}_3(\boldsymbol{0},2\sigma^2c(\omega^0)\boldsymbol{\Sigma}^{-1})$，并且我们可以用下面的定理来证明渐近分布。

定理4.2 在假设3.2下，$(n^{\frac{1}{2}}(\hat{A}-A^0),n^{\frac{1}{2}}(\hat{B}-B^0),n^{\frac{3}{2}}(\hat{\omega}-\omega^0))$作为 $n\to\infty$ 的极限分布是一个三元正态分布，平均向量为 0，方差矩阵为 $2\sigma^2c(\omega^0)\boldsymbol{\Sigma}^{-1}$，其中 $c(\omega^0)$。在式(4.10)中定义的 $\boldsymbol{\Sigma}^{-1}$为

$$\boldsymbol{\Sigma}^{-1}=\frac{1}{A^{0^2}+B^{0^2}}\begin{bmatrix}A^{0^2}+4B^{0^2} & -3A^0B^0 & -3B^0\\ -3A^0B^0 & 4A^{0^2}+B^{0^2} & 3A^0\\ -3B^0 & 3A^0 & 6\end{bmatrix} \tag{4.11}$$

备注4.3

(1) 矩阵 $\boldsymbol{D}$ 的对角项分别对应$\hat{A},\hat{B}$ 和 $\hat{\omega}$ 的收敛速度。因此，$\hat{A}-A^0=O_p(n^{-1/2})$，$\hat{B}-\boldsymbol{B}^0=O_p(n^{-1/2})$和 $\hat{\omega}-\omega^0=O_p(n^{-3/2})$。

(2) 代替假设3.2，如果$\{X(t)\}$仅满足假设3.1，那么对于上述推导中的所有 $j\neq0$ 和 $a(0)=1$，使得 $a(j)=0$。因此 $c(\omega^0)=1$，在这种情况下，$(\hat{\boldsymbol{\theta}}-\boldsymbol{\theta}^0)\boldsymbol{D}^{-1}\xrightarrow{\mathrm{d}}\mathcal{N}_3(\boldsymbol{0},2\sigma^2\boldsymbol{\Sigma}^{-1})$。

(3) 观察$(\sigma^2/2\pi)c(\omega)=f(\omega)$，其中 $f(\omega)$是假设3.2下误差过程$\{X(t)\}$的谱密度函数。

4.4.2 假设4.2下 $\hat{\boldsymbol{\theta}}$ 的渐近分布

在本小节中，假设4.2下 $\hat{\boldsymbol{\theta}}$ 的渐近分布得到了进一步推导，即$\{X(t)\}$是独立同分布和具有稳定指数 α、尺度参数 σ 的对称稳定随机变量序列，参见文献[15]。

定义两个3×3对角矩阵：

$$\boldsymbol{D}_1=\mathrm{diag}\{n^{-\frac{1}{\alpha}},n^{-\frac{1}{\alpha}},n^{-\frac{1+\alpha}{\alpha}}\},\quad \boldsymbol{D}_2=\mathrm{diag}\{n^{-\frac{\alpha-1}{\alpha}},n^{-\frac{\alpha-1}{\alpha}},n^{-\frac{2u-1}{\alpha}}\} \tag{4.12}$$

请注意 $\boldsymbol{D}_1\boldsymbol{D}_2=\boldsymbol{D}^2$。同样如果 $\alpha=2$，它对应正态分布，在这种情况下 $\boldsymbol{D}_1=\boldsymbol{D}_2=\boldsymbol{D}$。使用与式(4.8)中相同的参数，我们得到

$$\lim_{n\to\infty}\boldsymbol{D}_2Q''(\bar{\boldsymbol{\theta}})\boldsymbol{D}_1=\lim_{n\to\infty}\boldsymbol{D}_2Q''(\boldsymbol{\theta}^0)\boldsymbol{D}_1=\boldsymbol{\Sigma} \tag{4.13}$$

与式(4.9)类似，可写为

$$(\hat{\boldsymbol{\theta}}-\boldsymbol{\theta}^0)\boldsymbol{D}_2^{-1}=-[Q'(\boldsymbol{\theta}^0)\boldsymbol{D}_1][\boldsymbol{D}_2Q''(\bar{\boldsymbol{\theta}})\boldsymbol{D}_1]^{-1} \tag{4.14}$$

要查找 $Q'(\boldsymbol{\theta}^0)\boldsymbol{D}_1$ 的分布，令

$$\begin{aligned}Q'(\boldsymbol{\theta}^0)\boldsymbol{D}_1 &= \Big\{-\frac{2}{n^{\frac{1}{\alpha}}}\sum_{t=1}^{n}X(t)\cos(\omega^0t),\ -\frac{2}{n^{\frac{1}{\alpha}}}\sum_{t=1}^{n}X(t)\sin(\omega^0t),\\ &\quad \frac{2}{n^{\frac{1+\alpha}{\alpha}}}\sum_{t=1}^{n}tX(t)[A^0\sin(\omega^0t)-B^0\cos(\omega^0t)]\Big\}\\ &= (Z_n^1,Z_n^2,Z_n^3)\end{aligned} \tag{4.15}$$

那么(Z_n^1,Z_n^2,Z_n^3)的联合特征函数为

$$\begin{aligned}\varphi_n(\boldsymbol{t}) &= E\cdot\exp[\mathrm{i}(t_1Z_n^1+t_2Z_n^2+t_3Z_n^3)]\\ &= E\cdot\exp\left[\mathrm{i}\frac{2}{n^{\frac{1}{\alpha}}}\sum_{j=1}^{n}X(j)K_t(j)\right]\end{aligned} \tag{4.16}$$

其中 $\boldsymbol{t}=(t_1,t_2,t_3)$且

$$K_t(j)=-t_1\cos(\omega^0j)-t_2\sin(\omega^0j)+\frac{jt_3}{n}[A^0\sin(\omega^0j)-B^0\cos(\omega^0j)] \tag{4.17}$$

由于$\{X(t)\}$是一个独立同分布随机变量序列

$$\varphi_n(\boldsymbol{t})=\prod_{j=1}^{n}\exp\left[-2^\alpha\sigma^\alpha\frac{1}{n}|K_t(j)|^\alpha\right]=\exp\left[-2^\alpha\sigma^\alpha\frac{1}{n}\sum_{j=1}^{n}|K_t(j)|^\alpha\right] \tag{4.18}$$

基于大量的数值实验，Nandi、Iyer和Kundu认为$(1/n)\sum_{j=1}^{n}|K_t(j)|^\alpha$收敛。[15] 假设它收敛，Nandi、Iyer和Kundu证明它收敛到 $\boldsymbol{t}\neq\boldsymbol{0}$的一个非零极限。[15] 附录B中给出了证明。假设

$$\lim_{n\to\infty}\frac{1}{n}\sum_{j=1}^{n}|K_t(j)|^\alpha=\tau_t(A^0,B^0,\omega^0,\alpha) \tag{4.19}$$

因此，极限特性函数为

$$\lim_{n\to\infty}\varphi_n(\boldsymbol{t})=\mathrm{e}^{-2^\alpha\sigma^\alpha\tau_t(A^0,B^0,\omega^0,\alpha)} \tag{4.20}$$

这表明，即使 $n\to\infty$，Z_n^1，Z_n^2 和 Z_n^3 的任何线性组合都服从 SαS 分布。利用 Samorodnitsky 和 Taqqu 的定理[21]，可以得到下式：

$$\lim_{n\to\infty}[Q'(\boldsymbol{\theta}^0)\boldsymbol{D}_1][\boldsymbol{D}_2Q''(\bar{\boldsymbol{\theta}})\boldsymbol{D}_1]^{-1} \tag{4.21}$$

在$\mathbb{R}^3$中以特征函数 $\varphi(t)=\exp[-2^\alpha\sigma^\alpha\tau_{\boldsymbol{u}}(A^0,B^0,\omega^0,\alpha)]$收敛于对称 α 稳定随机向量，其中 $\tau_{\boldsymbol{u}}$ 通过式(4.19)中 $\boldsymbol{u}$ 替换$\boldsymbol{t}$ 得到。

向量 $\boldsymbol{u}$ 被定义为$\boldsymbol{t}$ 的函数，表示为 $\boldsymbol{u}=(u_1,u_2,u_3)$，其中

$$u_1(t_1,t_2,t_3,A^0,B^0)=[(A^{0^2}+4B^{0^2})t_1-3A^0B^0t_2-6B^0t_3]\frac{1}{A^{0^2}+B^{0^2}}$$

$$u_2(t_1,t_2,t_3,A^0,B^0)=[-3A^0B^0t_1+(4A^{0^2}+B^{0^2})t_2+6A^0t_3]\frac{1}{A^{0^2}+B^0}$$

$$u_3(t_1,t_2,t_3,A^0,B^0)=[-6B^0t_1+6A^0t_2+12t_3]\frac{1}{A^0+B^0}$$

因此，我们有以下定理。

定理 4.3 在假设 4.2 下，$(\hat{\boldsymbol{\theta}}-\boldsymbol{\theta}^0)\boldsymbol{D}_2^{-1}=[n^{\frac{\alpha-1}{\alpha}}(\hat{A}-A^0),n^{\frac{\alpha-1}{\alpha}}(\hat{B}-B^0),n^{\frac{2\alpha-1}{\alpha}}(\omega^0-\omega)]$收敛到$\mathbb{R}^3$中的多元对称稳定分布，其特征函数为$\varphi(t)$。

4.4.3 $\hat{\boldsymbol{\theta}}$ 和 $\tilde{\boldsymbol{\theta}}$ 的渐近等价性

在本小节中，我们证明了$\tilde{\boldsymbol{\theta}}$的渐近分布，即$\boldsymbol{\theta}^0$的 ALSE，在$n$值较大时等效于$\hat{\boldsymbol{\theta}}$的渐近分布。我们给出了两种情况下的$\hat{\boldsymbol{\theta}}$渐近分布：① $\{X(t)\}$是独立同分布的对称稳定随机变量，稳定性指数$1<\alpha<2$，尺度参数为σ；② $\{X(t)\}$是一个平稳线性过程，因此它可以用绝对可求系数表示为式(3.2)。在这两种情况下，$\tilde{\boldsymbol{\theta}}$的渐近分布与其最小二乘估计$\hat{\boldsymbol{\theta}}$相同，如下定理所述。

定理 4.4 在假设 4.2 下，$(\tilde{\boldsymbol{\theta}}-\boldsymbol{\theta}^0)\boldsymbol{D}_2^{-1}$的渐近分布与$(\hat{\boldsymbol{\theta}}-\boldsymbol{\theta}^0)\boldsymbol{D}_2^{-1}$的一致。同样，在假设 3.2 下，$(\tilde{\boldsymbol{\theta}}-\boldsymbol{\theta}^0)\boldsymbol{D}^{-1}$的渐近分布与$(\hat{\boldsymbol{\theta}}-\boldsymbol{\theta}^0)\boldsymbol{D}^{-1}$的相同。

定理 4.4 在假设 4.2 下的证明过程为

$$\begin{aligned}\frac{1}{n}Q(\boldsymbol{\theta})&=\frac{1}{n}\sum_{t=1}^{n}y(t)^2-\frac{2}{n}\sum_{t=1}^{n}y(t)[A\cos(\omega t)+B\sin(\omega t)]\\&\quad+\frac{1}{n}\sum_{t=1}^{n}[A\cos(\omega t)+B\sin(\omega t)]^2\\&=\frac{1}{n}\sum_{t=1}^{n}y(t)^2-\frac{2}{n}\sum_{t=1}^{n}y(t)[A\cos(\omega t)+B\sin(\omega t)]+\frac{1}{2}(A^2+B^2)+O\left(\frac{1}{n}\right)\\&=C-\frac{1}{n}J(\boldsymbol{\theta})+O\left(\frac{1}{n}\right)\end{aligned}\tag{4.22}$$

式中，$C=\frac{1}{n}\sum_{t=1}^{n}y(t)^2$，$\frac{1}{n}J(\boldsymbol{\theta})=\frac{2}{n}\sum_{t=1}^{n}y(t)[A\cos(\omega t)+B\sin(\omega t)]-\frac{1}{2}(A^2+B^2)$。

记$\frac{1}{n}J'(\boldsymbol{\theta})=\left(\frac{1}{n}\frac{\partial J(\boldsymbol{\theta})}{\partial A},\frac{1}{n}\frac{\partial J(\boldsymbol{\theta})}{\partial B},\frac{1}{n}\frac{\partial J(\boldsymbol{\theta})}{\partial \omega}\right)$，那么

$$\begin{aligned}\frac{1}{n}\frac{\partial J(\boldsymbol{\theta}^0)}{\partial A}&=\frac{2}{n}\sum_{t=1}^{n}y(t)\cos(\omega^0 t)-A^0\\&=\frac{2}{n}\sum_{t=1}^{n}[A^0\cos(\omega^0 t)+B^0\sin(\omega^0 t)+X(t)]\cos(\omega^0 t)-A^0\\&=\frac{2}{n}\sum_{t=1}^{n}X(t)\cos(\omega^0 t)+\frac{2A^0}{n}\sum_{t=1}^{n}\cos^2(\omega^0 t)\\&\quad+\frac{2B^0}{n}\sum_{t=1}^{n}\sin(\omega^0 t)\cos(\omega^0 t)-A^0\\&=\frac{2}{n}\sum_{t=1}^{n}X(t)\cos(\omega^0 t)+A^0+O\left(\frac{1}{n}\right)-A^0\\&=\frac{2}{n}\sum_{t=1}^{n}X(t)\cos(\omega^0 t)+O\left(\frac{1}{n}\right)\end{aligned}$$

同样，$\frac{1}{n}\frac{\partial J(\boldsymbol{\theta}^0)}{\partial B}=\frac{2}{n}\sum_{t=1}^{n}X(t)\sin(\omega^0 t)+O\left(\frac{1}{n}\right)$，且

$$\frac{1}{n}\frac{\partial J(\boldsymbol{\theta}^0)}{\partial \omega}=\frac{2}{n}\sum_{t=1}^{n}tX(t)[-A^0\sin(\omega^0 t)+B^0\cos(\omega^0 t)]+O(1) \tag{4.23}$$

比较分析$\frac{1}{n}Q'(\boldsymbol{\theta}^0)$和$\frac{1}{n}J'(\boldsymbol{\theta}^0)$，我们得到

$$\frac{1}{n}Q'(\boldsymbol{\theta}^0)=-\frac{1}{n}J'(\boldsymbol{\theta}^0)+\begin{bmatrix}O\left(\frac{1}{n}\right)\\ O\left(\frac{1}{n}\right)\\ O(1)\end{bmatrix}^{\mathrm{T}}\Rightarrow Q'(\boldsymbol{\theta}^0)=-J'(\boldsymbol{\theta}^0)+\begin{bmatrix}O(1)\\ O(1)\\ O(n)\end{bmatrix}^{\mathrm{T}} \tag{4.24}$$

请注意 $\widetilde{A}=\widetilde{A}(\omega)$和 $\widetilde{B}=\widetilde{B}(\omega)$，因此在$(\widetilde{\boldsymbol{A}},\widetilde{\boldsymbol{B}},\omega)$处满足

$$\begin{aligned}
&J(\widetilde{\boldsymbol{A}},\widetilde{\boldsymbol{B}},\omega)\\
&=2\sum_{t=1}^{n}y(t)\left\{\left[\frac{2}{n}\sum_{k=1}^{n}y(k)\cos(\omega k)\right]\cos(\omega t)+\left[\frac{2}{n}\sum_{k=1}^{n}y(k)\sin(\omega k)\right]\sin(\omega t)\right\}\\
&\quad-\frac{n}{2}\left\{\left[\frac{2}{n}\sum_{l=1}^{n}y(t)\cos(\omega t)\right]^2+\left[\frac{2}{n}\sum_{l=1}^{n}y(t)\sin(\omega t)\right]^2\right\}\\
&=\frac{2}{n}\left[\sum_{t=1}^{n}y(t)\cos(\omega t)\right]^2+\frac{2}{n}\left[\sum_{t=1}^{n}y(t)\sin(\omega t)\right]^2\\
&=\frac{2}{n}\left|\sum_{t=1}^{n}y(t)\mathrm{e}^{-\mathrm{i}\omega t}\right|^2\\
&=I(\omega)
\end{aligned}$$

因此，使 $J(\boldsymbol{\theta})$最大化的 $\boldsymbol{\theta}^0$ 的估计量等价于 $\widetilde{\boldsymbol{\theta}}$，即 $\boldsymbol{\theta}^0$ 的 ALSE。因此，对于 ALSE $\widetilde{\boldsymbol{\theta}}$，$J(\boldsymbol{\theta})$可表示为

$$\begin{aligned}
&(\widetilde{\boldsymbol{\theta}}-\boldsymbol{\theta}^0)=-J'(\boldsymbol{\theta}^0)[J''(\bar{\boldsymbol{\theta}})]^{-1}\\
&\Rightarrow(\widetilde{\boldsymbol{\theta}}-\boldsymbol{\theta}^0)\boldsymbol{D}_2^{-1}=-[J'(\boldsymbol{\theta}^0)\boldsymbol{D}_1][\boldsymbol{D}_2J''(\bar{\boldsymbol{\theta}})\boldsymbol{D}_1]^{-1}\\
&\qquad=-\left[\left(-Q'(\boldsymbol{\theta}^0)+\begin{bmatrix}O(1)\\ O(1)\\ O(n)\end{bmatrix}^{\mathrm{T}}\right)Q_1\right][\boldsymbol{D}_2J''(\bar{\boldsymbol{\theta}})\boldsymbol{D}_1]^{-1}
\end{aligned} \tag{4.25}$$

矩阵 $\boldsymbol{D}_1$ 和 $\boldsymbol{D}_2$ 与式(4.12)中的定义相同，可以用式(4.8)和式(4.13)来表示。

$$\lim_{n\to\infty}[\boldsymbol{D}_2J''(\bar{\boldsymbol{\theta}})\boldsymbol{D}_1]=\lim_{n\to\infty}[\boldsymbol{D}_2J''(\boldsymbol{\theta}^0)\boldsymbol{D}_1]=-\boldsymbol{\Sigma}=-\lim_{n\to\infty}[\boldsymbol{D}_2Q''(\boldsymbol{\theta}^0)\boldsymbol{D}_1] \tag{4.26}$$

在式(4.25)中使用式(4.14)和式(4.26)，我们有

$$\begin{aligned}
(\widetilde{\boldsymbol{\theta}}-\boldsymbol{\theta}^0)\boldsymbol{D}_2^{-1}&=-[Q'(\boldsymbol{\theta}^0)\boldsymbol{D}_1]^{-1}[\boldsymbol{D}_2Q''(\bar{\boldsymbol{\theta}})\boldsymbol{D}_1]^{-1}+\begin{pmatrix}O(1)\\ O(1)\\ O(n)\end{pmatrix}^{\mathrm{T}}\boldsymbol{D}_1[\boldsymbol{D}_2J''(\bar{\boldsymbol{\theta}})\boldsymbol{D}_1]^{-1}\\
&=(\hat{\boldsymbol{\theta}}-\boldsymbol{\theta}^0)\boldsymbol{D}_2^{-1}+\begin{pmatrix}O(1)\\ O(1)\\ O(n)\end{pmatrix}^{\mathrm{T}}\boldsymbol{D}_1[\boldsymbol{D}_2J''(\bar{\boldsymbol{\theta}})\boldsymbol{D}_1]^{-1}
\end{aligned}$$

对于较大的 n 来说，$\boldsymbol{D}_2 J''(\boldsymbol{\theta}^0)\boldsymbol{D}_1$ 是一个可逆矩阵，$\lim\limits_{n\to\infty}\begin{pmatrix}O(1)\\O(1)\\O(n)\end{pmatrix}^{\mathrm{T}}\boldsymbol{D}_1=\boldsymbol{0}$，所以模型(4.1)$\boldsymbol{\theta}^0$ 的 LSE，$\hat{\boldsymbol{\theta}}$ 和 ALSE，即 $\tilde{\boldsymbol{\theta}}$ 在渐近分布上是等价的。因此，渐进分布中 $\hat{\boldsymbol{\theta}}$ 和 $\tilde{\boldsymbol{\theta}}$ 是等价的。

在假设 3.2 下，令式(4.25)中 $\boldsymbol{D}_1=\boldsymbol{D}_2=\boldsymbol{D}$ 来代替假设 4.2，成立。这是对应 $\alpha=2$ 的情况，所以二阶矩是有限的。类似式(4.26)，等价如下。

4.5 超高效频率估计

在本节中，我们将讨论 Kundu 等人提出的超高效算法的理论结果[11]，该方法对广泛使用的 Newton-Raphson 法进行了改进。在 4.4 节中，我们已经了解了最小二乘法估计频率的收敛速度 $O_p(n^{-3/2})$，一旦以收敛速度 $O_p(n^{-3/2})$ 对频率进行估计，就可以用收敛速度 $O_p(n^{-1/2})$ 有效地估计线性参数。改进的 Newton-Raphson 方法估计频率的收敛速度与 LSE 相同，且渐近方差小于 LSE。

ω^0 的超高效频率估计量使 $S(\omega)$ 最大化，其中 $S(\omega)$ 在 3.17 节的式(3.55)中已定义。假设 $\hat{\omega}$ 使得 $S(\omega)$ 最大化，则使用可分离回归技术得到的 A 和 B 的估计量为

$$(\hat{A}\ \ \hat{B})^{\mathrm{T}}=(\boldsymbol{Z}(\hat{\omega})^{\mathrm{T}}\boldsymbol{Z}(\hat{\omega}))^{-1}\boldsymbol{Z}(\hat{\omega})^{\mathrm{T}}\boldsymbol{Y}\tag{4.27}$$

$\boldsymbol{Z}(\omega)$ 定义与式(3.5)中定义相同。

基于以下限制结果，使用修正系数$\left(\text{标准 Newton-Raphson 法修正系数的}\frac{1}{4}\right)$。如前所述，$\omega^0$ 是 ω 的真实值。

定理 4.5 假设 $\tilde{\omega}$ 是 ω^0 的估计量，满足 $\tilde{\omega}-\omega^0=O_p(n^{-1-\delta})$，$\delta\in\left(0,\frac{1}{2}\right]$。假设 $\tilde{\omega}$ 更新为 $\hat{\omega}$，使用 $\hat{\omega}=\tilde{\omega}-\frac{1}{4}\times\frac{S'(\tilde{\omega})}{S''(\omega)}$，则

(1) 当 $\delta\leqslant\frac{1}{6}$ 时，$\hat{\omega}-\omega^0=O_p(n^{-1-3\delta})$；

(2) 当 $\delta>\frac{1}{6}$ 时，$n^{\frac{3}{2}}(\hat{\omega}-\omega^0)\xrightarrow{\mathrm{d}}N\left(0,\frac{6\sigma^2c(\omega^0)}{A^{0^2}+B^{0^2}}\right)$。

式中，$c(\omega^0)$ 与 LSE 的渐近分布的定义相同。

定理 4.5 的证明过程为

$$\boldsymbol{D}=\mathrm{diag}\{1,2,\cdots,n\},\quad \boldsymbol{E}=\begin{bmatrix}0&1\\-1&0\end{bmatrix}\tag{4.28}$$

$$\dot{\boldsymbol{Z}}=\frac{\mathrm{d}}{\mathrm{d}\omega}Z=\boldsymbol{DZE},\quad \ddot{\boldsymbol{Z}}=\frac{\mathrm{d}^2}{\mathrm{d}\omega^2}Z=-\boldsymbol{D}^2Z\tag{4.29}$$

在这个证明中，我们令 $\boldsymbol{Z}(\omega)\equiv\boldsymbol{Z}$。注意 $\boldsymbol{EE}=-\boldsymbol{I}$，$\boldsymbol{EE}^{\mathrm{T}}=\boldsymbol{I}=\boldsymbol{E}^{\mathrm{T}}\boldsymbol{E}$，并且

$$\frac{\mathrm{d}}{\mathrm{d}\omega}(\boldsymbol{Z}^{\mathrm{T}}\boldsymbol{Z})^{-1} = -(\boldsymbol{Z}^{\mathrm{T}}\boldsymbol{Z})^{-1}[\dot{\boldsymbol{Z}}^{\mathrm{T}}\boldsymbol{Z} + \boldsymbol{Z}^{\mathrm{T}}\dot{\boldsymbol{Z}}](\boldsymbol{Z}^{\mathrm{T}}\boldsymbol{Z})^{-1} \tag{4.30}$$

计算 $S(\omega)$的一阶导数和二阶导数分别为

$$\frac{1}{2}S'(\omega) = \boldsymbol{Y}^{\mathrm{T}}\dot{\boldsymbol{Z}}(\boldsymbol{Z}^{\mathrm{T}}\boldsymbol{Z})^{-1}\boldsymbol{Z}^{\mathrm{T}}\boldsymbol{Y} - \boldsymbol{Y}^{\mathrm{T}}\boldsymbol{Z}(\boldsymbol{Z}^{\mathrm{T}}\boldsymbol{Z})^{-1}\dot{\boldsymbol{Z}}^{\mathrm{T}}\boldsymbol{Z}(\boldsymbol{Z}^{\mathrm{T}}\boldsymbol{Z})^{-1}\boldsymbol{Z}^{\mathrm{T}}\boldsymbol{Y}$$

$$\begin{aligned}
\frac{1}{2}S''(\omega) = {} & \boldsymbol{Y}^{\mathrm{T}}\ddot{\boldsymbol{Z}}(\boldsymbol{Z}^{\mathrm{T}}\boldsymbol{Z})^{-1}\boldsymbol{Z}^{\mathrm{T}}\boldsymbol{Y} - \boldsymbol{Y}^{\mathrm{T}}\dot{\boldsymbol{Z}}(\boldsymbol{Z}^{\mathrm{T}}\boldsymbol{Z})^{-1}(\dot{\boldsymbol{Z}}^{\mathrm{T}}\boldsymbol{Z} + \boldsymbol{Z}^{\mathrm{T}}\dot{\boldsymbol{Z}})(\boldsymbol{Z}^{\mathrm{T}}\boldsymbol{Z})^{-1}\boldsymbol{Z}^{\mathrm{T}}\boldsymbol{Y} \\
& + \boldsymbol{Y}^{\mathrm{T}}\dot{\boldsymbol{Z}}(\boldsymbol{Z}^{\mathrm{T}}\boldsymbol{Z})^{-1}\dot{\boldsymbol{Z}}^{\mathrm{T}}\boldsymbol{Y} - \boldsymbol{Y}^{\mathrm{T}}\dot{\boldsymbol{Z}}(\boldsymbol{Z}^{\mathrm{T}}\boldsymbol{Z})^{-1}\dot{\boldsymbol{Z}}^{\mathrm{T}}\boldsymbol{Z}(\boldsymbol{Z}^{\mathrm{T}}\boldsymbol{Z})^{-1}\boldsymbol{Z}^{\mathrm{T}}\boldsymbol{Y} \\
& + \boldsymbol{Y}^{\mathrm{T}}\boldsymbol{Z}(\boldsymbol{Z}^{\mathrm{T}}\boldsymbol{Z})^{-1}(\dot{\boldsymbol{Z}}^{\mathrm{T}}\boldsymbol{Z} + \boldsymbol{Z}^{\mathrm{T}}\dot{\boldsymbol{Z}})(\boldsymbol{Z}^{\mathrm{T}}\boldsymbol{Z})^{-1}\dot{\boldsymbol{Z}}^{\mathrm{T}}\boldsymbol{Z}(\boldsymbol{Z}^{\mathrm{T}}\boldsymbol{Z})^{-1}\boldsymbol{Z}^{\mathrm{T}}\boldsymbol{Y} \\
& - \boldsymbol{Y}^{\mathrm{T}}\boldsymbol{Z}(\boldsymbol{Z}^{\mathrm{T}}\boldsymbol{Z})^{-1}(\ddot{\boldsymbol{Z}}^{\mathrm{T}}\boldsymbol{Z})(\boldsymbol{Z}^{\mathrm{T}}\boldsymbol{Z})^{-1}\boldsymbol{Z}^{\mathrm{T}}\boldsymbol{Y} \\
& - \boldsymbol{Y}^{\mathrm{T}}\boldsymbol{Z}(\boldsymbol{Z}^{\mathrm{T}}\boldsymbol{Z})^{-1}(\dot{\boldsymbol{Z}}^{\mathrm{T}}\dot{\boldsymbol{Z}})(\boldsymbol{Z}^{\mathrm{T}}\boldsymbol{Z})^{-1}\boldsymbol{Z}^{\mathrm{T}}\boldsymbol{Y} \\
& + \boldsymbol{Y}^{\mathrm{T}}\boldsymbol{Z}(\boldsymbol{Z}^{\mathrm{T}}\boldsymbol{Z})^{-1}\dot{\boldsymbol{Z}}^{\mathrm{T}}\boldsymbol{Z}(\boldsymbol{Z}^{\mathrm{T}}\boldsymbol{Z})^{-1}(\dot{\boldsymbol{Z}}^{\mathrm{T}}\boldsymbol{Z} + \boldsymbol{Z}^{\mathrm{T}}\dot{\boldsymbol{Z}})(\boldsymbol{Z}^{\mathrm{T}}\boldsymbol{Z})^{-1}\boldsymbol{Z}^{\mathrm{T}}\boldsymbol{Y} \\
& - \boldsymbol{Y}^{\mathrm{T}}\boldsymbol{Z}(\boldsymbol{Z}^{\mathrm{T}}\boldsymbol{Z})^{-1}\dot{\boldsymbol{Z}}^{\mathrm{T}}\boldsymbol{Z}(\boldsymbol{Z}^{\mathrm{T}}\boldsymbol{Z})^{-1}\dot{\boldsymbol{Z}}^{\mathrm{T}}\boldsymbol{Y}
\end{aligned}$$

假设 $\tilde{\omega} - \omega^0 = O_p(n^{-1-\delta})$。因此，当 n 趋于无穷时，

$$\left(\frac{1}{n}\boldsymbol{Z}^{\mathrm{T}}\boldsymbol{Z}\right) \equiv \left(\frac{1}{n}\boldsymbol{Z}(\tilde{\omega})^{\mathrm{T}}\boldsymbol{Z}(\tilde{\omega})\right)^{-1} = 2\boldsymbol{I}_2 + O_p\left(\frac{1}{n}\right)$$

和

$$\begin{aligned}
\frac{1}{2n^3}S''(\tilde{\omega}) = {} & \frac{2}{n^4}\boldsymbol{Y}^{\mathrm{T}}\ddot{\boldsymbol{Z}}\boldsymbol{Z}^{\mathrm{T}}\boldsymbol{Y} - \frac{4}{n^5}\boldsymbol{Y}^{\mathrm{T}}\dot{\boldsymbol{Z}}(\dot{\boldsymbol{Z}}^{\mathrm{T}}\boldsymbol{Z} + \boldsymbol{Z}^{\mathrm{T}}\dot{\boldsymbol{Z}})\boldsymbol{Z}^{\mathrm{T}}\boldsymbol{Y} + \frac{2}{n^4}\boldsymbol{Y}^{\mathrm{T}}\dot{\boldsymbol{Z}}\dot{\boldsymbol{Z}}^{\mathrm{T}}\boldsymbol{Y} \\
& - \frac{4}{n^5}\boldsymbol{Y}^{\mathrm{T}}\dot{\boldsymbol{Z}}\dot{\boldsymbol{Z}}^{\mathrm{T}}\boldsymbol{Z}\boldsymbol{Z}^{\mathrm{T}}\boldsymbol{Y} + \frac{8}{n^6}\boldsymbol{Y}^{\mathrm{T}}\boldsymbol{Z}(\dot{\boldsymbol{Z}}^{\mathrm{T}}\boldsymbol{Z} + \boldsymbol{Z}^{\mathrm{T}}\dot{\boldsymbol{Z}})\dot{\boldsymbol{Z}}^{\mathrm{T}}\boldsymbol{Z}\boldsymbol{Z}^{\mathrm{T}}\boldsymbol{Y} \\
& - \frac{4}{n^5}\boldsymbol{Y}^{\mathrm{T}}\boldsymbol{Z}\ddot{\boldsymbol{Z}}^{\mathrm{T}}\boldsymbol{Z}\boldsymbol{Z}^{\mathrm{T}}\boldsymbol{Y} - \frac{4}{n^5}\boldsymbol{Y}^{\mathrm{T}}\boldsymbol{Z}\dot{\boldsymbol{Z}}^{\mathrm{T}}\dot{\boldsymbol{Z}}\boldsymbol{Z}^{\mathrm{T}}\boldsymbol{Y} \\
& + \frac{8}{n^6}\boldsymbol{Y}^{\mathrm{T}}\boldsymbol{Z}\dot{\boldsymbol{Z}}^{\mathrm{T}}\boldsymbol{Z}(\dot{\boldsymbol{Z}}^{\mathrm{T}}\boldsymbol{Z} + \boldsymbol{Z}^{\mathrm{T}}\dot{\boldsymbol{Z}})\boldsymbol{Z}^{\mathrm{T}}\boldsymbol{Y} - \frac{4}{n^5}\boldsymbol{Y}^{\mathrm{T}}\boldsymbol{Z}\dot{\boldsymbol{Z}}^{\mathrm{T}}\boldsymbol{Z}\dot{\boldsymbol{Z}}^{\mathrm{T}}\boldsymbol{Y} + O_p\left(\frac{1}{n}\right)
\end{aligned}$$

将 $\boldsymbol{D}$ 和 $\boldsymbol{Z}$ 代入 $\dot{\boldsymbol{Z}}$ 和 $\ddot{\boldsymbol{Z}}$，我们得到

$$\begin{aligned}
\frac{1}{2n^3}S''(\tilde{\omega}) = {} & -\frac{2}{n^4}\boldsymbol{Y}^{\mathrm{T}}\boldsymbol{D}^2\boldsymbol{Z}\boldsymbol{Z}^{\mathrm{T}}\boldsymbol{Y} - \frac{4}{n^5}\boldsymbol{Y}^{\mathrm{T}}\boldsymbol{D}\boldsymbol{Z}\boldsymbol{E}(\boldsymbol{E}^{\mathrm{T}}\boldsymbol{Z}^{\mathrm{T}}\boldsymbol{D}\boldsymbol{Z} + \boldsymbol{Z}^{\mathrm{T}}\boldsymbol{D}\boldsymbol{Z}\boldsymbol{E})\boldsymbol{Z}^{\mathrm{T}}\boldsymbol{Y} \\
& + \frac{2}{n^4}\boldsymbol{Y}^{\mathrm{T}}\boldsymbol{D}\boldsymbol{Z}\boldsymbol{E}\boldsymbol{E}^{\mathrm{T}}\boldsymbol{Z}^{\mathrm{T}}\boldsymbol{D}\boldsymbol{Y} - \frac{4}{n^5}\boldsymbol{Y}^{\mathrm{T}}\boldsymbol{D}\boldsymbol{Z}\boldsymbol{E}\boldsymbol{E}^{\mathrm{T}}\boldsymbol{Z}^{\mathrm{T}}\boldsymbol{D}\boldsymbol{Z}\boldsymbol{Z}^{\mathrm{T}}\boldsymbol{Y} \\
& + \frac{8}{n^6}\boldsymbol{Y}^{\mathrm{T}}\boldsymbol{Z}(\boldsymbol{E}^{\mathrm{T}}\boldsymbol{Z}^{\mathrm{T}}\boldsymbol{D}\boldsymbol{Z} + \boldsymbol{Z}^{\mathrm{T}}\boldsymbol{D}\boldsymbol{Z}\boldsymbol{E})\boldsymbol{E}^{\mathrm{T}}\boldsymbol{Z}^{\mathrm{T}}\boldsymbol{D}\boldsymbol{Z}^{\mathrm{T}}\boldsymbol{Y} \\
& + \frac{4}{n^5}\boldsymbol{Y}^{\mathrm{T}}\boldsymbol{Z}\boldsymbol{Z}^{\mathrm{T}}\boldsymbol{D}^2\boldsymbol{Z}\boldsymbol{Z}^{\mathrm{T}}\boldsymbol{Y} - \frac{4}{n^5}\boldsymbol{Y}^{\mathrm{T}}\boldsymbol{Z}\boldsymbol{E}^{\mathrm{T}}\boldsymbol{Z}^{\mathrm{T}}\boldsymbol{D}^2\boldsymbol{Z}\boldsymbol{E}\boldsymbol{Z}^{\mathrm{T}}\boldsymbol{Y} \\
& + \frac{8}{n^6}\boldsymbol{Y}^{\mathrm{T}}\boldsymbol{Z}\boldsymbol{E}^{\mathrm{T}}\boldsymbol{Z}^{\mathrm{T}}\boldsymbol{D}\boldsymbol{Z}(\boldsymbol{E}^{\mathrm{T}}\boldsymbol{Z}^{\mathrm{T}}\boldsymbol{D}\boldsymbol{Z} + \boldsymbol{Z}^{\mathrm{T}}\boldsymbol{D}\boldsymbol{Z}\boldsymbol{E})\boldsymbol{Z}^{\mathrm{T}}\boldsymbol{Y} \\
& - \frac{4}{n^5}\boldsymbol{Y}^{\mathrm{T}}\boldsymbol{Z}\boldsymbol{E}^{\mathrm{T}}\boldsymbol{Z}^{\mathrm{T}}\boldsymbol{D}\boldsymbol{Z}\boldsymbol{E}^{\mathrm{T}}\boldsymbol{Z}^{\mathrm{T}}\boldsymbol{D}\boldsymbol{Y} + O_p\left(\frac{1}{n}\right)
\end{aligned}$$

使用结果 2.2 中式(2.15)至式(2.21)，可以看出

$$\frac{1}{n^2}\boldsymbol{Y}^{\mathrm{T}}\boldsymbol{D}\boldsymbol{Z} = \frac{1}{4}(A\ B) + O_p\left(\frac{1}{n}\right),\quad \frac{1}{n^3}\boldsymbol{Y}^{\mathrm{T}}\boldsymbol{D}^2\boldsymbol{Z} = \frac{1}{6}(A\ B) + O_p\left(\frac{1}{n}\right) \tag{4.31}$$

$$\frac{1}{n^3}\boldsymbol{Z}^{\mathrm{T}}\boldsymbol{D}^2\boldsymbol{Z} = \frac{1}{6}\boldsymbol{I}_2 + O_p\left(\frac{1}{n}\right), \quad \frac{1}{n}\boldsymbol{Z}^{\mathrm{T}}\boldsymbol{Y} = \frac{1}{2}(A\ B)^{\mathrm{T}} + O_p\left(\frac{1}{n}\right) \tag{4.32}$$

$$\frac{1}{n^2}\boldsymbol{Z}^{\mathrm{T}}\boldsymbol{D}\boldsymbol{Z} = \frac{1}{4}\boldsymbol{I}_2 + O_p\left(\frac{1}{n}\right) \tag{4.33}$$

所以

$$\begin{aligned}\frac{1}{2n^3}S''(\tilde{\omega}) &= (A^2+B^2)\left[-\frac{1}{6}-0+\frac{1}{8}-\frac{1}{8}+0+\frac{1}{6}-\frac{1}{6}+0+\frac{1}{8}\right]+O_p\left(\frac{1}{n}\right)\\ &= -\frac{1}{24}(A^2+B^2)+O_p\left(\frac{1}{n}\right)\end{aligned}$$

令 $S'(\omega)/(2n^3)=I_1+I_2$,并且对于大数值的 n,I_1 和 I_2 分别简化为

$$I_1 = \frac{1}{n^3}\boldsymbol{Y}^{\mathrm{T}}\dot{\boldsymbol{Z}}(\boldsymbol{Z}^{\mathrm{T}}\boldsymbol{Z})^{-1}\boldsymbol{Z}^{\mathrm{T}}\boldsymbol{Y} = \frac{2}{n^4}\boldsymbol{Y}^{\mathrm{T}}\boldsymbol{D}\boldsymbol{Z}\boldsymbol{E}\boldsymbol{Z}^{\mathrm{T}}\boldsymbol{Y}$$

$$\begin{aligned}I_2 &= \frac{1}{n^3}\boldsymbol{Y}^{\mathrm{T}}Z(\boldsymbol{Z}^{\mathrm{T}}\boldsymbol{Z})^{-1}\dot{\boldsymbol{Z}}^{\mathrm{T}}Z(\boldsymbol{Z}^{\mathrm{T}}\boldsymbol{Z})^{-1}Z^{\mathrm{T}}\boldsymbol{Y} = \frac{1}{n^3}\boldsymbol{Y}^{\mathrm{T}}\boldsymbol{Z}(\boldsymbol{Z}^{\mathrm{T}}\boldsymbol{Z})^{-1}\boldsymbol{E}^{\mathrm{T}}\boldsymbol{Z}^{\mathrm{T}}\boldsymbol{D}\boldsymbol{Z}(\boldsymbol{Z}^{\mathrm{T}}\boldsymbol{Z})^{-1}\boldsymbol{Z}^{\mathrm{T}}\boldsymbol{Y}\\ &= \frac{1}{n^3}\boldsymbol{Y}^{\mathrm{T}}\boldsymbol{Z}\left[2\boldsymbol{I}+O_p\left(\frac{1}{n}\right)\right]\boldsymbol{E}^{\mathrm{T}}\left[\frac{1}{4}\boldsymbol{I}+O_p\left(\frac{1}{n}\right)\right]\left[2\boldsymbol{I}+O_p\left(\frac{1}{n}\right)\right]\boldsymbol{Z}^{\mathrm{T}}\boldsymbol{Y}\\ &= \frac{1}{n^3}\boldsymbol{Y}^{\mathrm{T}}\boldsymbol{Z}\boldsymbol{E}^{\mathrm{T}}\boldsymbol{Z}^{\mathrm{T}}\boldsymbol{Y}+O_p\left(\frac{1}{n}\right) = O_p\left(\frac{1}{n}\right)\end{aligned}$$

并且当 n 很大时,关于 $\tilde{\omega}$ 的 $(n^4\boldsymbol{I}_1)/2=\boldsymbol{Y}^{\mathrm{T}}\boldsymbol{D}\boldsymbol{Z}\boldsymbol{E}\boldsymbol{Z}^{\mathrm{T}}\boldsymbol{Y}$ 可以简化为

$$\begin{aligned}\boldsymbol{Y}^{\mathrm{T}}\boldsymbol{D}\boldsymbol{Z}\boldsymbol{E}\boldsymbol{Z}^{\mathrm{T}}\boldsymbol{Y} &= \boldsymbol{Y}^{\mathrm{T}}\boldsymbol{D}\boldsymbol{Z}(\tilde{\omega})\boldsymbol{E}\boldsymbol{Z}^{\mathrm{T}}(\tilde{\omega})\boldsymbol{Y}\\ &= \left[\sum_{t=1}^{n}y(t)t\cos(\tilde{\omega}t)\right]\left[\sum_{t=1}^{n}y(t)\sin(\tilde{\omega}t)\right]\\ &\quad -\left[\sum_{t=1}^{n}y(t)t\sin(\tilde{\omega}t)\right]\left[\sum_{t=1}^{n}y(t)\cos(\tilde{\omega}t)\right]\end{aligned}$$

观察到 $\sum_{t=1}^{n}y(t)\mathrm{e}^{-\mathrm{i}\omega t} = \sum_{t=1}^{n}y(t)\cos(\omega t)-\mathrm{i}\sum_{t=1}^{n}y(t)\sin(\omega)$,然后沿着与Bai等人相同的思路执行。[2,16]

$$\begin{aligned}\sum_{t=1}^{n}y(t)\mathrm{e}^{-\mathrm{i}\tilde{\omega}t} &= \sum_{t=1}^{n}\left[A^0\cos(\omega^0 t)+B^0\sin(\omega^0 t)+X(t)\right]\mathrm{e}^{-\mathrm{i}\tilde{\omega}t}\\ &= \sum_{t=1}^{n}\left[\frac{A^0}{2}(\mathrm{e}^{\mathrm{i}\omega^0 t}+\mathrm{e}^{-\mathrm{i}\omega^0 t})+\frac{B^0}{2\mathrm{i}}(\mathrm{e}^{\mathrm{i}\omega^0 t}-\mathrm{e}^{-\mathrm{i}\omega^0 t})+X(t)\right]\mathrm{e}^{-\mathrm{i}\tilde{\omega}t}\\ &= \left(\frac{A^0}{2}+\frac{B^0}{2\mathrm{i}}\right)\sum_{t=1}^{n}\mathrm{e}^{\mathrm{i}(\omega^0-\tilde{\omega})t}+\left(\frac{A^0}{2}-\frac{B^0}{2\mathrm{i}}\right)\sum_{t=1}^{n}\mathrm{e}^{-\mathrm{i}(\omega^0+\tilde{\omega})t}+\sum_{t=1}^{n}X(t)\mathrm{e}^{-\mathrm{i}\tilde{\omega}t}\end{aligned}$$

如果 $\tilde{\omega}-\omega^0 = O_p(n^{-1-\delta})$,那么可以证明 $\sum_{t=1}^{n}\mathrm{e}^{-\mathrm{i}(\omega^0+\tilde{\omega})t} = O_p(1)$ 和

$$\begin{aligned}\sum_{t=1}^{n}\mathrm{e}^{\mathrm{i}(\omega^0-\tilde{\omega})t} &= n+\mathrm{i}(\omega^0-\tilde{\omega})\sum_{t=1}^{n}\mathrm{e}^{\mathrm{i}(\omega^0-\omega^*)t}\\ &= n+O_p(n^{-1-\delta})O_p(n^2)\\ &= n+O_p(n^{1-\delta})\end{aligned}$$

ω^* 是 ω^0 和 $\tilde{\omega}$ 之间的一个点。选择足够大的 L_1,使得 $L_1\delta>1$,从而使用泰勒级数逼近 ω^0

至 L_1 阶的 $e^{-i\tilde{\omega}t}$ 的次项是

$$\sum_{t=1}^{n} X(t)e^{-i\tilde{\omega}t} = \sum_{k=0}^{\infty} a(k)\sum_{t=1}^{n} e(t-k)e^{-i\tilde{\omega}t}$$

$$= \sum_{k=0}^{\infty} a(k)\sum_{t=1}^{n} e(t-k)e^{-i\omega^0 t} + \sum_{k=0}^{\infty} a(k)\sum_{l=1}^{L_1-1} \frac{[-i(\tilde{\omega}-\omega^0)]^l}{l!}$$

$$\cdot \sum_{t=1}^{n} e(t-k)t^l e^{-i\omega^0 t} + \sum_{k=0}^{\infty} a(k)\frac{\theta_1[n(\tilde{\omega}-\omega^0)]^{L_1}}{L_1!}\sum_{t=1}^{n}|e(t-k)|$$

其中 $|\theta_1|<1$。由于 $\{a(k)\}$ 是绝对可以求和的，$\sum_{k=0}^{\infty}|a(k)|<\infty$，

$$\sum_{t=1}^{n} X(t)e^{-i\tilde{\omega}t} = O_p(n^{\frac{1}{2}}) + \sum_{l=1}^{L_1-1}\frac{O_p(n^{-(1+\delta)}L)}{l!}O_p(n^{l+\frac{1}{2}}) + O_p[(nn^{-1-\delta})^{L_1}n]$$

$$= O_p(n^{\frac{1}{2}}) + O_p(n^{\frac{1}{2}+\delta-L_1\delta}) + O_p(n^{1-L_1\delta}) = O_p(n^{\frac{1}{2}})$$

所以

$$\sum_{t=1}^{n} y(t)e^{-i\tilde{\omega}t} = \left(\frac{A^0}{2}+\frac{B^0}{2i}\right)[n+O_p(n^{1-\delta})] + O_p(1) + O_p(n^{\frac{1}{2}})$$

$$= \frac{n}{2}[(A^0 - iB^0) + O_p(n^{-\delta})] \quad \text{a.s.} \quad \delta\in\left(0,\frac{1}{2}\right]$$

且

$$\sum_{t=1}^{n} y(t)\cos(\tilde{\omega}t) = \frac{n}{2}[A^0+O_p(n^{-\delta})], \quad \sum_{t=1}^{n} y(t)\sin(\tilde{\omega}t) = \frac{n}{2}[B^0+O_p(n^{-\delta})]$$

与上述类似，请注意

$$\sum_{t=1}^{n} y(t)t\,e^{-i\tilde{\omega}t} = \sum_{t=1}^{n}[A^0\cos(\omega^0 t) + B^0\sin(\omega^0 t) + X(t)]t\,e^{-i\tilde{\omega}t}$$

$$= \frac{1}{2}(A^0 - iB^0)\sum_{t=1}^{n} t\,e^{i(\omega^0-\tilde{\omega})t} + \frac{1}{2}(A^0+iB^0)\sum_{t=1}^{n} t\,e^{-i(\omega^0+\tilde{\omega})t}$$

$$+ \sum_{t=1}^{n} X(t)t\,e^{-i\tilde{\omega}t}$$

参考 Bai[2]，可得

$$\sum_{t=1}^{n} t\,e^{-i(\omega^0+\tilde{\omega})t} = O_p(n)$$

$$\sum_{t=1}^{n} t\,e^{i(\omega^0-\tilde{\omega})t} = \sum_{t=1}^{n} t + i(\omega^0\tilde{\omega})\sum_{t=1}^{n} t^2 - \frac{1}{2}(\omega^0-\tilde{\omega})^2\sum_{t=1}^{n} t^3$$

$$-\frac{1}{6}i(\omega^0-\tilde{\omega})^3\sum_{t=1}^{n} t^4 + \frac{1}{24}(\omega^0-\tilde{\omega})^4\sum_{t=1}^{n} t^5 e^{i(\omega^0-\omega^*)t}$$

再次使用 $\tilde{\omega}-\omega^0 = O_p(n^{-1-\delta})$，我们得到

$$\frac{1}{24}(\omega^0-\tilde{\omega})^4\sum_{t=1}^{n} t^5 e^{i(\omega^0-\omega^*)t} = O_p(n^{2-4\delta}) \tag{4.34}$$

选择足够大的 L_2，使得 $L_2\delta>1$，并使用泰勒级数展开 $e^{-i\tilde{\omega}t}$，我们得到

$$\begin{aligned}\sum_{t=1}^{n}X(t)t\,\mathrm{e}^{-\mathrm{i}\tilde{\omega}t} &= \sum_{k=0}^{\infty}a(k)\sum_{t=1}^{n}e(t-k)t\,\mathrm{e}^{-\mathrm{i}\tilde{\omega}t}\\ &= \sum_{k=0}^{\infty}a(k)\sum_{t=1}^{n}e(t-k)t\,\mathrm{e}^{-\mathrm{i}\omega^0 t}\\ &\quad+\sum_{k=0}^{\infty}a(k)\sum_{l=1}^{L_2-1}\frac{[-\mathrm{i}(\tilde{\omega}-\omega^0)]^l}{l!}\sum_{t=1}^{n}e(t-k)t^{l+1}\mathrm{e}^{-\mathrm{i}\omega^0 t}\\ &\quad+\sum_{k=0}^{\infty}a(k)\frac{\theta_2[n(\tilde{\omega}-\omega^0)]^{L_2}}{L_2!}\sum_{t=1}^{n}t|e(t-k)|\quad(|\theta_2|<1)\\ &= \sum_{k=0}^{\infty}a(k)\sum_{t=1}^{n}e(t-k)t\,\mathrm{e}^{-\mathrm{i}\omega^0 t}+\sum_{l=1}^{L_2-1}O_p(n^{-(1+\delta)l})O_p(n^{l+\frac{3}{2}})\\ &\quad+\sum_{k=0}^{\infty}a(k)O_p(n^{\frac{5}{2}-L_2\delta})\\ &= \sum_{k=0}^{\infty}a(k)\sum_{t=1}^{n}e(t-k)t\,\mathrm{e}^{-\mathrm{i}\omega^0 t}+O_p(n^{\frac{5}{2}-L_2\delta})\end{aligned}$$

所以

$$\begin{aligned}&\sum_{t=1}^{n}y(t)t\cos(\tilde{\omega}t)\\ &=\frac{1}{2}\left\{A^0\left[\sum_{t=1}^{n}t-\frac{1}{2}(\omega^0-\tilde{\omega})^2\sum_{t=1}^{n}t^3\right]+B^0\left[\sum_{t=1}^{n}(\omega^0-\tilde{\omega})t^2-\frac{1}{6}(\omega^0-\tilde{\omega})^3\sum_{t=1}^{n}t^4\right]\right\}\\ &\quad+\sum_{k=0}^{\infty}a(k)\sum_{t=1}^{n}e(t-k)t\cos(\omega^0 t)+O_p(n^{\frac{5}{2}-L_2\delta})+O_p(n)+O_p(n^{2-4\delta})\end{aligned}$$

同样

$$\begin{aligned}&\sum_{t=1}^{n}y(t)t\sin(\tilde{\omega}t)\\ &=\frac{1}{2}\left\{B^0\left[\sum_{i=1}^{n}t-\frac{1}{2}(\omega^0-\tilde{\omega})^2\sum_{t=1}^{n}t^3\right]-A^0\left[\sum_{i=1}^{n}(\omega^0-\tilde{\omega})t^2-\frac{1}{6}(\omega^0-\tilde{\omega})^3\sum_{t=1}^{n}t^4\right]\right\}\\ &\quad+\sum_{k=0}^{\infty}a(k)\sum_{t=1}^{n}e(t-k)t\sin(\omega^0 t)+O_p(n^{\frac{5}{2}}-L_2^{\delta})+O_p(n)+O_p(n^{2-4\delta})\end{aligned}$$

因此

$$\begin{aligned}\hat{\omega} &= \tilde{\omega}-\frac{1}{4}\frac{S'(\tilde{\omega})}{S''(\tilde{\omega})}\\ &= \tilde{\omega}-\frac{1}{4}\frac{\frac{1}{2n^3}S'(\tilde{\omega})}{-\frac{1}{24}(A^{0^2}+B^{0^2})+O_p\left(\frac{1}{n}\right)}\\ &= \tilde{\omega}-\frac{1}{4}\frac{\frac{2}{n^4}\boldsymbol{Y}^{\mathrm{T}}\boldsymbol{DZEZ}^{\mathrm{T}}\boldsymbol{Y}}{-\frac{1}{24}(A^{0^2}+B^{0^2})+O_p\left(\frac{1}{n}\right)}\end{aligned}$$

$$= \widetilde{\omega} + 12 \frac{\frac{1}{n^4} \boldsymbol{Y}^{\mathrm{T}} \boldsymbol{D Z E Z}^{\mathrm{T}} \boldsymbol{Y}}{(A^{0^2} + B^{0^2}) + O_p\left(\frac{1}{n}\right)}$$

$$= \widetilde{\omega} + 12 \frac{\frac{1}{4n^3}(A^{0^2} + B^{0^2})\left[(\omega^0 - \widetilde{\omega})\sum_{t=1}^{n} t^2 - \frac{1}{6}(\omega^0 - \widetilde{\omega})^3 \sum_{t=1}^{n} t^4\right]}{(A^{0^2} + B^{02}) + O_p\left(\frac{1}{n}\right)}$$

$$+ \left[B^0 \sum_{k=0}^{\infty} a(k) \sum_{t=1}^{n} e(t-k) t\cos(\omega^0 t) + A^0 \sum_{k=0}^{\infty} a(k) \sum_{t=1}^{n} e(t-k) t\sin(\omega^0 t)\right]$$

$$\times \frac{6}{(A^{0^2} + B^{0^2}) n^3 + O_p\left(\frac{1}{n}\right)} + O_p(n^{-\frac{1}{2}-L_2\delta}) + O_p(n^{-2}) + O_p(n^{-1-4\delta})$$

$$= \omega^0 + (\omega^0 - \widetilde{\omega}) O_p(n^{-2\delta})$$

$$+ \left[B^0 \sum_{k=0}^{\infty} a(k) \sum_{t=1}^{n} e(t-k) t\cos(\omega^0 t) + A^0 \sum_{k=0}^{\infty} a(k) \sum_{t=1}^{n} e(t-k) t\sin(\omega^0 t)\right]$$

$$\times \frac{6}{(A^0 + B^0) n^2 + O_p\left(\frac{1}{n}\right)} + O_p(n^{-\frac{1}{2}-L_2\delta}) + O_p(n^{-2}) + O_p(n^{-1-4\delta})$$

最后，当 $\delta \leqslant 1/6$ 时，明显有 $\hat{\omega} - \omega^0 = O_p(n^{-1-3\delta})$，如果 $\delta > 1/6$，那么

$$n^{\frac{3}{2}}(\hat{\omega} - \omega^0) \stackrel{\mathrm{d}}{=} \frac{6n^{-\frac{3}{2}}}{(A^{0^2} + B^{0^2})}\left[B^0 \sum_{k=0}^{\infty} a(k) \sum_{t=1}^{n} e(t-k) t\cos(\omega^0 t)\right.$$

$$\left. + A^0 \sum_{k=0}^{\infty} a(k) \sum_{t=1}^{n} e(t-k) t\sin(\omega^0 t)\right]$$

$$= \frac{6n^{-\frac{3}{2}}}{(A^{0^2} + B^{0^2})}\left[B^0 \sum_{t=1}^{n} X(t) t\cos(\omega^0 t) + A^0 \sum_{t=1}^{n} X(t) t\sin(\omega^0 t)\right]$$

$$\xrightarrow{\mathrm{d}} N\left(0, \frac{6\sigma^2 c(\omega^0)}{A^{0^2} + B^{0^2}}\right)$$

这证明了定理。

备注 4.4 由式(4.27)可知，$(\hat{A}, \hat{B})^{\mathrm{T}} = (A(\hat{\omega}), B(\hat{\omega}))^{\mathrm{T}}$。围绕 ω^0 展开泰勒级数 $A(\hat{\omega})$：

$$A(\hat{\omega}) - A(\omega^0) = (\hat{\omega} - \omega^0) A'(\bar{\omega}) + o(n^2) \tag{4.35}$$

$A'(\bar{\omega})$是 $A(\omega)$在 $\bar{\omega}$ 处关于 $\hat{\omega}$ 的一阶导数；$\bar{\omega}$ 是 $\hat{\omega}$ 与 ω^0 连线上的一点；$\hat{\omega}$ 可以是 LSE 或通过改进的 Newton-Raphson 方法获得的估计量。比较 $\hat{\omega}$ 的两个估计量的方差（渐近性），注意，对应 A^0 估计量的渐近方差是 LSE 的 25%。对于 B^0 的估计量也同样适用。

$$\mathrm{Var}(A(\hat{\omega}) - A(\omega^0)) \approx \mathrm{Var}(\hat{\omega} - \omega^0)[A'(\bar{\omega})]^2$$

$$\mathrm{Var}(A(\hat{\omega}) - A^0) = \frac{\mathrm{Var}(\hat{\omega}_{\mathrm{LSE}})}{4}[A'(\bar{\omega})]^2 = \frac{\mathrm{Var}(\hat{A}_{\mathrm{LSE}})}{4}$$

式中，$\hat{\omega}_{\mathrm{LSE}}$ 和 $\hat{A}_{\mathrm{LSE}}$ 分别为 ω^0 和 A^0 的 LSE。类似地，$\mathrm{Var}(B(\hat{\omega}) - B(\omega^0)) =$

$\mathrm{Var}(\hat{B}_{\mathrm{LSE}})/4$,涉及 B 的不同符号具有相似的含义,用 B 代替 A。

备注4.5　定理4.5表明,需要使用收敛速度为 $O_p(n^{-1-\delta})$ 的 ω^0 的初始估计量,但这样的估计量较难获得。因此,Kundu 等人使用收敛速率为 $O_p(n^{-1})$ 的估计量,并使用可用数据点的一小部分来实现定理4.5。[11]子集的选择方式不能破坏误差过程的依赖结构。在 Fourier 频率上,式(1.6)中定义的 $I(\omega)$ 或式(3.55)中定义的 $S(\omega)$ 的参数最大值提供了收敛速率为 $O_p(n^{-1})$ 的频率估值。

4.6　多正弦模型

多分量频率模型,通常称为多正弦模型,当存在 p 个不同频率分量时具有以下形式:

$$y(t)=\sum_{k=1}^{p}\left[A_k^0\cos(\omega_k^0 t)+B_k^0\sin(\omega_k^0 t)\right]+X(t),\quad t=1,\cdots,n \tag{4.36}$$

$\{y(1),\cdots,y(n)\}$ 是观察到的数据。对于 $k=1,\cdots,p$;A_k^0 和 B_k^0 是振幅;ω_k^0 是频率。与单分量模型(4.1)类似,加性误差 $\{X(t)\}$ 是一系列随机变量序列,根据不同问题满足不同的假设。在本章中,假设 p 已知。在第5章中,我们将介绍参数 p 的估计问题。

许多研究者对多正弦信号模型进行了广泛研究。例如,Kundu 和 Mitra 研究了多重正弦模型(4.36)[13],并在假设3.1下建立了 LSE 的强相合性和渐近正态性,即 $\{X(t)\}$ 是有限二阶矩的独立同分布随机变量序列。Kundu 在假设3.2下证明了相同的结果。[10] Irizarry 介绍了模型(4.36)参数的半参数加权 LSE,并提出了渐近方差表达式(将在下一节中进行讨论)。[6]

在假设3.2下,未知参数的 LSE 为渐近正态分布,如定理4.6所述。

定理4.6　在假设3.2下,当 $n\to\infty$,$\{n^{\frac{1}{2}}(\hat{A}_k-A_k^0),n^{\frac{1}{2}}(\hat{B}_k-B_k^0),n^{\frac{3}{2}}(\hat{\omega}_k-\omega_k^0)\}$ 联合分布为三元正态分布,其均值向量为0,色散矩阵为 $2\sigma^2c(\omega_k^0)\boldsymbol{\Sigma}_k^{-1}$,其中 $c(\omega_k^0)$ 和 $\boldsymbol{\Sigma}_k^{-1}$ 与 $c(\omega^0)$ 和 $\boldsymbol{\Sigma}^{-1}$ 相等,A^0,B^0 和 ω^0 分别由 A_k^0,B_k^0 和 ω_k^0 代替。对于 $j\neq k$,$[n^{\frac{1}{2}}(\hat{A}_j-A_j^0),n^{\frac{1}{2}}(\hat{B}_j-B_j^0),n^{\frac{3}{2}}(\hat{\omega}_j-\omega_j^0)]$ 和 $[n^{\frac{1}{2}}(\hat{A}_k-A_k^0),n^{\frac{1}{2}}(\hat{B}_k-B_k^0),n^{\frac{3}{2}}(\hat{\omega}_k-\omega_k^0)]$ 是渐近独立分布的。分别在式(4.10)和式(4.11)中定义 $c(\omega^0)$ 和 $\boldsymbol{\Sigma}^{-1}$。

4.7　加权最小二乘估计

为了分析和声成分,Irzarry 提出了一种新的谐波分量分析方法。[6]将多正弦模型下的最小二乘结果推广到一类权重函数的加权最小二乘情形。在误差过程是平稳的且具有某些其他性质的情况下,得到了渐近结果。WLSE 关于 $\boldsymbol{\omega}=(\omega_1,\cdots,\omega_p)$ 和 $\boldsymbol{\eta}=(A_1,\cdots A_p,B_1,\cdots,B_p)$ 最小化以下标准函数:

$$S(\boldsymbol{\omega},\boldsymbol{\eta}) = \sum_{t=1}^{n} w\left(\frac{t}{n}\right)\left\{y(t) - \sum_{k=1}^{p}[A_k\cos(\omega_k t) + B_k\sin(\omega_k t)]\right\}^2 \quad (4.37)$$

误差过程$\{X(t)\}$是平稳的，自协方差函数 $c_{xx}(h) = \mathrm{Cov}(X(t),X(t+h))$，对于$-\infty<\lambda<\infty$，谱密度函数 $f_x(\lambda)$满足假设4.3，权重函数 $w(s)$满足假设4.4。

假设4.3 误差过程$\{X(t)\}$是一个全矩存在的严格平稳的实值随机过程，均值为0，自协方差函数为 $c_{xx\cdots x}(h_1,\cdots,h_{L-1})$，且具有 $L=2,3,\cdots$的 L 阶次联合累积量函数，

$$C_L = \sum_{h_1=-\infty}^{\infty}\cdots\sum_{h_{L-1}=-\infty}^{\infty}|c_{xx\cdots x}(h_1,\cdots,h_{L-1})|$$

满足$\sum_k (C_k z^k)/k! < \infty$，$z$ 在0的邻域内。

假设4.4 权重 $w(s)$函数为非负、有界、有界变化、支持$[0,1]$，并使得 $W_0>0$ 且 $W_1^2 - W_0W_2\neq 0$，其中

$$W_n = \int_0^1 s^n w(s)\mathrm{d}s \quad (4.38)$$

Irizarry 利用文献[23]中的思想，通过证明以下引理，讨论了未加权情况。[6]

引理4.5 如果 $w(t)$满足假设4.4，则 $k=0,1,\cdots$，

$$\lim_{n\to\infty}\frac{1}{n^{k+1}}\sum_{t=1}^{n} w\left(\frac{t}{n}\right)t^k\exp(\mathrm{i}\lambda t) = W_n, \quad \lambda = 0,2\pi$$

$$\sum_{t=1}^{n} w\left(\frac{t}{n}\right)t^k\exp(\mathrm{i}\lambda t) = O(n^k), \quad 0<\lambda<2\pi$$

类似未加权的情况，即 LSE，$(\boldsymbol{\omega},\boldsymbol{\eta})$的 WLSE 渐近等价于条件加权 PEs，条件 $\boldsymbol{I}_{Wy}(\boldsymbol{\omega})$相对于 $\boldsymbol{\omega}$ 取最大值，其中 $\boldsymbol{I}_{Wy}(\boldsymbol{\omega})$表示为

$$\boldsymbol{I}_{Wy}(\boldsymbol{\omega}) = \sum_{k=1}^{p}\left|\frac{1}{n}\sum_{t=1}^{n} w\left(\frac{t}{n}\right)y(t)\exp(\mathrm{i}t\omega_k)\right|^2$$

$\boldsymbol{\eta}$的估计量在3.15节中给出。这是锥形数据的周期图函数 $w(t/n)y(t)$的总和。下述引理用于证明 WLSE 的一致性和渐近正态性。

引理4.6 令误差过程$\{X(t)\}$满足假设4.3，权重函数 $w(s)$满足假设4.4，则

$$\lim_{n\to\infty}\sup_{0\leqslant\lambda\leqslant\pi}\left|\frac{1}{n^{k+1}}\sum_{t=n}^{\infty} w\left(\frac{t}{n}\right)t^k X(t)\exp(-\mathrm{i}t\lambda)\right| = 0$$

定理4.7和定理4.8分别说明了 WLSE 的一致性和渐近正态性。

定理4.7 在假设4.3和假设4.4下，对于$0<\omega_k^0<\pi$，

$$\hat{A}_k \xrightarrow{\mathrm{p}} A_k^0，且\ \hat{B}_k \xrightarrow{p} B_k^0, \quad n\to\infty$$

$$\lim_{n\to\infty} n|\hat{\omega}_k - \omega_k^0| = 0, \quad k = 1,\cdots,p$$

定理4.8 在与定理4.7相同的假设下，

$$[n^{\frac{1}{2}}(\hat{A}_k - A_k^0), n^{\frac{1}{2}}(\hat{B}_k - B_k^0), n^{\frac{3}{2}}(\hat{\omega}_k - \omega_k^0)] \xrightarrow{\mathrm{d}} N_3\left(\boldsymbol{0}, \frac{4\pi f_x(\omega_k^0)}{A_k^{0^2} + B_k^{0^2}}\boldsymbol{V}_k\right)$$

其中

$$\boldsymbol{V}_k = \begin{bmatrix} c_1 A_k^{0^2} + c_2 B_k^{0^2} & -c_3 A_k^0 B_k^0 & -c_4 B_k^0 \\ -c_3 A_k^0 B_k^0 & c_2 A_k^0 + c_1 B_k^{0^2} & c_4 A_k^0 \\ -c_4 B_k^0 & c_4 A_k^0 & c_0 \end{bmatrix}$$

具有

$$
\begin{aligned}
c_0 &= a_0 b_0 \\
c_1 &= U_0 W_0^{-1} \\
c_2 &= a_0 b_1 \\
c_3 &= a_0 W_1 W_0^{-1}(W_0^2 W_1 U_2 - W_1^3 U_0 - 2W_0^2 + 2W_0 W_1 W_2 U_0) \\
c_4 &= a_0(W_0 W_1 U_2 - W_1^2 U_1 - W_0 W_2 U_1 + W_1 W_2 U_0)
\end{aligned}
$$

和

$$
\begin{aligned}
a_0 &= (W_0 W_2 - W_1^2)^{-2} \\
b_i &= W_i^2 U_2 + W_{i+1}(W_{i+1} U_0 - 2W_i U_1), \quad i = 0,1
\end{aligned}
$$

此处 $W_i(i=0,1,2)$在式(4.38)中定义，而 $U_i(i=0,1,2)$，定义为

$$
U_i = \int_0^1 s^i w(s)^2 \mathrm{d}s
$$

4.8 结论

在本章中，我们主要讨论正弦信号模型的未知参数在不同误差假设下的 LSE 的渐近性质。由于超高效估计量具有与 LSE 相同的收敛速度，本章详细讨论了该估计量的理论性质。同时，它具有比 LSE 更小的渐近方差。第 3 章提出的一些其他估计程序具有理想的理论性质。Bai 等人证明了 EVLP 估计量的一致性[1]，Kundu 和 Mitra 证明了 NSD 估计量的一致性。[14] Kundu 和 Kundu、Kannan 分别给出了改进的 Prony 算法和约束 MLE 收敛性的证明。[9,12] Prasad、Kundu 和 Mitra 证明了序列估计量具有强一致性，并且与 LSE 具有相同的极限分布。[17] 使用 Quinn 和 Fernandes 方法得到的频率估计量具有很强的一致性，与 LSE、Quinn 和 Fernandes 方法一样有效。[19] Truong Van 证明了通过振幅谐波方法获得的频率估值器是强一致的[22]，它们的偏差几乎随速率 $n^{-3/2}(\ln n)^{\delta}$，$\delta > 1/2$ 收敛到 0，并且它们与 Whittle 估值器具有相同的渐近方差。Nandi 和 Kundu 证明了 3.16 小节提出的算法与 LSE 一样有效。[16]

附 录 A

1. 引理 4.1 的证明

在此证明中，我们用 $\hat{\boldsymbol{\theta}}_n=(\hat{A}_n,\hat{B}_n,\hat{\omega}_n)$ 和 $Q(\boldsymbol{\theta})$ 来表示 $\hat{\boldsymbol{\theta}}$ 和 $Q_n(\boldsymbol{\theta})$，以强调它们依赖于 n。随着 $n\to\infty$ 假设式(4.3)为真，且 $\hat{\boldsymbol{\theta}}_n$ 不收敛于 $\boldsymbol{\theta}^0$，则存在 $c>0,0<M<\infty$，$\{n\}$的子序列$\{n_k\}$对于所有$k=1,2,\cdots$，满足 $\hat{\boldsymbol{\theta}}_{n_k}\in S_{c,M}$，当 $n=n_k$ 时，$\hat{\boldsymbol{\theta}}_{n_k}$ 是$\boldsymbol{\theta}^0$ 的 LSE，

$$Q_{n_k}(\hat{\boldsymbol{\theta}}_{n_k})\leqslant Q_{n_k}(\boldsymbol{\theta}^0)\Rightarrow \frac{1}{n_k}[Q_{n_k}(\hat{\boldsymbol{\theta}}_{n_k})-Q_{n_k}(\boldsymbol{\theta}^0)]\leqslant 0$$

所以

$$\lim \inf_{\boldsymbol{\theta}_{n_k}\in S_{c,M}} \frac{1}{n_k}[Q_{n_k}(\hat{\boldsymbol{\theta}}_{n_k})-Q_{n_k}(\boldsymbol{\theta}^0)]\leqslant 0$$

这与不等式(4.3)相矛盾。因此 $\hat{\boldsymbol{\theta}}_n$ 是$\boldsymbol{\theta}^0$ 的一个强一致的估计量。

2. 引理 4.2 在假设 4.1 下的证明

我们证明了 $\cos(\omega t)$的结果，$\sin(\omega t)$结果也是一样的。令 $Z(t)=X(t)I_{[|X(t)|\leqslant t^{\frac{1}{1+\delta}}]}$，那么

$$\begin{aligned}
\sum_{t=1}^{\infty}P[Z(t)\neq X(t)] &= \sum_{t=1}^{\infty}P[|X(t)|>t^{\frac{1}{1+\delta}}] \\
&= \sum_{t=1}^{\infty}\sum_{2^{t-1}\leqslant m<2^t}P[|X(1)|>m^{\frac{1}{1+\delta}}] \\
&\leqslant \sum_{t=1}^{\infty}2^tP[2^{\frac{t-1}{1+\delta}}\leqslant|X(1)|]\leqslant\sum_{t=1}^{\infty}2^t\sum_{k=t}^{\infty}P[2^{\frac{k-1}{1+\delta}}\leqslant|X(1)|<2^{\frac{k}{1+\delta}}] \\
&\leqslant \sum_{k=1}^{\infty}P[2^{\frac{k-1}{1+\delta}}\leqslant|X(1)|<2^{\frac{k}{1+\delta}}]\sum_{t=1}^{k}2^t \\
&\leqslant C\sum_{k=1}^{\infty}2^{k-1}P[2^{\frac{k-1}{1+\delta}}\leqslant|X(1)|<2^{\frac{k}{1+\delta}}] \\
&\leqslant C\sum_{k=1}^{\infty}E|X(1)|^{1+\delta}I_{\left[2^{\frac{k-1}{1+\delta}}\leqslant|X(1)|<2^{\frac{k}{1+\delta}}\right]}\leqslant CE|X(1)|^{1+\delta}<\infty
\end{aligned}$$

因此，$P[Z(t)\neq X(t)]=0$。所以

$$\sup_{0\leqslant\omega\leqslant2\pi}\frac{1}{n}\sum_{t=1}^{n}X(t)\cos(\omega t)\to0\Leftrightarrow\sup_{0\leqslant\omega\leqslant2\pi}\frac{1}{n}\sum_{t=1}^{n}Z(t)\cos(\omega t)\to0$$

$$\Leftrightarrow \sup_{0\leqslant\omega\leqslant 2\pi}\frac{1}{n}\sum_{t=1}^{n}Z(t)\cos(\omega t)\to 0$$

设 $U(t)=Z(t)-E(Z(t))$,那么

$$\sup_{0\leqslant\omega\leqslant 2\pi}\left|\frac{1}{n}\sum_{t=1}^{n}E(Z(t))\cos(\omega t)\right|\leqslant\frac{1}{n}\sum_{t=1}^{n}|E(Z(t))|=\frac{1}{n}\sum_{t=1}^{n}\left|\int_{-t^{\frac{1}{1+\delta}}}^{t^{\frac{1}{1+\delta}}}x\mathrm{d}F(x)\right|\to 0$$

因此,我们只需要证明

$$\sup_{0\leqslant\omega\leqslant 2\pi}\frac{1}{n}\sum_{t=1}^{n}U(t)\cos(\omega t)\to 0$$

对于任何固定的 ω 和 $\varepsilon>0$,使得 $0\leqslant h\leqslant\frac{1}{2n^{\frac{1}{1+\delta}}}$,那么我们有

$$P\left\{\left|\frac{1}{n}\sum_{t=1}^{n}U(t)\cos(\omega t)\right|\geqslant\varepsilon\right\}\leqslant 2\mathrm{e}^{-hn\varepsilon}\prod_{t=1}^{n}E\mathrm{e}^{hU(t)\cos(\omega t)}\leqslant 2\mathrm{e}^{-hn\varepsilon}\prod_{t=1}^{n}(1+2Ch^{1+\delta})$$

当 $C>0$ 时,因为 $|hU(t)\cos(\omega t)|\leqslant\frac{1}{2}$, $\mathrm{e}^x\leqslant 1+x+2|x|^{1+\delta}$,所以 $|x|\leqslant\frac{1}{2}$ 且 $E|U(t)|^{1+\delta}<C$。我们清楚地知道

$$2\mathrm{e}^{-hn\varepsilon}\prod_{t=1}^{n}(1+2Ch^{1+\delta})\leqslant 2\mathrm{e}^{-hn\varepsilon+2nCh^{1+\delta}}$$

选择 $h=1/(2n)^{-(1+\delta)}$,对于大的 n 来说,

$$P\left\{\left|\frac{1}{n}\sum_{t=1}^{n}U(t)\cos(\omega t)\right|\geqslant\varepsilon\right\}\leqslant 2\mathrm{e}^{-\frac{\varepsilon}{2}n^{\frac{\delta}{1+\delta}}+C}\leqslant C\mathrm{e}^{-\frac{\varepsilon}{2}n^{\frac{\delta}{1+\delta}}}$$

令 $K=n^2$,选择 $\omega_1,\cdots,\omega_K$,使得 $\omega\in(0,2\pi)$,我们都有一个 ω_k 满足 $|\omega_k-\omega|\leqslant 2\pi/n^2$。注意

$$\left|\frac{1}{n}\sum_{t=1}^{n}U(t)[\cos(\omega t)-\cos(\omega_k t)]\right|\leqslant C\frac{1}{n}\sum_{t=1}^{n}t^{\frac{1}{1+\delta}}t\cdot\left(\frac{2\pi}{n^2}\right)\leqslant C\pi n^{-\frac{\delta}{1+\delta}}\to 0$$

因此,对于较大的 n 值来说,我们得到

$$\begin{aligned}P\left\{\sup_{0\leqslant\omega\leqslant 2\pi}\left|\frac{1}{n}\sum_{t=1}^{n}U(t)\cos(\omega t)\right|\geqslant 2\varepsilon\right\}&\leqslant P\left\{\max_{k\leqslant n^2}\left|\frac{1}{n}\sum_{t=1}^{n}U(t)\cos(\omega t_k)\right|\geqslant\varepsilon\right\}\\&\leqslant Cn^2\mathrm{e}^{-\frac{\delta}{2}n^{\frac{\delta}{1+\delta}}}\end{aligned}$$

因为 $\sum_{n=1}^{\infty}n^2\mathrm{e}^{-\frac{\varepsilon}{2}n^{\frac{\delta}{1+\delta}}}<\infty$,所以

$$\sup_{0\leqslant\omega\leqslant 2\pi}\left|\frac{1}{n}\sum_{t=1}^{n}U(t)\cos(\omega t)\right|\to 0$$

由 Borel-Cantelli 引理得证。

3. 引理 4.2 在假设 3.2 下的证明

在假设 3.2 下,误差过程 $\{X(t)\}$ 是具有绝对可和系数的平稳线性过程(参阅文献[10])。

$$\frac{1}{n}\sum_{t=1}^{n}X(t)\cos(\omega t) = \frac{1}{n}\sum_{t=1}^{n}\sum_{j=0}^{\infty}a(j)e(t-j)\cos(\omega t)$$

$$\frac{1}{n}\sum_{t=1}^{n}\sum_{j=0}^{\infty}a(j)e(t-t)\{\cos[(t-j)\omega]\cos(j\omega)-\sin[(t-j)\omega]\sin(j\omega)\}$$

$$= \frac{1}{n}\sum_{j=0}^{\infty}a(j)\cos(j\omega)\sum_{t=1}^{n}e(t-j)\cos[(t-j)\omega]$$

$$- \frac{1}{n}\sum_{j=0}^{\infty}a(j)\sin(j\omega)\sum_{t=1}^{n}e(t-j)\sin[(t-j)\omega] \tag{4.39}$$

所以

$$\sup_{\omega}\frac{1}{n}\left|\sum_{t=1}^{n}X(t)\cos(\omega t)\right| \leqslant \sup_{\theta}\frac{1}{n}\left|\sum_{j=0}^{\infty}a(j)\cos(j\omega)\sum_{t=1}^{n}e(t-j)\cos[(t-j)\omega]\right|$$

$$+ \sup_{\omega}\frac{1}{n}\left|\sum_{j=0}^{\infty}a(j)\sin(j\omega)\sum_{t=1}^{n}e(t-j)\sin[(t-j)\omega]\right|$$

$$\leqslant \frac{1}{n}\sum_{j=0}^{\infty}|a(j)|\sup_{\omega}\left|\sum_{t=1}^{n}e(t-j)\cos[(t-j)\omega]\right|$$

$$+ \frac{1}{n}\sum_{j=0}^{\infty}|a(j)|\sup_{\omega}\left|\sum_{t=1}^{n}e(t-j)\sin[(t-j)\omega]\right|$$

我们给出下式：

$$E\left(\sup_{\omega}\frac{1}{n}\left|\sum_{t=1}^{n}X(t)\cos(\omega t)\right|\right)+\frac{1}{n}\sum_{j=0}^{\infty}|a(j)|E\left(\sup_{\omega}\left|\sum_{t=1}^{n}e(t-j)\sin[(t-j)\omega]\right|\right)$$

$$\leqslant \frac{1}{n}\sum_{j=0}^{\infty}|a(j)|E\left(\sup_{\omega}\left|\sum_{t=1}^{n}e(t-j)\cos[(t-j)\omega]\right|\right)$$

$$\leqslant \frac{1}{n}\sum_{j=0}^{\infty}|a(j)|\left\{E\sup_{\omega}\left|\sum_{t=1}^{n}e(t-j)\cos[(t-j)\omega]\right|^{2}\right\}^{1/2}$$

$$+ \frac{1}{n}\sum_{j=0}^{\infty}|a(j)|\left\{E\sup_{\omega}\left|\sum_{t=1}^{n}e(t-j)\cos[(t-j)\omega]\right|^{2}\right\}^{1/2} \tag{4.40}$$

式(4.40)右侧的第一项

$$\frac{1}{n}\sum_{j=0}^{\infty}|a(j)|\left\{E\sup_{\omega}\left|\sum_{t=1}^{n}e(t-j)\cos[(t-j)\omega]\right|\right\}^{1/2}$$

$$\leqslant \frac{1}{n}\sum_{j=0}^{\infty}|a(j)|\left\{n+\sum_{t=-(n-1)}^{n-1}E\left(\left|\sum_{m}e(m)e(m+t)\right|\right)^{1/2}\right\} \tag{4.41}$$

其中的总和 $\sum_{t=-(n-1)}^{n-1}$ 省略了 $t=0$ 项，并且 $\sum_{m}$ 在所有 m 上使得 $1\leqslant m+t\leqslant n$，即 $(n-|t|)$项 取决于j。类似地，第二项可以用相同的值来限定。由于式(4.42) 在 j 中一致，式(4.41) 右侧是 $O\{(n+n^{3/2})^{1/2}/n\}=O(n^{-1/4})$。

$$E\left(\left|\sum_{m}e(m)e(m+t)\right|\right)\leqslant E\left(\left|\sum_{m}e(m)e(m+t)\right|^{2}\right)^{1/2}=O(n^{1/2}) \tag{4.42}$$

因此，式(4.40) 也是 $O(n^{-1/4})$。设 $M=n^{3}$，则 $E\left(\sup_{\omega}\left|\sum_{t=1}^{n}X(t)\cos(\omega t)\right|/n\right)\leqslant$

$O(n^{-3/2})$。因此,使用 Borel Cantelli 引理,可以得出

$$\sup_{\omega}\frac{1}{n}\left|\sum_{t=1}^{n}X(t)\cos(\omega t)\right|\to 0$$

现在,对于 J,$n^3<J\leqslant(n+1)^3$,

$$\sup_{\omega}\sup_{n^3<J<(n+1)^3}\left|\frac{1}{n^3}\sum_{t=1}^{n^3}X(t)\cos(\omega t)-\frac{1}{J}\sum_{t=1}^{J}X(t)\cos(\omega t)\right|$$

$$=\sup_{\omega}\sup_{n^3<J<(n+1)^3}\left|\frac{1}{n^3}\sum_{t=1}^{n^3}X(t)\cos(\omega t)-\frac{1}{n^3}\sum_{t=1}^{J}X(t)\cos(\omega t)\right.$$

$$\left.+\frac{1}{n^3}\sum_{t=1}^{J}X(t)\cos(\omega t)-\frac{1}{J}\sum_{t=1}^{J}X(t)\cos(\omega t)\right|$$

$$\leqslant\frac{1}{n^3}\sum_{t=n^3+1}^{(n+1)^3}|X(t)|+\sum_{t=1}^{(n+1)^3}|X(t)|\left(\frac{1}{n^3}-\frac{1}{(n+1)^3}\right)\tag{4.43}$$

第一项的均方误差为 $O\{(1/n^6)\times[(n+1)^3-n^3]^2\}=O(n^{-2})$,且第二项的均方误差为 $O(n^6\times\{[(n+1)^3-n^3]/n^6\}^2)=O(n^{-2})$。因此,两项几乎都收敛为 0。引理得证。

4. 引理4.4的证明

设 $I'(\omega)$和 $I''(\omega)$为 $I(\omega)$关于 ω 的一阶导数和二阶导数。$I'(\tilde{\omega})$用 ω^0 泰勒级数展开为

$$I'(\tilde{\omega})-I'(\omega)=(\tilde{\omega}-\omega^0)I''(\bar{\omega})$$

其中 $\bar{\omega}$ 是连接 $\tilde{\omega}$ 和 ω^0 的线上的一点。因为 $I'(\tilde{\omega})=0$,所以

$$n(\tilde{\omega}-\omega^0)=\left[\frac{1}{n^2}I'(\omega^0)\right]\left[\frac{1}{n^3}I''(\bar{\omega})\right]^{-1}\tag{4.44}$$

可以证明 a.s. $\lim\limits_{n\to\infty}\frac{1}{n^2}I'(\omega^0)=0$,且 $I''(\omega)$是 ω 和 $\tilde{\omega}\to\omega^0$ 的连续函数。

$$\lim_{n\to\infty}\frac{1}{n^3}I''(\bar{\omega})=\frac{1}{24}(A^{0^2}+B^{0^2})\neq 0\tag{4.45}$$

因此,我们得到 $n(\tilde{\omega}-\omega^0)=0$。

附　录　B

我们在此计算式(4.9)中方差 $Q'(\boldsymbol{\theta}^0)\boldsymbol{D}$ 的协方差矩阵。在这种情况下,$X(t)$ 变量可以写为 $\sum\limits_{j=0}^{\infty}a(j)e(t-j)$。注意

$$Q'(\boldsymbol{\theta}^0)\boldsymbol{D}=\left(\frac{1}{n^{\frac{1}{2}}}\frac{\partial Q(\boldsymbol{\theta})}{\partial A},\frac{1}{n^{\frac{1}{2}}}\frac{\partial Q(\boldsymbol{\theta})}{\partial B},\frac{1}{n^{\frac{3}{2}}}\frac{\partial Q(\boldsymbol{\theta})}{\partial \omega}\right)\Bigg|_{\boldsymbol{\theta}=\boldsymbol{\theta}^0}$$

且$\lim\limits_{n\to\infty}\operatorname{Var}(Q'(\boldsymbol{\theta}^0)\boldsymbol{D})=\boldsymbol{\Sigma}$。接下来，我们计算 Σ_{11} 和 Σ_{13}，其中 $\boldsymbol{\Sigma}=(\Sigma_{ij})$。其余的元素可以类似地进行计算。

$$
\begin{aligned}
\Sigma_{11} &= \lim_{n\to\infty}\operatorname{Var}\left(\frac{1}{n^{\frac{1}{2}}}\frac{\partial Q(\boldsymbol{\theta})}{\partial A}\bigg|_{\boldsymbol{\theta}=\boldsymbol{\theta}^0}\right)\\
&= \frac{1}{n}E\Big[-2\sum_{t=1}^{n}X(t)\cos(\omega^0 t)\Big]^2\\
&= \lim_{n\to\infty}\frac{4}{n}E\Big[\sum_{t=1}^{n}\sum_{j=0}^{\infty}a(j)e(t-j)\cos(\omega^0 t)\Big]^3\\
&= \lim_{n\to\infty}\frac{4}{n}E\Big(\sum_{t=1}^{n}\sum_{j=0}^{\infty}a(j)e(t-j)\{\cos[\omega^0(t-j)]\cos(\omega^0 t)\\
&\quad -\sin[\omega^0(t-j)]\sin(\omega^0 j)\}\Big)^2\\
&= \lim_{n\to\infty}\frac{4}{n}E\Big\{\sum_{j=0}^{\infty}a(j)\cos(\omega^0 j)\sum_{t=1}^{n}e(t-j)\cos[\omega^0(t-k)]\\
&\quad -\sum_{j=0}^{\infty}a(j)\sin(\omega^0 j)\sum_{t=1}^{n}e(t-j)\sin[\omega^0(t-j)]\Big\}^2\\
&= 4\sigma^2\left\{\frac{1}{2}\Big[\sum_{j=0}^{\infty}a(j)\cos(\omega^0 j)\Big]^2+\frac{1}{2}\Big[\sum_{j=0}^{\infty}a(j)\sin(\omega^0 j)\Big]^2\right\}\\
&= 2\sigma^2\left|\sum_{j=0}^{\infty}a(j)\mathrm{e}^{-\mathrm{i}j\omega^0}\right|^2\\
&= 2c(\omega^0)
\end{aligned}
$$

$$
\begin{aligned}
\Sigma_{13} &= \lim_{n\to\infty}\operatorname{Cov}\left(\frac{1}{n^{\frac{1}{2}}}\frac{\partial Q(\boldsymbol{\theta})}{\partial A}\bigg|_{\boldsymbol{\theta}=\boldsymbol{\theta}^0},\frac{1}{n^{\frac{3}{2}}}\frac{\partial Q(\boldsymbol{\theta})}{\partial \omega}\bigg|_{\boldsymbol{\theta}=\boldsymbol{\theta}^0}\right)\\
&= \lim_{n\to\infty}\frac{1}{n^2}E\Big[-2\sum_{t=1}^{n}X(t)\cos(\omega^0 t)\Big]\Big\{2\sum_{t=1}^{n}tX(t)[A^0\sin(\omega^0 t)-B^0\cos(\omega^0 t)]\Big\}\\
&= \lim_{n\to\infty}-\frac{4}{n^2}E\Big[\sum_{t=1}^{n}\sum_{j=0}^{\infty}a(j)e(t-j)\cos(\omega^0 t)\Big]\\
&\quad\times\Big\{\sum_{t=1}^{n}t\sum_{j=0}^{\infty}a(j)e(t-j)[A^0\sin(\omega^0 t)-B^0\cos(\omega^0 t)]\Big\}\\
&= \lim_{n\to\infty}-\frac{4}{n^2}E\Big(\sum_{t=1}^{n}\sum_{j=0}^{\infty}a(j)e(t-j)\{\cos[\omega^0(t-j)]\cos(\omega^0 j)-\sin[\omega^0(t-j)]\sin(\omega^0 j)\}\Big)\\
&\quad\times\Big(\sum_{I=1}^{n}\sum_{j=0}^{\infty}ta(j)e(t-j)\{A^0\sin[\omega^0(t-j)\cos(\omega^0 j)]+A^0\cos[\omega^0(t-j)\sin(\omega^0 j)]\\
&\quad -B^0\cos[\omega^0(t-j)]\cos(\omega^0 j)+B^0\sin[\omega^0(t-j)]\sin(\omega^0 j)\}\Big)\\
&= \lim_{n\to\infty}-\frac{4}{n^2}E\Big(\Big\{\sum_{j=0}^{\infty}a(j)\cos(\omega^0 j)\sum_{t=1}^{n}e(t-j)\cos[\omega^0(t-j)]
\end{aligned}
$$

$$- \sum_{j=0}^{\infty} a(j)\sin(\omega^0 j) \sum_{t=1}^{n} e(t-j)\sin[\omega^0(t-j)]\Big\}$$

$$\times \Big\{A^0 \sum_{j=0}^{\infty} a(j)\cos(\omega^0 j) \sum_{t=1}^{n} te(t-j)\sin[\omega^0(t-j)]$$

$$+ A^0 \sum_{j=0}^{\infty} a(j)\sin(\omega^0 j) \sum_{t=1}^{n} te(t-j)\cos[\omega^0(t-j)]$$

$$- B^0 \sum_{j=0}^{\infty} a(j)\cos(\omega^0 j) \sum_{t=1}^{n} te(t-j)\cos[\omega^0(t-j)]$$

$$+ B^0 \sum_{j=0}^{\infty} a(j)\sin(\omega^0 j) \sum_{t=1}^{n} te(t-j)\sin[\omega^0(t-j)]\Big\}\Big)$$

$$= -4\Big\{A^0 \frac{1}{4}\Big[\sum_{j=0}^{\infty} a(j)\cos(\omega^0 j)\Big]\Big[\sum_{j=0}^{\infty} a(j)\sin(\omega^0 j)\Big]\sigma^2 - B^0 \frac{1}{4}\Big[\sum_{j=0}^{\infty} a(j)\cos(\omega^0 j)\Big]^2$$

$$- A^0\Big[\sum_{j=0}^{\infty} a(j)\cos(\omega^0 j)\Big]\Big[\sum_{j=0}^{\infty} a(j)\sin(\omega^0 j)\Big] - B^0 \frac{1}{4}\Big[\sum_{j=0}^{\infty} a(j)\sin(\omega^0 j)\Big]^2\Big\}$$

$$= \sigma^2 B^0 \Big|\sum_{j=0}^{\infty} a(j)\mathrm{e}^{\mathrm{i}j\omega^0}\Big|^2$$

$$= B^0 \sigma^2 c(\omega^0)$$

参考文献

[1] Bai Z D, Chen X R, Krishnaiah P R, et al. Asymptotic property on the EVLP estimation for superim-posed exponential signals in noise[R]. Pittsburgh Uiversity PA Center for Multivariate Analysis, 1987.

[2] Bai Z D, Rao C R, Chow M, et al. An efficient algorithm for estimating the parameters of superimposed exponential signals[J]. Journal of Statistical Planning and Inference, 2003, 110(1-2): 23-34.

[3] Fuller W A. Introduction to statistical time series[M]. New York: Wiley, 1976.

[4] Hannan E J. Non-linear time series regression[J]. Journal of Applied Probability, 1971, 8(4): 767-780.

[5] Hannan E J. The estimation of frequency[J]. Journal of Applied Probability, 1973, 10(3): 510-519.

[6] Irizarry R A. Weighted estimation of harmonic components in a musical sound signal[J]. Journal of Time Series Analysis, 2002, 23(1): 29-48.

[7] Jennrich R I. Asymptotic properties of non-linear least squares estimators[J]. The Annals of Mathematical Statistics, 1969, 40(2): 633-643.

[8] Kundu D. Asymptotic theory of least squares estimator of a particular nonlinear regression model[J]. Statistics & Probability Letters, 1993, 18(1): 13-17.

[9] Kundu D. A modified Prony algorithm for sum of damped or undamped exponential signals[J]. Sankhya: The Indian Journal of Statistics, Series A, 1994: 524-544.

[10] Kundu D. Estimating the number of sinusoids in additive white noise[J]. Signal Processing, 1997,

56(1):103-110.

[11] Kundu D, Bai Z, Nandi S, et al. Super efficient frequency estimation[J]. Journal of Statistical Planning and Inference, 2011, 141(8):2576-2588.

[12] Kannan N, Kundu D. On modified EVLP and ML methods for estimating superimposed exponential signals[J]. Signal Processing, 1994, 39(3):223-233.

[13] Kundu D, Mitra A. Asymptotic theory of least squares estimator of a nonlinear time series regression model[J]. Communications in Statistics-Theory and Methods, 1996, 25(1):133-141.

[14] Mitra A, Kundu D. Consistent method for estimating sinusoidal frequencies: A non-iterative approach [J]. Journal of Statistical Computation and Simulation, 1997, 58(2):171-194.

[15] Nandi S, Iyer S K, Kundu D. Estimation of frequencies in presence of heavy tail errors[J]. Statistics & Probability Letters, 2002, 58(3):265-282.

[16] Nandi S, Kundu D. A fast and efficient algorithm for estimating the parameters of sum of sinusoidal model[J]. Sankhya, 2006, 68:283-306.

[17] Prasad A, Kundu D, Mitra A. Sequential estimation of the sum of sinusoidal model parameters [J]. Journal of Statistical Planning and Inference, 2008, 138(5):1297-1313.

[18] Quinn B G. Estimating frequency by interpolation using Fourier coefficients[J]. IEEE Transactions on Signal Processing, 1994, 42(5):1264-1268.

[19] Quinn B G, Fernandes J M. A fast efficient technique for the estimation of frequency[J]. Biometrika, 1991, 78(3):489-497.

[20] Rice J A, Rosenblatt M. On frequency estimation[J]. Biometrika, 1988, 75(3):477-484.

[21] Samorodnitsky G, Taqqu M S. Stable non-Gaussian random processes; stochastic models with infinite variance[M]. New York: Chapman and Hall, 1994.

[22] Truong-Van B. A new approach to frequency analysis with amplified harmonics[J]. Journal of the Royal Statistical Society: Series B (Methodological), 1990, 52(1):203-221.

[23] Walker A M. On the estimation of a harmonic component in a time series with stationary independent residuals[J]. Biometrika, 1971, 58(1):21-36.

[24] Whittle P. The simultaneous estimation of a time series harmonic components and covariance structure [J]. Trabajos de Estadística, 1952, 3(1):43-57.

[25] Wu C F. Asymptotic theory of nonlinear least squares estimation[J]. Annals of Statistics, 1981, 9(3):501-513.

第 5 章　分量数的估计

5.1 引　　言

在前两章中，我们讨论了模型(3.1)不同方法的估计过程以及相关估计量的性质。整个估计过程都是建立在假设分量"p"的数量已知的情况下。但在实际应用中，p 的估算也是一个非常重要的问题。尽管在过去的 35～40 年，开展了大量关于模型(3.1)频率估算的研究工作，但在估算分量 p 数量方面并未引起太多的关注。

p 估计可以看作是一个模型选择问题。考虑以下模型：

$$M_k = \left\{\mu_k;\mu_k(t) = \sum_{i=1}^{k} A_j\left[\cos(\omega_j t) + B_j\sin(\omega_j t)\right]\right\}, \quad k = 1,2,\cdots \tag{5.1}$$

根据数据$\{y(t);t=1,2,\cdots,n\}$估算 p，相当于找到 $\hat{p}$，所以 $M_{\hat{p}}$ 成为数据的"最佳"拟合模型。因此，原则上可以使用任意一种模型选择方法来选择 p。

最直观和自然的 p 估计是式(1.6)中定义的数据周期图函数的峰值数。考虑以下示例。

【示例 5.1】 根据以下模型参数，从模型(3.1)可以获得数据$\{y(t);t=1,\cdots,n\}$：

$$p = 2,\quad A_1 = A_2 = 1.0,\quad \omega_1 = 1.5,\quad \omega_2 = 2.0 \tag{5.2}$$

误差随机变量 $X(1),\cdots,X(n)$为独立同分布正态随机变量，均值为 0，方差为 1。周期图函数如图 5.1 所示，从图中可以看出分量数为 2。

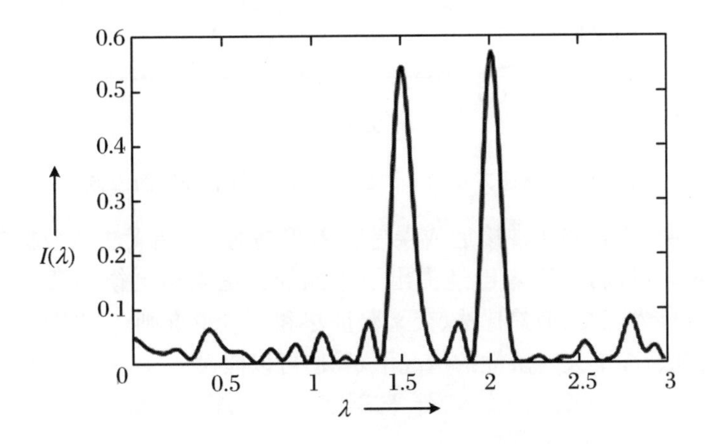

图 5.1　从模型(5.2)获得的数据的周期图函数

【示例 5.2】 根据以下模型参数，从模型(3.1)中可以获得数据$\{y(t);t=1,\cdots,n\}$：

$$p=2,\quad A_1=A_2=1.0,\quad \omega_1=1.95,\quad \omega_2=2.0 \tag{5.3}$$

误差随机变量与示例 5.1 中的相同。周期图函数如图 5.2 所示。从周期图上无法得知 $p=2$ 是否成立。

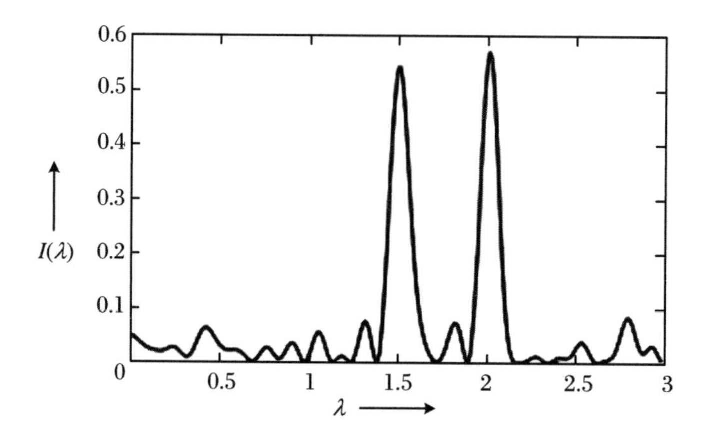

图 5.2 从模型(5.3)获得的数据的周期图函数

【示例 5.3】 当模型参数与示例 5.1 相同时，从模型(3.1)获得数据$\{y(t);t=1,\cdots,n\}$，此时误差为独立同分布正态随机变量，均值为 0，方差为 5。周期图函数如图 5.3 所示。从周期图上无法得知 $p=2$ 是否成立。

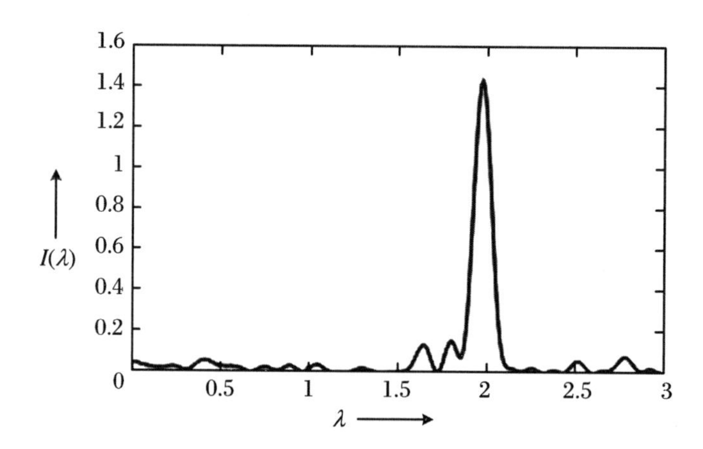

图 5.3 误差方差为 5 的模型(5.2)数据的周期图函数

上述示例表明，当频率非常接近或误差方差很高时，可能无法从数据的周期图中检测出分量的数量。目前，研究者已经提出了不同的方法来检测模型(3.1)的分量数量。这些方法可大致分为三类：似然比法、交叉验证法和信息论准则。在本章中，我们简要回顾这些不同的方法，在不失一般性的情况下，我们可以假设

$$A_1^2+B_1^2>A_2^2+B_2^2>\cdots>A_p^2+B_p^2$$

5.2 似然比法

在估算模型(3.1)的 p 时,其中一个步骤是对模型中引入的每个附加项进行显著性检验。Fisher 认为这是对假设问题的简单检验。[5]这种检验可以基于“最大似然比”,即模型(3.1)的 k 项最大似然与模型(3.1)的$(k-1)$项最大似然之比。如果该数量较大,则证明模型中需要第 k 项。

这个问题可以表述为

$$H_0: p = p_0 \quad 对比 \quad H_1: p = p_1 \tag{5.4}$$

式中,$p_1 > p_0$。基于误差随机变量服从独立同分布,分布为正态分布且均值为0、方差为 σ^2 的假设,对于固定的 σ^2 最大对数似然为

$$-\frac{n}{2}\ln \sigma^2 - \frac{1}{2\sigma^2}\sum_{t=1}^{n}\left\{y(t) - \sum_{k=1}^{P_0}\left[\hat{A}_{k,P_0}\cos(\hat{\omega}_{k,p_0}t) + \hat{B}_{k,p_0}\sin(\hat{\omega}_{k,p_0}t)\right]\right\}^2$$

这里 $\hat{A}_{k,p_0}$,$\hat{B}_{k,p_0}$,$\hat{W}_{k,p_0}$ 分别是 A_{k,p_0},B_{k,p_0},W_{k,p_0} 的 MLEs,基于以上假设,$p = p_0$。那么无约束最大对数似然为

$$I_{P_0} = 常数 - \frac{n}{2}\ln \hat{\sigma}_{P_0}^2 - \frac{n}{2} \tag{5.5}$$

其中

$$\hat{\sigma}_{P_0}^2 = \frac{1}{n}\sum_{t=1}^{n}\left\{y(t) - \sum_{k=1}^{P_0}\left[\hat{A}_{k,P_0}\cos(\hat{\omega}_{k,p_0}t) + \hat{B}_{k,p_0}\sin(\hat{\omega}_{k,p_0}t)\right]\right\}^2$$

同样,当 $p = p_1$ 时,可以得到 $\hat{\sigma}_{P_1}^2$。

因此,似然比测试采用以下形式:如果 L 很大,则拒绝 H_0,其中

$$L = \frac{\hat{\sigma}_{P_0}^2}{\hat{\sigma}_{P_1}^2} = \frac{\sum_{t=1}^{n}\left\{y(t) - \sum_{k=1}^{P_0}\left[\hat{A}_{k,p_0}\cos(\hat{\omega}_{k,p_0}t) + \hat{B}_{k,p_0}\sin(\hat{\omega}_{k,p_0}t)\right]\right\}^2}{\sum_{t=1}^{n}\left\{y(t) - \sum_{k=1}^{P_1}\left[\hat{A}_{k,p_1}\cos(\hat{\omega}_{k,p_1}t) + \hat{B}_{k,p_1}\sin(\hat{\omega}_{k,p_1}t)\right]\right\}^2} \tag{5.6}$$

为了找到上述检验过程的临界点,需要获得在零假设下 L 的精确/渐近分布。于是,如何找到 L 的精确/渐近分布成为一个待解决的难题。

在上述假设下,Quinn 获得了式(5.6)中定义的 L 分布[13]:① 误差为独立同分布的正态随机变量,均值为0,方差为 σ^2;② 频率形式为 $2\pi j/n$,其中 $1 \leqslant j \leqslant (n-1)/2$。如果频率为形式②,那么 Quinn 认为此时 L 的形式为[13]:

$$L = \frac{\sum_{t=1}^{n} y(t)^2 - J_{p_0}}{\sum_{t=1}^{n} y(t)^2 - J_{p_1}} \tag{5.7}$$

J_k 是$\{I(\omega_j); \omega_j = 2\pi j/n, 1 \leqslant j \leqslant (n-1)/2\}$的 k 个最大元素总和;$I(\omega)$是与式(1.6)中

定义的数据序列$\{y(t);t=1,\cdots,n\}$一样的周期图函数。式(5.7)中定义的似然比统计量 L 也可以写成

$$L=\frac{\sum_{t=1}^{n}y(t)^2-J_{p_0}}{\sum_{t=1}^{n}y(t)^2-J_{p_1}}=\frac{1}{1-G_{p_0,p_1}} \tag{5.8}$$

其中

$$G_{p_0,p_1}=\frac{J_{p_1}-J_{p_0}}{\sum_{t=1}^{n}y(t)^2-J_{p_0}} \tag{5.9}$$

当 $p_0=0$ 且 $p_1=1$ 时，

$$G_{0,1}=\frac{J_1}{\sum_{t=1}^{n}y(t)^2} \tag{5.10}$$

这就是著名的 Fisher g 统计量。

求 L 的分布相当于求 G_{p_0,p_1} 的分布。Quinn 和 Hannan 提供了 G_{p_0,p_1} 的近似分布[15]，其性质相当复杂，可能没有太多实际意义。当频率不是上述定义的②形式时，问题变得更加复杂。在独立同分布的假设下，Quinn 和 Hannan 已经做了一些尝试来简化数据 G_{p_0,p_1} 的分布。[15]这里不再进一步讨论这个问题。

5.3 交叉验证法

交叉验证法是一种模型选择技术，可以在一般设置中使用。交叉验证技术的基本假设是存在一个 M，对于式(5.1)中定义的模型，$1\leqslant k\leqslant M$。交叉验证法可描述为：对于给定的 k，使得 $1\leqslant k\leqslant M$，从$\{y(1),\cdots,y(n)\}$中移除第 j 个观测值，基于模型假设 M_k 和$\{y(1),\cdots,y(j-1),y(j+1),\cdots,y(n)\}$估计 $y(j)$，即$\hat{y}_k(j)$，则计算第 k 个模型的交叉验证误差为：

$$\mathrm{CV}(k)=\sum_{t=1}^{n}(y(t)-\hat{y}_k(t))^2,\quad k=1,\cdots,M \tag{5.11}$$

如果满足$\mathrm{CV}(\hat{p})<\{\mathrm{CV}(1),\cdots,\mathrm{CV}(\hat{p}-1),\mathrm{CV}(\hat{p}+1),\cdots,\mathrm{CV}(M)\}$，则选择 $\hat{p}$ 作为 p 估计值。尽管交叉验证法通常不会产生模型阶数的一致估计，但因为它具有广为人知的优秀小样本性能，所以它在模型选择中被广泛使用。

Rao 建议使用交叉验证技术来估计正弦模型中的分量数量。[16]作者没有提供任何基于观测值$\{y(1),\cdots,y(j-1),y(j+1),\cdots,y(n)\}$来计算$\hat{y}_k(j)$的方法，大多数估计方法都基于数据是等间距的假设。

文献[11]首先提出了改进的 EVLP 方法及其一般形式，基于误差为具有零均值和有限方差的独立同分布随机变量的假设，一致地估计正弦信号的振幅和频率。Kundu 和

Mitra 通过使用正向和反向数据对改进后的 EVLP 方法进行了进一步改善，并通过交叉验证技术非常有效地用于估算模型(3.1)的分量 p。[12] 大量的模拟结果表明，交叉验证技术尽管对于大样本量而言性能不尽如人意，但对于小样本量和大误差方差而言却非常有效。对于样本容量较大的数据，交叉验证技术在计算上要求很高，所以不推荐使用。

在似然比法和交叉验证法中，重要的条件是误差为具有零均值和有限方差的独立同分布随机变量。对于这些方法如何针对平稳误差进行修改，目前还没有明确的结论。

5.4　信息论准则

不同的信息论准则，如 Akaike 的 AIC[2-3]，Schwartz 或 Rissanen 的 BIC[17,19]，Bai、Krishnaiah 和 Zhao 的 EDC 等[4]，已成功地应用于不同的模型选择问题。AIC、BIC、EDC 以及它们的一些改进方案已用于检测模型(3.1)的分量数量。所有信息论准则都基于以下假设，即最大模型阶数可以是 M，它们可以放在如下一般框架中：对于第 k 阶模型定义为

$$\mathrm{ITC}(k) = f(\hat{\sigma}_k^2) + N(k)c(n), \quad 1 \leqslant k \leqslant M \tag{5.12}$$

式中，$\hat{\sigma}_k^2$ 是估计误差的方差，$N(k)$表示参数的数量，两者都基于模型阶数是 k、$f(\cdot)$是递增函数、$c(\cdot)$是单调函数的假设。$N(k)c(n)$被称为补偿，对于固定的 n，它会随着 k 的推移而增加。$f(\cdot)$和 $c(\cdot)$根据不同的信息理论准则而变化。如果满足下式，则选择 $\hat{p}$ 作为 p 的估计值：

$$\mathrm{ITC}(\hat{p}) < \{\mathrm{ITC}(1), \cdots, \mathrm{ITC}(\hat{p}-1), \mathrm{ITC}(\hat{p}+1), \cdots, \mathrm{ITC}(M)\}$$

不同的信息论准则主要区别在如何选择合适的函数 $f(\cdot)$和 $c(\cdot)$。

因为 $\hat{\sigma}_k^2$ 是 k 的递减函数且 $f(\cdot)$为递增函数，所以 $f(\hat{\sigma}_k^2)$是 k 的递减函数。函数 $N(k)c(n)$起到补偿函数的作用，所以对于较小的 k，$f(\hat{\sigma}_k^2)$函数为主要部分，ITC$(\cdot)$类似于递减函数。在 $k(\approx p)$的某个特定值时，$N(k)c(n)$为主要部分，ITC$(\cdot)$类似递增函数。

5.4.1　Rao 法

Rao 提出了用不同信息论准则来检测正弦分量的数量，假设误差为独立同分布零均值正态随机变量。[16] 基于上述误差假设，AIC 采用以下形式：

$$\mathrm{AIC}(k) = n\ln R_k + 2(3k+1) \tag{5.13}$$

式中，R_k 表示式(5.14)的最小值。

$$\sum_{t=1}^{n}\left\{y(t) - \sum_{j=1}^{k}\left[A_j\cos(\omega_j t) + B_j\sin(\omega_j t)\right]\right\}^2 \tag{5.14}$$

针对 $A_1, \cdots, A_k; B_1, \cdots, B_k; C_1, \cdots, C_k$ 求解式(5.14)的最小值。“$3k+1$”表示分量数为 k 时的参数个数。

在相同的假设下，BIC 采用以下形式：

$$\mathrm{BIC}(k) = n\ln R_k + (3k+1)\frac{1}{2}\ln n \tag{5.15}$$

EDC 采用以下形式：

$$\mathrm{EDC}(k) = n\ln R_k + (3k+1)c(n) \tag{5.16}$$

此处 $c(n)$满足以下条件：

$$\lim_{n\to\infty}\frac{c(n)}{n} = 0 \quad 和 \quad \lim_{n\to\infty}\frac{c(n)}{\ln\ln n} = \infty \tag{5.17}$$

EDC 是一个非常灵活的准则，BIC 是 EDC 的一个特例。存在几个 $c(n)$同时满足式(5.17)的情况。例如，当 $a<1$ 时，$c(n)=n^a$；当 $b>1$ 时，$c(n)=(\ln\ln n)^b$，均满足式(5.17)。

尽管 Rao 提议使用信息论准则来检测模型(3.1)的分量数量[16]，但他没有提供任何实际的实现过程，特别是 R_k 的计算。他建议通过未知参数最小化式(5.14)来计算分量数量，这看起来具有一定难度，正如第 3 章所述。

Kundu 给出了文献[16]所述方法的实际实施过程，并进行了广泛的模拟研究[8]，以比较不同模型、不同误差方差和不同 $c(n)$选择方法，并进一步观察到 AIC 没有提供一致的模型阶数估计。虽然对于小样本量，模型的 AIC 性能良好，但对于大样本量，它有高估模型阶数的倾向。在 EDC 准则下 $c(n)$的不同选择中，可观察到 BIC 表现得相当好。

5.4.2 Sakai 法

Sakai 考虑了模型(3.1)的 p 估计问题[18]，假设误差为均值为 0 的独立同分布正态随机变量，且频率只能是 Fourier 频率。他把问题重新拟定为

$$y(t) = \sum_{j=0}^{M} v_j[A_j\cos(\omega_j t) + B_j\sin(\omega_j t)] + X(t), \quad t = 1,\cdots,n \tag{5.18}$$

式中，$\omega_j = 2\pi j/n$，$M=(n-1)/2$ 或 $M=n/2$ 取决于 n 是偶数还是奇数。具有指示器功能的 v_j 为

$$v_j = \begin{cases} 1, & 第\ j\ 个分量是常数 \\ 0, & 第\ j\ 个分量不存在 \end{cases}$$

Sakai 提出如下信息理论准则[18]：

$$\mathrm{SIC}(v_1,\cdots,v_M) = \ln\hat{\sigma}^2 + \frac{2(\ln n + \gamma - \ln 2)}{n}(v_1 + \cdots + v_M) \tag{5.19}$$

式中，γ(约为 0.577)是欧拉常数，且

$$\hat{\sigma}^2 = \frac{1}{n}\sum_{t=1}^{n} y(t)^2 - \frac{4}{n}\sum_{k=1}^{M} I(\omega_k)v_k$$

$I(0)$是$\{y(t); t=1,\cdots,n\}$的周期图函数。对于 2^M 个可能的$(v_1,\cdots,v_M)$选项，选择 $\mathrm{SIC}(v_1,\cdots,v_M)$最小的组合。

Sakai 还提出了一种 Hopfield 神经网络来最小化 $\mathrm{SIC}(v_1,\cdots,v_M)$[18]，这样就可以在不进行排序操作的情况下解决问题。该模型选择准则也适用于 AR 过程的定阶问题。

5.4.3　Quinn 法

Quinn 在误差随机变量序列是平稳的、遍历的、均值为 0 且$\{X(t)\}$方差有限的假设下，考虑了相同的问题。[14] 进一步假设频率是 Fourier 频率的形式，$2\pi j/n, 1\leqslant j\leqslant(n-1)/2$。在上述假设下，Quinn 提出了如下类似的信息论准则。[14] 令

$$\mathrm{QIC}(k) = n\ln\hat{\sigma}_k^2 + 2kc(n) \tag{5.20}$$

其中

$$\hat{\sigma}_k^2 = \frac{1}{n}\left(\sum_{t=1}^{n} y(t)^2 - J_k\right)$$

J_k 与式(5.7)中 J_k 的定义相同。补偿函数 $c(n)$满足

$$\lim_{n\to\infty}\frac{c(n)}{n} = 0 \tag{5.21}$$

然后正弦信号 p 的个数被估计为当$k\geqslant 0$ 时取到的最小值，其中 $\mathrm{QIC}(k)<\mathrm{QIC}(k+1)$。使用文献[1]的结果，他们已经证明如果 $\hat{p}$ 是 p 的估计，那么可近似确定 $\hat{p}$ 收敛到 p。在假设误差随机变量序列$\{X(t)\}$是平稳且可遍历的情况下，Quinn 证明了，若满足下式，则 $\hat{p}\to p$[14]：

$$\liminf_{n\to\infty}\frac{c(n)}{\ln n}>1$$

此外，当$\{X(t)\}$为独立同分布序列，$E(|X(t)|^6)<\infty$以及

$$\sup_{|s|>s_0>0}|\psi(s)| = \beta(s_0)<1$$

式中，ψ 是$\{X(t)\}$的特征函数。若满足下式，则 $\hat{p}$ 在任意条件下均大于 p：

$$\limsup_{n\to\infty}\frac{c(n)}{\ln n}<1$$

Quinn 的方法提供了对正弦分量数量的强一致估计策略，但不知道该方法在小样本情况下的具体表现，需要通过仿真实验来验证该方法的性能。

5.4.4　Wang 法

Wang 进一步考虑了在比文献[16]或文献[14]更一般的条件下估算 p 的问题。[20] Wang 设定了与文献[14]所述相同的误差假设，但频率不必仅限于 Fourier 频率。Wang 法与文献[16]所述的方法非常相似，主要区别在于未知量的估计过程：

$$\mathrm{WIC}(k) = n\ln\hat{\sigma}_k^2 + kc(n) \tag{5.22}$$

其中，$\hat{\sigma}_k^2$ 为估计的误差方差，$c(n)$满足与式(5.21)相同的条件。因为文献[16]没有为 k 阶模型提供任何有效的未知参数估计过程，所以 Wang 建议使用以下未知频率的估计步骤。设 $\Omega_1=(-\pi,\pi]$，$\hat{\omega}_1$ 是周期图函数(1.6)关于自变量 Ω_1 的最大值。对于 $j>1$，如果定义了 Ω_{j-1}和$\hat{\omega}_{j-1}$，那么

$$\Omega_j = \Omega_{j-1}\backslash(\hat{\omega}_{j-1} - u_n, \hat{\omega}_{j-1} + u_n)$$

且$\hat{\omega}_j$由在Ω_j上的周期图函数参数最大化得到，其中$u_n>0$且满足条件

$$\lim_{n\to\infty} u_n = 0 \quad 和 \quad \lim_{n\to\infty}(n\ln n)^{1/2}u_n = \infty$$

估计p为$k\geqslant 0$的最小值，使得$\mathrm{WIC}(k)<\mathrm{WIC}(k+1)$。若

$$\lim_{n\to\infty}\inf\frac{c(n)}{\ln n}>C>0$$

那么通过这种方法得到的p估计量是p的强一致估计量，具体证明过程参见文献[20]。尽管已知Wang法提供了p的一致估计值，但不知道该方法在小样本情况下的表现如何。此外，Wang没有提到其方法的实际实施过程，只是简单地针对具体案例说明如何选择u_n或$c(n)$。由此可见，该算法的实现在很大程度上取决于u_n或$c(n)$的选择。

Kavalieris和Hannan讨论了Wang的方法的一些实际应用过程。[6]他们提出了一种与Wang法稍有不同的未知参数估计方法。这里不再赘述，推荐感兴趣的读者去看看文献[6]。

5.4.5 Kundu法

Kundu提出了下述简单的p估计方法。[9]如果M表示模型阶数可能取到的最大值，则对于某些固定的$L>2M$，考虑数据矩阵$\boldsymbol{A}_L$：

$$\boldsymbol{A}_L = \begin{pmatrix} y(1) & \cdots & y(L) \\ \vdots & & \vdots \\ y(n-L+1) & \cdots & y(n) \end{pmatrix} \tag{5.23}$$

设$\hat{\sigma}_1^2>\cdots>\hat{\sigma}_L^2$是$L\times L$矩阵$\boldsymbol{R}_n=\boldsymbol{A}_L^{\mathrm{T}}\boldsymbol{A}_L/n$的$L$个特征值。考虑

$$\mathrm{KIC}(k) = \hat{\sigma}_{2k+1}^2 + kc(n) \tag{5.24}$$

式中，$c(n)>0$，且满足以下两个条件：

$$\lim_{n\to\infty}c(n) = 0 \quad 和 \quad \lim_{n\to\infty}\frac{c(n)\sqrt{n}}{(\ln\ln n)^{1/2}} = \infty \tag{5.25}$$

根据上述公式选择k的值，作为在$\mathrm{KIC}(k)$取到最小值时的p估计值。

在独立同分布误差的假设下，作者证明了上述方法的强一致性。此外，还根据卡方变量的线性组合得到了错误检测的概率。通过大量的仿真验证了该方法的有效性，并找到了合适的$c(n)$选择算法。据观察，该方法在$c(n)=1/\sqrt{\ln n}$时效果相当好，但尚未提供任何理论依据。

Kundu在随后的一篇文章中讨论了选择合适$c(n)$的问题。[10]他考虑了一个与式(5.24)稍有不同的准则，新准则采用的形式为

$$\mathrm{KIC}(k) = \ln(\hat{\sigma}_{2k+1}^2 + 1) + kc(n) \tag{5.26}$$

式中，$c(n)$满足与式(5.25)中相同的条件。

5.4.5.1 错误检测概率的上限

在本小节中，我们提供错误检测$P(\hat{p}\neq p)$概率的上界，其中$\hat{p}$由准则(5.26)获得，函数表达式为

$$
\begin{aligned}
P(\hat{p} \neq p) &= P(\hat{p} < p) + P(\hat{p} > p) \\
&= \sum_{q=0}^{p-1} P(\hat{p} = q) + \sum_{q=p+1}^{M} P(\hat{p} = q) \\
&= \sum_{q=0}^{p-1} P[\mathrm{KIC}(q) - \mathrm{KIC}(p) < 0] + \sum_{q=p+1}^{M} P[\mathrm{KIC}(q) - \mathrm{KIC}(p) < 0]
\end{aligned}
$$

让我们考虑两种不同的情况：

情况(1)：$q<p$

$$
\begin{aligned}
& P[\mathrm{KIC}(q) - \mathrm{KIC}(p) < 0] \\
&= P[\ln[\hat{\sigma}_{2q+1}^2 + 1) - \ln(\hat{\sigma}_{2p+1}^2 + 1) + (q - p)c(n) < 0] \\
&= P[\ln(\sigma_{2q+1}^2 + 1) - \ln(\sigma_{2p+1}^2 + 1) + (q - p)c(n) \\
&\quad < \ln(\hat{\sigma}_{2p+1}^2 + 1) - \ln(\sigma_{2p+1}^2 + 1) + \ln(\sigma_{2q+1}^2 + 1) - \ln(\hat{\sigma}_{2q+1}^2 + 1)] \\
&< P[\ln(\sigma_{2q+1}^2 + 1) - \ln(\sigma_{2p+1}^2 + 1) \\
&\quad < (p - q)c(n) + |\ln(\hat{\sigma}_{2p+1}^2 + 1) - \ln(\sigma_{2p+1}^2 + 1)| \\
&\quad + |\ln(\sigma_{2q+1}^2 + 1) - \ln(\hat{\sigma}_{2q+1}^2 + 1)|]
\end{aligned}
$$

值得注意的是存在 $\delta>0$ 的情况，因此对于较大的 n，满足

$$
\ln(\sigma_{2q+1}^2 + 1) - \ln(\sigma_{2p+1}^2 + 1) > (p - q)c(n) + \delta
$$

对于较大的 n

$$
P[\mathrm{KIC}(q) - \mathrm{KIC}(p) < 0] = 0
$$

其中

$$
\hat{\sigma}_{2q+1}^2 \xrightarrow{\text{a.s.}} \sigma_{2q+1}^2 \quad \text{和} \quad \hat{\sigma}_{2p+1}^2 \xrightarrow{\text{a.s.}} \sigma_{2p+1}^2
$$

情况(2)：$q>p$

$$
\begin{aligned}
P[\mathrm{KIC}(q) - \mathrm{KIC}(p) < 0] &= P[\ln(\hat{\sigma}_{2q+1}^2 + 1) - \ln(\hat{\sigma}_{2p+1}^2 + 1) + (q - p)c(n) < 0] \\
&= P[\ln(\hat{\sigma}_{2p+1}^2 + 1) - \ln(\hat{\sigma}_{2q+1}^2 + 1) > (q - p)c(n)]
\end{aligned} \tag{5.27}
$$

为了计算式(5.27)，我们需要知道 $\hat{\sigma}_k^2$ 的联合分布，其中 $k = 2p + 1, \cdots, L$。基于 Wilkinson 的微扰理论[21]，可以得到特征值 $\hat{\sigma}_k^2 (k = 2p + 1, \cdots, L)$ 的渐近联合分布。已经证明，对于 $q>p$，$\hat{\sigma}_{2p+1}^2$ 和 $\hat{\sigma}_{2q+1}^2$ 是具有均值和方差 σ^2 的联合正态分布，且具有给定的方差-协方差矩阵。根据这一结果，可以得到错误检测概率的上界。大量的仿真结果表明，这些理论上界与仿真结果非常吻合。

5.4.5.2　补偿函数库法

那么如何选择一个合适的 $c(n)$？可参见文献[10]，过度估计的概率和不足估计的概率取决于 $\mathrm{Vec}(\boldsymbol{R}_n)$ 特征值的渐近分布。其中 $k \times k$ 矩阵的 $\mathrm{Vec}(\cdot)$ 是一个 $k^2 \times 1$ 向量，它将一列向量堆叠在另一列向量的下面。从一类补偿函数中选择合适的补偿函数的主要思想是满足式(5.25)，且错误选择概率理论界限最小。这些理论界限取决于未知参数，如果不知道这些参数，则不可能计算出这些理论界限。但即使已知特征值的联合分布，理论上也很难从给定样本中估计式(5.27)。Kundu 使用类似文献[7]中的 bootstrap 技术[10]，根据观察样本估算式(5.27)，然后使用它从一类补偿函数中选择合适的补偿

函数。

如何选择补偿函数的类别？作者给出以下建议。以任何合理规模的特定类别为例，可能是 10 个或 12 个左右，其中所有类别都应满足式(5.25)，但它们应以不同的速率收敛到 0(从非常低到非常高)。所有这些补偿函数获得基于上述类似 bootstrap 技术的错误检测概率上界，并计算这些上界值的最小值。如果最小值本身很大，则表明该类别不好，否则为最终类别。仿真结果表明，该方法适用于不同的样本量和不同的误差方差。该方法的主要缺点是，当误差为独立同分布随机变量时，无法立即针对相关误差修改该方法。

5.5 结论

在本章中，我们讨论了在多正弦模型中估计分量数量的不同方法。此问题可表述为模型选择问题，可使用文献中提供的任意模型来完成选择步骤，以实现此目的。为此，我们提供了三种不同的模型选择方法。文献中没有比较不同的方法。因此，我们认为这仍然是一个悬而未决的问题，将来需要在这方面做更多的工作。

参考文献

[1] An H Z, Chen Z G, Hannan E J. The maximum of the periodogram[J]. Journal of Multivariate Analysis, 1983, 13(3): 383-400.

[2] Akaike H. Fitting autoregressive models for prediction[J]. Annals of the Institute of Statistical Mathematics, 1969, 21(1): 243-247.

[3] Akaike H. Statistical predictor identification[J]. Annals of the Institute of Statistical Mathematics, 1970, 22(1): 203-217.

[4] Zhao L C, Krishnaiah P R, Bai Z D. On detection of the number of signals in presence of white noise[J]. Journal of Multivariate Analysis, 1986, 20(1): 1-25.

[5] Fisher R A. Tests of significance in harmonic analysis[J]. Proceedings of the Royal Society of London. Series A, Containing Papers of a Mathematical and Physical Character, 1929, 125(796): 54-59.

[6] Kavalieris L, Hannan E J. Determining the number of terms in a trigonometric regression[J]. Journal of Time Series Analysis, 1994, 15(6): 613-625.

[7] Kaveh M, Wang H, Hung H. On the theoretical performance of a class of estimators of the number of narrow-band sources[J]. IEEE Transactions on Acoustics, Speech and Signal Processing, 1987, 35(9): 1350-1352.

[8] Kundu D. Detecting the number of signals for undamped exponential models using information theoretic criteria[J]. Journal of Statistical Computation and Simulation, 1992, 44(1-2): 117-131.

[9] Kundu D. Estimating the number of sinusoids in additive white noise[J]. Signal Processing, 1997,

56(1):103-110.

[10] Kundu D. Estimating the number of sinusoids and its performance analysis[J]. Journal of Statistical Computation and Simulation,1998,60(4):347-362.

[11] Kundu D,Kundu R. Consistent estimates of super imposed exponential signals when some observations are missing[J]. Journal of Statistical Planning and Inference,1995,44(2):205-218.

[12] Kundu D,Mitra A. Consistent method of estimating superimposed exponential signals[J]. Scandinavian Journal of Statistics,1995,22:73-82.

[13] Quinn B G. Testing for the presence of sinusoidal components[J]. Journal of Applied Probability, 1986,23(A):201-210.

[14] Quinn B G. Estimating the number of terms in a sinusoidal regression[J]. Journal of Time Series Analysis,1989,10(1):71-75.

[15] Quinn B G,Hannan E J. The estimation and tracking of frequency[M]. New York:Cambridge University Press,2001.

[16] Rao C R. Some results in signal detection[M]//Gupta S S,Berger J O. Decision theory and related topics. IV. New York:Springer,1988.

[17] Rissanen J. Modeling by shortest data description[J]. Automatica,1978,14(5):465-471.

[18] Sakai H. An application of a BIC-type method to harmonic analysis and a new criterion for order determination of an AR process[J]. IEEE Transactions on Acoustics,Speech and Signal Processing,1990,38(6):999-1004.

[19] Schwarz G. Estimating the dimension of a model[J]. Annals of Statistics,1978:461-464.

[20] Wang X. An AIC type estimator for the number of cosinusoids[J]. Journal of Time Series Analysis,1993,14(4):433-440.

[21] Wilkinson W H. The algebraic eigenvalue problem[M]. Oxford:Clarendon Press,1965.

第 6 章　基频模型及其推广

6.1　引　　言

正弦频率模型在多个学科领域都十分著名，可以很好地解释近似周期数据。基频模型(Fundamental Frequency Model，FFM)实际上是利用数据中的一些特性而建立的正弦频率模型。当频率为 $\lambda, 2\lambda, \cdots, p\lambda$ 时，正弦频率模型是基频为 λ 的 FFM。这样做的好处是，它将估计的未知参数总数量从 $3p$ 减少到 $2p+1$。FFM 中只有一个非线性参数，因此大大降低了计算复杂度。在 FFM 中，有效频率是 $\lambda, 2\lambda, \cdots, p\lambda$，频率出现在基频 λ 的谐波处，所以称为 FFM。

精确周期的存在可以视为一种简单近似，但现实生活中的许多现象可以使用 FFM 进行描述。FFM 在信号处理和时间序列文献中有许多应用。当基频是 Fourier 频率时，Bloomfield 提出了 FFM。[3] Baldwin 和 Thomson 使用 FFM 来解释南半球天空中的一颗变星 S. Carinae 的观测记录。[2] Greenhouse、Kass 和 Tsay 提出了一个或多个基频的高次谐波和固定 ARMA 过程[7]，用于研究生物节律数据的误差，如人体核心体温数据。文献[5-6]中的一些示例表示，谐波回归加相关噪声模型可用于评估人类昼夜节律系统的静态特性。某些乐器产生的音乐片段也可使用此类模型进行数学解释。Nandi 和 Kundu 以及 Kundu 和 Nandi 使用 FFM 来分析短时语音数据[13,15]，同时使用多重正弦模型分析短时语音数据集。

存在大量信号(如语音信号)的数据表明存在与基频有关的谐波。我们提供了两个语音数据集的图像，图 6.1 表示“uuu”语音，图 6.2 表示“ahh”语音。图 6.3 和图 6.4 所示为两个数据集的周期图函数，显示出在这两种情况下都存在特定频率的谐波。在上述情况下，对于固定的 $p>1$，因为模型(6.1)比模型(3.1)具有更少的非线性参数，所以使用具有一个基频的模型(6.1)比使用多个正弦模型的模型(3.1)更好。作为本章模型的应用，第 7 章将分析多种短时语音数据和航空公司乘客数据。

与 FFM 相同，Irizarry 提出了一种存在多个基频的模型推广(参见 6.3 节)。[10] FFM 是只有一个基频的广义模型的特例。Nandi 和 Kundu 进一步推广[16]，如果两个连续频率的间隔与一个基频对应的间隔大致相同，那么这些模型就被称为广义基频模型(GFFM)。FFM 和 GFFM 的动机来自真实的数据集，具体内容已经在前文中进行了讨论。

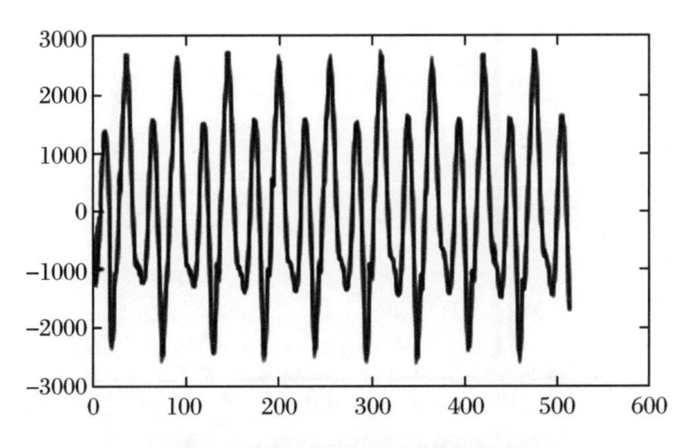

图6.1　平均校正"uuu"语音的曲线图

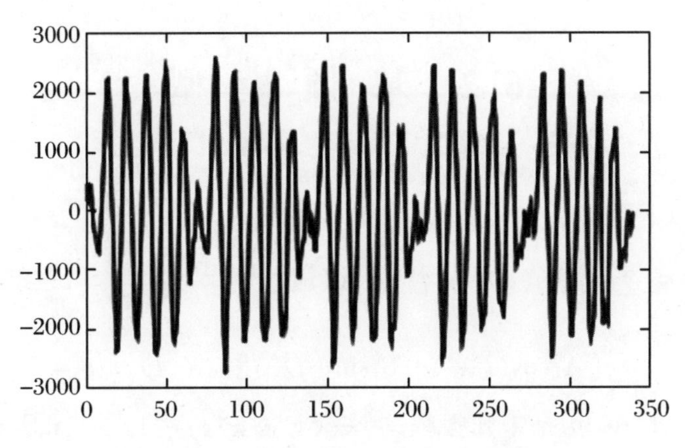

图6.2　平均校正"ahh"语音的曲线图

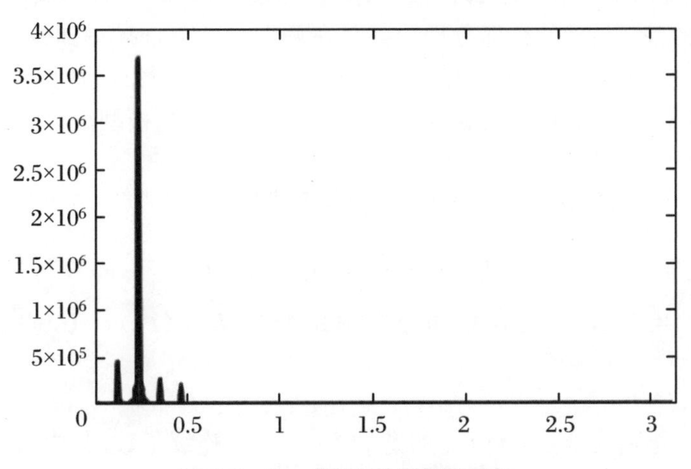

图6.3　"uuu"语音的周期图函数

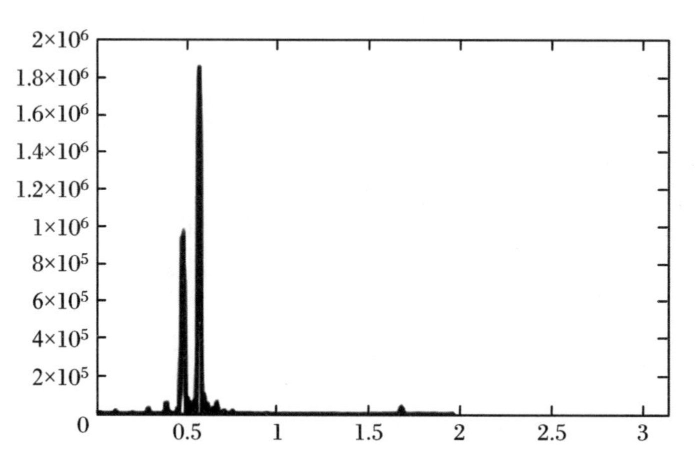

图 6.4 "ahh"语音的周期图函数

6.2 基频模型

FFM 采用以下形式：

$$y(t) = \sum_{j=1}^{p} \rho_j^0 \cos(tj\lambda^0 - \varphi_j^0) + X(t) \tag{6.1}$$

$$= \sum_{j=1}^{p} [A_j^0 \cos(tj\lambda^0) + B_j^0 \sin(tj\lambda^0)] + X(t), \quad t = 1, \cdots, n \tag{6.2}$$

式中，$\rho_j^0 > 0, j = 1, \cdots, p$ 是未知振幅；$\varphi_j^0 \in (-\pi, \pi), j = 1, \cdots, p$ 是未知相位；$\lambda^0 \in (0, \pi/p)$是未知基频；$\{X(t)\}$是一个误差随机变量序列；对于 $j = 1, \cdots, p$，有 $A_j^0 = \rho_j^0 \cos(\varphi_j^0)$和 $B_j^0 = \rho_j^0 \sin(\varphi_j^0)$。模型(6.1)和模型(6.2)具有不同的参数化等效模型。文献涉及的基频模型的大部分理论都是在假设 3.2 下推导得到的。$\{y(t)\}$中第 j 个正弦分量相对应的有效频率为 $j\lambda^0$，这是基频 λ^0 的谐波形式，所以前文提到的模型(6.1)被命名为基频模型，该模型也被称为谐波回归信号加噪模型。

本章应用以下假设：

假设 6.1 $\{X(t)\}$是一个线性平稳过程，形式如下：

$$X(t) = \sum_{j=0}^{\infty} a(j) e(t-j) \tag{6.3}$$

式中，$\{e(t); t = 1, 2, \cdots\}$是独立同分布随机变量，$E(e(t)) = 0, V(e(t)) = \sigma^2$ 且 $\sum_{j=0}^{\infty} |a(j)| < \infty$。

假设 6.2 谱密度函数$\{X(t)\}$的谱 $f(\lambda)$ 是一个连续函数，其中$\{X(t)\}$满足假设 6.1，$f(\lambda) = \frac{\sigma^2}{2\pi} \left| \sum_{j=0}^{\infty} a(j) \mathrm{e}^{-\mathrm{i}j\lambda} \right|^2$。

可以看到，假设6.1与假设3.2相同。

6.2.1 估计方法

6.2.1.1 最小二乘估计

通过最小化RSS得到模型(6.1)未知参数的最小二乘估计(LSE)：

$$Q(\boldsymbol{\theta}) = \sum_{t=1}^{n}\left[y(t) - \sum_{j=1}^{p}\rho_j\cos(tj\lambda - \varphi_j)\right]^2 \tag{6.4}$$

$Q(\boldsymbol{\theta})$ 是关于参数向量 $\boldsymbol{\theta} = (\rho_1,\cdots,\rho_p,\varphi_1,\cdots,\varphi_p,\lambda)^{\mathrm{T}}$ 的函数。设 $\hat{\boldsymbol{\theta}} = (\hat{\rho}_1,\cdots,\hat{\rho}_p,\hat{\varphi}_1,\cdots,\hat{\varphi}_p,\hat{\lambda})^{\mathrm{T}}$是 $\boldsymbol{\theta}^0 = (\rho_1^0,\cdots,\rho_p^0,\varphi_1^0,\cdots,\varphi_p^0,\lambda^0)^{\mathrm{T}}$ 的LSE，即 $Q(\boldsymbol{\theta})$是关于 $\boldsymbol{\theta}$ 的最小值。可以看出 λ 是唯一的非线性参数，并且 $\rho_1,\cdots\rho_p$ 和 $\varphi_1,\cdots,\varphi_p$ 即使不是线性参数，也可以用线性参数表示。因此，使用文献[19]中的可分离回归技术(参见2.2节)，可以显式地将 $\rho_1^0,\cdots\rho_p^0$ 和 $\varphi_1^0,\cdots,\varphi_p^0$ 的LSE写为以 λ 为变量的函数，从而将它归结为一个一维最小化问题。

6.2.1.2 近似最小二乘估计

λ^0 的近似最小二乘估计(ALSE)即 $\tilde{\lambda}$，是通过在 $j\lambda(j=1,\cdots,p)$处最大化周期图函数之和 $I_S(\lambda)$得到的，其定义为：

$$I_S(\lambda) = \frac{1}{n}\sum_{j=1}^{p}\left|\sum_{t=1}^{n}y(t)\mathrm{e}^{\mathrm{i}tj\lambda}\right|^2 \tag{6.5}$$

其他参数的ALSE估计为：

$$\tilde{\rho}_j = \frac{2}{n}\left|\sum_{t=1}^{n}y(t)\mathrm{e}^{\mathrm{i}tj\tilde{\lambda}}\right|,\quad \tilde{\varphi}_j = \arg\left\{\frac{1}{n}\sum_{t=1}^{n}y(t)\mathrm{e}^{\mathrm{i}tj\tilde{\lambda}}\right\} \tag{6.6}$$

因此，与LSE类似，估算 λ^0 的ALSE涉及一维优化；在 $\tilde{\lambda}$ 被估算出来后，可使用式(6.6)估算其他参数的ALSE。

6.2.1.3 加权最小二乘估计(WLSE)

Hannan提出了加权最小二乘估计(WLSE)来等效替代模型(6.2)。[9]将模型(6.2)写成 $y(t)=\mu(t;\boldsymbol{\xi}^0)+X(t)$形式，其中 $\boldsymbol{\xi}=(A_1,\cdots,A_p,B_1,\cdots,B_p,\lambda)^{\mathrm{T}}$，$\boldsymbol{\xi}^0$ 是 $\boldsymbol{\xi}$ 的真实值。定义周期函数

$$I_y(\omega_j) = \frac{1}{2\pi n}\left|\sum_{t=1}^{n}y(t)\exp(\mathrm{i}t\omega_j)\right|^2$$

$$I_\mu(\omega_j,\boldsymbol{\xi}) = \frac{1}{2\pi n}\left|\sum_{t=1}^{n}\mu(t;\boldsymbol{\xi})\exp(\mathrm{i}t\omega_j)\right|^2$$

$$I_{y\mu}(\omega_j,\boldsymbol{\xi}) = \frac{1}{2\pi n}\left[\sum_{t=1}^{n}y(t)\exp(\mathrm{i}t\omega_j)\right]\overline{\left(\sum_{t=1}^{n}\mu(t;\boldsymbol{\xi})\exp(\mathrm{i}t\omega_j)\right)}$$

$\left\{\omega_j=\frac{2\pi j}{n};j=0,\cdots,n-1\right\}$是Fourier频率；$\boldsymbol{\xi}^0$ 的WLSE，即 $\hat{\boldsymbol{\xi}}$，可以通过最小化如下目标函数得到：

$$S_1(\boldsymbol{\xi}) = \frac{1}{n}\sum_{j=0}^{n-1}(\{I_y(\omega_j) + I_\mu(\omega_j;\boldsymbol{\xi}) - 2\mathrm{Re}[I_{y\mu}(\omega_j;\boldsymbol{\xi})]\}\psi(\omega_j)) \tag{6.7}$$

其中 $\psi(\omega)$是权函数，是 ω 的连续偶函数，满足 $\psi(\omega)\geqslant 0,\omega\in[0,\pi]$。

6.2.1.4 Quinn 和 Thomson 估计量

Quinn 和 Thomson 提出的 λ^0 的 Quinn 和 Thomson 估计量(QTE)[18]，即$\tilde{\tilde{\lambda}}$，通过最大化下式得到：

$$R(\lambda) = \frac{1}{n}\sum_{j=1}^{p}\frac{1}{f(j\lambda)}\left|\sum_{t=1}^{n}y(t)\mathrm{e}^{\mathrm{i}tj\lambda}\right|^2 \tag{6.8}$$

其中

$$f(\lambda) = \frac{1}{2\pi}\sum_{h=-\infty}^{\infty}\mathrm{e}^{-\mathrm{i}h\lambda}\gamma(h) \tag{6.9}$$

式(6.9)是谱密度函数或具有自协方差函数 $\gamma(\cdot)$的误差过程$\{X(t)\}$的谱。假设 6.1 强调，误差过程的谱是已知的且在$[0,\pi]$上的取值严格大于 0，误差过程$\{X(t)\}$的谱具有以下形式：

$$f(\lambda) = \frac{\sigma^2}{2\pi}\left|\sum_{j=0}^{\infty}a(j)\mathrm{e}^{-\mathrm{i}j\lambda}\right|^2$$

当谱未知时，用其估计值替换式(6.8)中的 $f(j\lambda)$。在 $\tilde{\lambda}$ 替换为 $\tilde{\tilde{\lambda}}$ 后，ρ_j^0 和 $\varphi_j^0(j=1,\cdots,p)$ 的 QTE 与式(6.6)给出的 ALSE 形式相同，将它们表示为 $\tilde{\tilde{\rho}}_j$ 和 $\tilde{\tilde{\varphi}}_j(j=1,\cdots,p)$，并将 QTE 的向量形式表示为$\tilde{\tilde{\boldsymbol{\theta}}} = (\tilde{\tilde{\rho}}_1,\cdots,\tilde{\tilde{\rho}}_p,\tilde{\tilde{\varphi}}_1,\cdots,\tilde{\tilde{\varphi}}_p,\tilde{\tilde{\lambda}})^{\mathrm{T}}$。

在 QTE 的情况下，$R(\lambda)$是模型(6.1)在谐波 $j\lambda(j=1,\cdots,p)$处的平方振幅估计量的加权和，并且权重与这些频率处误差随机变量的谱密度成反比。因此，当$\{X(t)\}$是一个不相关随机变量时，$R(\lambda)$与 $I_S(\lambda)$一致，此时 $f(\lambda)$是一个常值函数。与 WLSE 类似，QTE 只是一个加权 ALSE。

注：在 WLSE 的情况下，Hannan 证明了最佳频域权函数 $\psi(\omega) = f^{-1}(\omega)$[8]，其中 $f(\omega)$为$\{X(t)\}$的频谱。这种加权函数的选择近似等价于广义最小二乘目标函数中协方差矩阵$\{X(t)\}$的求逆。

λ 的 QTE 等价于文献[18]中提到的 n 很大时的广义最小二乘估计量。QT 法结合了误差过程$\{X(t)\}$在频谱 $f(\omega)$中的方差。理论上预计，QT 法和加权最小二乘法提供的估计量的渐近方差低于最小二乘法。

6.2.2 Bayes 估计

为了讨论 Bayes 估计，将 $X(t) = e(t),t = 1,\cdots,n$ 代入模型(6.2)中，表示为

$$\boldsymbol{Y} = \boldsymbol{Z}_p\boldsymbol{\alpha}_p + \boldsymbol{e}$$

式中，$\boldsymbol{Y} = (y(1),\cdots,y(n))^{\mathrm{T}}$，$\boldsymbol{e} = (e(1),\cdots,e(n))^{\mathrm{T}}$，$\boldsymbol{\alpha}_p = (A_1,B_1,\cdots,A_p,B_p)^{\mathrm{T}}$，并且在 $\boldsymbol{Z}_p = (\boldsymbol{X}_1,\cdots,\boldsymbol{X}_p)$中

$$\boldsymbol{X}_k = \begin{bmatrix} \cos(k\lambda) & \sin(k\lambda) \\ \cos(2k\lambda) & \sin(2k\lambda) \\ \vdots & \vdots \\ \cos(nk\lambda) & \sin(nk\lambda) \end{bmatrix}$$

在大多数关于基频模型的文献中,所用的观测模型是均值为 $\boldsymbol{Z}_p\boldsymbol{\alpha}_p$ 的 Gauss 模型 $f(\boldsymbol{y}|\boldsymbol{\alpha}_p,\sigma^2,\lambda,\boldsymbol{I}_p)$,协方差矩阵为 $\sigma^2\boldsymbol{I}_n$;$\boldsymbol{I}_p$ 表示 p 分量模型的先验信息。参数 $\boldsymbol{\alpha}_p$ 是 $2p$ 阶振幅向量,λ 是基频,σ^2 是噪声方差,p 是顺序模型。由于 $\lambda<\pi/p$,基频与先验信息 p 有明显的联系;且当 $[\lambda_a,\lambda_b]$,$\lambda_a>0$ 时信号是带限的,所以 λ 必须位于集合 $\Omega_p=[\lambda_a,\lambda_b/p]$上。假设先验概率密度函数(PDF)被分解为

$$f(\boldsymbol{\alpha}_p,\sigma^2,\lambda,p|\boldsymbol{I}_p)=f(\boldsymbol{\alpha}_p|\boldsymbol{I}_p)f(\sigma^2|\boldsymbol{I}_p)f(\lambda|\boldsymbol{I}_p)f(p|\boldsymbol{I}_p) \tag{6.10}$$

通常,噪声方差的先验分布被视为误差先验 PDF,即 $f(\sigma^2|\boldsymbol{I}_p)\propto\sigma^{-1}$,称为 Jeffreys 先验。这会导致先前的 PDF 不适用,因为它未被集成到同一个函数中。实际上,噪声方差不能为0,并且总有上界,所以一个标准化 σ^2 的先验 PDF 可以表示为(参见文献[17])

$$f(\sigma^2|\boldsymbol{I}_p)=\begin{cases}[\ln(w/v)\sigma^2]^{-1}, & v<\sigma^2<w\\ 0, & \text{其他}\end{cases}$$

边界对推理的影响可以忽略不计,因此它们通常被选为 $v\to0$ 和 $w\to\infty$(参见文献[4])。

给定基频模型阶数 p 的先验 PDF,λ 表示为

$$f(\lambda|p,\boldsymbol{I}_p)=\begin{cases}(F_p\lambda)^{-1}, & \lambda\in\Omega_p\\ 0, & \text{其他}\end{cases}$$

式中,$F_p=\ln(\lambda_b)-\ln(p\lambda_a)$。假设 i 次振幅(A_i,B_i)具有 Gauss 先验 $N_2\left(\boldsymbol{0},\frac{\sigma_a^2}{2}\boldsymbol{I}_2\right)$,$\boldsymbol{\alpha}_p$ 的联合先验 PDF 为

$$f(\boldsymbol{\alpha}_p|\sigma_a^2,\boldsymbol{I}_p)=N_{2p}\left(\boldsymbol{0},\frac{\sigma_a^2}{2}\boldsymbol{I}_{2p}\right)$$

单个振幅的先验方差$\frac{\sigma_a^2}{2}$是未知的。超参数被视为随机变量,与原始噪声方差一样,考虑 σ_a^2 处的超先验为

$$f(\sigma_a^2|\boldsymbol{I}_p)=\begin{cases}[\ln(w/v)\sigma_a^2]^{-1}, & v<\sigma_a^2<w\\ 0, & \text{其他}\end{cases}$$

模型阶数 p 是一个离散参数。在先验 PMF 的约束下模型顺序总和为1,所以 $\{1,2,\cdots,L\}$上的离散一致 PMF 是模型阶数 p 的先验。模型阶数不能大于$\left[\frac{\lambda_b}{\lambda_a}\right]$,所以 L 也不应大于此值。

由于先验信息 $\boldsymbol{I}_p$ 默认是概率模型,导致推理分析很棘手。可以用马尔可夫链蒙特卡罗(MCMC)方法数值求解这个问题。此外,Nielsen、Christensen 和 Jensen 提出了一种再参数化方法[17],使用一些较小的近似值,就能获得与 Zellner 的 g 先验(参见文献[20])相同形式的先验值,该先验值具有易处理的分析性质。感兴趣的读者可阅读文献[17]了解详细信息。

6.2.3 理论结果

6.2.1 小节讨论的所有方法本质上都是非线性的。因此，关于这些估计量的理论结果是渐近的，四个估计量都是一致的且服从渐近正态分布。LSE 和 ALSE 在假设 6.1 下渐近等效，而在假设 6.2 的 WLSE 的情况下，当权重函数为 $\psi(\omega)=f^{-1}(\omega)$时，WLSE 和 QTE 具有相同的渐近分布。定义一个$(2p+1)$阶对角矩阵

$$\boldsymbol{D}(n)=\begin{pmatrix} n^{\frac{1}{2}}\boldsymbol{I}_p & \boldsymbol{0} & \boldsymbol{0} \\ \boldsymbol{0} & n^{\frac{1}{2}}\boldsymbol{I}_p & \boldsymbol{0} \\ \boldsymbol{0} & \boldsymbol{0} & n^{\frac{3}{2}} \end{pmatrix}$$

式中，$\boldsymbol{I}_p$ 是 p 阶单位矩阵，$\boldsymbol{D}(n)$的对角线条目对应参数 LSE 的收敛速度，以下定理说明了 $\boldsymbol{\theta}^0$ 的 LSE 和 ALSE 的渐近分布。

定理 6.1 在假设 6.1 下，

$$\boldsymbol{D}(n)(\hat{\boldsymbol{\theta}}-\boldsymbol{\theta}^0)\xrightarrow{\mathrm{d}}N_{2p+1}(\boldsymbol{0},2\sigma^2\boldsymbol{V})$$

因为 n 趋于完备，色散矩阵 $\boldsymbol{V}$ 如下：

$$\boldsymbol{V}=\begin{bmatrix} \boldsymbol{C} & \boldsymbol{0} & \boldsymbol{0} \\ \boldsymbol{0} & \boldsymbol{C}\boldsymbol{D}_{\rho^0}^{-1}+\dfrac{3\delta_G\boldsymbol{L}\boldsymbol{L}^{\mathrm{T}}}{\left(\sum\limits_{k=1}^{p}k^2\rho_k^2\right)^2} & \dfrac{6\delta_G\boldsymbol{L}}{\left(\sum\limits_{k=1}^{p}k^2\rho_k^{0^2}\right)^2} \\ \boldsymbol{0} & \dfrac{6\delta_G\boldsymbol{L}^{\mathrm{T}}}{\left(\sum\limits_{i=1}^{p}k^2\rho_k^{0^2}\right)^2} & \dfrac{12\delta_G}{\left(\sum\limits_{k=1}^{p}k^2\rho_k^{0^2}\right)^2} \end{bmatrix}$$

其中

$$\boldsymbol{D}_{\rho^0}=\mathrm{diag}\{\rho_1^{0^2},\cdots,\rho_p^{0^2}\},\quad \boldsymbol{L}=(1,2,\cdots,p)^{\mathrm{T}}$$

$$\delta_G=\boldsymbol{L}^{\mathrm{T}}\boldsymbol{D}_{\rho^0}\boldsymbol{C}\boldsymbol{L}=\sum_{k=1}^{p}k^2\rho_k^{0^2}c(k),\quad \boldsymbol{C}=\mathrm{diag}\{c(1),\cdots,c(p)\}$$

$$c(k)=\left[\sum_{i=0}^{\infty}a(i)\cos(ki\lambda^0)\right]^2+\left[\sum_{i=0}^{\infty}a(i)\sin(ki\lambda^0)\right]^2$$

$\tilde{\boldsymbol{\theta}}$ 的渐近分布和 $\boldsymbol{\theta}^0$ 的 ALSE 与 $\hat{\boldsymbol{\theta}}$、$\boldsymbol{\theta}^0$ 的 LSE 相同。

以下定理说明了 $\boldsymbol{\theta}$ 的 WLSE 的渐近分布。

定理 6.2 令 $\boldsymbol{\xi}$ 和$\boldsymbol{\xi}^0$ 采用 6.2.1.3 小节中的定义，那么

$$\boldsymbol{D}(n)(\hat{\boldsymbol{\xi}}-\boldsymbol{\xi}^0)\xrightarrow{\mathrm{d}}H_{2p+1}(\boldsymbol{0},\boldsymbol{W}_2^{-1}\boldsymbol{W}_1\boldsymbol{W}_2^{-1})$$

其中

$$W_1 = \begin{pmatrix} \frac{1}{4\pi}\boldsymbol{U} & \boldsymbol{0} & \frac{1}{8\pi}\boldsymbol{u}_1 \\ \boldsymbol{0} & \frac{1}{4\pi}\boldsymbol{U} & \frac{1}{8\pi}\boldsymbol{u}_2 \\ \frac{1}{8\pi}\boldsymbol{u}_1' & \frac{1}{8\pi}\boldsymbol{u}_2' & \frac{1}{12\pi}\sum_{j=1}^{p} j^2(A_j^{0^2} + B_j^{0^2})\psi(j\lambda^0)^2 f(j\lambda^0) \end{pmatrix}$$

$$\boldsymbol{U} = \mathrm{diag}\{\psi(\lambda^0)^2 f(\lambda^0), \psi(2\lambda^0)^2 f(2\lambda^0), \cdots, \psi(p\lambda^0)^2 f(p\lambda^0)\}$$

$$\boldsymbol{u}_1 = (B_1^0\psi(\lambda^0)^2 f(\lambda^0), 2B_2^0\psi(2\lambda^0)^2 f(2\lambda^0), \cdots, pB_p^0\psi(p\lambda^0)^2 f(p\lambda^0))^{\mathrm{T}}$$

$$\boldsymbol{u}_2 = (-A_1^0\psi(\lambda^0)^2 f(\lambda^0), -2A_2^0\psi(2\lambda^0)^2 f(2\lambda^0), \cdots, -pA_p^0\psi(p\lambda^0)^2 f(p\lambda^0))^{\mathrm{T}}$$

$$W_2 = \begin{pmatrix} \frac{1}{4\pi}\boldsymbol{V} & \boldsymbol{0} & \frac{1}{8\pi}\boldsymbol{v}_1 \\ \boldsymbol{0} & \frac{1}{4\pi} & \frac{1}{8\pi}\boldsymbol{v}_2 \\ \frac{1}{8\pi}\boldsymbol{v}_1' & \frac{1}{8\pi}\boldsymbol{v}_2' & \frac{1}{12\pi}\sum_{j=1}^{p} j^2(A_j^{0^2} + B_j^{0^2})\psi(j\lambda^0)^2 f(j\lambda^0) \end{pmatrix}$$

$$\boldsymbol{V} = \mathrm{diag}\{\psi(\lambda^0), \psi(2\lambda^0), \cdots, \psi(p\lambda^0)\}$$

$$\boldsymbol{v}_1 = (B_1^0\psi(\lambda^0), 2B_2\psi(2\lambda^0), \cdots, ppB_p^0\psi(p\lambda^0))^{\mathrm{T}}$$

$$\boldsymbol{v}_2 = (-A_1^0\psi(\lambda^0), -2A_2^0\psi(2\lambda^0), \cdots, -A_p^0\psi(p\lambda^0))^{\mathrm{T}}$$

Quinn 和 Thomson 明确给出了 QTE 的渐近分布。[18] 我们已经讨论过 QTE 是 n 值很大时的 WLSE 的特例。当 WLSE 中的权重函数 $\psi(\cdot)$是谱密度 $f(\cdot)$的倒数时，QTE 和 WLSE 的渐近分布是相同的。

Quinn 和 Thomson 假设误差过程$\{X(t)\}$是一个可遍历且零均值的严格平稳过程，要求谱函数 $f(\omega)$在$[0,\pi]$和 $\rho_j^0>0$ 上为正值。[18]

定理 6.3　在上述假设下，如果$\{X(t)\}$是具有二次可微的谱密度函数的弱混合过程，则 $\boldsymbol{D}(n)(\widetilde{\widetilde{\boldsymbol{\theta}}} - \boldsymbol{\theta}^0) \xrightarrow{\mathrm{d}} N_{2p+1}(\boldsymbol{0}, \boldsymbol{\Gamma})$，

$$\boldsymbol{\Gamma} = \begin{bmatrix} \boldsymbol{C} & \boldsymbol{0} & \boldsymbol{0} \\ \boldsymbol{0} & \boldsymbol{C}\boldsymbol{D}_{\rho^0}^{-1} + 3\beta^*\boldsymbol{L}\boldsymbol{L}^{\mathrm{T}} & 6\beta^*\boldsymbol{L} \\ \boldsymbol{0} & 6\beta^*\boldsymbol{L}^{\mathrm{T}} & 12\beta^* \end{bmatrix}$$

其中

$$\beta^* = \left(\sum_{k=1}^{p}\frac{k^2\rho_k^{0^2}}{c(k)}\right)^{-1}$$

并且矩阵 $\boldsymbol{C}$ 和 $\boldsymbol{D}_{\rho^0}$、向量 $\boldsymbol{L}$ 和 $c(k)$与定理 6.1 中定义的相同。

比较定理 6.1 和定理 6.3，显然 $\hat{\rho}_j$ 和 $\widetilde{\widetilde{\rho}}_j$ 的渐近方差是相同的，ρ_j 的 LSE 和 QTE 也是相同的，而 $\hat{\varphi}_j$ 和 $\widetilde{\widetilde{\varphi}}_j$ 的方差是不同的。λ^0 的 LSE 和 QTE 也是如此。两种方法对应的 ρ_j^0 和(φ_j^0, λ^0)估计量的渐近协方差是相同的。进一步比较发现，当$\dfrac{\delta_G}{\left(\sum_{k=1}^{p}k^2\rho_k^{0^2}\right)^2} - \beta^* > 0$ 时，φ_j^0 和λ^0LSE 的渐近方差大于 QTE 的渐近方差。若已知 $f(\omega)>0$，则理论上 QTE 的

基频和相位具有较低的渐近方差。

6.2.4 谐波测试

基频模型(6.1)是前几章讨论的正弦频率模型的特例。如果频率是基频的谐波，则模型(6.1)比多正弦模型更合适。因此，需要测试是否存在基频谐波。考虑通用模型

$$y(t) = \sum_{j=1}^{p} \rho_j^0 \cos(t\lambda_j^0 - \varphi_j^0) + X(t) \tag{6.11}$$

$\lambda_1^0 < \lambda_2^0 < \cdots < \lambda_p^0$ 是未知频率，不一定是基频和 ρ_j^0 的谐波。$\varphi_j^0(j=1,\cdots,p)$与之前相同。误差序列$\{X(t)\}$满足假设6.2。这个模型的估计过程已在第3章中详细讨论。我们在下面描述的测试过程中使用QTE。涉及LSE和ALSE的类似测试也可用，详细内容请参见文献[15]。

考虑验证 $H_0: \lambda_j^0 = j\lambda^0$ 与 H_A：不是 H_0，其中 λ^0 已知。Quinn 和 Thomson 提出了以下检验统计量来检验 H_0 与 H_A[18]：

$$\chi^2 = \frac{n}{\pi}\left[\sum_{j=1}^{p} \frac{J(\hat{\lambda}_j)}{f(\hat{\lambda}_j)} - \sum_{j=1}^{p} \frac{J(j\hat{\lambda})}{f(j\lambda)}\right], \quad J(\lambda) = \left|\frac{1}{n}\sum_{t=1}^{n} y(t)\mathrm{e}^{\mathrm{i}t\lambda}\right|^2 \tag{6.12}$$

式中，$\hat{\lambda}$ 是 H_0 条件下 λ^0 的QTE值，$\hat{\lambda}_j$ 是H_A 条件下λ_j^0 的QTE值，$j=1,\cdots,p$。假设误差序列$\{X(t)\}$服从正态分布，似然比检验统计量渐近等价于 χ^2。假设 $f(\omega)$是已知的，如果使用一致估计量，则渐近过程无损失。在 H_0 条件下 χ^2 的渐近分布是已知的，并在以下定理中进行说明。无论数据是否正常，这些结果都成立。

定理 6.4 在定理6.3的假设下，当 n 的值较大时，χ^2 作为 χ_{p-1}^2的随机变量分布，它渐近等价于

$$\chi_*^2 = \frac{n^3}{48\pi}\sum_{j=1}^{p} \hat{\rho}_j^2\,(\hat{\lambda}_j - j\hat{\lambda})^2 / f(j\hat{\lambda})$$

当 H_0 假设为真时，$\hat{\rho}_j$ 是在H_0 假设下 ρ_j^0 的QTE。

当 λ^0 和 λ_j^0 的QTE被 λ^0 的LSE和 λ_j^0 的ALSE代替时，将 χ_{LSE}^2代入式(6.12)中，可得 $\chi_{\mathrm{LSE}}^2 = \chi^2 + o(1)$，详见文献[15]。

6.2.5 谐波数量估计

到目前为止，在本章中我们已经考虑了 $\lambda_0, \rho_j^0, \varphi_j^0$ 的假设估计问题，并假设谐波数量已知。实际上，谐波的数量是未知的且必须对其进行估计。在本小节中，我们将讨论假设6.1下的 p 估计问题。Kundu 和 Nandi 根据信息论准则，使用代价函数方法解决了这个问题。[13]Kundu 和 Nandi 建议使用一类满足某些条件的代价函数，而不是使用固定代价函数。[13]在本小节中，我们用 p^0 表示谐波的真实数量。所提方法可以计算出 p^0 的一个强一致性谐波估计量。接下来，我们首先描述估计过程，然后介绍如何在实践中实现它。

6.2.5.1　估计过程:谐波数

假设最大谐波数量是一个固定的数量 K。使得 L 表示 p^0 可能的范围,即 $L\in\{0,1,\cdots,K\}$,M_L 表示 L 阶数的基频模型——式(6.1),其中 $L=0,1,\cdots,K$。该问题是一类模型 $\{M_0,M_1,\cdots,M_K\}$ 的模型选择问题。定义

$$R(L)=\min_{\substack{\lambda,\rho_j,\varphi_j\\ j=1,\cdots,L}}\frac{1}{n}\sum_{t=1}^{n}\left[y(t)-\sum_{j=1}^{p}\rho_j\cos(tj\lambda-\varphi_j)\right] \tag{6.13}$$

如果模型是 L 阶的,用 $\hat{\lambda}_L$,$\hat{\rho}_{jL}$和 $\hat{\varphi}_{jL}$分别表示λ,ρ_j 和φ_j 的 LSE。因为这些估计量与 L 相关,所以我们将其显式表示为

$$\mathrm{IC}(L)=n\ln R(L)+2LC_n \tag{6.14}$$

这里 C_n 是关于n 的函数,按照 AIC 和 BIC 的术语,它被称为代价函数。C_n 满足条件

$$\lim_{n\to\infty}\frac{C_n}{n}=0\quad 和\quad \lim_{n\to\infty}\frac{C_n}{\ln n}>1 \tag{6.15}$$

谐波的数量 p^0 由最小值 $\hat{p}$ 估计,使得

$$\mathrm{IC}(\hat{p}+1)>\mathrm{IC}(\hat{p}) \tag{6.16}$$

参考第 5 章中相近内容,它与其他信息论准则类似。与 AIC 或 BIC 不同的是,它没有固定的代价函数。只要满足式(6.15),它就可以是任何数。IC(L)的第一项是关于 L 的递减函数,而第二项是关于 L 的递增函数。随着模型阶数 L 的增加,$n\ln R(L)$变小,代价函数增大,所以不能无限制地增加模型中的项。Kundu 和 Nandi 证明了 $\hat{p}$ 的强一致性。[13]

定理 6.5　设 C_n 是满足式(6.15)关于 n 的任意函数,$\hat{p}$ 是满足式(6.16)的最小值。如果$\{X(t)\}$满足假设 6.1,则 $\hat{p}$ 是 p^0 的强一致估计量。

关于这个定理的证明,参见附录 C。

6.2.5.2　获得 R(L)的方法

记

$$\mu_t^L=\sum_{j=1}^{L}\rho_j\cos(j\lambda t-\varphi_j)=\sum_{j=1}^{L}[\rho_j\cos(\varphi_j)\cos(j\lambda t)+\rho_j\sin(\varphi_j)\sin(j\lambda t)]$$

然后,用矩阵表示为

$$\begin{bmatrix}\mu_1^L\\ \vdots\\ \mu_n^L\end{bmatrix}=\begin{bmatrix}\cos(\lambda) & \sin(\lambda) & \cdots & \cos(L\lambda) & \sin(L\lambda)\\ \vdots & \vdots & & \vdots & \vdots\\ \cos(n\lambda) & \sin(n\lambda) & \cdots & \cos(nL\lambda) & \sin(nL\lambda)\end{bmatrix}\begin{bmatrix}\rho_1\cos(\varphi_1)\\ \rho_1\sin(\varphi_1)\\ \vdots\\ \rho_L\cos(\varphi_L)\\ \rho_L\sin(\varphi_L)\end{bmatrix}$$

$$=\boldsymbol{A}_L(\lambda)\boldsymbol{b}_L$$

所以

$$\sum_{t=1}^{n}\left[y(t)-\sum_{j=1}^{L}\rho_j\cos(j\lambda t-\varphi_j)\right]^2=(\boldsymbol{Y}-\boldsymbol{A}_L(\lambda)\boldsymbol{b}_L)^{\mathrm{T}}(\boldsymbol{Y}-\boldsymbol{A}_L(\lambda)\boldsymbol{b}_L) \tag{6.17}$$

式中，$\boldsymbol{Y}=(y(1),\cdots,y(n))^{\mathrm{T}}$，此时，我们可以使用 Richards 的可分离回归技术[19]，参见 2.2 节。对于给定的 λ，当 $\hat{\boldsymbol{b}}_L=[\boldsymbol{A}_L(\lambda)^{\mathrm{T}}\boldsymbol{A}_L(\lambda)]^{-1}\boldsymbol{A}_L(\lambda)^{\mathrm{T}}\boldsymbol{Y}$ 时，式(6.17)取到最小值。在式(6.17)中用 $\hat{\boldsymbol{b}}_L$ 替换 $\boldsymbol{b}_L$，得

$$(\boldsymbol{Y}-\boldsymbol{A}_L(\lambda)\hat{\boldsymbol{b}}_L)^{\mathrm{T}}(\boldsymbol{Y}-\boldsymbol{A}_L(\lambda)\hat{\boldsymbol{b}}_L)=\boldsymbol{Y}^{\mathrm{T}}(\boldsymbol{I}-\boldsymbol{P}_{\boldsymbol{A}_L(\lambda)})\boldsymbol{Y}=Q(\lambda,L) \tag{6.18}$$

式中，$\boldsymbol{P}_{\boldsymbol{A}_L(\lambda)}=\boldsymbol{A}_L(\lambda)(\boldsymbol{A}_L(\lambda)^{\mathrm{T}}\boldsymbol{A}_L(\lambda))^{-1}\boldsymbol{A}_L(\lambda)^{\mathrm{T}}$ 是 $\boldsymbol{A}_L(\lambda)$在列空间上的投影矩阵。因此，当谐波数为 L 时，可以通过求解 $Q(\lambda,L)$关于 λ 的最小值来估计λ。我们将其表示为 $\hat{\lambda}$，然后可以得到表达式 $R(L)=Q(\hat{\lambda},L)$。另外，需要注意的是对于较大值的 n，

$$\begin{aligned}\frac{1}{n}\boldsymbol{Y}^{\mathrm{T}}(\boldsymbol{P}_{\boldsymbol{A}_L(\lambda)})\boldsymbol{Y}&=\left[\frac{1}{n}\boldsymbol{Y}^{\mathrm{T}}\boldsymbol{A}_L(\lambda)\right]\left[\frac{1}{n}\boldsymbol{A}_L(\lambda)^{\mathrm{T}}\boldsymbol{A}_L(\lambda)^{-1}\right]^{-1}\left[\frac{1}{n}\boldsymbol{A}_L(\lambda)^{\mathrm{T}}\boldsymbol{Y}\right]\\&\approx 2\sum_{j=1}^{L}\left\{\left[\frac{1}{n}\sum_{t=1}^{n}y(t)\cos(j\lambda t)\right]^2+\left[\frac{1}{n}\sum_{t=1}^{n}y(t)\sin(j\lambda t)\right]^2\right\}\\&=2\sum_{j=1}^{L}\left|\frac{1}{n}\sum_{t=1}^{n}y(t)\mathrm{e}^{\mathrm{i}jt\lambda}\right|^2\\&=2\boldsymbol{I}_F(\lambda,L)\end{aligned}$$

因为

$$\lim_{n\to\infty}\frac{1}{n}\boldsymbol{A}_L(\lambda)^{\mathrm{T}}\boldsymbol{A}_L(\lambda)=\frac{1}{2}\boldsymbol{I}_{2L} \tag{6.19}$$

其中 $\boldsymbol{I}_{2L}$是 $2L$ 阶单位矩阵。所以，当 n 较大时，通过最小化 $Q(\lambda,L)$获得的 λ 估计量也可以通过最大化 $I_F(\lambda,L)$获得。对于给定的 L，$Q(\lambda,L)$仅是关于 λ 的函数，所以 $Q(\lambda,L)$的最小化是一维优化问题，可以轻松解决。

6.2.5.3 错误估计的概率：自举法

Kundu 和 Nandi 使用自举法获得错误估计的概率。[13]考虑由式(6.1)生成的数据集 $\{y(1),\cdots,y(n)\}$，这里 p^0 是未知的，但对于某个已知的固定整数，假设 $p^0\leqslant K$。对于给定的 L，通过求解 $I_F(\lambda,L)$关于 λ 的最大值或关于λ 的最小值$Q(\lambda,L)$来计算 λ。使用 $\hat{\lambda}$ 获得 σ^2 的估计值

$$\hat{\sigma}^2=\frac{1}{n}\boldsymbol{Y}^{\mathrm{T}}(\boldsymbol{I}-\boldsymbol{P}_{\boldsymbol{A}_K(\hat{\lambda})})\boldsymbol{Y}=\frac{1}{n}Q(\hat{\lambda},L)=R(L)$$

对于给定的代价函数 C_n 的选择，对于不同的值 $L=1,\cdots K$ 计算 IC(L)，并选择 $\hat{p}$ 作为 p 的估计值，采用 6.2.5.1 小节中建议的方式进行选择。在实际实现中，我们使用不同代价函数的集合，其被称为代价函数库。我们选择 $P[\hat{p}\neq p^0]$最小的 C_n。写为

$$P[\hat{p}\neq p^0]=P[\hat{p}<p^0]+P[\hat{p}>p^0]=\sum_{q=0}^{p^0-1}P[\hat{p}=q]+\sum_{q=p^0+1}^{K}P[\hat{p}=q]$$

情况(1)：$q<p^0$

$$\begin{aligned}P(\hat{p}=q)&=P[\mathrm{IC}(0)>\mathrm{IC}(1)>\cdots>\mathrm{IC}(q)<\mathrm{IC}(q+1)]\\&\leqslant P\left[\ln\frac{R(q)}{R(q+1)}<2\frac{C_n}{n}\right]\end{aligned}$$

需要注意的是，当 n 足够大时，存在 $\delta>0$，

$$\ln \frac{R(q)}{R(q+1)} > \delta$$

这意味着对于足够大的 n，

$$\ln \frac{R(q)}{R(q+1)} > 2\frac{C_n}{n}$$

所以当 n 足够大时，对于 $q<p^0$，

$$P[\hat{p} = q] = 0 \tag{6.20}$$

因此，对于足够大的 n 而言，低估的概率为 0。

情况(2)：$q>p^0$

$$P(\hat{p} = q) = P[\mathrm{IC}(0) > \mathrm{IC}(1) > \cdots > \mathrm{IC}(q) < \mathrm{IC}(q+1)]$$

注意，足够大的 n 满足

$$P(\hat{p} = q) = P[\mathrm{IC}(p^0) > \cdots > \mathrm{IC}(q) < \mathrm{IC}(q+1)]$$

当 n 值较大时

$$P[\mathrm{IC}(0) > \cdots > \mathrm{IC}(p^0)] = 1$$

所以

$$P[\hat{p} = q] = P\left[\ln \frac{R(q+1)}{R(q)} + 2\frac{C_n}{n} > 0, \ln \frac{R(j)}{R(j-1)} + 2\frac{C_n}{n} < 0, j = p^0+1, \cdots, q\right] \tag{6.21}$$

为了计算式(6.21)，我们需要找到 $R(p^0), \cdots, R(K)$ 的联合分布，它不是直接获得的，取决于未知参数。可以使用重采样或引导技术来估计错误检测的概率，如下所示：

给定模型(6.1)的实现过程，使用代价函数 C_n 将模型的阶估计为 $M(C_n)$。然后，使用 $L = M(C_n)$ 估计 $\hat{\sigma}^2$ 并对数据进行归一化，使误差方差为 $\frac{1}{2}$。生成 n 个独立同分布且均值为 0、方差为 $\frac{1}{2}$ 的 Gauss 随机变量，如 $\epsilon(1), \cdots, \epsilon(n)$。获得如下引导样本：

$$y(t)^B = y(t) + \epsilon(t), \quad t = 1, \cdots, n$$

假设 $M(C_n)$ 是正确的模型，检查 $q<M(C_n)$，确认下式是否满足：

$$\ln \frac{R(q+1)}{R(q)} < 2\frac{C_n}{n}$$

对于 $q>M(C_n)$，检查下式是否满足：

$$\ln \frac{R(q+1)}{R(q)} + 2\frac{C_n}{n} > 0, \quad \ln \frac{R(j)}{R(j-1)} + 2\frac{C_n}{n} < 0, \quad j = p^0+1, \cdots, q$$

重复这个过程，假设重复 B 次，估算 $P(\hat{p} \neq p^0)$。最后，选择估算 $P(\hat{p} \neq p^0)$ 值最小的 C_n。

注：引导过程样本 $\{y(1)^B, \cdots, y(n)^B\}$ 可以被认为来自一个类似式(6.1)的模型，其误差方差等于 1。

6.2.5.4　讨论和说明

考虑使用以下模型生成的数据和参数值：

$$y(t) = \sum_{j=1}^{4} \rho_j^0 \cos(tj\lambda^0 - \varphi_j^0) + X(t), \quad t = 1, \cdots, 50 \tag{6.22}$$

式中，$\rho_1^0=2.5, \rho_2^0=2.0, \rho_3^0=3.5, \rho_4^0=1.0$；$\varphi_1^0=0.5, \varphi_2^0=0.9, \varphi_3^0=0.75, \varphi_4^0=0.5$；$\lambda^0=0.75398$；$X(t)=0.5e(t-1)+e(t)$。

这里$\{e(t)\}$是均值为 0、方差为 τ^2 的独立同分布 Gauss 随机变量。图 6.5 所示为 $\tau^2=1.0$ 时生成的数据，相应的周期图函数绘制在图 6.6 中。众所周知，周期图函数图中的峰值数量粗略地给出了分量 p^0 的估计值，它取决于与每个有效频率和误差方差相关的幅度大小。如果特定振幅与其他振幅相比较小，则该分量在周期图中可能不会太明显。图 6.6 正确地显示了 3 个峰值，目前尚不清楚数据是否由使用了 4 个谐波的 FFM 生成。

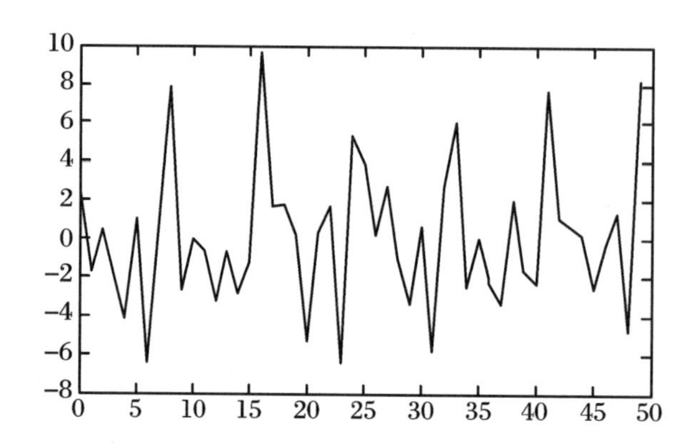

图 6.5　由模型(6.22)生成的数据($n=50$,误差方差 $=1.0$)的曲线图

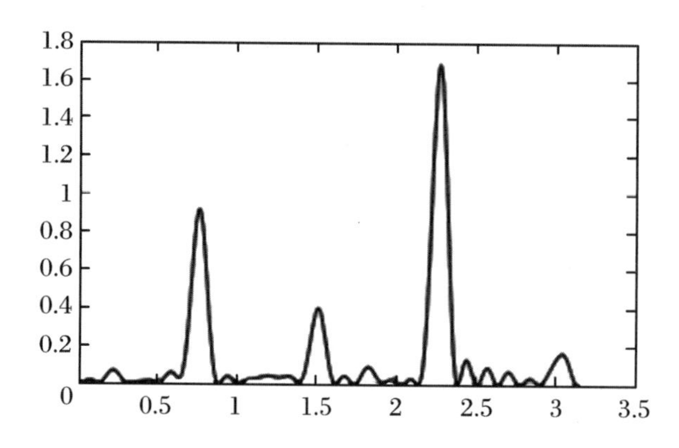

图 6.6　所示数据的周期图函数图

6.2.5.5　代价函数库法

6.2.5.3 小节讨论的错误估计概率可用于从特定类别的代价函数中选择最佳的可能代价函数。可以使用一类满足某些特殊性质的代价函数，而不是使用固定的代价函数。来自该特定类的任何代价函数将提供对未知参数的一致估计。但是，正如预期的那样，特定的代价函数并不适用于所有可能的误差方差或所有可能的参数值。因此，建议计算特定代价函数的正确估计(PCE)概率。根据 6.2.5.3 小节讨论的重采样技术(参见文献[12])，计算每个代价函数的 PCE 估计。一旦获得 PCE 的估计值，就可以用其估计 PCE

最大的代价函数。

为了理解流程，我们取一个代价函数库，其包含以下12个不同的代价函数，并满足式(6.15)：$C_n(1)=n^2\ln\ln n$，$C_n(2)=n^3$，$C_n(3)=\frac{(\ln n)^3}{\ln\ln n}$，$C_n(4)=n^4$，$C_n(5)=(\ln n)^{1.1}$，$C_n(6)=(\ln n)^{1.2}$，$C_n(7)=(\ln n)^{1.3}$，$C_n(8)=\frac{n^5}{(\ln n)^9}$，$C_n(9)=(\ln n)^{1.4}$，$C_n(10)=\frac{n^4}{\ln n}$，$C_n(11)=\frac{n^5}{\ln n}$，$C_n(12)=\frac{n^6}{\ln n}$。其要点是选择各种各样的$C_n$。

本节的分析基于式(6.22)所描述的模型。假设分量的数量最多为6，即$K=6$。对于来自式(6.22)的每个模拟数据向量，p为所有C_n的估计值，然后将该过程重复1000次以获得PCE。表6.1所示为函数库中每个代价函数和不同误差方差的结果。阅读表6.1时应注意的要点：

(1) 与理论分析结果一致，所有$C_n(j)$的性能随着误差方差的减小而提高。

(2) 不同$C_n(j)$的性能不同，从一个极端到另一个极端。一些$C_n(j)$可以检测到这里考虑的所有时间的正确顺序模型，而另一些$C_n(j)$根本无法检测到正确的顺序模型，尽管它们都满足式(6.15)。

(3) 通常，特定的$C_n(j)$可能不适用于特定模型，但可能适用于其他一些模型。

另外，在我们重复上述过程时，$\tau^2=0.5, 0.75, 1.0$；PCE分别为1.000，1.000，0.998。

表6.1　模型(6.22)不同代价函数的PCE

代价函数	$\tau^2=0.5$	$\tau^2=0.75$	$\tau^2=1.0$
$C_n(1)$	0.998	0.998	0.996
$C_n(2)$	0.999	0.999	0.994
$C_n(3)$	0.000	0.000	0.000
$C_n(4)$	0.941	0.869	0.799
$C_n(5)$	0.978	0.923	0.865
$C_n(6)$	0.873	0.780	0.702
$C_n(7)$	0.614	0.525	0.459
$C_n(8)$	0.988	0.988	0.988
$C_n(9)$	0.286	0.264	0.235
$C_n(10)$	0.928	0.926	0.926
$C_n(11)$	0.979	0.979	0.979
$C_n(12)$	0.995	0.995	0.995

6.3 广义基频模型

Irizarry 和 Nandi、Kundu 等人对基频模型进行了推广[10,16]，并将这些模型称为广义基频模型(GFFM)。如果存在多个基频，则可使用此类模型。

Irizarry 提出了具有 M 个周期分量的信号加噪声模型[10]；$j=1,\cdots,M$，$s_j(t;\boldsymbol{\xi}_j^0)$ 受第 j 个基频的影响，是以下形式的 K_j 个正弦分量之和：

$$y(t)=\sum_{j=1}^{M}s_j(t;\boldsymbol{\xi}_j^0)+X(t),\quad t=1,\cdots,n \tag{6.23}$$

$$s_j(t;\boldsymbol{\xi}_j^0)=\sum_{k=1}^{K_j}\left[A_{j,k}^0\cos(k\theta_j^0 t)+B_{j,k}^0\sin(k\theta_j^0 t)\right]$$

$$\boldsymbol{\xi}_j^0=(A_{j,1}^0,B_{j,1}^0,\cdots,A_{j,K_j}^0,B_{j,K_j}^0,\theta_j^0) \tag{6.24}$$

该模型是一个具有多个基频 $\theta_1^0,\cdots,\theta_M^0$ 的谐波模型，并且在 $M=1$ 时与式(6.2)相吻合。振幅 $A_{j,k}^0$ 和振幅 $B_{j,k}^0$ 对应第 j 个基频的第 k 个分量。

Nandi 和 Kundu 考虑了这种含有 M 个基频形式的进一步推广[16]：

$$s_j(t;\boldsymbol{\eta}_j^0)=\sum_{k=1}^{q_j}\rho_{j_k}^0\cos\{[\lambda_j^0+(k-1)\omega_j^0]t-\varphi_{j_k}^0\} \tag{6.25}$$

$$\boldsymbol{\eta}_j^0=(\rho_{j_1}^0,\cdots,\rho_{j_{qk}}^0,\varphi_{j_k}^0,\cdots,\varphi_{j_{qk}}^0,\lambda_j^0,\omega_j^0) \tag{6.26}$$

式中，$\lambda_j^0(j=1,\cdots,M)$ 是基频，并且与 λ_j^0 相关联的其他频率出现在 $\lambda_j^0,\lambda_j^0+\omega_j^0,\cdots,\lambda_j^0+(q_j-1)\omega_j^0$ 处，分别对应第 j 个基频的位置，其中存在一组有效频率 q_j。如果 $\lambda_j^0=\omega_j^0$，则有效频率在 λ_j^0 的谐波处。对应不同频率，$\lambda_j^0+(k-1)\omega_j^0,\rho_{j_k}^0,\varphi_{j_k}^0(k=1,\cdots,q_j;j=1,\cdots,M)$ 分别表示振幅和相位分量，它们也是未知的。我们可以观察到，当 $\lambda_j^0=\omega_j^0$ 时，模型(6.25)是频率出现在对应第 j 个基频 λ_j^0 的谐波处的模型(6.23)。基频的数量为 M，而 K_j 和 q_j 在模型(6.23)和模型(6.25)的情况下，分别指与第 j 个基频相关的谐波数量。

这种周期性的存在尽管是一种方便的近似，但现实生活中的许多现象可以使用模型(6.23)和模型(6.25)进行高效描述。

Irizarry 假设噪声序列 $\{X(t)\}$ 是一个具有自协方差函数 $c_{xx}(u)=\mathrm{Cov}(X(t+u),X(t))$ 和功率谱的严格平稳实数值随机过程[10]：

$$f_{xx}(\lambda)=\frac{1}{2\pi}\sum_u c_{xx}(u)\exp(-\mathrm{i}\lambda u),\quad -\infty<\lambda<\infty$$

且满足假设 6.3。

假设 6.3 序列 $\{X(t)\}$ 是一个零均值过程，因此其所有矩都与 L 阶联合累积量函数一起存在，L，$c_{x\cdots x}(u_1,\cdots,u_{L-1})$，$L=2,3,\cdots$，此外

$$C_L=\sum_{u_1=-\infty}^{\infty}\cdots\sum_{u_{L-1}=-\infty}^{\infty}|c_{x\cdots x}(u_1,\cdots,u_{L-1})|$$

当 z 位于 0 附近时，满足 $\sum_k C_k z^k / k < \infty$。

6.3.1　Irizarry 提出的加权最小二乘估计器

Irizarry 提出了一种基于窗函数的加权最小二乘法，并进一步开发了所提估计量的渐近方差表达式。[10] Kundu 和 Nandi 研究了未知参数 LSE 的理论性质。[16] 在给定 n 个观测值的情况下，Irizarry 提出的加权最小二乘法估计值 $\boldsymbol{\xi}_1^0, \cdots, \boldsymbol{\xi}_M^0$，使以下准则函数最小化[10]：

$$s_n(\boldsymbol{\xi}_1, \cdots, \boldsymbol{\xi}_M) = \sum_{t=1}^{n} w\left(\frac{t}{n}\right)\left[y(t) - \sum_{j=1}^{M} s_j(t; \boldsymbol{\xi}_j)\right]^2 \tag{6.27}$$

其中的 $w(\cdot)$ 为权重函数，满足假设 6.4。

假设 6.4　权重函数 $w(s)$ 是非负的、有界的、有界变化的，取值位于 $[0,1]$，并且 $W_0 > 0$ 和 $W_1^2 - W_0 W_2 \neq 0$，其中

$$W_n = \int_0^1 s^n w(s) \mathrm{d}s \tag{6.28}$$

需要注意的是，假设 6.4 与第 4 章中的假设 4.4 相同。对于式(6.23)和式(6.24)给出的模型，设 $\hat{\boldsymbol{\xi}}_j^I$ 为 $\boldsymbol{\xi}_j$ 的 WLSE，$j = 1, \cdots, M$。对于每一个 $j = 1, \cdots, M$，设 $\boldsymbol{D}_j^I(n)$ 为一个 $(2K_j + 1) \times (2K_j + 1)$ 对角矩阵，其中第 $2K_j$ 个对角线条目为 $n^{\frac{1}{2}}$，第 $(2K_j + 1)$ 个对角线条目为 $n^{\frac{3}{2}}$，然后可以得到定理 6.6(参见文献[10])。

定理 6.6　在关于误差过程 $\{X(t)\}$ 的假设 6.3 和关于权函数 $w(\cdot)$ 的假设 6.4 下，对于任意 $j = 1, \cdots, M$，$\hat{\boldsymbol{\xi}}_j^I$ 都是 $\boldsymbol{\xi}_j^0$ 和 $\boldsymbol{D}_j^I(n)(\hat{\boldsymbol{\xi}}_j^I - \boldsymbol{\xi}_j^0) \xrightarrow{\mathrm{d}} N_{2K_j+1}(\boldsymbol{0}, \boldsymbol{\Sigma}_{jI})$ 的一致估计量，其中

$$\boldsymbol{\Sigma}_{jI} = 4\pi\left[\sum_{k=1}^{K_j} k^2 (A_{j,k}^{0^2} + B_{j,k}^{0^2}) / f_{xx}(k\theta_j^0)\right]^{-1} \begin{pmatrix} \boldsymbol{D}_j + c_0^{-1} \boldsymbol{E}_j \boldsymbol{E}'_j & \boldsymbol{E}_j \\ \boldsymbol{E}'_j & c_0 \end{pmatrix}$$

$$\boldsymbol{D}_j = \left[\sum_{k=1}^{K_j} k^2 (A_{j,k}^{0^2} + B_{j,k}^{0^2}) / f_{xx}(k\theta_j^0)\right] \begin{pmatrix} \boldsymbol{D}_{j,1} & \boldsymbol{0} & \cdots & \boldsymbol{0} \\ \boldsymbol{0} & \boldsymbol{D}_{j,2} & \cdots & \boldsymbol{0} \\ \vdots & \vdots & & \vdots \\ \boldsymbol{0} & \boldsymbol{0} & \cdots & \boldsymbol{D}_{j,K_j} \end{pmatrix}$$

$$\boldsymbol{D}_{j,k} = \frac{f_{xx}(k\theta_j^0)}{b_0 (A_{j,k}^{0^2} + B_{j,k}^{0^2})} \begin{pmatrix} c_1 b_0 A_{j,k}^{0^2} + a_1 B_{j,k}^{0^2} & a_2 A_{j,k}^0 B_{j,k}^0 \\ a_2 A_{j,k}^0 B_{j,k}^0 & a_1 A_{j,k}^{0^2} + c_1 b_0 B_{j,k}^{0^2} \end{pmatrix}$$

$$\boldsymbol{E}_j = c_4(-B_{j,1}^0, A_{j,1}^0, -2B_{j,2}^0, 2A_{j,2}^0, \cdots, -K_j B_{j,K_j}^0, K_j A_{j,K_j}^0)$$

$$c_0 = a_0 b_0, \quad c_1 = U_0 W_0^{-1}$$

$$c_4 = a_0(W_0 W_1 U_2 - W_1^2 U_1 - W_0 W_2 U_1 + W_1 W_2 U_0)$$

且

$$a_0 = (W_0 W_2 - W_1^2)^{-2}$$

$$b_i = W_i^2 U_2 + W_{i+1}(W_{i+1} U_0 - 2W_i U_1), \quad i = 0,1$$

式中，$W_i\ (i=0,1,2)$定义于式(6.28)中。$U_i\ (i=0,1,2)$函数表达式为

$$U_i = \int_0^1 s^i w(s)^2 \mathrm{d}s$$

并且$\boldsymbol{D}_j^I(n)(\hat{\boldsymbol{\xi}}_j^I - \boldsymbol{\xi}_j^0)$和$\boldsymbol{D}_k^I(n)(\hat{\boldsymbol{\xi}}_k^I - \boldsymbol{\xi}_k^0)$是独立分布的。

常量a_0, b_i, c_i, W_i和U_i与第4章定理4.8中的定义相同。

定理6.6得到的基频渐近方差估计值提供了第j个基频估计方差的有用近似值：

$$\mathrm{Var}(\hat{\boldsymbol{\theta}}_j^I) \approx 4\pi c_0 \left[\sum_{k=1}^{K_j} k^2 (A_{j,k}^{0^2} + B_{j,k}^{0^2}) / f_{xx}(k\theta_j^0)\right]^{-1}, \quad j = 1, \cdots, M$$

分母对应谐波振幅的加权平方和。因此，估计精度随着各谐波分量的总幅度增加而增加(即方差减小)。

Nandi和Kundu研究了如何利用常用的LSE来估计式(6.23)和式(6.25)中给出的模型未知参数。[16]除假设6.1外，还需要对参数的真实值进行以下假设：

假设6.5

$$\rho_{jk}^0 > 0, \quad \varphi_{jk}^0 \in (-\pi, \pi), \quad \lambda_j^0, \omega_j^0 \in (0, \pi), \quad k = 1, \cdots, q_j; \quad j = 1, \cdots, M \tag{6.29}$$

假设6.6 $\lambda_j^0, \omega_j^0 (j=1,\cdots,M)$的结论如下：

$$\lambda_j^0 + (i_1 - 1)\omega_j^0 \neq \lambda_l^0 + (i_2 - 1)\omega_l^0$$

$$i_1 = 1, \cdots, q_j; \quad i_2 = 1, \cdots, q_l; \quad j \neq l = 1, \cdots, M$$

LSE包括当M和$q_1, \cdots, q_M$提前已知时，关于$\boldsymbol{\eta}_1, \cdots, \boldsymbol{\eta}_M$通过最小化准则选择$\hat{\boldsymbol{\eta}}_1^L, \cdots, \hat{\boldsymbol{\eta}}_M^L$函数

$$Q_n(\boldsymbol{\eta}_1, \cdots, \boldsymbol{\eta}_M) = \sum_{t=1}^{n} \left(y(t) - \sum_{j=1}^{M} \sum_{k=1}^{q_j} \rho_{j_k} \cos\{[\lambda_j + (k-1)\omega_j]t - \varphi_{j_k}\}\right)^2 \tag{6.30}$$

需要注意的是，获取LSE需要进行$2\sum_{j=1}^{M} q_j + 2M$维的最小化搜索。

当M和$q_j (j=1,\cdots,M)$规模较大时，LSE可能难以获取。但是ρ_{j_k}s和φ_{j_k}s可以表示为频率λ_js的和函数ω_js，所以通过Richards的可分离回归技术[19]，它可以归结为一个$2M$维搜索。

为了找到$\hat{\boldsymbol{\eta}}_1^L, \cdots, \hat{\boldsymbol{\eta}}_M^L$的理论性质，定义一个$(2q_j+2)$阶的对角矩阵$\boldsymbol{D}_j^L(n)$，使得第$2q_j$个对角项是$n^{\frac{1}{2}}$，最后两个对角项是$n^{\frac{3}{2}}$，其最小二乘估计$\hat{\boldsymbol{\eta}}_1^L, \cdots, \hat{\boldsymbol{\eta}}_M^L$适用于以下结果。

假设6.7 在假设6.1、假设6.5和假设6.6下，当M和$q_j (j=1,\cdots,M)$已知时，$\hat{\boldsymbol{\eta}}_j^L$对于$\boldsymbol{\eta}_j^0$是强一致的。对于每个$j=1, \cdots, M$，$\boldsymbol{D}_j^L(n)(\hat{\boldsymbol{\eta}}_j^L - \boldsymbol{\eta}_j^0) \xrightarrow{\mathrm{d}} N_{2q_j+2}(\boldsymbol{0}, 2\sigma^2 \boldsymbol{\Sigma}_{jL}^{-1} \boldsymbol{G}_{jL} \boldsymbol{\Sigma}_{jL}^{-1})$，其中

$$\boldsymbol{\Sigma}_{jL}=\begin{pmatrix}\boldsymbol{I}_{qj} & \boldsymbol{0} & \boldsymbol{0} & \boldsymbol{0}\\ \boldsymbol{0} & \boldsymbol{P}_j & -\frac{1}{2}\boldsymbol{P}_j\boldsymbol{J}_j & -\frac{1}{2}\boldsymbol{P}_j\boldsymbol{L}_j\\ \boldsymbol{0} & -\frac{1}{2}\boldsymbol{J}_j^{\mathrm{T}}\boldsymbol{P}_k & \frac{1}{3}\boldsymbol{J}_j^{\mathrm{T}}\boldsymbol{P}_j\boldsymbol{J}_j & \frac{1}{3}\boldsymbol{J}_j^{\mathrm{T}}\boldsymbol{P}_j\boldsymbol{L}_j\\ \boldsymbol{0} & -\frac{1}{2}\boldsymbol{L}_j^{\mathrm{T}}\boldsymbol{P}_j & \frac{1}{3}\boldsymbol{L}_j^{\mathrm{T}}\boldsymbol{P}_j\boldsymbol{J}_j & \frac{1}{3}\boldsymbol{L}_j^{\mathrm{T}}\boldsymbol{P}_j\boldsymbol{L}_j\end{pmatrix}$$

$$\boldsymbol{G}_{jL}=\begin{pmatrix}\boldsymbol{C}_j & \boldsymbol{0} & \boldsymbol{0} & \boldsymbol{0}\\ \boldsymbol{0} & \boldsymbol{P}_j\boldsymbol{C}_j & -\frac{1}{2}\boldsymbol{P}_j\boldsymbol{C}_j\boldsymbol{J}_j & -\frac{1}{2}\boldsymbol{P}_j\boldsymbol{C}_j\boldsymbol{L}_j\\ \boldsymbol{0} & -\frac{1}{2}\boldsymbol{J}_j^{\mathrm{T}}\boldsymbol{P}_j\boldsymbol{C}_j & \frac{1}{3}\boldsymbol{J}_j^{\mathrm{T}}\boldsymbol{P}_j\boldsymbol{C}_j\boldsymbol{J}_j & \frac{1}{3}\boldsymbol{J}_k^{\mathrm{T}}\boldsymbol{P}_j\boldsymbol{C}_j\boldsymbol{L}_j\\ \boldsymbol{0} & -\frac{1}{2}\boldsymbol{L}_j^{\mathrm{T}}\boldsymbol{P}_j\boldsymbol{C}_j & \frac{1}{3}\boldsymbol{L}_j^{\mathrm{T}}\boldsymbol{P}_j\boldsymbol{C}_j\boldsymbol{J}_j & \frac{1}{3}\boldsymbol{L}_j^{\mathrm{T}}\boldsymbol{P}_j\boldsymbol{C}_j\boldsymbol{L}_j\end{pmatrix}$$

在这里

$$\boldsymbol{P}_j=\mathrm{diag}\{\rho_{j_1}^0,\cdots,\rho_{j_{q_j}}^0\},\quad \boldsymbol{J}_j=(1,1,\cdots,1)_{q_j\times 1}^{\mathrm{T}}$$

$$\boldsymbol{L}_j=(0,1,\cdots,q_j,-1)_{q_j\times 1}^{\mathrm{T}},\quad \boldsymbol{C}_j=\mathrm{diag}\{c_j(1),\cdots,c_j(q_j)\},\quad j=1,\cdots,M$$

此外，对于较大的样本量 n，$\boldsymbol{D}_j^L(n)(\hat{\boldsymbol{\eta}}_j^L-\boldsymbol{\eta}_j^0)$和$\boldsymbol{D}_k^L(n)(\hat{\boldsymbol{\eta}}_k^L-\boldsymbol{\eta}_k^0)$，$j\neq k=1,\cdots,M$ 是渐近独立分布的。

备注 6.1　$\boldsymbol{D}_k^L(n)$的形式表明，对于给定的样本量 n，频率可以比其他参数更准确地估计出来，并且在 λ_j^0 和 ω_j^0 的估计量已知的情况下，收敛速度更快。

备注 6.2　矩阵$\boldsymbol{\Sigma}_{jL}$和 $\boldsymbol{G}_{jL}$的形式为$\boldsymbol{\Sigma}_{jl}=\begin{pmatrix}\boldsymbol{I}_{q_j} & \boldsymbol{0}\\ \boldsymbol{0} & \boldsymbol{F}_j\end{pmatrix}$，$\boldsymbol{G}_{jL}=\begin{pmatrix}\boldsymbol{C}_j & \boldsymbol{0}\\ \boldsymbol{0} & \boldsymbol{H}_j\end{pmatrix}$和 $\boldsymbol{\Sigma}_{jL}^{-1}\boldsymbol{G}_{jL}\boldsymbol{\Sigma}_{jL}^{-1}=\begin{pmatrix}\boldsymbol{C}_j & \boldsymbol{0}\\ \boldsymbol{0} & \boldsymbol{F}_j^{-1}\boldsymbol{H}_j\boldsymbol{F}_j^{-1}\end{pmatrix}$，这意味着振幅估计量与相应的相位和频率参数估计量趋于独立。

备注 6.3　从定理 6.7 可以看出，未知参数 LSE 的渐近分布与相位的真值无关。

6.3.2　基频数和谐波数的估计

当使用模型(6.23)时，基频数和对应各个基频的谐波数通常是未知的。在实践中，使用 GFFM 分析数据集时需要将它们估计出来。首先考虑正弦分量的正弦模型 p^0 之和：

$$y(t)=\sum_{k=1}^{p^0}[A_k\cos(\omega_k t)+B_k\sin(\omega_k t)]+e(t),\quad t=1,\cdots,n$$

设 $\hat{p}_n$ 为正弦波真值的强一致估计，该估计 p^0 是使用第 5 章中讨论的任何阶估计方法获得的(参见 Wang 法)。所以当 n 取值较大时，$\hat{p}_n=p^0$ 的概率为 1。

假设模型(6.23) 给出一个正弦分量总数 $p^0=\sum_{j=1}^{M}K_j$ 的估计值$\hat{p}_n$，基频的数量 M 和相应的谐波数 $K_1,\cdots,K_M$ 可通过以下方式估计。

取 $J_0=\{\hat{\omega}_{(k)};k=1,\cdots,\hat{p}_n\}$作为一组有序的最大周期图频率。考虑 $\hat{\omega}_{1,1}=\hat{\omega}_{(1)}$为第一基频的估计。集合 $J_1=\{\omega\in J_0;|\omega-k\hat{\omega}_{1,1}|\leqslant n^{\frac{1}{2}},k=1,2,\cdots\}$被视为是包含与 $\hat{\omega}_{1,1}$相关谐波的集合。假设分量 $1,\cdots,j-1$ 的基频及其包含在集合 $J_1,\cdots,J_{j-1}$中的相应谐波都被找到，将第 j 个基频 $\hat{\omega}_{j,1}$定义为 $J_0\backslash\bigcup_{l=1}^{j-1}J_l$ 中的最小频率：

$$J_j=\{\omega\in J_0\backslash\bigcup_{l=1}^{j-1}J_l;|\hat{\omega}_{j,1}-k\hat{\omega}_{j,1}|\leqslant n^{\frac{1}{2}},\quad k=1,2,\cdots\}$$

迭代执行此过程，直到所有 J_0 中的 $\hat{p}_n$ 频率都求解完毕。过程中发现的基频数给出了 M 的估计值，如 $\hat{M}$；而 J_j 中的元素数给出了对应第 j 个基频的谐波数 K_j 的估计值，如 $\hat{K}_j(j=1,\cdots,M)$。可以通过证明得到，对于较大的 n，$\hat{M}$ 和 $\hat{K}_j$ 是 M 和 K_j 的一致估计值，其中 $j=1,\cdots,M$，分别利用了 $\hat{p}_n$ 是 p^0 的强一致估计量的先验。

6.4 结　　论

FFM 和不同形式的 GFFM 是多重正弦模型的特例。现实生活中的许多现象可以使用这种特殊模型进行分析。在估计多个正弦模型的未知参数时，有几种可用的算法，但这些算法的计算量通常都很大。因此，FFM 和 GFFM 是非常方便的模型近似，其中固有频率是基频的谐波。人类昼夜节律系统产生的数据可以使用 FFM 进行分析。Nielsen、Christensen 和 Jensen 分析了一个女性的语音信号，“罗伊，你为什么离开一年了？”该信号以 8 kHz 频率均匀采样。[17]因此，本章中讨论的模型在不同自然场景的数据中有广泛的应用。

附　录　C

为了证明定理 6.5，我们需要下列引理。

引理 6.1（文献[1]）　定义

$$I_X(\lambda)=\left|\frac{1}{n}\sum_{t=1}^{n}X(t)\mathrm{e}^{\mathrm{i}t\lambda}\right|^2$$

如果$\{X(t)\}$满足假设 6.1，那么

$$\lim_{n\to\infty}\sup_{\lambda}\max\frac{nI_x(\lambda)}{\sigma^2\ln n}\leqslant 1\quad \text{a.s.}\tag{6.31}$$

引理 6.2（文献[11]）　如果$\{X(t)\}$满足假设 6.1，那么

$$\lim_{n\to\infty}\sup_{\lambda}\frac{1}{n}\left|\sum_{t=1}^{n}X(t)\mathrm{e}^{\mathrm{i}\lambda t}\right|=0\quad \text{a.s.}$$

下面为定理 6.5 的证明。

存在如下关系：

$$\mathrm{IC}(0)>\mathrm{IC}(1)>\cdots>\mathrm{IC}(p^0-1)>\mathrm{IC}(p^0)<\mathrm{IC}(p^0+1)$$

分别考虑两种情况。

情况(1)：$L<p^0$

$$\begin{aligned}\lim_{n\to\infty} R(L) &= \lim_{n\to\infty}\frac{1}{n}\sum_{t=1}^{n}\left[y(t)-\sum_{j=1}^{L}\hat{\rho}_j\cos(j\hat{\lambda}t-\hat{\varphi}_j)\right]^2\\ &= \lim_{n\to\infty}\left[\frac{1}{n}\boldsymbol{Y}^{\mathrm{T}}\boldsymbol{Y}-2\sum_{j=1}^{L}\left|\frac{1}{n}\sum_{t=1}^{n}y(t)\mathrm{e}^{\mathrm{i}jt\lambda}\right|^2\right]=\sigma^2+\sum_{j=L+1}^{p^0}\rho_j^{0^2}\quad \text{a.s.}\end{aligned}$$

因此，对于 $0\leqslant L<p^0-1$，

$$\begin{aligned}&\lim_{n\to\infty}\frac{1}{n}[\mathrm{IC}(L)-\mathrm{IC}(L+1)]\\ &=\lim_{n\to\infty}\left[\ln\left(\sigma^2+\sum_{j=L+1}^{p^0}\rho_j^0\right)-\ln\left(\sigma^2+\sum_{j=L+2}^{p^0}\rho_j^{0^2}\right)-\frac{2C_n}{n}\right]\quad \text{a.s.}\end{aligned}\tag{6.32}$$

对于 $L=p^0-1$，

$$\lim_{n\to\infty}\frac{1}{n}[\mathrm{IC}(p^0-1)-\mathrm{IC}(p^0)]=\lim_{n\to\infty}\left[\ln(\sigma^2+\rho_{p^0}^{0^2})-\ln\sigma^2-\frac{2C_n}{n}\right]\quad \text{a.s.}\tag{6.33}$$

因为$\frac{C_n}{n}\to 0$，所以当 $n\to\infty$，$0\leqslant L\leqslant p^0-1$ 时，

$$\lim_{n\to\infty}\frac{1}{n}[\mathrm{IC}(L)-\mathrm{IC}(L+1)]>0$$

上述结果表明，对于较大的 n，当 $0\leqslant L\leqslant p^0-1$ 时，$\mathrm{IC}(L)>\mathrm{IC}(L+1)$。

情况(2)：$L=p^0+1$

现在考虑

$$R(p^0+1)=\frac{1}{n}\boldsymbol{Y}^{\mathrm{T}}\boldsymbol{Y}-2\sum_{j=1}^{p^0}\left|\frac{1}{n}\sum_{t=1}^{n}y(t)\mathrm{e}^{\mathrm{i}\hat{\lambda}jt}\right|^2-2\left|\frac{1}{n}\sum_{t=1}^{n}y(t)\mathrm{e}^{\mathrm{i}\hat{\lambda}(p^0+1)t}\right|^2\tag{6.34}$$

需要注意的是，随着 $n\to\infty$，$\hat{\lambda}\to\lambda^0$（参见文献[14]）。因此，当 n 较大时，

$$\begin{aligned}\mathrm{IC}(p^0+1)-\mathrm{IC}(p^0)&=n[\ln R(p^0+1)-\ln R(p^0)]+2C_n\\ &=n\left[\ln\frac{R(p^0+1)}{R(p^0)}\right]+2C_n\\ &\approx n\left[\ln\left(1-\frac{2\left|\frac{1}{n}\sum_{t=1}^{n}y(t)\mathrm{e}^{\mathrm{i}\lambda^0(p^0+1)t}\right|^2}{\sigma^2}\right)\right]+2C_n\quad(\text{应用引理 6.2})\\ &\approx 2\ln n\left[\frac{C_n}{\ln n}-\frac{n\left|\frac{1}{n}\sum_{t=1}^{n}X(t)\mathrm{e}^{\mathrm{i}\lambda^0(p^0+1)t}\right|^2}{\sigma^2\ln n}\right]\\ &=2\ln n\left[\frac{C_n}{\ln n}-\frac{nI_X(\lambda^0(p^0+1))}{\sigma^2\ln n}\right]>0\end{aligned}$$

注意，最后一个不等式是由 C_n 的性质和引理 6.1 推导出来的。

参考文献

[1] An H Z, Chen Z G, Hannan E J. The maximum of the periodogram[J]. Journal of Multivariate Analysis, 1983, 13(3): 383-400.

[2] Baldwin A J, Thomson P J. Periodogram analysis of S. Carinae[J]. Royal Astronomical Society of New Zealand Publications of Variable Star Section, 1978, 6: 31-38.

[3] Bloomfiled P. Fourier analysis of time series[M]. New York: Wiley, 1976.

[4] Bretthorst G L. Bayesian spectrum analysis and parameter estimation[M]. Berlin: Springer, 1988.

[5] Brown E N, Czeisler C A. The statistical analysis of circadian phase and amplitude in constant-routine core-temperature data[J]. Journal of Biological Rhythms, 1992, 7(3): 177-202.

[6] Brown E N, Luithardt H. Statistical model building and model criticism for human circadian data[J]. Journal of Biological Rhythms, 1999, 14(6): 609-616.

[7] Greenhouse J B, Kass R E, Tsay R S. Fitting nonlinear models with ARMA errors to biological rhythm data[J]. Statistics in Medicine, 1987, 6(2): 167-183.

[8] Hannan E J. Non-linear time series regression[J]. Journal of Applied Probability, 1971, 8(4): 767-780.

[9] Hannan E J. The estimation of frequency[J]. Journal of Applied Probability, 1973, 10(3): 510-519.

[10] Irizarry R A. Asymptotic distribution of estimates for a time-varying parameter in a harmonic model with multiple fundamentals[J]. Statistica Sinica, 2000, 10: 1041-1067.

[11] Kundu D. Asymptotic properties of the least squares estimators of sinusoidal signals[J]. Statistics, 1997, 30: 224-238.

[12] Kundu D. Estimating the number of signals of the damped exponential models[J]. Computational Statistics & Data Analysis, 2001, 36(2): 245-256.

[13] Kundu D, Nandi S. Estimating the number of components of the fundamental frequency model [J]. Journal of the Japan Statistical Society, 2005, 35(1): 41-59.

[14] Nandi S. Analyzing some non-stationary signal processing models[D]. Kanpur: Indian Institute of Technology Kanpur, 2002.

[15] Nandi S, Kundu D. Estimating the fundamental frequency of a periodic function[J]. Statistical Methods and Applications, 2003, 12(3): 341-360.

[16] Nandi S, Kundu D. Analyzing non-stationary signals using generalized multiple fundamental frequency model[J]. Journal of Statistical Planning and Inference, 2006, 136(11): 3871-3903.

[17] Nielsen J K, Christensen M G, Jensen S H. Default Bayesian estimation of the fundamental frequency [J]. IEEE Transactions on Audio, Speech and Language Processing, 2012, 21(3): 598-610.

[18] Quinn B G, Thomson P J. Estimating the frequency of a periodic function[J]. Biometrika, 1991, 78 (1): 65-74.

[19] Richards F S G. A method of maximum-likelihood estimation[J]. Journal of the Royal Statistical Society: Series B (Methodological), 1961, 23(2): 469-475.

[20] Zellner A. On assessing prior distributions and Bayesian regression analysis with g-prior distributions [M]//Goel P K, Zellner A. Bayesian inference and decision techniques. Amsterdam: Elsevier, 1986.

第 7 章　使用正弦模型的真实数据示例

7.1　引　　言

在本章中，我们使用前文讨论过的模型分析一些实际数据集，这些模型包括多正弦模型、基频模型(FFM)和广义基频模型(GFFM)。我们观察到，FFM 只有一个非线性参数，也就是基频。另外，GFFM 是 FFM 的广义模型，存在多个基频。

在本章中，我们将对以下数据集进行分析：

(1) 正常人(身体健康者)的一段心电图(ECG)信号；

(2) 著名的“可变恒星”数据；

(3) “uuu”“aaa”和“eee”三个短时语音信号；

(4) 航空公司乘客数据。

式(1.6)中的周期图函数 $I(\omega)$和式(3.39)中定义的 $R_1(\omega)$ 可用于分量数量的初始识别。使用简单(原始)周期图函数而非平滑周期图(有关时间序列的文献中通常称之为谱图)来确定初始估计值。周期图 $R_1(\omega)$在足够精细的取值区间$(0,\pi)$内的每个网格点处进行计算，而不是仅在 Fourier 频率$\left\{\frac{2\pi j}{n}; j=0,1,\cdots,\left[\frac{n}{2}\right]\right\}$处进行计算。因此，周期图函数图中的峰值数量给出了在分析特定数据集的基础模型中所需的有效频率数量估计值。根据误差方差和振幅大小的不同，有时可能较为主观。周期图可能以显示更多的主频和更大的振幅为主。在这种情况下，当从观测序列中去除这些频率的影响并绘制剩余序列的周期图函数时，可能会显示与其他频率对应的一些峰值。如果误差方差过高，即使这个 ω^* 对数据有重大贡献，周期图在 ω^* 处可能也不会出现明显的峰值。此外，如果两个频率“足够接近”，则周期图可能仅显示一个峰值。在这种情况下，当两个频率比$O\left(\frac{1}{n}\right)$更接近时，在条件允许的情况下建议增大样本量，并使用更为精细的网格以提供关于另一个存在频率的更多信息。在某些情况下，本章讨论了第 5 章中的信息论准则。一旦找到初始估计，就可以使用 LSE、ALSE 或顺序法来估计未知参数。

在本章涉及的大多数数据集中，加性误差随机变量满足假设 3.2，即平稳线性过程的假设。在此假设下，为了使用渐近分布，需要估计 $\sigma^2 c(\omega_k^0)$，其中

$$c(\omega_k^0) = \left|\sum_{j=0}^{\infty} a(j)\mathrm{e}^{-\mathrm{i}j\omega_k^0}\right|^2, \quad k = 1,\cdots,p$$

当使用 LSE、ALSE 或顺序法估计正弦频率模型中的未知参数时，要注意不能把 σ^2

和$c(\omega_k^0)$分开估计。然而，在有限样本的情况下，使用渐近分布估计出$\sigma^2 c(\omega_k^0)$也是有可能的。由此可得

$$\sigma^2 c(\omega_k^0) = E\left(\frac{1}{n}\left|\sum_{t=1}^{n} X(t)\mathrm{e}^{-\mathrm{i}\omega_k^0 t}\right|^2\right)$$

由于$\sigma^2 c(\omega_k^0)$是误差随机变量$X(t)$的周期图函数在ω_k^0处的期望值，可以通过对区间$(-L,L)$内估计误差的周期图函数进行局部平均来估计$\sigma^2 c(\omega_k^0)$。如何对L进行选择并跨越ω_k^0的点估计，可参见文献[12]。

7.2 心电图数据

如图7.1所示，本节使用的数据集为正常人的一段ECG信号，该数据集包含512个数据点。首先对数据进行平均校正，并按$\{y(t)\}$估计方差的平方根进行缩放。区间$(0,\pi)$内的$S(\omega)$函数如图7.2所示，其定义见式(3.55)，该式给出了数据中存在的频率数量。由图可知，频率的总数相当大，要从这个数字中估计出p是十分困难的。除此之外，所有频率都不可见，其取决于某些主频和误差方差。$\hat{p}$的真实值要比图7.2所示的估计数大得多。BIC已用于p的估计。我们估计多正弦模型的未知参数依次为$k=1,\cdots,100$，对于每个k，残差序列近似为一个AR过程及相应的参数估计量，其中k表示正弦分量的数量。假设ar_k为估计正弦分量时AR模型中拟合残差的AR参数数量，$\hat{\sigma}_k^2$为误差方差的估计值。然后最小化这类模型的BIC(k)来估计p，在这种情况下采用以下形式：

$$\mathrm{BIC}(k) = n\ln\hat{\sigma}_k^2 + \frac{1}{2}(3k + ar_k + 1)\ln n$$

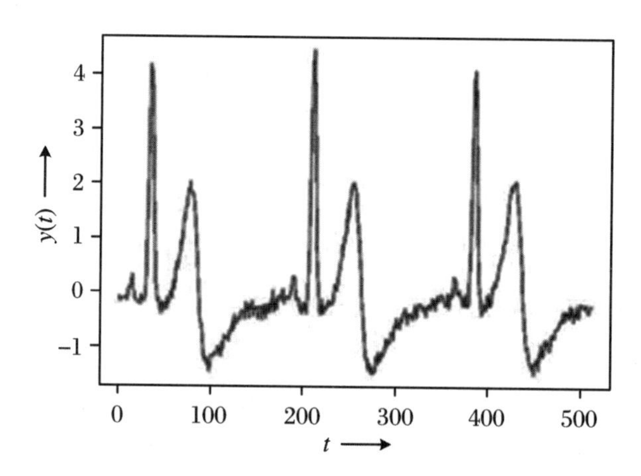

图7.1 观察到的ECG信号图

图7.3中绘制了BIC(k)的值，取$k=75,\cdots,85$。当$k=78$时，BIC(k)取最小值，因此我们得到p的估计值为$\hat{p}=78$。接着，使用3.12节描述的顺序法估计另一个未知参

数。因为 $\hat{p}$ 相当大,所以同时估计可能会存在较大误差。为了更好地利用估计值 $\hat{p}$,我们插入线性参数和频率的其他估计值,并获得拟合值 $\{\hat{y}(t);t=1,\cdots,n\}$,它们与图7.4所示的相应观测值、拟合值较为匹配。剩余序列满足平稳性假设,详细信息可参见文献[3,11]。

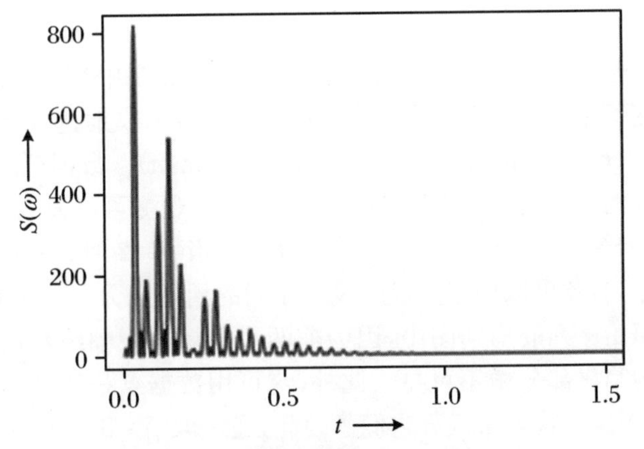

图 7.2　ECG 信号数据的 $S(\omega)$ 函数图

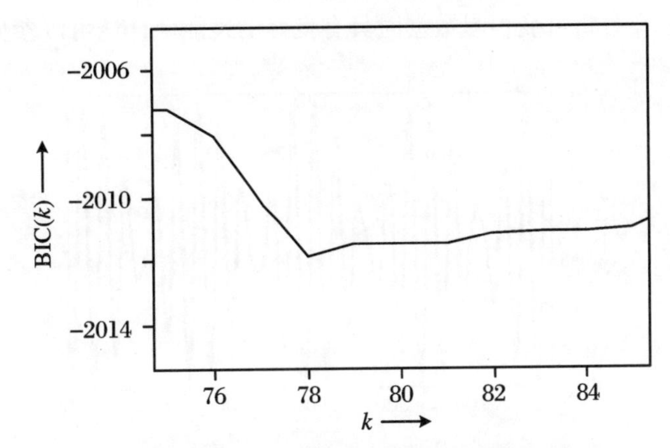

图 7.3　应用于 ECG 数据的不同数量分量的 BIC 值

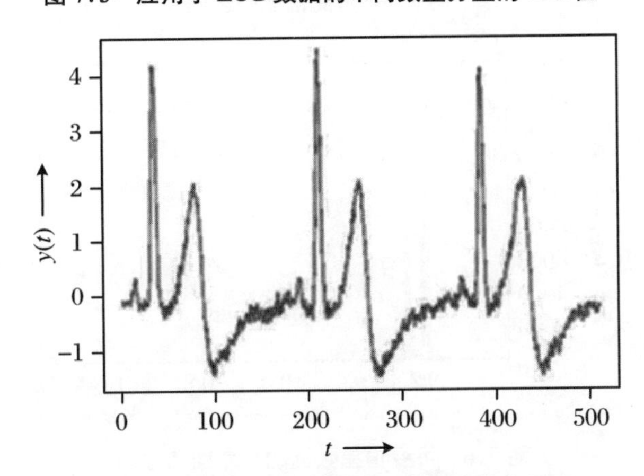

图 7.4　ECG 信号的观察值和拟合值的曲线图

7.3 可变恒星数据

可变恒星数据是一种天文数据，在相关时间序列的文献中有着广泛应用。这个数据集代表了一颗可变恒星连续600天在午夜时的亮度。数据收集自StatLib的时间序列库(http://www.stat.cmu.edu;资料来源：Rob J. Hyndman)。数据观测值如图7.5所示，其周期图函数图如图7.6所示。对周期图函数的初步观测可以发现数据中存在两个频率分量，从而在周期图中产生两个尖锐的单独峰值。当$\hat{p}=2$时，一旦我们估计出频率和振幅并获得残差序列，就可以根据生成的残差序列的周期图为另一个重要频率分量的存在提供证据。在原始序列的周期图中，因为前两个分量的振幅绝对值占比很大，所以振幅绝对值不明显的第三部分微不可见。此外，与可用数据点相比，第一部分与第三部分非常接近，可以利用这一特点来区分它们。因此，通常取$\hat{p}=3$并估计未知参数。表7.1列出了点估计值。观察值(实线)和估计值(虚线)一并绘制在图7.7中，两者重合。因此，多重正弦模型在分析可变恒星数据时具有良好的性能。详情可以参见文献[6-8]。

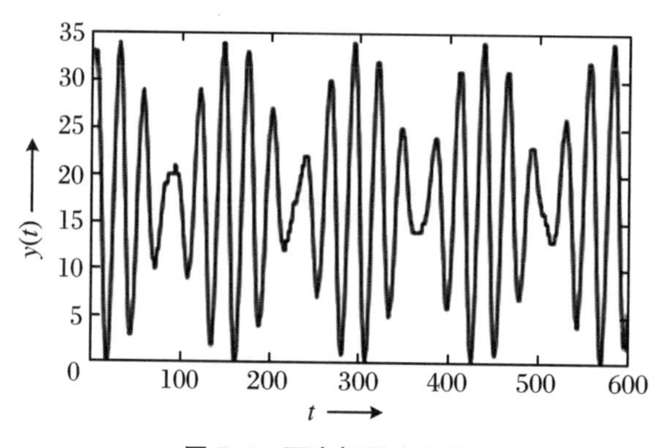

图7.5 可变恒星亮度图

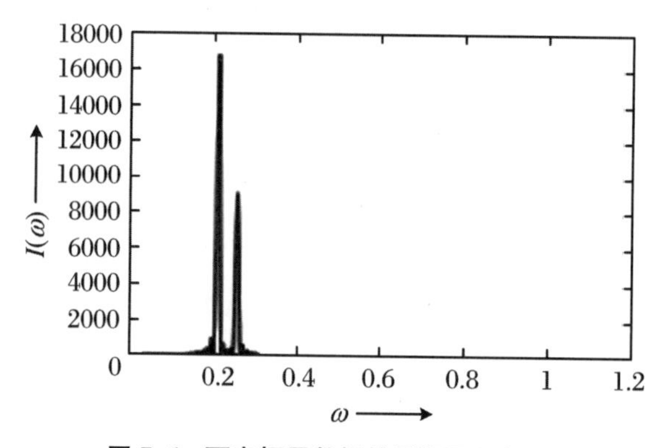

图7.6 可变恒星数据的周期图函数图

表7.1　可变恒星数据和“uuu”语音数据未知参数的点估计

数据集：“可变恒星”					
A_1	7.482622	B_1	7.462884	ω_1	0.216232
A_2	−1.851167	B_2	6.750621	ω_2	0.261818
A_3	−0.807286	B_3	0.068806	ω_3	0.213608
数据集：“uuu”					
A_1	8.927288	B_1	1698.65247	ω_1	0.228173
A_2	−584.679871	B_2	−263.790344	ω_2	0.112698
A_3	−341.408905	B_3	−282.075409	ω_3	0.343263
A_4	−193.936096	B_4	−300.509613	ω_4	0.457702

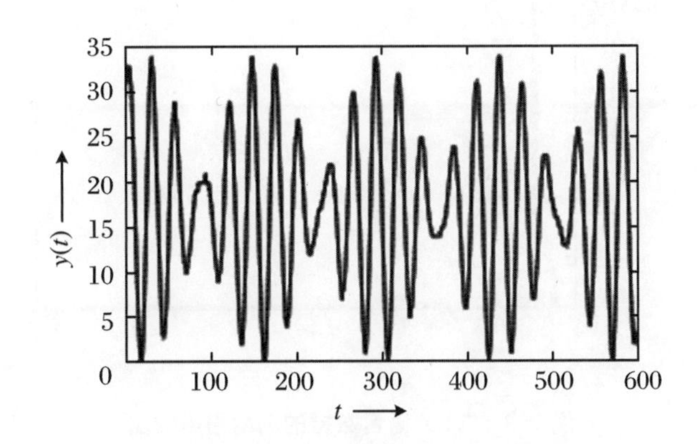

图7.7　观测到的可变恒星数据(实线)和估计值

7.4　“uuu”语音数据

在“uuu”语音数据中，有512个信号值，采样频率为10 kHz。平均校正数据如图7.8所示。如6.2节所述，该数据可以使用多正弦频率模型和FFM进行分析。由图7.8可知，该信号是均值非平稳的，并且存在强周期性。图7.9所示为“uuu”语音数据的周期图函数图，我们可以得到 $\hat{p}=4$。最后使用3.16节所述的Nandi和Kundu算法估计参数。表7.1列出了“uuu”语音数据$\{(\hat{A}_k,\hat{B}_k,\hat{\omega}_k),k=1,\cdots,4\}$的估计参数，这些点估计参数用于估计拟合/预测信号。平均校正数据的预测信号(实线)和平均校正观测“uuu”语音数据(虚线)近似重合，如图7.10所示，可以看出，拟合值与平均校正观测数据相当匹配。

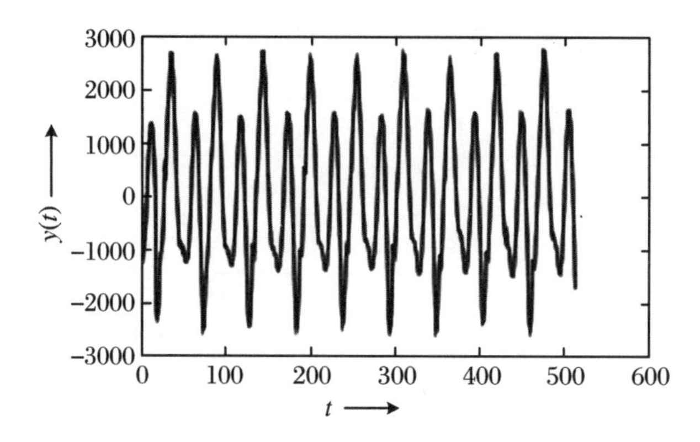

图 7.8 平均校正“uuu”语音数据的曲线图

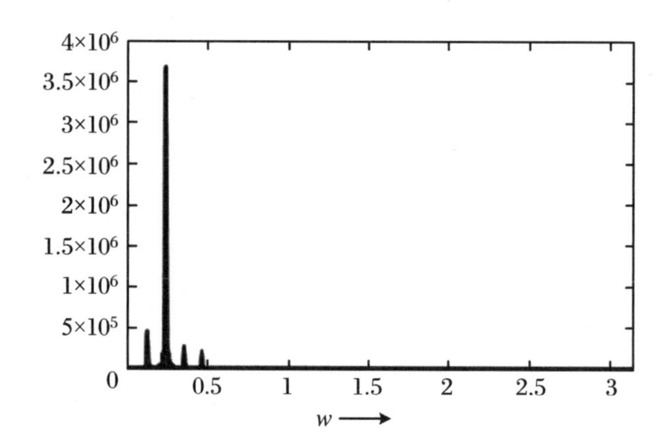

图 7.9 “uuu”语音数据的周期图函数图

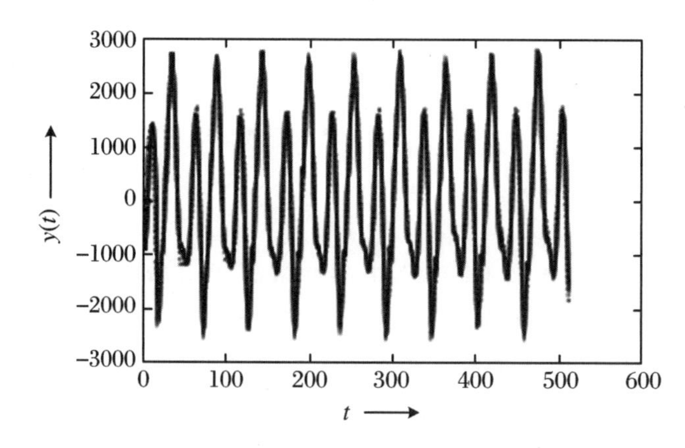

图 7.10 拟合值(实线)和平均校正“uuu”语音数据的曲线图

我们观察到 ω_1，ω_3 和 ω_4 的参数估计近似为 ω_2 的整数倍，所以“uuu”语音数据也可以使用 FFM 进行分析。根据图 7.9 所示的周期图函数估计出正弦模型下 p 分量的数量。当我们使用 FFM 时，6.2.5 小节所述的方法也可用于估计谐波的数量，即频率分量的数量。我们取最大可能谐波为 $K=9$，代价函数的类别与6.2.5.5小节中提到的相同。然后，使用6.2.5.1小节所述方法对每个代价函数进行估计。代价函数 $C_n(4)$，$C_n(5)$，$C_n(6)$，$C_n(7)$，$C_n(9)$ 和 $C_n(12)$ 对应的估计谐波数为4，代价函数 $C_n(1)$，$C_n(2)$，$C_n(8)$，$C_n(10)$ 和 $C_n(11)$ 对应的估计谐波数为5，而 $C_n(3)$ 对应的估计谐波数仅为2，但是并不清楚哪一组是对的。接下来进行第二步，基于6.2.5.3小节讨论的再采样技术所获得的最大PCE，我们得到谐波数量的估计值为4。剩余平方和：0.454586、0.081761、0.061992、0.051479、0.050173、0.050033、0.049870、0.049866和0.049606分别对应模型阶数1,2,…,9。由于残差平方和是 p 的递减函数并几乎稳定在 $\hat{p}$，上述实验结果表明谐波数应为4。因此，对于"uuu"语音数据集，周期图函数和残差平方和也给出了合理的阶数估计。基于 $\hat{p}=4$，我们使用FFM对未知参数进行估计，并获得预测值，将预测值与观测值一起绘制在图7.11中。此外，还使用一些相关模型对该特定数据集进行了分析，具体可参见文献[4-8,10]。

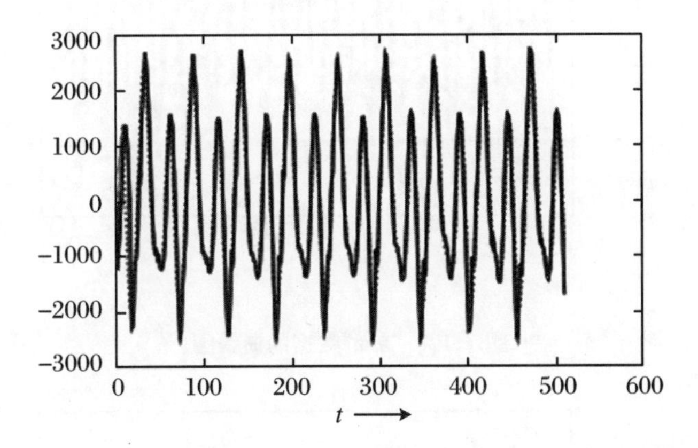

图7.11　采用基频模型的拟合值(实线)和平均校正"uuu"语音数据的曲线图

7.5　"aaa"　数　据

"aaa"数据集类似"uuu"数据集，包含以10 kHz频率采样的512个信号值。该数据集可使用正弦频率模型和GFFM进行分析。数据首先进行1000倍缩放，如图7.12所示，缩放数据的周期图函数绘制在图7.13中。当使用正弦频率模型时，根据周期图可以估计分量 p 的取值。如果使用GFFM，则 M 和 q_j($j=1,\cdots,M$)也是从周期图估计得到的。这里 M 是基频的总数，对应第 j 个基频，频率 q_j 也是关联。对周期图函数的初步分析表明，正弦频率模型和GFFM的初始估计为 $\hat{p}=9$，$\hat{M}=2$，$\hat{q}_1=4$ 和 $\hat{q}_2=5$。

从周期图中获得频率的初始估计值。利用这些初始估计作为起始值，使用正弦频率模型和GFFM获得未知参数的LSE。定理4.6可用于在正弦频率模型情况下求LSE的置信区间，定理6.7可用于在GFFM情况下求LSE的置信区间。估计误差用于估计

$\sigma^2 c(\hat{\omega})$，其中 $\hat{\omega}$ 是有效估计频率。于是，两个模型都可以得到 $100(1-\alpha)\%$ 的置信区间。表 7.2 所示为 GFFM 情况下的点估计值和 95%置信区间，表 7.3 所示为多正弦频率模型的点估计值和置信区间。对于 GFFM，误差被建模为平稳 AR(3)过程，而正弦模型为平稳 AR(1)过程。图 7.14 和图 7.15 分别展示了使用 GFFM 和使用多正弦频率模型得到的预测值，反映出观测数据的对比情况。在上述情况下，两种模型得到的预测值和观测数据都非常吻合。值得一提的是，Grover、Kundu 和 Mitra 使用 Chirp 模型分析了该数据集，拟合结果也非常令人满意。[2]

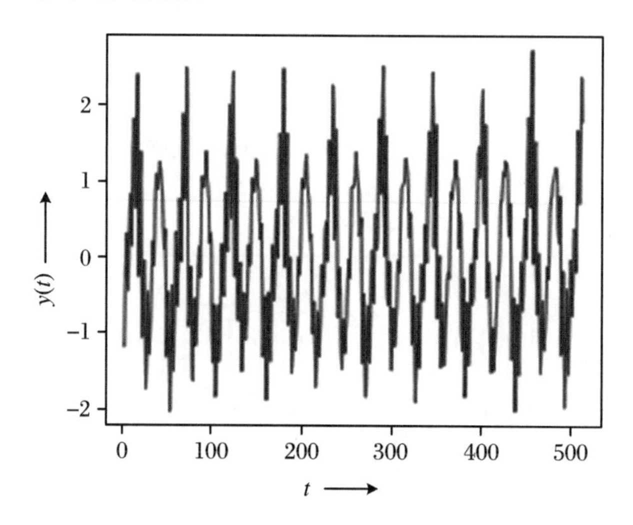

图 7.12 “aaa”数据的曲线图

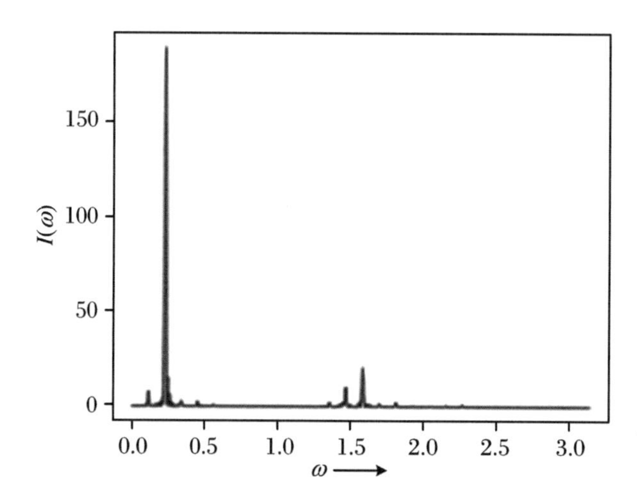

图 7.13 “aaa”数据的周期图函数图

表 7.2　使用 GFFM 时“aaa”数据集参数的 LSE 和 95%置信限

数据集:“aaa”。$M=2, q_1=4, q_2=5$

参　数	估　计	下　限	上　限
ρ_{1_1}	0.220683	0.168701	0.272666
ρ_{1_2}	1.211622	1.160225	1.263019
ρ_{1_3}	0.160045	0.109573	0.210516
ρ_{1_4}	0.138261	0.088990	0.187531
φ_{1_1}	2.112660	1.358938	2.866383
φ_{1_2}	2.748044	2.530074	2.966015
φ_{1_3}	−0.129586	−0.896532	0.637359
φ_{1_4}	0.377879	−1.025237	1.780995
λ_1	0.113897	0.111100	0.116694
ω_1	0.113964	0.111330	0.116599
ρ_{2_1}	0.146805	0.109372	0.184237
ρ_{2_2}	0.245368	0.209165	0.281571
ρ_{2_3}	0.377789	0.342714	0.412865
ρ_{2_4}	0.096959	0.062910	0.131008
ρ_{2_5}	0.133374	0.100253	0.166495
φ_{2_1}	2.949186	2.424410	3.473963
φ_{2_2}	0.051864	−0.357301	0.461030
φ_{2_3}	1.364091	0.981884	1.746297
φ_{2_4}	2.106739	1.550737	2.662742
φ_{2_5}	−0.706613	−1.300238	−0.112988
λ_2	1.360523	1.358731	1.362314
ω_2	0.113994	0.113308	0.114621

注:$\hat{X}(t)=0.696458\hat{X}(t-1)-0.701408\hat{X}(t-2)+0.618664\hat{X}(t-3)+e(t)$;

运行测试:z 对于 $\hat{X}(t)=-5.873135$,

　　z 对于 $\hat{e}(t)=0.628699$;

残差平方和:0.101041。

表 7.3　多正弦频率模型下“aaa”数据的 LSE 和置信区间

参　数	伦敦证券交易所	下　限	上　限
a_1	0.226719	0.190962	0.262477
a_2	1.213009	1.177251	1.248766
a_3	0.163903	0.128146	0.199660
a_4	0.137947	0.102190	0.173705
a_5	0.143389	0.107632	0.179147
a_6	0.266157	0.230400	0.301915
a_7	0.389306	0.353548	0.425063
a_8	0.101906	0.066149	0.137663
a_9	0.134323	0.098566	0.170080
φ_1	2.161910	1.846478	2.477343
φ_2	2.548266	2.489310	2.607223
φ_3	−0.069081	−0.505405	0.367242
φ_4	0.371035	−0.147385	0.889456
φ_5	3.045470	2.546726	3.544215
φ_6	−0.602790	−0.871483	−0.334097
φ_7	0.905654	0.721956	1.089352
φ_8	1.586090	0.884319	2.287860
φ_9	−1.121016	−1.653425	−0.588607
β_1	0.114094	0.113027	0.115161
β_2	0.227092	0.226893	0.227292
β_3	0.342003	0.340527	0.343479
β_4	0.455799	0.454046	0.457553
β_5	1.360839	1.359152	1.362526
β_6	1.472003	1.471094	1.472912
β_7	1.586924	1.586302	1.587545
β_8	1.700715	1.698341	1.703089
β_9	1.815016	1.813215	1.816817

注：$\hat{X}(t)=0.315771\hat{X}(t-1)+e(t)$；

运行测试：z 对于 $\hat{X}(t)=-3.130015$，

z 对于 $\hat{e}(t)=-0.262751$；

残差平方和：0.087489。

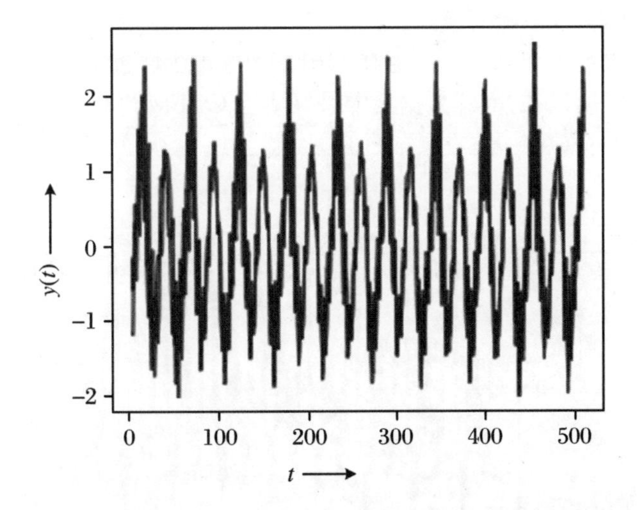

图 7.14　使用 GFFM 时，预测值与观察到的“aaa”数据的曲线图

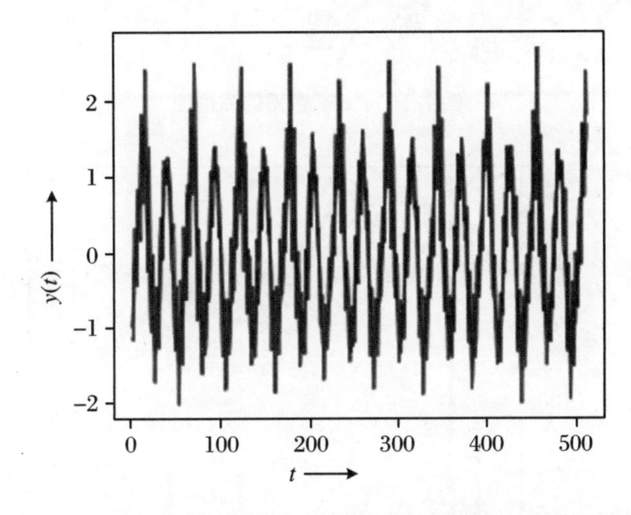

图 7.15　使用多正弦频率模型时，预测值与观察到的“aaa”数据的曲线图

7.6　“eee”　数　据

语音数据“eee”包含 512 个 10 kHz 频率采样的信号值，类似“uuu”和“aaa”数据。该数据集可以使用多正弦频率模型和 GFFM 进行分析，参见文献[7-8]。首先将数据以 1000 倍进行缩放，放缩结果绘制在图 7.16 中，缩放数据的周期图函数绘制在图 7.17 中。根据周期图函数可将分量数 p 估计为 9，对于 GFFM 则有“3”和“6”两个频率集群，即 $\hat{M}=2$，$\hat{q}_1=3$，$\hat{q}_2=6$。基于上述两种模型，使用周期图函数的初始频率估计值来获得 LSE。表 7.4 和表 7.5 所示为 GFFM 和多正弦频率模型的点估计及 95% 置信界限。在这两种模型中，估计误差均建模为独立同分布随机变量。图 7.18 和图 7.19 分别展示了

使用 GFFM 和使用多正弦频率模型的预测值与观测数据的对比情况。在这两种情况下，预测值与观测数据都非常吻合。但在 GFFM 中，非线性参数的数量小于正弦模型中非线性参数的数量，所以在"eee"数据集中最好使用 GFFM 进行估计。

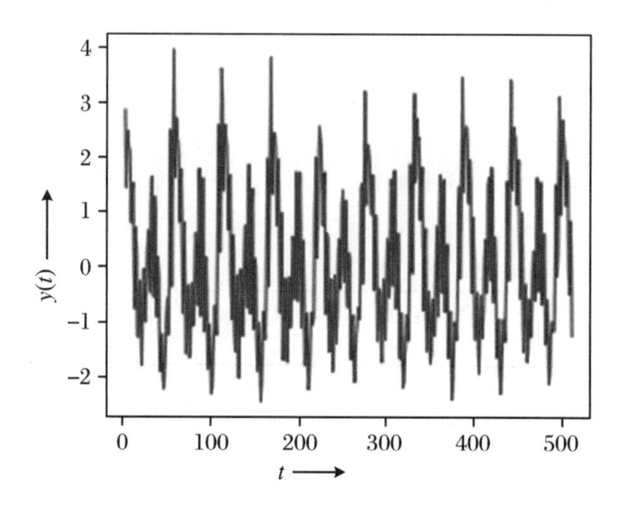

图 7.16 "eee"数据的曲线图

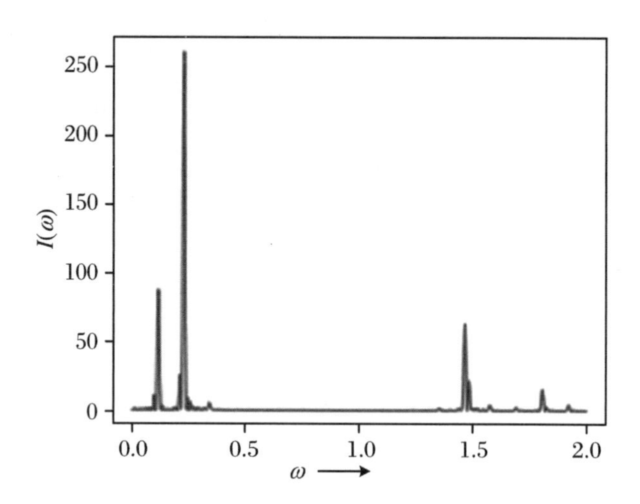

图 7.17 "eee"数据的周期图函数图

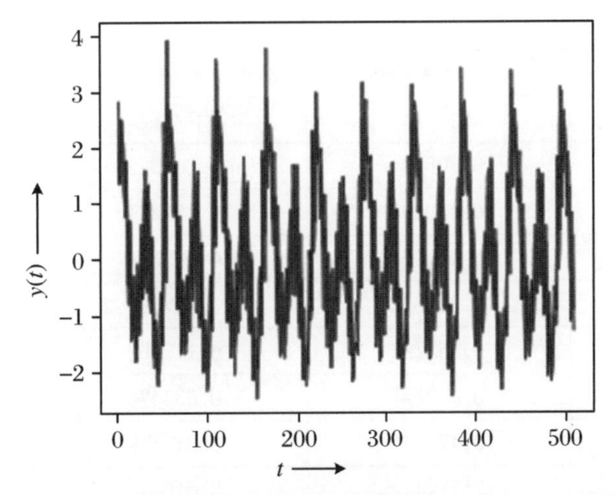

图7.18　使用GFFM时，预测值与观测到的"eee"数据的曲线图

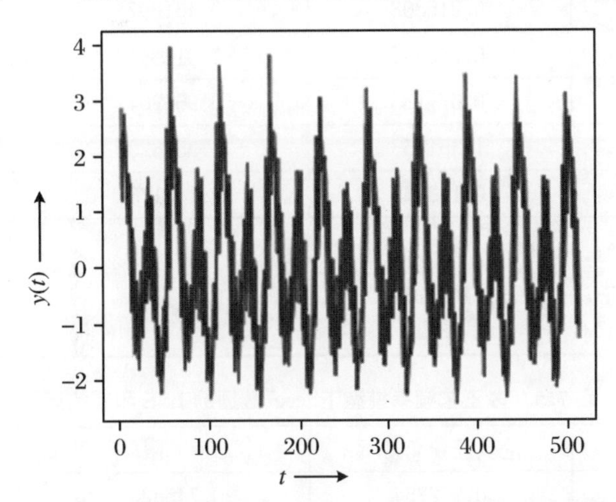

图7.19　使用多正弦频率模型时，预测值与观察到的"eee"数据的曲线图

表7.4　使用GFFM时"eee"数据集参数的LSE和95%置信限

数据集："eee"。$M=2, q_1=3, q_2=6$			
参　数	估　计	下　限	上　限
ρ_{1_1}	0.792913	0.745131	0.840695
ρ_{1_2}	1.414413	1.366631	1.462195
ρ_{1_3}	0.203153	0.155371	0.250935
φ_{1_1}	0.681846	0.434021	0.929672
φ_{1_2}	0.913759	0.747117	1.080401
φ_{1_3}	−0.041550	−0.298854	0.215753
λ_1	0.114019	0.113080	0.114958
ω_1	0.113874	0.113531	0.114217
ρ_{2_1}	0.110554	0.062772	0.158336

续表

数据集："eee"。$M=2,q_1=3,q_2=6$			
参　数	估　计	下　限	上　限
ρ_{2_2}	0.708104	0.660322	0.755886
ρ_{2_3}	0.170493	0.122711	0.218275
ρ_{2_4}	0.141166	0.093384	0.188948
ρ_{2_5}	0.344862	0.297080	0.392644
ρ_{2_6}	0.165291	0.117509	0.213073
φ_{2_1}	0.427151	−0.034474	0.888776
φ_{2_2}	0.479346	0.348149	0.610542
φ_{2_3}	−2.712411	−3.010046	−2.414776
φ_{2_4}	0.815808	0.451097	1.180520
φ_{2_5}	−0.773955	−1.012844	−0.535067
φ_{2_6}	−0.577183	−0.966904	−0.187463
λ_2	1.351453	1.350820	1.352087
ω_2	0.113463	0.113173	0.113753

注：$\hat{X}(t)=e(t)$；

运行测试：z 对于 $\hat{e}(t)=-1.109031$；

残差平方和：0.154122。

表 7.5　多正弦频率模型下"eee"数据的 LSE 和置信区间

参　数	伦敦证券交易所	下　限	上　限
a_1	0.792754	0.745823	0.839686
a_2	1.413811	1.366879	1.460743
a_3	0.203779	0.156848	0.250711
a_4	0.111959	0.065028	0.158891
a_5	0.703978	0.657047	0.750910
a_6	0.172563	0.125632	0.219495
a_7	0.145034	0.098103	0.191966
a_8	0.355013	0.308082	0.401945
a_9	0.176292	0.129360	0.223223
φ_1	0.687658	0.569257	0.806059
φ_2	0.912467	0.846077	0.978857
φ_3	0.031799	−0.428813	0.492411
φ_4	0.628177	−0.210193	1.466547

续表

参　数	伦敦证券交易所	下　限	上　限
φ_5	0.495832	0.362499	0.629164
φ_6	2.828465	2.284531	3.372400
φ_7	0.847214	0.200035	1.494393
φ_8	−0.360236	−0.624629	−0.095842
φ_9	0.002140	−0.530290	0.534571
β_1	0.114038	0.113638	0.114439
β_2	0.227886	0.227661	0.228110
β_3	0.342098	0.340540	0.343656
β_4	1.352172	1.349336	1.355008
β_5	1.464954	1.464503	1.465405
β_6	1.575381	1.573541	1.577222
β_7	1.691908	1.689718	1.694097
β_8	1.807006	1.806111	1.807900
β_9	1.920891	1.919090	1.922692

注：$\hat{X}(t)=e(t)$；

运行测试：z 对于 $\hat{e}(t)=-1.032388$；

残差平方和：0.148745。

7.7　航空公司乘客数据

航空公司乘客数据是时间序列分析中的经典数据集。数据记录了1953年1月至1960年12月国际航空公司每月乘客的数量，从Hyndman(n.d.)的时间序列数据库中收集而来。原始数据如图7.20所示。从图中可以清楚地看出，其差异性随时间变化而增加，所以不能将其视为恒定方差情况。为了稳定方差，图7.21给出了数据的对数变换形式。在对数变换后，方差现在似乎是趋于恒定的，但伴随着多频率分量同时存在一个显著的线性分量。因此，需要对对数转换后的数据再次进行形式为 $a+bt$ 的转换或应用差分算子。我们选择使用差分算子，最后得到了能用多重正弦模型 $y(t)=\ln x(t+1)-\ln x(t)$ 进行分析的差分算子，其中 $\{x(t)\}$ 表示观测数据。转换后的数据如图7.22所示，从图中可以看出，没有具有近似恒定方差的趋势分量。为了估计频率分量并了解 $\{y(t)\}$ 中存在的频率分量数量，我们在图7.23中绘制出 $\{y(t)\}$ 在区间 $(0,\pi)$ 中的周期图函数。

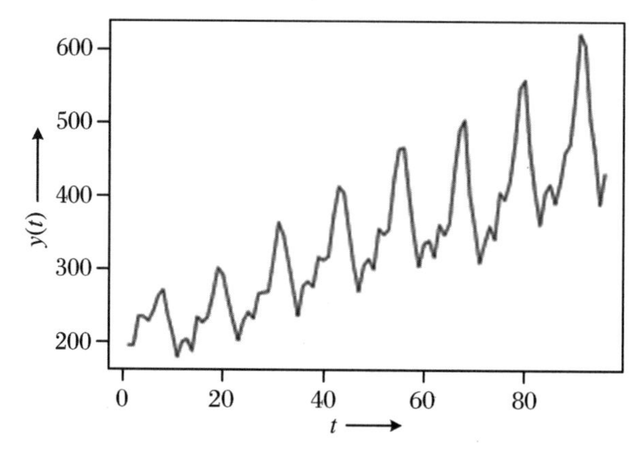

图 7.20　1953 年 1 月至 1960 年 12 月国际航空公司每月乘客人数

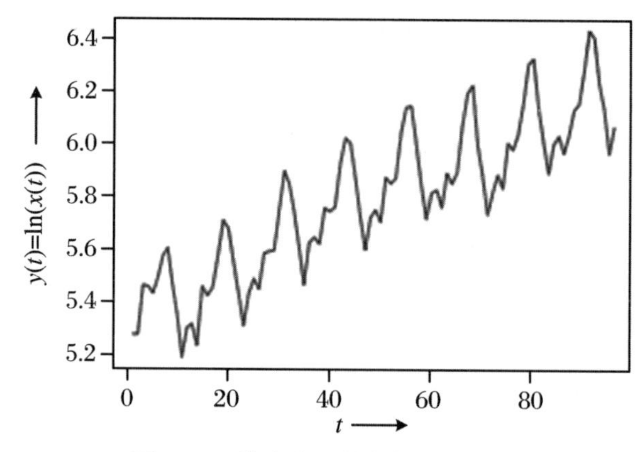

图 7.21　航空公司乘客数据的对数

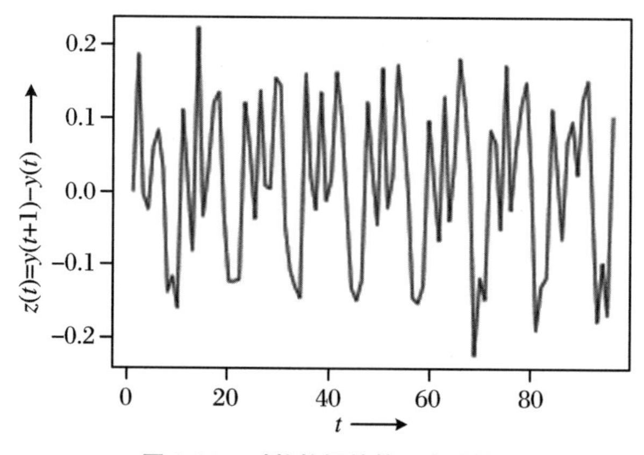

图 7.22　对数数据的第一个差值

在图 7.23 中，有 6 个峰值对应主要频率分量。采用顺序法，逐个获得 $\omega_1,\cdots,\omega_6$ 的初始估计值。类似可变恒星数据的情况，在去掉这 6 个频率分量的影响后，我们再次研究剩余的周期图函数。我们观察到存在一个额外的重要频率分量。因此，p 被估计为 7 并相应地估计其他参数。最后，插入参数估计值得到拟合序列，该序列与对数差异数据一起被绘制在图7.24中,可以看出它们是非常吻合的,此时的正弦拟合残差平方和为5.54×10^{-4}。如前文所述,国际航空公司的月度乘客数据是时间序列文献中经过充分研究的数据集。通常使用季节性ARIMA(乘法)模型进行分析。使用此类模型的合理拟合是对数数据$(0,1,1)\times(0,1,1)_{12}$的季节性ARIMA顺序,这与应用于$(0,0,1)\times(0,1,1)_{12}$对数数据差异的模型是相同的(详见文献[1])。ARIMA模型对对数数据$\{y(t)\}$的差异为:

$$y(t)=y(t-12)+z(t)+0.3577z(t-1)+0.4419z(t-12)+0.1581z(t-13)$$

其中$\{z(t)\}$是均值为0且估计方差为0.001052的白噪声序列。在这种情况下,我们观察到残差平方和为9.19×10^{-4},大于使用多正弦频率模型时的残差平方和。更多详细信息,请参见文献[9]。

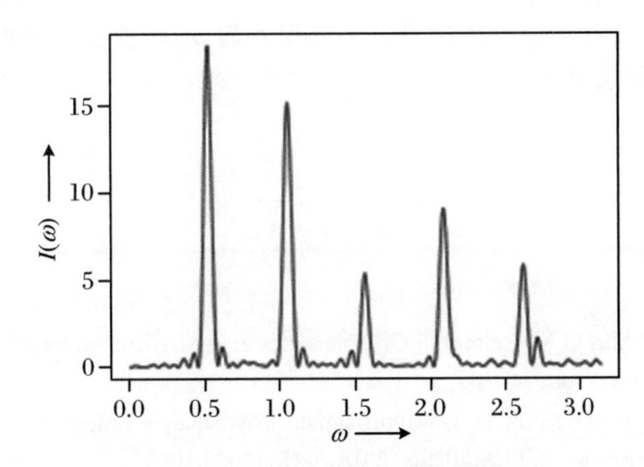

图7.23　对数差数据的周期图函数

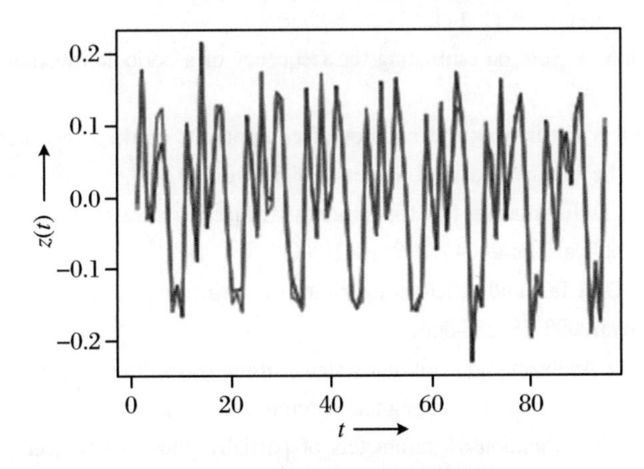

图7.24　拟合值和对数差异数据

7.8 结　论

本章对来自不同应用领域的 6 个数据集进行了基本分析。据观察，多正弦频率模型可以有效地捕捉这些数据中存在的周期性。如果 p 较大，如 ECG 信号数据，通常的最小二乘法难以估计如此大量($n/2$)的未知参数，那么此时应采用 3.12 节所述的顺序法进行估计。FFM 适用于分析“uuu”语音数据，此方法可将使用的非线性参数数量减少到 1。在“aaa”和“eee”数据集中，存在两个基本频率，所以 GFFM 在这种情况下是一个有效的模型。本章涉及的所有数据分析都满足平稳误差假设，转换后的数据即使存在固有周期，该模型也能被提取出来。

参 考 文 献

[1] Box G E P, Jenkins G M, Reinsel G C. Time series analysis: forecasting and control[M]. 4th ed. New York: Wiley, 2008.

[2] Grover R, Kundu D, Mitra A. On approximate least squares estimators of parameters of one-dimensional chirp signal[J]. Statistics, 2018, 52(5): 1060-1085.

[3] Kundu D, Bai Z, Nandi S, et al. Super efficient frequency estimation[J]. Journal of Statistical Planning and Inference, 2011, 141(8): 2576-2588.

[4] Kundu D, Nandi S. A Note on estimating the frequency of a periodic function[J]. Signal Processing, 2004, 84(3): 653-661.

[5] Kundu D, Nandi S. Estimating the number of components of the fundamental frequency model [J]. Journal of the Japan Statistical Society, 2005, 35(1): 41-59.

[6] Nandi S, Kundu D. Estimating the fundamental frequency of a periodic function[J]. Statistical Methods and Applications, 2004, 12(3): 341-360.

[7] Nandi S, Kundu D. A fast and efficient algorithm for estimating the parameters of sum of sinusoidal model[J]. Sankhya, 2006, 68: 283-306.

[8] Nandi S, Kundu D. Analyzing non-stationary signals using generalized multiple fundamental frequency model[J]. Journal of Statistical Planning and Inference, 2006, 136(11): 3871-3903.

[9] Nandi S, Kundu D. Estimation of parameters of partially sinusoidal frequency model[J]. Statistics, 2013, 47(1): 45-60.

[10] Nandi S, Kundu D. Estimating the fundamental frequency using modified Newton-Raphson algorithm [J]. Statistics, 2019, 53(2): 440-458.

[11] Prasad A, Kundu D, Mitra A. Sequential estimation of the sum of sinusoidal model parameters [J]. Journal of Statistical Planning and Inference, 2008, 138(5): 1297-1313.

[12] Quinn B G, Thomson P J. Estimating the frequency of a periodic function[J]. Biometrika, 1991, 78(1): 65-74.

第8章　多维模型

8.1 引　　言

在前几章中，我们讨论了与一维正弦频率模型相关的不同内容。在本章中，我们将介绍二维正弦频率模型和三维正弦频率模型，并讨论与之相关的几个问题。二维正弦频率模型和三维正弦频率模型是一维正弦频率模型(3.1)的自然推广，这些模型有各种各样的应用。

二维正弦频率模型具有以下形式：

$$y(m,n) = \sum_{k=1}^{p}\left[A_k\cos(m\lambda_k + n\mu_k) + B_k\sin(m\lambda_k + n\mu_k)\right] + X(m,n)$$
$$m = 1,\cdots,M;\quad n = 1,\cdots,N \tag{8.1}$$

式中，$A_k,B_k(k=1,\cdots,p)$是未知实数；λ_k,μ_k 是未知频率；$\{X(m,n)\}$是一个二维误差随机变量序列，具有零均值和有限方差。文献[1]中假设了几种相关结构，这将在后文中明确说明。模型(8.1)主要涉及两个问题：一个是对 $A_k,B_k,\lambda_k,\mu_k(k=1,\cdots,p)$的估计，另一个是对分量数 p 的估计。第一个问题在统计信号处理领域已经开展了大量研究。

在特殊情况下，$\{X(m,n);m=1,\cdots,M,n=1,\cdots,N\}$是独立同分布随机变量，第二个问题可以解释为“信号检测”，同时其在“多维信号处理”中有不同的应用。二维正弦频率模型是天线阵列处理、地球物理感知、生物医学频谱分析等众多领域的基本模型，例如，可参见 Barbieri 和 Barone[1]、Cabrera 和 Bose[2]、Chun 和 Bose[3]、Hua[5]的文章及其引用的参考文献。这个问题在光谱学中有着特殊地位，Malliavan 使用群论方法对其进行了研究。[16-17]

Zhang 和 Mandrekar 使用二维正弦频率模型来分析对称灰度纹理。[28]任何以数字格式存储在计算机中的灰度图像都是由小点或像素组成的。在灰度或黑白图片的数字表示中，每个像素的灰度由该像素的灰度强度决定。例如，如果 0 表示黑色，1 表示白色，则任何属于[0,1]的实数都对应特定的灰度。如果图片每行中有 M 个像素和每列中有 N 个像素，则图片的大小为 $M\times N$ 个像素。各个像素处对应的灰度强度可以存储在 $M\times N$ 矩阵中。任意标准数学软件包含的图像处理工具都可以轻松地执行从图片到矩阵再到图片的转换。

当 $m=1,\cdots,40$ 且 $n=1,\cdots,40$ 时，考虑下面的合成灰度纹理数据：

$$y(m,n)=4.0\cos(1.8m+1.1n)+4.0\sin(1.8m+1.1n)$$
$$+1.0\cos(1.7m+1.0n)+1.0\sin(1.7m+1.0n)+X(m,n) \tag{8.2}$$

式中，$X(m,n)=e(m,n)+0.25\,e(m-1,n)+0.25\,e(m,n-1)$，且$\{e(m,n);m=1,\cdots,40,n=1,\cdots,40\}$是均值为0、方差为2.0的独立同分布正态随机变量，纹理如图8.1所示。由图8.1可知，模型(8.1)可以非常有效地用于生成对称纹理。

图 8.1　模型(8.2)模拟数据的纹理图

在本章中，我们简要地讨论模型(8.1)给出的二维模型中未知参数的不同估计量及其性质。可以看出，该模型是一个非线性回归模型，所以 LSE 似乎是最合理的估计量。一维周期图的直接观测方法可以推广到二维模型，但同时也存在与一维周期图方法类似的问题。在这种情况下，LSE 是最直观的自然估计量。众所周知，找到 LSE 是一个具有计算挑战性的问题，尤其是当 p 取值较大时。据观察，Prasad、Kundu 和 Mitra 提出的序列方法可以非常有效地用于产生与 LSE 等价的估计量。[23] 对于 $p=1$，Nandi、Prasad 和 Kundu 提出了一种有效算法，该算法从 PE 开始，分三步产生与 LSE 等效的估计量。[21]

类似地，三维正弦频率模型采用以下形式：

$$y(m,n,s)=\sum_{k=1}^{p}[A_k\cos(m\lambda_k+n\mu_k+s\nu_k)+B_k\sin(m\lambda_k+n\mu_k+s\nu_k)]+X(m,n,s)$$
$$m=1,\cdots,M;\quad n=1,\cdots,N;\quad s=1,\cdots,S \tag{8.3}$$

式中，$A_k,B_k(k=1,\cdots,p)$为未知实数；λ_k,μ_k,ν_k 为未知频率；$\{X(m,n,s)\}$为零均值、有限方差的误差随机变量的三维序列，且"p"表示三维正弦分量的数量。Prasad 和 Kundu 使用模型(8.3)描述颜色纹理[22]，如图8.2所示，第三维表示不同的配色方案。在数值表示中，任何彩色图片都以 RGB 格式进行数值存储，几乎任意颜色都可以以红色、绿色和蓝色的特定强度组合来表示。在 RGB 格式中，$S=3$ 的彩色图片可以以数字方式存储在 $M\times N\times S$ 矩阵中。与黑白图片类似，任意数学软件包含的图像处理工具都可用于将彩色图片转换为三维矩阵，反之亦然。有关彩色图片如何以数字方式存储的详细说明，读者可参考文献[22]。

图 8.2　模型(8.3)模拟数据的纹理图

8.2　二维正弦模型的频率估计

8.2.1　最小二乘估计

前面已经提到，在存在独立同分布误差的情况下，最小二乘估计量(LSE)似乎是最自然的选择，可以通过最小化下式获得：

$$\sum_{m=1}^{M}\sum_{n=1}^{N}\left\{y(m,n)-\sum_{k=1}^{p}\left[A_k\cos(m\lambda_k+n\mu_k)+B_k\sin(m\lambda_k+n\mu_k)\right]\right\}^2 \quad (8.4)$$

上式是关于未知参数 A_k,B_k,λ_k 和 $\mu_k(k=1,\cdots,p)$ 的。可使用 Richards 的可分离回归技术分两步实现式(8.4)的最小化。[25] 对于 $k=1,\cdots,p$，当 λ_k 和 μ_k 取到固定值的时候，A_k 和 B_k 的 LSE 可由下式求得：

$$\left[\hat{A}_p(\boldsymbol{\lambda},\boldsymbol{\mu}),\hat{B}_1(\boldsymbol{\lambda},\boldsymbol{\mu}):\cdots:\hat{A}_p(\boldsymbol{\lambda},\boldsymbol{\mu}),\hat{B}_p(\boldsymbol{\lambda},\boldsymbol{\mu})\right]^{\mathrm{T}}=(\boldsymbol{U}^{\mathrm{T}}\boldsymbol{U})^{-1}\boldsymbol{U}^{\mathrm{T}}\boldsymbol{Y} \quad (8.5)$$

这里，$\boldsymbol{\lambda}=(\lambda_1,\cdots,\lambda_p)^{\mathrm{T}}$，$\boldsymbol{\mu}=(\mu_1,\cdots,\mu_p)^{\mathrm{T}}$，$\boldsymbol{U}$ 是一个 $MN\times 2p$ 矩阵，且 $\boldsymbol{Y}$ 是一个 $MN\times 1$ 向量：

$$\boldsymbol{U}=\left[\boldsymbol{U}_1:\cdots:\boldsymbol{U}_p\right],$$

$$\boldsymbol{U}_k=\begin{bmatrix}\cos(\lambda_k+\mu_k)\cdots\cos(\lambda_k+N\mu_k)\cos(2\lambda_k+\mu_k)\cdots\cos(M\lambda_k+N\mu_k)\\ \sin(\lambda_k+\mu_k)\cdots\sin(\lambda_k+N\mu_k)\sin(2\lambda_k+\mu_k)\cdots\sin(M\lambda_k+N\mu_k)\end{bmatrix}^{\mathrm{T}} \quad (8.6)$$

其中 $k=1,\cdots,p$，且

$$\boldsymbol{Y}=(y(1,1)\cdots y(1,N)y(2,1)\cdots y(2,N)\cdots y(M,1)\cdots y(M,N))^{\mathrm{T}} \quad (8.7)$$

当 $k=1,\cdots,p$ 时，一旦 $\hat{A}_k(\boldsymbol{\lambda},\boldsymbol{\mu})$ 和 $\hat{B}_k(\boldsymbol{\lambda},\boldsymbol{\mu})$ 已知，则可通过求解 λ_k 和 μ_k 的最小值来计算 LSE：

$$\sum_{m=1}^{M}\sum_{n=1}^{N}\left\{y(m,n)-\sum_{k=1}^{p}\left[\hat{A}_k(\boldsymbol{\lambda},\boldsymbol{\mu})\cos(m\lambda_k+n\mu_k)+\hat{B}_k(\boldsymbol{\lambda},\boldsymbol{\mu})\sin(m\lambda_k+n\mu_k)\right]\right\}^2 \tag{8.8}$$

$\hat{\lambda}_k$ 和$\hat{\mu}_k$ 分别表示λ_k 和μ_k 的 LSE。当 $\hat{\lambda}_k$ 和$\hat{\mu}_k$ 已知时，则可分别获得 A_k 和B_k 的 LSE 为 $\hat{A}_k(\boldsymbol{\lambda},\boldsymbol{\mu})$和 $\hat{B}_k(\boldsymbol{\lambda},\boldsymbol{\mu})$，其中 $\hat{\boldsymbol{\lambda}}=(\hat{\lambda}_1,\cdots,\hat{\lambda}_p)^{\mathrm{T}}$ 和 $\hat{\boldsymbol{\mu}}=(\hat{\mu}_1,\cdots,\hat{\mu}_p)^{\mathrm{T}}$。式(8.8)的最小化可通过求解 $2p$ 维优化问题获得，如果 p 较大，则具有较高的计算复杂度。

Rao、Zhao 和 Zhou 获得了一个类似模型参数 LSE 的理论性质，即二维叠加复指数模型[24]：

$$y(m,n)=\sum_{k=1}^{p}C_k\mathrm{e}^{\mathrm{i}(m\lambda_k+n\mu_k)}+Z(m,n) \tag{8.9}$$

当 $k=1,\cdots,p$ 时，C_k 为未知复数的振幅，λ_k 与μ_k 之前定义的相同，$\{Z(m,n)\}$为复数随机变量的二维序列。在假设$\{Z(m,n);m=1,\cdots,M,n=1,\cdots,N\}$是独立同分布的复正态随机变量二维序列情况下，Rao，Zhao 和 Zhou 获得了 LSE 的一致性和渐近正态性。[24]Mitra 和 Stoica 提供了频率 MLE 的渐近界 Cramer-Rao 门限。[19]对于复杂模型，LSE 可通过最小化最小范数平方和获得。假设误差随机变量$\{X(m,n);m=1,\cdots,M,n=1,\cdots,N\}$是具有零均值和有限方差的独立同分布变量，Kundu 和 Gupta 证明了模型(8.1)LSE 的一致性和渐近正态性[10]，相关内容也可参阅文献[12]。后来，Kundu 和 Nandi 给出了 LSE 在以下平稳假设$\{X(m,n)\}$下的一致性和渐近正态性。[13]

假设 8.1 随机变量的二维序列$\{X(m,n)\}$可表示为

$$X(m,n)=\sum_{j=-\infty}^{\infty}\sum_{k=-\infty}^{\infty}a(j,k)e(m-j,n-k)$$

其中 $a(j,k)$是实常数，这样

$$\sum_{j=-\infty}^{\infty}\sum_{k=-\infty}^{\infty}|a(j,k)|<\infty$$

且$\{e(m,n)\}$是独立同分布的二维序列，其均值为 0、方差为 σ^2。

我们使用以下符号来给出 Kundu 和 Nandi 模型(8.1)参数 LSE 的渐近分布[13]：

$$\boldsymbol{\theta}_1=(A_1,B_1,\lambda_1,\mu_1)^{\mathrm{T}},\cdots,\boldsymbol{\theta}_p=(A_p,B_p,\lambda_p,\mu_p)^{\mathrm{T}}$$
$$\boldsymbol{D}=\mathrm{diag}\{M^{1/2}N^{1/2},M^{1/2}N^{1/2},M^{3/2}N^{1/2},M^{1/2}N^{3/2}\}$$

其中 $k=1,\cdots,p$，

$$\boldsymbol{\Sigma}_k=\begin{bmatrix}1 & 0 & \frac{1}{2}B_k & \frac{1}{2}B_k\\ 0 & 1 & -\frac{1}{2}A_k & -\frac{1}{2}A_k\\ \frac{1}{2}B_k & -\frac{1}{2}A_k & \frac{1}{3}(A_k^2+B_k^2) & \frac{1}{4}(A_k^2+B_k^2)\\ \frac{1}{2}B_k & -\frac{1}{2}A_k & \frac{1}{4}(A_k^2+B_k^2) & \frac{1}{3}(A_k^2+B_k^2)\end{bmatrix}$$

定理 8.1 在假设 8.1 下，$\hat{\boldsymbol{\theta}}_1,\cdots,\hat{\boldsymbol{\theta}}_p$ 分别为 $\boldsymbol{\theta}_1,\cdots,\boldsymbol{\theta}_p$ 的一致估计量，且 $\min\{M,N\}\to\infty$

$$(\boldsymbol{D}(\hat{\boldsymbol{\theta}}_1-\boldsymbol{\theta}_1),\cdots,\boldsymbol{D}(\hat{\boldsymbol{\theta}}_p-\boldsymbol{\theta}_p))\xrightarrow{\mathrm{d}} N_{4p}(\boldsymbol{0},2\sigma^2\boldsymbol{\Delta}^{-1})$$

其中

$$\boldsymbol{\Delta}^{-1}=\begin{bmatrix} c_1\boldsymbol{\Sigma}_1^{-1} & 0 & \cdots & 0 \\ 0 & c_2\boldsymbol{\Sigma}_2^{-1} & \cdots & 0 \\ \vdots & \vdots & & \vdots \\ 0 & 0 & \cdots & c_p\boldsymbol{\Sigma}_p^{-1} \end{bmatrix}$$

其中 $k=1,\cdots,p$，

$$c_k=\left|\sum_{u=-\infty}^{\infty}\sum_{v=-\infty}^{\infty}a(u,v)\mathrm{e}^{-\mathrm{i}(u\lambda_k+v\mu_k)}\right|^2$$

定理8.1表明，即使是二维模型，其频率的LSE也比线性参数的LSE具有更快的收敛速度。

8.2.2 顺序法

上述研究结果表明，LSE是最有效的估计量，但计算LSE是一个困难的问题，上一节提到了它涉及二维优化问题求解。这个优化问题求解可能相当困难，尤其是当它的 p 取较大数值时。为了避免上述问题，Prasad、Kundu和Mitra提出了一种未知参数的顺序估计方法[23]，该方法与LSE具有相同的收敛速度。此外，序列估计可以通过连续求解 p 个独立的二维优化问题来获得。因此，与LSE相比，即使顺序估计量的 p 很大，也可以轻松求解。具体方法描述如下：首先，尽量减少关于 A,B,λ,μ 数量

$$Q_1(A,B,\lambda,\mu)=\sum_{m=1}^{M}\sum_{n=1}^{N}(y(m,n)-A\cos(m\lambda+n\mu)-B\sin(m\lambda+n\mu))^2 \tag{8.10}$$

式中，λ 和 μ 是定标器参数。由Richards提出的可分离回归技术可知[25]，对于固定 λ 和 μ，$\widetilde{A}(\lambda,\mu)$ 和 $\widetilde{B}(\lambda,\mu)$ 可以最小化式(8.10)，其中

$$[\widetilde{A}(\lambda,\mu)\quad \widetilde{B}(\lambda,\mu)]^{\mathrm{T}}=(\boldsymbol{U}_1^{\mathrm{T}}\boldsymbol{U}_1)^{-1}\boldsymbol{U}_1^{\mathrm{T}}\boldsymbol{Y} \tag{8.11}$$

$\boldsymbol{U}_1$ 和 $\boldsymbol{Y}$ 分别是式(8.6)和式(8.7)中定义的 $MN\times 2$ 和 $MN\times 1$ 数据向量。代入式(8.10)中的 $\widetilde{A}(\lambda,\mu)$ 和 $\widetilde{B}(\lambda,\mu)$，我们得到

$$R_1(\lambda,\mu)=Q_1(\widetilde{A}(\lambda,\mu),\widetilde{B}(\lambda,\mu),\lambda,\mu) \tag{8.12}$$

如果 $\widetilde{\lambda}$ 和 $\widetilde{\mu}$ 令 $R_1(\lambda,\mu)$ 最小化，且 $(\widetilde{A}(\widetilde{\lambda},\widetilde{\mu}),\widetilde{B}(\widetilde{\lambda},\widetilde{\mu}),\widetilde{\lambda},\widetilde{\mu})$ 令式(8.10)最小化，那么将这些估计量表示为 $\widetilde{\boldsymbol{\theta}}_1=(\widetilde{A}_1,\widetilde{B}_1,\widetilde{\lambda}_1,\widetilde{\mu}_1)^{\mathrm{T}}$。

考虑 $\{y_1(m,n);m=1,\cdots,M,n=1,\cdots,N\}$，其中

$$y_1(m,n)=y(m,n)-\widetilde{A}_1\cos(m\widetilde{\lambda}_1+n\widetilde{\mu}_1)-\widetilde{B}_1\sin(m\widetilde{\lambda}_1+n\widetilde{\mu}_1) \tag{8.13}$$

通过将 $y(m,n)$ 替换为 $y_1(m,n)$，重复上述整个过程，获取 $\widetilde{\boldsymbol{\theta}}_2=(\widetilde{A}_2,\widetilde{B}_2,\widetilde{\lambda}_2,\widetilde{\mu}_2)^{\mathrm{T}}$。同理，可以得到 $\widetilde{\boldsymbol{\theta}}_1,\cdots,\widetilde{\boldsymbol{\theta}}_p$。此外 $\widetilde{\boldsymbol{\theta}}_j$ 和 $\widetilde{\boldsymbol{\theta}}_k$ 在 $j\neq k$ 时是独立分布的。Prasad、Kundu和Mitra证明了定理8.1也适用于 $\widetilde{\boldsymbol{\theta}}_1,\cdots,\widetilde{\boldsymbol{\theta}}_p$。[23]这意味着LSE得到的估计与用顺序法得

到的估计是渐近等价的。

8.2.3 周期图估计

任意二维观测序列$\{y(m,n);m=1,\cdots,M,n=1,\cdots,N\}$的二维周期图函数定义为

$$I(\lambda,\mu)=\frac{1}{MN}\left|\sum_{m=1}^{M}\sum_{n=1}^{N}y(m,n)\mathrm{e}^{-\mathrm{i}(m\lambda+n\mu)}\right|^2 \tag{8.14}$$

二维周期图函数在二维 Fourier 频率处计算，即在$(\pi k/M,\pi j/N)$，$k=0,\cdots,M,j=0,\cdots,N$。显然，二维周期图函数(8.14)是一维周期图函数的自然推广。Zhang 和 Mandrekar 以及 Kundu 和 Nandi 使用周期图函数(8.14)来估计模型(8.1)的频率。[13,28] 例如，当$p=1$时，Kundu 和 Nandi 提出了如下 ALSE[13]：

$$(\widetilde{\lambda},\widetilde{\mu})=\arg\max I(\lambda,\mu) \tag{8.15}$$

在$0\leqslant\lambda\leqslant\pi$和$0\leqslant\mu\leqslant\pi$时进行最大化，$A$和$B$的估计值为

$$\widetilde{A}=\frac{2}{MN}\sum_{m=1}^{M}\sum_{n=1}^{N}y(m,n)\cos(m\widetilde{\lambda}+n\widetilde{\mu}) \tag{8.16}$$

$$\widetilde{B}=\frac{2}{MN}\sum_{m=1}^{M}\sum_{n=1}^{N}y(m,n)\sin(m\widetilde{\lambda}+n\widetilde{\mu}) \tag{8.17}$$

已经证明，在假设 8.1 下，$(\widetilde{A},\widetilde{B},\widetilde{\lambda},\widetilde{\mu})$的渐近分布与定理 8.1 描述的一致。同前一小节介绍的顺序法相同，ALSE 能以完全一样的方式应用于p的一般情况，且 ALSE 的渐近分布也满足定理 8.1。因此，LSE 和 ALSE 是渐近等价的。在一维正弦模型中也观察到了这一点。

8.2.4 Nandi-Prasad-Kundu 法

前文描述的 ALSE 或序列估计量可通过求解二维优化问题获得。众所周知，最小二乘曲面和周期图曲面分别具有多个局部极小值和局部极大值。因此，不能保证任何优化算法的收敛性。南迪 Nandi、Prasad 和 Kundu 提出了一种三步算法[21]，该算法可产生与 LSE 具有相同收敛速度的未知频率估计量。接下来，以$p=1$时的算法流程为例对此方法进行介绍，类似地，顺序程序可以很容易地用于对一般的p值进行估计。我们使用以下符号来描述该算法：

$$P_{MN}^{1}(\lambda,\mu)=\sum_{t=1}^{M}\sum_{s=1}^{N}\left(t-\frac{M}{2}\right)y(t,s)\mathrm{e}^{-\mathrm{i}(\lambda t+\mu s)} \tag{8.18}$$

$$P_{MN}^{2}(\lambda,\mu)=\sum_{t=1}^{M}\sum_{s=1}^{N}\left(s-\frac{N}{2}\right)y(t,s)\mathrm{e}^{-\mathrm{i}(\lambda t+\mu s)} \tag{8.19}$$

$$Q_{MN}(\lambda,\mu)=\sum_{t=1}^{M}\sum_{s=1}^{N}y(t,s)\mathrm{e}^{-\mathrm{i}(\lambda t+\mu s)} \tag{8.20}$$

$$\hat{\lambda}^{(r)}=\hat{\lambda}^{(r-1)}+\frac{12}{M_r^2}\mathrm{Im}\left[\frac{P_{M_r,N_r}^{1}(\hat{\lambda}^{(r-1)},\hat{\mu}^{(0)})}{Q_{M_r,N_r}(\hat{\lambda}^{(r-1)},\hat{\mu}^{(0)})}\right],\quad r=1,2,\cdots \tag{8.21}$$

$$\hat{\mu}^{(r)} = \hat{\mu}^{(r-1)} + \frac{12}{N_r^2}\mathrm{Im}\left[\frac{P_{M_r,N_r}^2(\hat{\lambda}^{(0)},\hat{\mu}^{(r-1)})}{Q_{M_r,N_r}(\hat{\lambda}^{(0)},\hat{\mu}^{(r-1)})}\right],\quad r = 1,2,\cdots \tag{8.22}$$

这里 $\hat{\lambda}^{(r)}$ 和 $\hat{\mu}^{(r)}$ 分别是 λ 和 μ 的估计值，(M_r, N_r) 表示第 r 步的样本量。

Nandi、Prasad 和 Kundu 建议使用以下 λ 和 μ 的初始估计值。[21] 对于从数据向量 $\{y(1,n),\cdots,y(M,n)\}$ 中获得的任意估计值 $\hat{\lambda}_n$（其中 $n\in\{1,\cdots,N\}$），都可以用作 Fourier 频率处的周期图最大化器。例如

$$\hat{\lambda}^{(0)} = \frac{1}{N}\sum_{n=1}^{N}\hat{\lambda}_n \tag{8.23}$$

类似地，对于固定的 $m\in\{1,\cdots,M\}$，首先从数据向量 $\{y(m,1),\cdots,y(m,N)\}$ 中获得 $\hat{\mu}_m$，这是 Fourier 频率处的周期图最大化器，然后考虑

$$\hat{\mu}^{(0)} = \frac{1}{M}\sum_{m=1}^{M}\hat{\mu}_m \tag{8.24}$$

事实证明，$\hat{\lambda}^{(0)} = O_p(M^{-1}N^{-1/2})$ 且 $\hat{\mu}^{(0)} = O_p(M^{-1/2}N^{-1})$。该算法可描述如下。

算法 8.1

步骤(1) 取 $r=1$，选择 $M_1 = M^{0.8}, N_1 = N$。使用式(8.21)通过 $\hat{\lambda}^{(0)}$ 计算 $\hat{\lambda}^{(1)}$。

步骤(2) 取 $r=2$，选择 $M_2 = M^{0.9}, N_2 = N$。使用式(8.21)通过 $\hat{\lambda}^{(1)}$ 计算 $\hat{\lambda}^{(2)}$。

步骤(3) 取 $r=3$，选择 $M_3 = M, N_3 = N$。使用式(8.21)通过 $\hat{\lambda}^{(2)}$ 计算 $\hat{\lambda}^{(3)}$。

同理，可以通过式(8.22)用 N, N_r 和 μ 分别交换 M, M_r 和 λ，以得到 $\hat{\lambda}^{(3)}$ 和 $\hat{\mu}^{(3)}$，二者分别是 λ 和 μ 的估计量。结果表明，计算出的估计量与相应的 LSE 具有相同的渐近方差。本节所提的估计量的主要优点是可以在固定的迭代次数内获得计算结果。大量的仿真结果表明，该算法性能良好。

8.2.5 噪声空间分解法

Nandi、Kundu 和 Srivastava 提出了用噪声空间分解方法来估计二维正弦模型(8.1)的频率。[20] 所提方法是一维 NSD 法的扩展，该方法最初由 Kundu 和 Mitra 提出[11]，如 3.4 节所述。NSD 二维模型的估计方法可描述如下：

从数据矩阵的第 S 行开始

$$\boldsymbol{Y}_N = \begin{bmatrix} y(1,1) & \cdots & y(1,N) \\ \vdots & & \vdots \\ y(s,1) & \cdots & y(s,N) \\ \vdots & & \vdots \\ y(M,1) & \cdots & y(M,N) \end{bmatrix} \tag{8.25}$$

构建一个 $N-2p\geqslant L\geqslant 2p$ 矩阵

$$\boldsymbol{A}_s = \begin{bmatrix} y(s,1) & \cdots & y(s,L+1) \\ \vdots & & \vdots \\ y(s,N-L) & \cdots & y(s,N) \end{bmatrix}$$

现在有一个$(L+1)\times(L+1)$矩阵$\boldsymbol{B}=\sum_{s=1}^{M}\boldsymbol{A}_s^{\mathrm{T}}\boldsymbol{A}_s/((N-L)M)$。在矩阵$\boldsymbol{B}$上用一维NSD法，可以获得$\lambda_1,\cdots,\lambda_p$的估计。类似地，使用数据矩阵$\boldsymbol{Y}_N$的列向量，可以获得数据$\mu_1,\cdots,\mu_p$的估计。详细方法请参见文献[20]。最后，我们也需要估计成对的$\{(\lambda_k,\mu_k);k=1,\cdots,p\}$。一旦获得$\lambda_k$和$\mu_k(k=1,\cdots,p)$的估计值，作者建议使用以下两种配对算法：算法8.2基于$p!$搜索，对于较小的p值，如$p=2$或3，它的计算效率很高；而算法8.3基于p^2搜索，所以对于较大的p值($p>3$)，它是有效的。假设使用上述NSD法获得的估计值为$\{\hat{\lambda}_{(1)},\cdots,\hat{\lambda}_{(p)}\}$和$\{\hat{\mu}_{(1)},\cdots,\hat{\mu}_{(p)}\}$，则这两种算法描述如下。

算法8.2 考虑$\{(\hat{\lambda}_{(j)},\hat{\mu}_{(j)});j=1,\cdots,p\}$是关于$p!$所有可能的组合，并计算每个组合的周期图函数之和

$$I_S(\boldsymbol{\lambda},\boldsymbol{\mu})=\sum_{k=1}^{p}\frac{1}{MN}\left|\sum_{s=1}^{M}\sum_{t=1}^{N}y(s,t)\mathrm{e}^{-\mathrm{i}(s\lambda_k+t\mu_k)}\right|^2$$

将该组合视为$\{(\lambda_j,\mu_j);j=1,\cdots,p\}$的成对估计，其中$I_S(\boldsymbol{\lambda},\boldsymbol{\mu})$是最大估计。

算法8.3 根据$\{(\hat{\lambda}_{(j)},\hat{\mu}_{(k)});j,k=1,\cdots,p\}$计算式(8.14)中定义的$I(\lambda,\mu)$。选择$I(\hat{\lambda}_{(j)},\hat{\mu}_{(k)})$的最大$p$值，其对应的$\{(\lambda_k,\mu_k);k=1,\cdots,p\}$是$\{(\hat{\lambda}_{(k)},\hat{\mu}_{(k)});k=1,\cdots,p\}$的成对估计。

从大量的实验结果可以看出，这些估计量的性能优于ALSE和LSE。与一维NSD法相同的是，在独立同分布误差的假设下，通过二维NSD法获得的频率估计量是强一致的，但这些估计量的渐近分布尚未确定。

8.3 二维模型：分量数的估计

二维正弦模型的频率估计在信号处理文献中受到了广泛关注。遗憾的是，现有方法没有对分量数(即模型(8.1)的p)估计问题进行足够的研究。如文献[6]中所提出的方法，p可以通过观察二维周期图函数的峰值数量进行估计，但这在本质上是相当主观的并不具有普适性。

Miao、Wu和Zhao讨论了等效模型的分量数估计。[18] Kliger和Francos推导出用于联合估计二维正弦模型参数最大后验概率(MAP)模型阶数的选择准则。[7]他们的方法在独立同分布Gauss随机场误差假设下产生了p阶模型的强一致估计。Kliger和Francos假设误差来自平稳随机场，并再次讨论了同时估计p和其他参数的方法。[8]他们首先考虑了正弦分量数量(如q)被估计成较小值的情况，即$q<p$，且q分量模型未知参数的LSE是强一致的。在$q>p$的情况下，正弦分量的数量被估计成较大值，LSE的向量包含一个$4p$维子向量，该子向量收敛于p个正弦分量正确参数的真值。剩余的$(q-p)$个分量被指定为$(q-p)$噪声的最主要周期图峰值，以实现最小化残差平方和。最后，他们基于BIC/MDL的思想提出一系列模型选择规则，在二维正弦模型中产生模型阶数的强

一致估计。

Kundu 和 Nandi 提出一种基于特征分解技术的方法[13]，该方法只需要估计不同模型阶数的误差方差，避免了对不同模型阶数的不同参数进行估计。该方法利用 Vandermond 型矩阵的秩和信息论准则，如 AIC 和 MDL。但是没有使用任何固定的代价函数，而是使用了一类满足某些特殊性质的代价函数。可以观察到，在假设误差为独立同分布随机变量的情况下，任何特定类别的代价函数都能提供未知参数 p 的一致估计。此外，使用矩阵微扰技术已经可以求得任意特定代价函数的错误检测概率估计。一旦获得错误检测概率的估计值，就能使用估计错误检测概率最小的代价函数来估计 p。该方法的主要特点是代价函数依赖于观测数据，大量的数值研究表明，基于数据的代价函数在 p 值估计方面非常有效。

8.4　多 维 模 型

M 维正弦模型由下式给出：

$$y(\boldsymbol{n}) = \sum_{k=1}^{p} A_k \cos(n_1\omega_{1k} + n_2\omega_{2k} + \cdots + n_M\omega_{Mk} + \varphi_k) + X(\boldsymbol{n})$$

$$n_1 = 1,\cdots,N_1;\quad n_2 = 1,\cdots,N_2;\quad n_M = 1,\cdots,N_M \tag{8.26}$$

式中，$\boldsymbol{n} = (n_1, n_2, \cdots, n_M)$是一个 M 元数组，$y(\boldsymbol{n})$是被噪声破坏的观测信号。对于 $k = 1,\cdots,p$，A_k 为未知实值振幅；$\varphi_k \in (0,\pi)$是未知阶段；$\omega_{1k} \in (-\pi,\pi)$，$\omega_{2k},\cdots,\omega_{Mk} \in (0,\pi)$是频率；$X(\boldsymbol{n})$是一个 M 维随机变量，其均值为 0、方差为有限值 σ^2；p 是 M 维正弦分量的总数。模型(8.26)是一维模型(3.1)和二维模型(8.1)在 M 维上的近似模型，可以通过展开余弦项并重命名相关参数得到。

要估计未知参数 $A_k, \varphi_k, \omega_{1k}, \omega_{2k}, \cdots, \omega_{Mk}$ $(k = 1,\cdots,p)$，令 $\boldsymbol{\theta} = (\boldsymbol{\theta}_1,\cdots,\boldsymbol{\theta}_p)$，$\boldsymbol{\theta}_k = (A_k, \varphi_k, \omega_{1k},\cdots,\omega_{Mk})$。然后，用 LSE 最小化如下残差平方和：

$$Q(\boldsymbol{\theta}) = \sum_{n_1}^{N_1}\cdots\sum_{n_M}^{N_M}\left[y(\boldsymbol{n}) - \sum_{k=1}^{p} A_k\cos(n_1\omega_{1k} + n_2\omega_{2k} + \cdots + n_M\omega_{Mk} + \varphi_k)\right]^2 \tag{8.27}$$

关于未知参数，使用以下参数讨论 $\boldsymbol{\theta}$ 的 LSE 的渐近性质：

$$N = N_1,\cdots,N_M;\quad N_{(1)} = \min(N_1,\cdots,N_M);\quad N_{(M)} = \max(N_1,\cdots,N_M)$$

Kundu 证明了 LSE 的强一致性和渐近正态性，假设$\{X(\boldsymbol{n})\}$是 M 数组实值随机变量的独立同分布序列。[9]当 $A_1,\cdots,A_p$ 是任意非零实数且与 ω_{jk} $(j = 1,\cdots,M; k = 1,\cdots,p)$都不相同时，Kundu 证明 $\boldsymbol{\theta}$ 的 LSE(即 $\hat{\boldsymbol{\theta}}$)是强一致估计量$(N_{(M)}\to\infty)$。[9]这意味着，即使除 1 以外的所有 $N_k s$ 都很小，也可以获得 LSE 的强一致性。

Kundu 获得了当 $N_{(1)}\to\infty$ 时，$\boldsymbol{\theta}_1,\cdots,\boldsymbol{\theta}_p$ 的 LSE，即 $\hat{\boldsymbol{\theta}}_1,\cdots,\hat{\boldsymbol{\theta}}_p$ 的极限分布，将顺序的对角$(M+2)$矩阵 $\boldsymbol{D}_{\mathrm{M}}$ 定义为[9]

$$\boldsymbol{D}_M = \mathrm{diag}\{N^{\frac{1}{2}}, N^{\frac{1}{2}}, N_1 N^{\frac{1}{2}}, \cdots, N_M N^{\frac{1}{2}}\}$$

那么，当 $N_{(1)} \to \infty$，$(\hat{\boldsymbol{\theta}}_k - \boldsymbol{\theta}_k)\boldsymbol{D}_M \xrightarrow{\mathrm{d}} N_{M+2}(\boldsymbol{0}, 2\sigma^2 \boldsymbol{\Sigma}_{kM}^{-1})$时，其中

$$\boldsymbol{\Sigma}_{kM} = \begin{bmatrix} 1 & 0 & 0 & \cdots & \cdots & 0 \\ 0 & A_k^2 & \frac{1}{2}A_k^2 & & \cdots & \frac{1}{2}A_k^2 \\ 0 & \frac{1}{2}A_k^2 & \frac{1}{3}A_k^2 & \frac{1}{4}A_k^2 & \cdots & \frac{1}{4}A_k^2 \\ 0 & \frac{1}{2}A_k^2 & \frac{1}{4}A_k^2 & \frac{1}{3}A_k^2 & \cdots & \frac{1}{4}A_k^2 \\ \vdots & \vdots & \vdots & \vdots & & \vdots \\ 0 & \frac{1}{2}A_k^2 & \frac{1}{4}A_k^2 & \frac{1}{4}A_k^2 & \cdots & \frac{1}{3}A_k^2 \end{bmatrix}$$

$$\boldsymbol{\Sigma}_{kM}^{-1} = \begin{bmatrix} 1 & 0 & 0 & 0 & \cdots & 0 \\ 0 & a_k & b_k & b_k & \cdots & b_k \\ 0 & b_k & c_k & 0 & \cdots & 0 \\ 0 & b_k & 0 & c_k & \cdots & 0 \\ \vdots & \vdots & \vdots & \vdots & & \vdots \\ 0 & b_k & 0 & 0 & \cdots & c_k \end{bmatrix}$$

$$a_k = \frac{3(M-1)+4}{A_k^2}, \quad b_k = -\frac{6}{A_k^2}, \quad c_k = \frac{1}{A_k^2}\frac{36(M-1)+48}{3(M-1)+4}$$

且 $\hat{\boldsymbol{\theta}}_j$ 和 $\hat{\boldsymbol{\theta}}_k$ 为 $j \neq k$ 时的渐近独立分布。观察到 $\hat{\omega}_{1k}, \cdots, \hat{\omega}_{Mk}$ 的渐近方差都是相同的，并且与 A_k^2 成反比。$\hat{\omega}_{ik}$ 和 $\hat{\omega}_{jk}$ 之间的渐近协方差为 0，且随着 M 增加，$\hat{\omega}_{ik}$ 和 $\hat{\omega}_{jk}$ 的方差收敛到 $\frac{12}{A_k^2}$。

周期图估计量可被视为类似 8.2.3 小节中定义的二维周期图估计量。M 维周期图函数可以定义为二维周期图函数，成为周期图函数一维的扩展。在相同情况下，可以证明一维周期图和二维周期图估计与 LSE 是渐近是等价的，所以具有相同的渐近分布。基于独立同分布误差得到的结果可以推广到移动平均型误差以及 M 维平稳线性过程。

8.5 结 论

在本章中，我们介绍了二维正弦模型，并讨论了不同的估计量及其性质。在二维情况下，LSE 是最自然的选择和最有效的估计量。然而，LSE 的求解是一个难题。因此，有文献提出了其他几种可能不如 LSE 有效但更易于计算的估计量，如文献[4,14,15,26-27]。Prasad 和 Kundu 提出了三维正弦模型[22]，该模型可以非常有效地用于建模彩色纹理。他们在平稳误差的假设下建立了 LSE 的强一致性和渐近正态性，但是没有尝试有效计算 LSE，也没有尝试找到比 LSE 更方便获得的其他估计量。Kundu 考虑了实值模型

和复值模型的几种推广形式[9];8.4节讨论了一个特例。似乎大多数二维结果都可以扩展到三维和更高维的情况,在这方面还需要进行更深入的研究。

参考文献

[1] Barbieri M M, Barone P. A two-dimensional Prony's algorithm for spectral estimation[J]. IEEE Transactions on Signal Processing, 2002, 40(11): 2747-2756.

[2] Cabrera S D, Bose N K. Prony's method for two-dimensional complex exponential modeling[M]// Tzafestas S G. Applied control the Ory. New York: Marcel Dekker, 1993.

[3] Chun J T, Bose N K. Parameter estimation via signal-selectivity of signal-subspace (PESS) and its application to 2-D wavenumber estimation[J]. Digital Signal Processing, 1995, 5(1): 58-76.

[4] Clark M P, Scharf L L. Two-dimensional modal analysis based on maximum likelihood[J]. IEEE Transactions on Signal Processing, 1994, 42(6): 1443-1452.

[5] Hua Y. Estimating two-dimensional frequencies by matrix enhancement and matrix pencil[J]. IEEE Transactions on Signal Processing, 1992, 40(9): 2267-2280.

[6] Kay S M. Fundamentals of statistical signal processing, Vol II-Detection theory[M]. New York: Prentice Hall, 1998.

[7] Kliger M, Francos J M. MAP model order selection rule for 2-D sinusoids in white noise[J]. IEEE Transactions on Signal Processing, 2005, 53(7): 2563-2575.

[8] Kliger M, Francos J M. Strongly consistent model order selection for estimating 2-D sinusoids in colored noise[J]. IEEE Transactions on Information Theory, 2013, 59(7): 4408-4422.

[9] Kundu D. A note on the asymptotic properties of the least squares estimators of the parameters of the multidimensional exponential signals[J]. Sankhya, 2004, 66(3): 528-535.

[10] Kundu D, Gupta R D. Asymptotic properties of the least squares estimators of a two dimensional model[J]. Metrika, 1998, 48(2): 83-97.

[11] Kundu D, Mitra A. Consistent method of estimating superimposed exponential signals[J]. Scandinavian Journal of Statistics, 1995, 22: 73-82.

[12] Kundu D, Mitra A. Asymptotic properties of the least squares estimates of 2-D exponential signals[J]. Multidimensional Systems and Signal Processing, 1996, 7(2): 135-150.

[13] Kundu D, Nandi S. Determination of discrete spectrum in a random field[J]. Statistica Neerlandica, 2003, 57(2): 258-284.

[14] Li Y, Razavilar J, Liu K J R. A high-resolution technique for multidimensional NMR spectroscopy[J]. IEEE Transactions on Biomedical Engineering, 1998, 45(1): 78-86.

[15] Li J, Stoica P, Zheng D. An efficient algorithm for two-dimensional frequency estimation[J]. Multidimensional Systems and Signal Processing, 1996, 7(2): 151-178.

[16] Malliavin P. Sur la norme d'une matrice circulante gaussienne[J]. Comptes Rendus De l'Académie des Sciences. Serie I, 1994, 319(7): 745-749.

[17] Malliavin P. Estimation d'un signal lorentzien[J]. Comptes Rendus De L Académie Des Sciences, 1994, 319(9): 991-997.

[18] Miao B Q, Wu Y, Zhao L C. On strong consistency of a 2-dimensional frequency estimation algorithm [J]. Statistica Sinica, 1998, 8: 559-570.

[19] Mitra A, Stoica P. The asymptotic Cramér-Rao bound for 2-D superimposed exponential signals [J]. Multidimensional Systems and Signal Processing, 2002, 13(3): 317-331.

[20] Nandi S, Kundu D, Srivastava R K. Noise space decomposition method for two-dimensional sinusoidal model[J]. Computational Statistics & Data Analysis, 2013, 58: 147-161.

[21] Nandi S, Prasad A, Kundu D. An efficient and fast algorithm for estimating the parameters of two-dimensional sinusoidal signals[J]. Journal of Statistical Panning and Inference, 2010, 140 (1): 153-168.

[22] Prasad A, Kundu D. Modeling and estimation of symmetric colour textures[J]. Sankhya: The Indian Journal of Statistics, Series B, 2009, 71: 30-54.

[23] Prasad A, Kundu D, Mitra A. Sequential estimation of two dimensional sinusoidal models[J]. Journal of Probability and Statistics, 2012, 10(2): 161-178.

[24] Rao C R, Zhao L, Zhou B. Maximum likelihood estimation of 2-D superimposed exponential signals [J]. IEEE Transactions on Signal Processing, 1994, 42(7): 1795-1802.

[25] Richards F S G. A method of maximum - likelihood estimation[J]. Journal of the Royal Statistical Society: Series B (Methodological), 1961, 23(2): 469-475.

[26] Sacchini J J, Steedly W M, Moses R L. Two-dimensional Prony modeling and parameter estimation[J]. IEEE Transactions on Signal Processing, 1993, 41(11): 3127-3137.

[27] Sandgren N, Stoica P, Frigo F J. Area-selective signal parameter estimation for two-dimensional MR spectroscopy data[J]. Journal of Magnetic Resonance, 2006, 183(1): 50-59.

[28] Zhang H, Mandrekar V. Estimation of hidden frequencies for 2D stationary processes[J]. Journal of Time Series Analysis, 2001, 22(5): 613-629.

第9章 线性调频信号模型

9.1 引 言

加性噪声中的实一维线性调频(Chirp)信号可以用数学方法表示为

$$y(t) = A\cos(\alpha t + \beta t^2) + B\sin(\alpha t + \beta t^2) + X(t), \quad t = 1, \cdots, n \tag{9.1}$$

式中,$y(t)$是在 $t=1,\cdots,n$ 处观察到的实信号;A,B 是振幅;α 和β 分别是频率和调频率。加性噪声 $X(t)$的均值为0,误差过程$\{X(t)\}$的显式结构将在后面讨论。该模型被广泛应用于解决许多领域中的信号处理问题,尤其是在雷达探测领域。例如,当雷达照射目标时,发射信号将经历由目标到接收器之间的距离和相对运动引起的相移。假设该运动是连续且可微分的,则相移可充分建模为 $\varphi(t) = a_0 + a_1 t + a_2 t^2$,其中参数 a_1 和 a_2 与速度和加速度或距离和速度相关,具体取决于雷达的用途以及发射的波形,参见文献[50]的第56～65页。

Chirp信号被应用于许多不同的工程实践领域,特别是在雷达、主动声呐和被动声呐系统中。Chirp信号的参数估计问题在工程研究中受到了较多的关注,如 Abatzoglou[1], Djurić和 Kay[8],Saha 和 Kay[53],Gini、Montanari 和 Verrazzani[19],Besson、Giannakis 和 Gini[5], Volcker 和 Otterstern[56], Lu 等人[40], Wang 和 Yang[58], Guo 等人[23], Yaron、Alon 和 Israel[62],Yang、Liu 和 Jiang[63],Fourier 等人[14],Gu 等人[22]的文献及其引用的参考文献,但在统计领域却没有得到广泛关注,感兴趣的读者可参阅文献[20-21, 29,31,34,36-37,41,43,51-52]。

模型(9.1)的替代公式也主要出现在工程文献中,如下所示:

$$y(t) = Ae^{i(\alpha t + \beta t^2)} + X(t), \quad t = 1, \cdots, n \tag{9.2}$$

式中,$y(t)$是复数信号,振幅 A 和误差分量$X(t)$也是复数,α 和β 与之前定义的相同。尽管所有物理信号都是实值信号,但从分析、符号或算法的角度看,以复值形式处理信号会更加容易,参见文献[18]。对于实连续信号,利用 Hilbert 变换可以很容易地得到其解析形式,即使用模型(9.1)或模型(9.2)。在本章中,我们只关注实值 Chirp 模型。

根据上述分析可知,Chirp 模型(9.1)是众所周知的正弦频率模型的推广:

$$y(t) = A\cos(\alpha t) + B\sin(\alpha t) + X(t), \quad t = 1, \cdots, n \tag{9.3}$$

式中,A,B,α 和$X(t)$与式(9.1)中的相同。在 Chirp 信号模型中,频率随时间线性变化。在正弦频率模型(9.3)中,频率 α 是常数,不会像 Chirp 信号模型(9.1)那样随时间

变化。模型(9.3)的更一般形式可以写成

$$y(t) = \sum_{k=1}^{r} [A_k \cos(\alpha_k t) + B_k \sin(\alpha_k t)] + X(t), \quad t = 1, \cdots, n \tag{9.4}$$

显然，模型(9.3)可以看作模型(9.1)的特例。此外，模型(9.1)也可以视为(9.3)的正弦调频模型。

在本章中，我们介绍了一维 Chirp 模型(9.1)、模型(9.5)中更一般的多分量 Chirp 模型以及一些相关的模型。

$$y(t) = \sum_{k=1}^{p} [A_k \cos(\alpha_k t + \beta_k t^2) + B_k \sin(\alpha_k t + \beta_k t^2)] + X(t), \quad t = 1, \cdots, n \tag{9.5}$$

我们讨论了与这些模型相关的不同问题，它们主要集中在未知参数的估计及其性质的推理分析。伴随着 Chirp 信号的一个主要难题就是未知参数的估计。虽然模型(9.1)可视为一个非线性回归模型，但该模型不满足 Jennrich 或 Wu 提出的充分条件，即建立标准非线性回归模型未知参数的 LSE 的一致性和渐近正态性所需的条件。[27,60] 因此，LSE 或 MLE 的一致性和渐近正态性不是即时的。在这种情况下，与正弦模型类似，也需要建立独立模型。因为 Chirp 信号模型关于其自身参数是高度非线性的，所以如何找到参数的 MLE 或 LSE 是关键难题。为了计算不同的有效估计量，并在不同误差假设下推导其性质，研究人员已经做了大量的工作。本章给出了若干种经典估计方法和 Bayes 估计方法，并讨论了它们的性质。

在 9.2 节中，我们将给出一维 Chirp 模型的细节。9.3 节和 9.4 节将分别介绍二维 Chirp 和二维多项式相位模型。最后，我们将指出一些相关的模型，这些模型将在第 11 章进行详细讨论，并在 9.5 节中得出结论。

9.2 一维线性调频模型

本节首先讨论单分量 Chirp 模型涉及的不同问题，然后讨论多分量 Chirp 模型。

9.2.1 单分量线性调频模型

一维单分量 Chirp 模型可以写为

$$y(t) = A^0 \cos(\alpha^0 t + \beta^0 t^2) + B^0 \sin(\alpha^0 t + \beta^0 t^2) + X(t), \quad t = 1, \cdots, n \tag{9.6}$$

式中，$y(t)$，$t = 1, \cdots, n$ 是前面提到的实信号；A^0，B^0 是实振幅；α^0，β^0 分别是频率和调频率。我们要做的就是根据观测样本来估计未知参数 A^0，B^0，α^0 和 β^0。现有的文献中提出了多种估计方法，本书也提供了不同的估计方法，并讨论了这些估计量的理论性质。首先，假设误差 $X(t)$ 是零均值、方差为 σ^2 的独立同分布正态随机变量。稍后将考虑变更为一般形式的误差随机变量 $X(t)$。

9.2.1.1　最大似然估计

首先需要获得观测数据的对数似然函数来计算最大似然估计(MLE),不含加性常数的对数似然函数可以写成

$$l(\boldsymbol{\Theta}) = -\frac{n}{2}\ln\sigma^2 - \frac{1}{2\sigma^2}\sum_{t=1}^{n}[y(t) - A\cos(\alpha t + \beta t^2) - B\sin(\alpha t + \beta t^2)]^2 \tag{9.7}$$

式中,$\boldsymbol{\Theta} = (A, B, \alpha, \beta, \sigma^2)^{\mathrm{T}}$。因此,$A^0, B^0, \alpha^0, \beta^0$ 和 σ^2 的 MLE,即 $\hat{A}, \hat{B}, \hat{\alpha}, \hat{\beta}$ 和 $\hat{\sigma}^2$ 可以分别通过最大化对应未知参数的 $l(\boldsymbol{\Theta})$来获得。通过最小化 $Q(\boldsymbol{\Gamma})$可以立即获得 $\hat{A}$, $\hat{B}, \hat{\alpha}$ 和 $\hat{\beta}$,其中 $\boldsymbol{\Gamma} = (A, B, \alpha, \beta)^{\mathrm{T}}$ 且

$$Q(\boldsymbol{\Gamma}) = \sum_{t=1}^{n}[y(t) - A\cos(\alpha t + \beta t^2) - B\sin(\alpha t + \beta t^2)]^2 \tag{9.8}$$

因此,正如在正态性假设下所预期的那样,$\hat{A}, \hat{B}, \hat{\alpha}$ 和 $\hat{\beta}$ 也都是相应参数的 LSE。一旦获得 $\hat{A}, \hat{B}, \hat{\alpha}$ 和 $\hat{\beta}$,$\hat{\sigma}^2$ 就可推导为

$$\hat{\sigma}^2 = \frac{1}{n}\sum_{t=1}^{n}[y(t) - \hat{A}\cos(\hat{\alpha} t + \hat{\beta} t^2) - \hat{B}\sin(\hat{\alpha} t + \hat{\beta} t^2)]^2 \tag{9.9}$$

接下来,我们首先给出获得 $\hat{A}, \hat{B}, \hat{\alpha}$ 和 $\hat{\beta}$ 的过程,然后讨论它们的渐近性质。对于 $Q(\boldsymbol{\Gamma})$,可以写成

$$Q(\boldsymbol{\Gamma}) = [\boldsymbol{Y} - \boldsymbol{W}(\alpha, \beta)\boldsymbol{\theta}]^{\mathrm{T}}[\boldsymbol{Y} - \boldsymbol{W}(\alpha, \beta)\boldsymbol{\theta}] \tag{9.10}$$

使用符号 $\boldsymbol{Y} = (y(1), \cdots, y(n))^{\mathrm{T}}$ 作为数据向量,$\boldsymbol{\theta} = (A, B)^{\mathrm{T}}$ 作为线性参数向量,具有非线性参数的矩阵

$$\boldsymbol{W}(\alpha, \beta) = \begin{bmatrix} \cos(\alpha + \beta) & \sin(\alpha + \beta) \\ \cos(2\alpha + 4\beta) & \sin(2\alpha + 4\beta) \\ \vdots & \vdots \\ \cos(n\alpha + n^2\beta) & \sin(n\alpha + n^2\beta) \end{bmatrix} \tag{9.11}$$

由式(9.10)可以立即得出,对于固定的(α, β),$\boldsymbol{\theta}^0$ 的最大似然估计 $\hat{\boldsymbol{\theta}}(\alpha, \beta)$可以表示为

$$\hat{\boldsymbol{\theta}}(\alpha, \beta) = [\boldsymbol{W}^{\mathrm{T}}(\alpha, \beta)\boldsymbol{W}(\alpha, \beta)]^{-1}\boldsymbol{W}^{\mathrm{T}}(\alpha, \beta)\boldsymbol{Y} \tag{9.12}$$

且 α 和 β 的最大似然估计可以表示为

$$(\hat{\alpha}, \hat{\beta}) = \arg\min_{\alpha, \beta} Q[\hat{A}(\alpha, \beta), \hat{B}(\alpha, \beta), \alpha, \beta] \tag{9.13}$$

将 $\boldsymbol{\theta}$ 替换为式(9.10)中的 $\hat{\boldsymbol{\theta}}(\alpha, \beta)$,很容易看出

$$(\hat{\alpha}, \hat{\beta}) = \arg\max_{\alpha, \beta} Z(\alpha, \beta) \tag{9.14}$$

其中

$$Z(\alpha, \beta) = \boldsymbol{Y}^{\mathrm{T}}\boldsymbol{W}(\alpha, \beta)[\boldsymbol{W}^{\mathrm{T}}(\alpha, \beta)\boldsymbol{W}(\alpha, \beta)]^{-1}\boldsymbol{W}^{\mathrm{T}}(\alpha, \beta)\boldsymbol{Y} = \boldsymbol{Y}^{\mathrm{T}}\boldsymbol{P}_{\boldsymbol{W}(\alpha, \beta)}\boldsymbol{Y} \tag{9.15}$$

式中,$\boldsymbol{P}_{\boldsymbol{W}(\alpha, \beta)}$是 $\boldsymbol{W}(\alpha, \beta)$列空间上的投影矩阵。可以求得 $\boldsymbol{\theta}^0$ 的 MLE 为 $\hat{\boldsymbol{\theta}} = \hat{\boldsymbol{\theta}}(\hat{\alpha}, \hat{\beta})$。

显然,$\hat{\alpha}$ 和 $\hat{\beta}$ 是无法通过分析得到的,需要使用不同的数值方法来计算 $\hat{\alpha}$ 和 $\hat{\beta}$。Saha

和 Kay 建议在计算 $\hat{\alpha}$ 和 $\hat{\beta}$ 时使用文献[49]所述的方法。[53] 利用文献[49]的主要定理可以得出如下结论：

$$\hat{\alpha} = \lim_{c\to\infty}\frac{\int_0^\pi\int_0^\pi \alpha\exp(cZ(\alpha,\beta))\mathrm{d}\beta\mathrm{d}\alpha}{\int_0^\pi\int_0^\pi \exp(cZ(\alpha,\beta))\mathrm{d}\beta\mathrm{d}\alpha}$$

$$\hat{\beta} = \lim_{c\to\infty}\frac{\int_0^\pi\int_0^\pi \beta\exp(cZ(\alpha,\beta))\mathrm{d}\beta\mathrm{d}\alpha}{\int_0^\pi\int_0^\pi \exp(cZ(\alpha,\beta))\mathrm{d}\beta\mathrm{d}\alpha} \tag{9.16}$$

因此，需要通过二维积分来计算 MLE，或者基于以下算法，使用重要性抽样技术来有效计算 α^0 和 β^0 的 MLE。以下重要抽样方法的简单算法可用于计算式(9.16)所定义的 $\hat{\alpha}$ 和 $\hat{\beta}$。

算法 9.1

步骤(1) 从区间$(0,\pi)$中统一生成 $\alpha_1,\cdots,\alpha_M$，同理，从区间$(0,\pi)$中统一生成 $\beta_1,\cdots,\beta_M$；

步骤(2) 考虑一个序列$\{c_k\}$，其中 $c_1<c_2<c_3<\cdots$，对于固定的 $c=c_k$，计算

$$\hat{\alpha}(c) = \frac{\frac{1}{M}\sum_{i=1}^{M}\alpha_i\exp(cZ(\alpha_i,\beta_i))}{\frac{1}{M}\sum_{i=1}^{M}\exp(cZ(\alpha_i,\beta_i))}$$

$$\hat{\beta}(c) = \frac{\frac{1}{M}\sum_{i=1}^{M}\beta_i\exp(cZ(\alpha_i,\beta_i))}{\frac{1}{M}\sum_{i=1}^{M}\exp(cZ(\alpha_i,\beta_i))}$$

重复上述过程，如果发生收敛，则停止迭代。

需要注意的是，对于每个 k，可以使用相同的 α_n 和β_n 来计算$\hat{\alpha}(c_k)$和$\hat{\beta}(c_k)$。在这种情况下，可以使用 Newton-Raphson 法、Gauss-Newton 法或下降单纯形法等方法来计算 MLE，但任何迭代过程都需要合适的初始值才能收敛。曲面 $Z(\alpha,\beta)$，$0<\alpha,\beta<\pi$ 具有多个局部极大值，所以任意没有合适初始化的迭代过程通常会收敛到局部极大值，而不是全局极大值。

接下来我们讨论未知参数 MLE 的性质。模型(9.6)可视为具有加性误差的典型非线性回归模型，其中误差为独立同分布正态随机变量。相关的其他非线性回归模型，参见文献[54]。Jennrich 和 Wu 提出了几个充分条件[27,60]，在这些条件下，具有加性 Gauss 误差的非线性回归模型中未知参数的 MLE 是一致且渐近正态分布的。然而，Jennrich 或 Wu 提出的充分条件在这里并不成立[27,60]，所以 MLE 的一致性和渐近正态性不是直接生效的。

Kundu 和 Nandi 丰富了 MLE 在某些正则性条件下的一致性和渐近正态性结果[31]，接下来将给出这些结果。

定理 9.1　如果存在一个 K，满足 $0<|A^0|+|B^0|<K, 0<\alpha^0$ 和 $\beta^0<\pi, \sigma^2>0$，那么 $\hat{\boldsymbol{\Theta}}=(\hat{A},\hat{B},\hat{\alpha},\hat{\beta},\hat{\sigma}^2)^{\mathrm{T}}$ 是 $\boldsymbol{\Theta}^0=(A^0,B^0,\alpha^0,\beta^0,\sigma^2)^{\mathrm{T}}$ 的一个强一致估计。

在获得一致性结果的同时，Lahiri、Kundu 和 Mitra 获得了 A^0, B^0, α^0 和 β^0 的 MLE 的渐近正态性。[37] 但渐近方差协方差矩阵的元素看起来相当复杂，Lahiri（另见文献[37]）通过简化渐近方差协方差矩阵项的数论结果来建立以下结果。[32]

结果 9.1　如果 $(\xi,\eta)\in(0,\pi)\times(0,\pi)$，则在采样点个数无限的条件下，以下结果为真：

$$\lim_{n\to\infty}\frac{1}{n}\sum_{t=1}^{n}\cos(\xi t+\eta t^2)=\lim_{n\to\infty}\frac{1}{n}\sum_{t=1}^{n}\sin(\xi t+\eta t^2)=0$$

$$\lim_{n\to\infty}\frac{1}{n^{k+1}}\sum_{t=1}^{n}t^k\cos^2(\xi t+\eta t^2)=\lim_{n\to\infty}\frac{1}{n^{k+1}}\sum_{t=1}^{n}t^k\sin^2(\xi t+\eta t^2)=\frac{1}{2(k+1)}$$

$$\lim_{n\to\infty}\frac{1}{n^{k+1}}\sum_{t=1}^{n}t^k\sin(\xi t+\eta t^2)\cos(\xi t+\eta t^2)=0$$

其中 $k=0,1,2,\cdots$。

有趣的是，我们观察到非线性参数的收敛速度与线性参数相比有很大的不同。以下定理给出了结果，关于这些定理的证明，请参见文献[31-32]。

定理 9.2　在与定理 9.1 相同的假设下，

$$[n^{1/2}(\hat{A}-A^0), n^{1/2}(\hat{B}-B^0), n^{3/2}(\hat{\alpha}-\alpha^0), n^{5/2}(\hat{\beta}-\beta^0)]^{\mathrm{T}}\xrightarrow{\mathrm{d}}N_4(\mathbf{0},2\sigma^2\boldsymbol{\Sigma})\tag{9.17}$$

这里$\xrightarrow{\mathrm{d}}$表示分布的收敛性，$\boldsymbol{\Sigma}$ 由下式给出：

$$\boldsymbol{\Sigma}=\frac{2}{A^{0^2}+B^{0^2}}\begin{bmatrix}\frac{1}{2}(A^{0^2}+9B^{0^2}) & -4A^0B^0 & -18B^0 & 15B^0\\ -4A^0B^0 & \frac{1}{2}(9A^{0^2}+B^{0^2}) & 18A^0 & -15A^0\\ -18B^0 & 18A^0 & 96 & -90\\ 15B^0 & -15A^0 & -90 & 90\end{bmatrix}$$

定理 9.1 建立了 MLE 的一致性，而定理 9.2 说明了 MLE 的渐近分布和收敛速度。有趣的是，线性参数的 MLE 的收敛速度与相应的非线性参数明显不同。对于给定的样本量，非线性参数的估计比线性参数的估计更有效。此外，随着 $A^{0^2}+B^{0^2}$ 减少，MLE 的渐近方差增加。

定理 9.1 给出了在线性参数有界假设下 MLE 的一致性结果。下面的开放性问题可能会引起大家更浓厚的兴趣。

开放问题 9.1　在线性参数无任何有界假设的情况下，开发 MLE 的一致性属性。

定理 9.2 给出了 MLE 的渐近分布。渐近分布可用于构造未知参数的近似置信区间，也可用于检验假设问题。到目前为止，研究文献中尚未考虑置信区间的构建或假设问题的检验。下面的开放问题有一些实际应用。

开放问题 9.2　构建不同的引导置信区间，如百分位引导、偏差修正引导等，并将其与基于 MLE 渐近分布的近似置信区间进行比较。

从定理 9.2 可以看出，线性参数的 MLE 的收敛速度为 $O_p(n^{-1/2})$，而频率和调频率的 MLE 的收敛速度分别为 $O_p(n^{-3/2})$ 和 $O_p(n^{-5/2})$。因此，频率和调频率的 MLE 比线性参数收敛更快。通常这些结果与一般非线性回归模型的 MLE 的收敛速度大不相同，参见文献[54]。虽然我们提供了误差为正态分布时的 MLE 的结果，但可以观察到，当误差为零均值且具有有限方差 σ^2 的独立同分布随机变量时，一致性和渐近正态性结果对于一般的 MLE 是有效的。现在我们讨论更一般误差的 LSE 的性质。

9.2.1.2 最小二乘估计

我们讨论了误差为正态分布时未知参数的估计。值得一提的是，当误差为正态分布时，LSE 和 MLE 是相同的。在本小节中，我们将讨论当误差不是正态分布时未知参数的估计。对 $\{X(t)\}$ 做了以下假设。

假设 9.1 假设

$$X(t) = \sum_{j=-\infty}^{\infty} a(j)e(t-j) \tag{9.18}$$

$\{e(t)\}$ 是具有零均值和有限四阶矩的独立同分布随机变量序列，且

$$\sum_{j=-\infty}^{\infty} |a(j)| < \infty \tag{9.19}$$

与假设 3.2 类似，假设 9.1 是平稳线性过程的标准假设。当 $a(j)$ 是绝对可和，即满足式(9.19)时，任何有限维平稳 AR、MA 或 ARMA 过程都可以表示为式(9.18)。

文献[31]首先讨论了 $\{X(t)\}$ 满足假设 9.1 时，模型(9.1)未知参数的估计。显然，因为误差过程的精确分布未知，所以无法获得 MLE。Kundu 和 Nandi 考虑了未知参数的 LSE，可通过最小化式(9.8)中定义的关于 $\boldsymbol{\Gamma}$ 的 $Q(\boldsymbol{\Gamma})$ 获得。[31] 因此，这里也可以使用与计算 MLE 时相同的计算过程，但是 LSE 的一致性和渐近正态性需要独立分析。文献[31]提出了以下两个类似定理 9.1 和定理 9.2 的结果。

定理 9.3 如果存在一个 K，满足 $0<|A^0|+|B^0|<K$，$0<\alpha^0,\beta^0<\pi$，$\sigma^2>0$，且满足假设 9.1，那么最大似然估计 $\boldsymbol{\Gamma}=(\hat{A},\hat{B},\hat{\alpha},\hat{\beta})^{\mathrm{T}}$ 是 $\boldsymbol{\Gamma}^0=(A^0,B^0,\alpha^0,\beta^0)^{\mathrm{T}}$ 的一个强一致估计。

定理 9.4 在与定理 9.3 相同的假设下，

$$(n^{1/2}(\hat{A}-A^0),n^{1/2}(\hat{B}-B^0),n^{3/2}(\hat{\alpha}-\alpha^0),n^{5/2}(\hat{\beta}-\beta^0))^{\mathrm{T}} \xrightarrow{\mathrm{d}} N_4(\mathbf{0},2c\sigma^2\boldsymbol{\Sigma}) \tag{9.20}$$

这里 $\boldsymbol{\Sigma}$ 的定义与定理 9.2 中的定义相同，并且 $c=\sum_{j=-\infty}^{\infty} a^2(j)$。

需要注意的是，定理 9.4 提供了在误差平稳线性过程假设下 LSE 的收敛速度。定理 9.4 所述的渐近分布也可用于构造未知参数的渐近置信区间，并用于假设检验，前提是可以获得对未知参数 $c\sigma^2$ 的良好估计。在这方面，可以使用 Nandi 和 Kundu 提出的方法。[44] 以下开放问题供大家参考。

开放问题 9.3 基于 LSE 的渐近分布构造置信区间，开发不同的引导置信区间。

开放问题 9.4 基于与 Chirp 模型参数相关的 LSE，开发不同的假设测试。

在下一小节中,我们将讨论最小绝对偏差(LAD)估计的性质,如果误差是重尾的或数据中存在异常值,则该估计比LSE更稳健。

9.2.1.3 最小绝对偏差估计

在本小节中,我们将讨论 A^0,B^0,α^0 和 β^0 的LAD估计,未知参数的LAD估计可以通过最小化如下目标函数得到:

$$R(\boldsymbol{\Gamma}) = \sum_{t=1}^{n} | y(t) - A\cos(\alpha t + \beta t^2) - B\sin(\alpha t + \beta t^2) | \tag{9.21}$$

这里 $\boldsymbol{\Gamma}$ 的定义与前面相同。令 $\hat{A},\hat{B},\hat{\alpha}$ 和 $\hat{\beta}$ 分别表示 A^0,B^0,α^0 和 β^0 的LAD估计量。它们可以通过以下方式获得:

$$(\hat{A},\hat{B},\hat{\alpha},\hat{\beta}) = \arg\min R(\boldsymbol{\Gamma}) \tag{9.22}$$

关于未知参数 $R(\boldsymbol{\Gamma})$ 的最小化问题是一个具有挑战性的问题。即使 α 和 β 已知,与 A 和 B 的LSE不同,A 和 B 的LAD估计量也不能以闭合形式获得。对于已知的 α 和 β,A 和 B 的LAD估计量可以通过求解一个计算量相当大的二维线性规划问题来获得,详情可参见文献[28]。因此,如何有效地找到目标的LAD估计量 $\boldsymbol{\Gamma}$ 是一个具有挑战性的问题。假设在 $-K\leqslant A$ 和 $B\leqslant K$ 时,对于某些 $K>0$ 的情况,可以使用网格搜索方法来计算LAD估计量。但显然,这也是一种计算量非常大的方法。这里还可以使用求解MLE的重要性抽样技术来获得如下LAD估计值:

$$\hat{A} = \lim_{c\to\infty}\frac{\int_{-K}^{K}\int_{-K}^{K}\int_{0}^{\pi}\int_{0}^{\pi} A\exp(cR(\boldsymbol{\Gamma}))\mathrm{d}\beta\mathrm{d}\alpha\mathrm{d}A\mathrm{d}B}{\int_{-K}^{K}\int_{-K}^{K}\int_{0}^{\pi}\int_{0}^{\pi}\exp(cR(\boldsymbol{\Gamma}))\mathrm{d}\beta\mathrm{d}\alpha\mathrm{d}A\mathrm{d}B}$$

$$\hat{B} = \lim_{c\to\infty}\frac{\int_{-K}^{K}\int_{-K}^{K}\int_{0}^{\pi}\int_{0}^{\pi} B\exp(cR(\boldsymbol{\Gamma}))\mathrm{d}\beta\mathrm{d}\alpha\mathrm{d}A\mathrm{d}B}{\int_{-K}^{K}\int_{-K}^{K}\int_{0}^{\pi}\int_{0}^{\pi}\exp(cR(\boldsymbol{\Gamma}))\mathrm{d}\beta\mathrm{d}\alpha\mathrm{d}A\mathrm{d}B}$$

$$\hat{\alpha} = \lim_{c\to\infty}\frac{\int_{-K}^{K}\int_{-K}^{K}\int_{0}^{\pi}\int_{0}^{\pi} \alpha\exp(cR(\boldsymbol{\Gamma}))\mathrm{d}\beta\mathrm{d}\alpha\mathrm{d}A\mathrm{d}B}{\int_{-K}^{K}\int_{-K}^{K}\int_{0}^{\pi}\int_{0}^{\pi}\exp(cR(\boldsymbol{\Gamma}))\mathrm{d}\beta\mathrm{d}\alpha\mathrm{d}A\mathrm{d}B}$$

$$\hat{\beta} = \lim_{c\to\infty}\frac{\int_{-K}^{K}\int_{-K}^{K}\int_{0}^{\pi}\int_{0}^{\pi} \beta\exp(cR(\boldsymbol{\Gamma}))\mathrm{d}\beta\mathrm{d}\alpha\mathrm{d}A\mathrm{d}B}{\int_{-K}^{K}\int_{-K}^{K}\int_{0}^{\pi}\int_{0}^{\pi}\exp(cR(\boldsymbol{\Gamma}))\mathrm{d}\beta\mathrm{d}\alpha\mathrm{d}A\mathrm{d}B}$$

因此,在这种情况下,也可以使用与算法9.1类似的算法来获得未知参数的LAD估计量。在仿真的基础上,可以看到上述估计量的性能,在这方面还有很多工作亟待完成。有效的LAD估计量计算技术到目前为止还不可用,但Lahiri、Kundu和Mitra在某些正则条件下建立了LAD估计量的渐近性质[36],结果可参见文献[32,36]。

假设9.2 误差随机变量 $\{X(t)\}$ 是一系列零均值、方差 $\sigma^2>0$ 的独立同分布随机变量,具有概率密度函数PDF$f(x)$。对于某些 $\varepsilon>0,f(0)>0$ 的情况,$f(x)$ 在 $(0,\varepsilon)$ 和 $(-\varepsilon,0)$ 中是对称且可微的。

定理9.5 如果存在一个 K,满足 $0<|A^0|+|B^0|<K,0<\alpha^0$ 和 $\beta^0<\pi,\sigma^2>0$,且

$\{X(t)\}$满足假设 9.2,那么 $\hat{\boldsymbol{\Gamma}}=(\hat{A},\hat{B},\hat{\alpha},\hat{\beta})^{\mathrm{T}}$ 是 $\boldsymbol{\Gamma}^0$ 的一个强一致估计。

定理 9.6 在与定理 9.5 相同的假设下,

$$(n^{1/2}(\hat{A}-A^0),n^{1/2}(\hat{B}-B^0),n^{3/2}(\hat{\alpha}-\alpha^0),n^{5/2}(\hat{\beta}-\beta^0))^{\mathrm{T}}\xrightarrow{\mathrm{d}}N_4\left(\mathbf{0},\frac{1}{f^2(0)}\boldsymbol{\Sigma}\right)\tag{9.23}$$

此处 $\boldsymbol{\Sigma}$ 的定义与式(9.17)中的定义相同。

因此,可以观察到,LSE 和 LAD 估计都提供未知参数的一致性估计量,并且它们具有相同的收敛速度。与定理 9.2 类似,定理 9.6 也可用于构造未知参数的近似置信区间,并开发不同的假设测试,前提是可以获得对核密度 $f^2(0)$的良好估计。估计误差的估计量可用于涉及置信区间的数值实验,其中的核心问题是了解近似置信区间在覆盖百分比和置信长度方面的表现。以下与 LAD 估计量相关的问题可能会引起大家的兴趣。

开放问题 9.5 开发一种高效算法,在不同误差假设下计算 Chirp 参数的 LAD 估计量。

开放问题 9.6 构建 Chirp 模型未知参数的置信区间,并基于 LAD 估计量进行假设检验。

9.2.1.4 有限步高效算法

在本章前面的内容中,已经证明了 MLE、LSE 和 LAD 可以提供频率和调频率的一致性估计量,但所有这些估计量都需要使用一些优化技术或前面描述的重要性抽样方法进行计算。任何涉及非线性模型的优化方法都需要使用某种迭代程序来求解,而任何迭代程序都有其自身的收敛问题。在本小节中,我们提出了一种使用迭代过程获得频率和调频率的算法,该算法的有趣之处在于,它在固定的迭代次数内收敛,同时频率和调频率估计量达到与 MLE 或 LAD 估计量相同的收敛速度。该算法的主要思想来源于 Bai 等人提出的正弦信号情况下的有限步长高效算法。[3] 如果我们开始分别对 α^0 和 β^0 的收敛速度 $O_p(n^{-1})$和 $O_p(n^{-2})$赋初始值,在四次迭代后,该算法产生一个具有收敛速度为 $O_p(n^{-3/2})$的 α^0 估计,以及一个具有收敛速度为 $O_p(n^{-5/2})$的 β^0 估计。在提供详细的算法之前,我们首先展示如何改进 α^0 和 β^0 的估计,随后提供用于实际实现的精确计算算法。如果 $\tilde{\alpha}$ 是 α^0 的估计量,满足 $\delta_1>0,\tilde{\alpha}-\alpha^0=O_p(n^{-1-\delta_1})$,且 $\tilde{\beta}$ 是 β^0 的估计量,满足 $\delta_2>0,\tilde{\beta}-\beta^0=O_p(n^{-2-\delta_2})$,则 α^0 和 β^0 的改进估计量可以分别表示为

$$\tilde{\tilde{\alpha}}=\tilde{\alpha}+\frac{48}{n^2}\mathrm{Im}\left(\frac{P_n^\alpha}{Q_n}\right)\tag{9.24}$$

$$\tilde{\tilde{\beta}}=\tilde{\beta}+\frac{45}{n^4}\mathrm{Im}\left(\frac{P_n^\beta}{Q_n}\right)\tag{9.25}$$

其中

$$P_n^\alpha=\sum_{t=1}^n y(t)\left(t-\frac{n}{2}\right)\mathrm{e}^{-\mathrm{i}(\tilde{\alpha}+\tilde{\beta}t^2)}$$

$$P_n^\beta=\sum_{t=1}^n y(t)\left(t-\frac{n}{3}\right)\mathrm{e}^{-\mathrm{i}(\tilde{\alpha}t+\tilde{\beta}t^2)}$$

$$Q_n^{\alpha} = \sum_{t=1}^{n} y(t)\mathrm{e}^{-\mathrm{i}(\tilde{\alpha}n+\tilde{\beta}n^2)}$$

这里,如果 C 是复数,那么 Im(C)表示 C 的虚部。

以下两个定理为改进估计量提供了证明,该证明可在文献[34]中获得。

定理 9.7　如果 $\tilde{\alpha}-\alpha^0=O_p(n^{-1-\delta_1})$,$\delta_1>0$,则

$$\begin{cases}(\tilde{\tilde{\alpha}}-\alpha^0)=O_p(n^{-1-2\delta_1}), & \delta_1\leqslant 1/4\\ n^{3/2}(\tilde{\tilde{\alpha}}-\alpha^0)\xrightarrow{\mathrm{d}} N(0,\sigma_1^2), & \delta_1>1/4\end{cases}$$

式中,$\sigma_1^2=\dfrac{384\sigma^2}{A^{0^2}+B^{0^2}}$。

定理 9.8　如果 $\tilde{\beta}-\beta^0=O_p(n^{-2-\delta_2})$,$\delta_2>0$,则

$$\begin{cases}(\tilde{\tilde{\beta}}-\beta^0)=O_p(n^{-2-2\delta_2}), & \delta_2\leqslant 1/4\\ n^{5/2}(\tilde{\tilde{\beta}}-\beta^0)\xrightarrow{\mathrm{d}} N(0,\sigma_2^2), & \delta_2>1/4\end{cases}$$

式中,$\sigma_2^2=\dfrac{360\sigma^2}{A^{0^2}+B^{0^2}}$。

现在,分别从具有收敛速度 $\tilde{\alpha}-\alpha^0=O_p(n^{-1})$和 $\tilde{\beta}-\beta^0=O_p(n^{-2})$的初始猜测 $\tilde{\alpha}$,$\tilde{\beta}$ 开始,使用上述过程来获得有效的估计量。我们注意到,用上述收敛速度寻找初始猜测并不困难。该思想类似 3.16 节中讨论的 Nandi 和 Kundu 算法。它可以通过在网格 $\left(\dfrac{\pi j}{n},\dfrac{\pi k}{n^2}\right)$ $(j=1,\cdots,n;k=1,\cdots,n^2)$上求 $Q(\hat{A}(\alpha,\beta),\hat{B}(\alpha,\beta),\alpha,\beta)$的最小值来获得。其主要思想是不要在开始时使用整个样本,而是使用部分样本,然后逐渐扩展到整个样本。随着样本大小的变化以及迭代次数的增加,使用的数据点越来越多。该算法表示在第 j 次迭代中获得 α^0 和 β^0 的估计值为 $\tilde{\alpha}^{(j)}$和 $\tilde{\beta}^{(j)}$。

算法 9.2

步骤(1) 选择 $n_1=n^{8/9}$。因此,$\tilde{\alpha}^{(0)}-\alpha^0=O_p(n^{-1})=O_p(n_1^{-1-1/8})$且 $\tilde{\beta}^{(0)}-\beta^0=O_p(n^{-2})=O_p(n_1^{-2-1/4})$,并执行式(9.24)和式(9.25)。在第一次迭代之后,可以得到

$$\tilde{\alpha}^{(1)}-\alpha^0=O_p(n_1^{-1-1/4})=O_p(n^{-10/9})$$

$$\tilde{\beta}^{(1)}-\beta^0=O_p(n_1^{-2-1/2})=O_p(n^{-20/9})$$

步骤(2) 选择 $n_2=n^{80/81}$。因此,$\tilde{\alpha}^{(1)}-\alpha^0=O_p(n_2^{-1-1/8})$,$\tilde{\beta}^{(1)}-\beta^0=O_p(n_2^{-2-1/4})$。执行式(9.24)和式(9.25)。经过第二次迭代,可以得到

$$\tilde{\alpha}^{(2)}-\alpha^0=O_p(n_2^{-1-1/4})=O_p(n^{-100/81})$$

$$\tilde{\beta}^{(2)}-\beta^0=O_p(n_2^{-2-1/2})=O_p(n^{-200/81})$$

步骤(3) 选择 $n_3=n$。因此,$\tilde{\alpha}^{(2)}-\alpha^0=O_p(n_3^{-1-19/81})$,$\tilde{\beta}^{(2)}-\beta^0=O_p(n_3^{-2-38/81})$。执行式(9.24)和式(9.25),在第三次迭代之后,可以得到

$$\tilde{\alpha}^{(3)}-\alpha^0=O_p(n^{-1-38/81})$$

$$\tilde{\beta}^{(3)}-\beta^0=O_p(n^{-2-76/81})$$

步骤(4) 选择 $n_4=n$ 并执行式(9.24)和式(9.25)。现在我们得到了所需的收敛速度，即

$$\widetilde{\alpha}^{(4)}-\alpha^0=O_p(n^{-3/2})$$
$$\widetilde{\beta}^{(4)}-\beta^0=O_p(n^{-5/2})$$

上述算法分四步，相当于最小二乘法，可以非常有效地计算出估计量。值得一提的是，在每个步骤中使用的样本数量不是唯一的。通过选择不同的子样本可以得到等价的估计量。虽然它们是渐近等价的，但有限样本性能不同。步骤(1)或步骤(2)中的分数 $\frac{8}{9}$ 或 $\frac{80}{81}$ 不是唯一的，可以有其他几种选择。通过广泛的蒙特卡罗模拟可以比较不同估计量的有限样本性能。

9.2.1.5 近似最小二乘估计

最近，Grover、Kundu 和 Mitra 提出了 Chirp 信号未知参数的类周期图估计量。[20]假设 Chirp 信号的周期图函数定义为

$$I(\alpha,\beta)=\frac{2}{n}\left\{\left[\sum_{t=1}^{n}y(t)\cos(\alpha t+\beta t^2)\right]^2+\left[\sum_{t=1}^{n}y(t)\sin(\alpha t+\beta t^2)\right]^2\right\} \tag{9.26}$$

正弦信号的周期图函数定义为

$$I(\alpha)=\frac{2}{n}\left\{\left[\sum_{t=1}^{n}y(t)\cos(\alpha t)\right]^2+\left[\sum_{t=1}^{n}y(t)\sin(\alpha t)\right]^2\right\} \tag{9.27}$$

α 的周期图估计量或近似最小二乘估计量可通过在 $(0,\pi)$ 范围内最大化式(9.27)所定义的 $I(\alpha)$ 来获得。如果 $y(t)$ 满足假设 9.3 的正弦模型，则 α 的 ALSE 与模型(9.3)中 α^0 的 LSE 一致且渐近等效。因此式(9.26)中的 $I(\alpha,\beta)$ 是式(9.27)中 $I(\alpha)$ 的自然推广，用于计算单分量 Chirp 模型(9.1)的频率和调频率的估计量。

Grover、Kundu 和 Mitra 基于误差过程 $\{X(t)\}$ 的正态性假设，提出了 α 和 β 的近似最大似然估计[20]：

$$(\widetilde{\alpha},\widetilde{\beta})=\arg\max_{\alpha,\beta}I(\alpha,\beta) \tag{9.28}$$

一旦获得 $\widetilde{\alpha}$ 和 $\widetilde{\beta}$，$\widetilde{\boldsymbol{A}}$ 和 $\widetilde{B}$ 就可计算为

$$\begin{aligned}\widetilde{\boldsymbol{A}}&=\frac{2}{n}\sum_{t=1}^{n}\cos(\widetilde{\alpha}t+\widetilde{\beta}t^2)\\ \widetilde{B}&=\frac{2}{n}\sum_{t=1}^{n}\sin(\widetilde{\alpha}t+\widetilde{\beta}t^2)\end{aligned} \tag{9.29}$$

A^0 和 B^0 也可以使用基于式(9.12)中给出的 $\hat{\boldsymbol{\theta}}(\widetilde{\alpha},\widetilde{\beta})$ 进行估算。为了计算 AMLE，可以使用算法 9.1，将 $Z(\alpha,\beta)$ 替换为 $I(\alpha,\beta)$。Grover、Kundu 和 Mitra 证明了 A^0,B^0，α^0 和 β^0 的 ALSE 的渐近性质。[20]我们观察到，ALSE 同样具有 LSE 的相合性和渐近正态性，但需要更为繁琐的证明条件。上述结果可在文献[20]中找到。

定理 9.9 如果 $0<|A^0|+|B^0|$，$0<\alpha^0$ 和 $\beta^0<\pi$ 且 $\{X(t)\}$ 满足假设 9.1，则 $\widetilde{\boldsymbol{\Gamma}}=(\widetilde{\boldsymbol{A}},\widetilde{B},\widetilde{\alpha},\widetilde{\beta})^{\mathrm{T}}$ 为 $\boldsymbol{\Gamma}^0$ 的一致估计。

定理 9.10　在与定理 9.9 相同的假设下，

$$(n^{1/2}(\widetilde{A}-A^0),n^{1/2}(\widetilde{B}-B^0),n^{3/2}(\widetilde{\alpha}-\alpha^0),n^{5/2}(\widetilde{\beta}-\beta^0))^{\mathrm{T}}\xrightarrow{\mathrm{d}}N_4(\mathbf{0},2\sigma^2c\boldsymbol{\Sigma}) \tag{9.30}$$

此处 c 和 $\boldsymbol{\Sigma}$ 与定理 9.4 中的定义相同。

比较定理 9.3 和定理 9.9，可以看出在定理 9.9 中，线性参数的有界条件已被删除。通过大量的仿真实验可以观察到，虽然 ALSE 的均方误差 MSE 略大于相应的 LSE，但 ALSE 在计算上比 LSE 稍有优势。同样，与 LSE 的情况一样，定理 9.10 也可用于构建未知参数的置信区间，并用于假设的不同测试，前提是可以获得对未知参数 σ^2c 的良好估计。以下问题供大家参考。

开放问题 9.7　基于 LSE 和 ALSE 构造未知参数的置信区间，并根据置信区间的平均长度和各自的覆盖率对其进行比较。

9.2.1.6　Bayes 估计

最近，Mazumder 考虑了 $X(t)$ 为独立同分布正态随机变量时的模型(9.1)，并给出了 Bayes 解释。[41] 作者提供了未知参数的 Bayes 估计和相关可信区间。对模型参数进行了以下转换：

$$A^0=r^0\cos(\theta^0),\quad B^0=r^0\sin(\theta^0),\quad r^0\in(0,K],\quad \theta^0\in[0,2\pi],\quad \alpha,\beta\in(0,\pi)$$

以下关于先验分布的假设是基于上述未知参数得到的：

$$\begin{aligned}&r\sim\text{uniform}(0,K)\\&\theta\sim\text{uniform}(0,2\pi)\\&\alpha\sim\text{von Misses}(a_0,a_1)\\&\beta\sim\text{von Misses}(b_0,b_1)\\&\sigma^2\sim\text{inverse gamma}(c_0,c_1)\end{aligned}$$

值得一提的是，r 和 θ 具有非信息性先验，σ^2 具有共轭先验。在这种情况下，2α 和 2β 是循环随机变量。这就是为什么考虑 von Misses 分布，即圆形数据中正态分布的自然模拟。我们分别将 r,θ,α,β 和 σ^2 的先验密度表示为 $[r]$，$[\theta]$，$[\alpha]$，$[\beta]$ 和 $[\sigma^2]$，$\boldsymbol{Y}$ 是 9.2.1.1 小节中定义的数据向量。假设先验值是独立分布的，那么 r,θ,α,β 和 σ^2 的联合后验密度函数可以表示为

$$[r,\theta,\alpha,\beta,\sigma^2\mid\boldsymbol{Y}]\propto[r][\theta][\alpha][\beta][\sigma^2][\boldsymbol{Y}\mid r,\theta,\alpha,\beta,\sigma^2]$$

现在要使用 Gibbs 采样技术计算未知参数的 Bayes 估计，需要计算每个给定参数的条件分布，称为全条件分布 $[\cdot\mid\cdots]$，表示为

$$\begin{aligned}&[r\mid\cdots]\propto[r][\boldsymbol{Y}\mid r,\theta,\alpha,\beta,\sigma^2]\\&[\theta\mid\cdots]\propto[\theta][\boldsymbol{Y}\mid r,\theta,\alpha,\beta,\sigma^2]\\&[\alpha\mid\cdots]\propto[\alpha][\boldsymbol{Y}\mid r,\theta,\alpha,\beta,\sigma^2]\\&[\beta\mid\cdots]\propto[\beta][\boldsymbol{Y}\mid r,\theta,\alpha,\beta,\sigma^2]\\&[\sigma^2\mid\cdots]\propto[\sigma^2][\boldsymbol{Y}\mid r,\theta,\alpha,\beta,\sigma^2]\end{aligned}$$

由于无法获得完整条件下的封闭形式函数表达式，Mazumder 提出使用随机游走 MCMC 技术更新这些参数，他还用这种方法预测了未来的观测值。[41]

9.2.1.7 假设检验

最近，Dhar、Kundu 和 Das 考虑了单 Chirp 模型假设问题的以下检验。[7]他们考虑了模型(9.1)，并假设 $X(t)$是具有零均值和有限方差 σ^2 的独立同分布随机变量。在开发测试统计特性时，还需要更多假设，这些假设将在后文提及。我们使用了向量 $\boldsymbol{\Gamma}^0=(A^0,B^0,\alpha^0,\beta^0)$来检验以下假设：

$$\begin{aligned}H_0:\boldsymbol{\Gamma}&=\boldsymbol{\Gamma}^0\\H_1:\boldsymbol{\Gamma}&\neq\boldsymbol{\Gamma}^0\end{aligned}\tag{9.31}$$

这是对假设问题的典型检验，主要检验数据是否来自特定的 Chirp 模型。

Dhar、Kundu 和 Das 根据以下测试统计数据提出了四种不同的假设测试来对式(9.31)进行测试[7]：

$$T_{n,1}=\|\boldsymbol{D}^{-1}(\hat{\boldsymbol{\Gamma}}_{n,\mathrm{LSE}}-\boldsymbol{\Gamma}^0)\|_2^2\tag{9.32}$$

$$T_{n,2}=\|\boldsymbol{D}^{-1}(\hat{\boldsymbol{\Gamma}}_{n,\mathrm{LAD}}-\boldsymbol{\Gamma}^0)\|_2^2\tag{9.33}$$

$$T_{n,3}=\|\boldsymbol{D}^{-1}(\hat{\boldsymbol{\Gamma}}_{n,\mathrm{LSE}}-\boldsymbol{\Gamma}^0)\|_1^2\tag{9.34}$$

$$T_{n,4}=\|\boldsymbol{D}^{-1}(\hat{\boldsymbol{\Gamma}}_{n,\mathrm{LAD}}-\boldsymbol{\Gamma}^0)\|_1^2\tag{9.35}$$

如 9.2.1.2 小节和 9.2.1.3 小节所述，此处$\hat{\boldsymbol{\Gamma}}_{n,\mathrm{LSE}}$和$\hat{\boldsymbol{\Gamma}}_{n,\mathrm{LAD}}$分别表示 $\boldsymbol{\Gamma}^0$ 的 LSE 和 LAD。4×4 对角线矩阵 $\boldsymbol{D}$ 为

$$\boldsymbol{D}=\mathrm{diag}\{n^{-1/2},n^{-1/2},n^{-3/2},n^{-5/2}\}$$

此外 $\|\cdot\|_2$ 和 $\|\cdot\|_1$ 分别表示欧几里得范数和 L_1 范数。请注意，所有这些测试统计数据都基于零假设下估计值和参数值之间距离的归一化值。这里选择了欧几里得距离和 L_1 距离，但也可以考虑任何其他距离函数。显然，在所有这些情况下，如果检验统计量的值很大，则无效，假设将被拒绝。

现在，除了定理 9.3 中定义的参数值所需的假设以外，为了选择测试统计的临界值进行以下假设：

假设 9.3 独立同分布误差随机变量是具有有限二阶矩 $f(\cdot)$的正密度函数。

假设 9.4 设 F_t 是$y(t)$的分布函数，其概率密度函数为 $f_t(y,\boldsymbol{\Gamma})$，该函数是关于 $\boldsymbol{\Gamma}$ 的两次连续可微函数。这里假设 $E\left[\frac{\partial}{\partial\Gamma_i}f_t(y,\boldsymbol{\Gamma})\right]_{\boldsymbol{\Gamma}=\boldsymbol{\Gamma}^0}^{2+\delta}<\infty\ (\delta>0)$，假设 $E\left[\frac{\partial^2}{\partial\Gamma_i\partial\Gamma_j}f_t(y,\Gamma)\right]_{\boldsymbol{\Gamma}=\boldsymbol{\Gamma}^0}^{2}<\infty\ (t=1,2,\cdots,n)$，$\Gamma_i$ 和 $\Gamma_j\ (1\leqslant i,j\leqslant4)$，分别是 $\boldsymbol{\Gamma}$ 的第 i 个和第 j 个分量。

注意假设 9.3 和假设 9.4 并不是完全非自然的。假设 9.3 适用于大多数已知的概率密度函数，如正态、Laplace 和 Cauchy 等概率密度函数。需要假设 9.4 中的平滑假设来证明在连续备选方案下检验统计量的渐近正态性，这种假设在渐近统计中很常见。

现在我们可以给出上述检验统计量的渐近性质。假设 $\boldsymbol{A}=(A_1,A_2,A_3,A_4)^{\mathrm{T}}$ 是一个四维 Gauss 随机向量，其平均向量为 $\mathbf{0}$，色散矩阵 $\boldsymbol{\Sigma}_1=2\sigma^2\boldsymbol{\Sigma}$ 中的 $\boldsymbol{\Sigma}$ 与定理 9.2 中的定义相同。此外，另设一个四维 Gauss 随机向量 $\boldsymbol{B}=(B_1,B_2,B_3,B_4)^{\mathrm{T}}$，平均向量为 $\mathbf{0}$，色

散矩阵为 $\boldsymbol{\Sigma}_2 = \dfrac{1}{\{f(M)\}^2}\boldsymbol{\Sigma}$，$M$ 表示与密度函数相关的分布函数 $f(\cdot)$ 的中值。然后我们得到以下结果。

定理 9.11　设 $c_{1\eta}$ 为 $\sum_{i=1}^{4}\lambda_i Z_i^2$ 分布的第 $(1-\eta)$ 分位数，其中 $\lambda_i s$ 是前文中 $\boldsymbol{\Sigma}_1$ 的特征值，$Z_i s$ 是独立标准正态随机变量。如果定理 9.3 和假设 9.3 中定义的参数值所需的假设成立，则当 $T_{n,1} \geqslant c_{1\eta}$ 时，基于 $T_{n,1}$ 的测试渐近大小为 η。此外，在相同假设集 $P_{H_1}[T_{n,1} \geqslant c_{1\eta}] \to 1$ 下，当 $n \to \infty$ 时，基于 $T_{n,1}$ 的测试将是一致测试。

定理 9.12　设 $c_{2\eta}$ 为 $\sum_{i=1}^{4}\lambda_i^* Z_i^2$ 分布的第 $(1-\eta)$ 分位数，其中 $\lambda_i^* s$ 是前文中 $\boldsymbol{\Sigma}_2$ 的特征值，$Z_i s$ 是独立标准正态随机变量。在与定理 9.11 相同的假设下，当 $T_{n,2} \geqslant c_{2\eta}$ 时，基于 $T_{n,2}$ 的测试渐近大小为 η，在相同的假设集 $P_{H_1}[T_{n,2} \geqslant c_{2\eta}] \to 1$ 下，当 $n \to \infty$ 时，基于 $T_{n,2}$ 的测试将是一致测试。

定理 9.13　设 $c_{3\eta}$ 为 $\left\{\sum_{i=1}^{4}|A_i|\right\}^2$ 分布的第 $(1-\eta)$ 分位数，其中 $A_i s$ 与前文定义一致。在与定理 9.11 相同的假设下，当 $T_{n,3} \geqslant c_{3\eta}$ 时，基于 $T_{n,3}$ 的测试渐近大小为 η，在相同的假设集 $P_{H_1}[T_{n,3} \geqslant c_{3\eta}] \to 1$ 下，当 $n \to \infty$ 时，基于 $T_{n,3}$ 的测试将是一致测试。

定理 9.14　设 $c_{4\eta}$ 为 $\left\{\sum_{i=1}^{4}|B_i|\right\}^2$ 分布的第 $(1-\eta)$ 分位数，其中 $B_i s$ 与前文定义一致。在与定理 9.11 相同的假设下，当 $T_{n,4} \geqslant c_{4\eta}$ 时，基于 $T_{n,4}$ 的测试渐近大小为 η，在相同的假设集 $P_{H_1}[T_{n,4} \geqslant c_{4\eta}] \to 1$ 下，当 $n \to \infty$ 时，基于 $T_{n,4}$ 的测试将是一致测试。

定理 9.11 至定理 9.14 的证明可参见文献[7]，作者进行了广泛的仿真实验来评估四种测试的有限样本性能，全部四项测试都能够保持较好的显著性水平。在功率方面，当数据服从轻尾分布（如正态分布）时，基于 LSE 的 $T_{n,1}$ 和 $T_{n,3}$ 表现良好。另外，基于 $T_{n,2}$ 和 $T_{n,4}$（LAD 法）的测试比基于重尾分布的 $T_{n,1}$ 和 $T_{n,3}$（如 Laplace 分布和 5 自由度 t 分布）的测试表现得更好。总的来说，当数据可能具有干扰性观测值/异常值时，可以选择 LAD 法。

接下来，我们进一步得到了基于局部替代检验的渐近分布，且考虑用以下形式的替代方案：

$$H_0: \boldsymbol{\Gamma} = \boldsymbol{\Gamma}^0, \quad H_{1,n}: \boldsymbol{\Gamma} = \boldsymbol{\Gamma}_n = \boldsymbol{\Gamma}^0 + \boldsymbol{\delta}_n \tag{9.36}$$

式中，$\boldsymbol{\delta}_n = \left(\dfrac{\delta_1}{n^{1/2}}, \dfrac{\delta_2}{n^{1/2}}, \dfrac{\delta_3}{n^{3/2}}, \dfrac{\delta_4}{n^{5/2}}\right)$。如果定理 9.3 中定义的参数值所需的假设成立，且假设 9.3 和假设 9.4 为真，则可以获得替代假设下 $T_{n,1}$，$T_{n,2}$，$T_{n,3}$ 和 $T_{n,4}$ 的渐近分布。渐近分布的精确形式相当复杂，这里不做过多介绍，感兴趣的读者可阅读文献[7]了解详细信息。

目前我们已经讨论了单分量 Chirp 模型，接下来我们考虑多分量 Chirp 模型。

9.2.2　多分量线性调频模型

多分量 Chirp 模型可以写为

$$y(t)=\sum_{j=1}^{p}\{A_j^0\cos(\alpha_j^0 t+\beta_j^0 t^2)+B_j^0\sin(\alpha_j^0 t+\beta_j^0 t^2)\}+X(t) \tag{9.37}$$

这里 $y(t),t=1,\cdots,n$ 是前面提到的实信号。当 $j=1,\cdots,p$ 时，A_j^0,B_j^0 是实振幅，α_j^0,β_j^0 分别是频率和调频率。这里需要做的是根据观察到的样本估计未知 $A_j^0,B_j^0,\alpha_j^0,\beta_j^0$ $(j=1,\cdots,p)$，对此现有文献中提出了不同的方法。在本小节中，我们将提供不同的方法并讨论它们的理论性质。假设 p 已知，与单 Chirp 模型的情况一样，假设误差 $X(t)$ 是零均值且方差为 σ^2 的独立同分布正态随机变量。首先定义 $\boldsymbol{\alpha}^0=(\alpha_1^0,\cdots,\alpha_p^0)^{\mathrm{T}},\boldsymbol{\beta}^0=(\beta_1^0,\cdots,\beta_p^0)^{\mathrm{T}},\boldsymbol{A}=(A_1^0,\cdots,A_p^0)^{\mathrm{T}},\boldsymbol{B}=(B_1^0,\cdots,B_p^0)^{\mathrm{T}},\boldsymbol{\Gamma}_j=(A_j,B_j,\alpha_j,\beta_j)^{\mathrm{T}}$，其中 $j=1,\cdots,p$。

9.2.3 最大似然估计

如前文所述，不含加性常数的对数似然函数可写为

$$l(\boldsymbol{\Gamma}_1,\cdots,\boldsymbol{\Gamma}_P,\sigma^2)=$$
$$-\frac{n}{2}\ln\sigma^2-\frac{1}{2\sigma^2}\sum_{t=1}^{n}\left\{y(t)-\sum_{j=1}^{p}[A_j\cos(\alpha_j t+\beta_j r^2)+B_j\sin(\alpha_j t+\beta_j r^2)]\right\}^2 \tag{9.38}$$

对于未知参数，可通过最大化式(9.38)来获得未知参数 $\boldsymbol{\Gamma}_1,\cdots,\boldsymbol{\Gamma}_p$ 的 MLE。与单 Chirp 模型一样，可通过最小化 $Q(\boldsymbol{\Gamma}_1,\cdots,\boldsymbol{\Gamma}_p)$ 来获得 $\boldsymbol{\Gamma}_j=(A_j,B_j,\alpha_j,\beta_j)^{\mathrm{T}},j=1,\cdots,p$，的 MLE，其中

$$Q(\boldsymbol{\Gamma}_1,\cdots,\boldsymbol{\Gamma}_p)=\sum_{t=1}^{n}\left\{y(t)-\sum_{j=1}^{p}[A_j\cos(\alpha_j t+\beta_j t^2)+B_j\sin(\alpha_j t+\beta_j t^2)]\right\}^2$$

如果 $\boldsymbol{\Gamma}_j$ 的 MLE 表示为 $\hat{\boldsymbol{\Gamma}}_j(j=1,\cdots,p)$，可以像之前一样获得 σ^2 的 MLE：

$$\hat{\sigma}^2=\frac{1}{n}\sum_{t=1}^{n}\left\{y(t)-\sum_{j=1}^{p}[\hat{A}_j\cos(\hat{\alpha}_j t+\hat{\beta}_j t^2)+\hat{B}_j\sin(\hat{\alpha}_j t+\hat{\beta}_j t^2)]\right\}^2$$

可以观察到，$Q(\boldsymbol{\Gamma}_1,\cdots,\boldsymbol{\Gamma}_p)$ 可以改写为

$$Q(\boldsymbol{\Gamma}_1,\cdots,\boldsymbol{\Gamma}_p)=\left[\boldsymbol{Y}-\sum_{j=1}^{p}\boldsymbol{W}(\alpha_j,\beta_j)\boldsymbol{\theta}_j\right]^{\mathrm{T}}\left[\boldsymbol{Y}-\sum_{j=1}^{p}\boldsymbol{W}(\alpha_j,\beta_j)\boldsymbol{\theta}_j\right] \tag{9.39}$$

式中，$\boldsymbol{Y}=(y(1),\cdots,y(n))^{\mathrm{T}}$ 是 $n\times1$ 数据向量，$n\times2$ 矩阵 $\boldsymbol{W}(\alpha,\beta)$ 与式(9.11)中的定义相同，$\boldsymbol{\theta}_j=(A_j,B_j)^{\mathrm{T}},j=1,\cdots,p$，是 2×1 向量。未知参数的 MLE 可以通过最小化式(9.39)得到。将 $n\times2p$ 矩阵 $\widetilde{\boldsymbol{W}}(\boldsymbol{\alpha},\boldsymbol{\beta})$ 定义为

$$\widetilde{\boldsymbol{W}}(\boldsymbol{\alpha},\boldsymbol{\beta})=[\boldsymbol{W}(\alpha_1,\beta_1):\cdots:\boldsymbol{W}(\alpha_p,\beta_p)]$$

对于固定的 $\boldsymbol{\alpha}$ 和 $\boldsymbol{\beta}$，$\boldsymbol{\theta}_1,\cdots,\boldsymbol{\theta}_p$ 的 MLE，线性参数向量可得

$$[\hat{\boldsymbol{\theta}}_1^{\mathrm{T}}(\alpha_1,\beta_1):\cdots:\hat{\boldsymbol{\theta}}_p^{\mathrm{T}}(\alpha_p,\beta_p)]^{\mathrm{T}}=[\widetilde{\boldsymbol{W}}^{\mathrm{T}}(\boldsymbol{\alpha},\boldsymbol{\beta})\widetilde{\boldsymbol{W}}(\boldsymbol{\alpha},\boldsymbol{\beta})]^{-1}\widetilde{\boldsymbol{W}}^{\mathrm{T}}(\boldsymbol{\alpha},\boldsymbol{\beta})\boldsymbol{Y}$$

可以看出，由于 $\widetilde{\boldsymbol{W}}^{\mathrm{T}}(\boldsymbol{\alpha},\boldsymbol{\beta})\widetilde{\boldsymbol{W}}(\boldsymbol{\alpha},\boldsymbol{\beta})$ 是一个高阶对角矩阵，$\hat{\boldsymbol{\theta}}_j=\hat{\boldsymbol{\theta}}_j(\alpha_j,\beta_j)$，$\boldsymbol{\theta}_j(j=1,\cdots,p)$ 的 MLE 也可以表示为

$$\hat{\boldsymbol{\theta}}_j(\alpha_j,\beta_j)=[\boldsymbol{W}^{\mathrm{T}}(\alpha_j,\beta_j)\boldsymbol{W}(\alpha_j,\beta_j)]^{-1}\boldsymbol{W}^{\mathrm{T}}(\alpha_j,\beta_j)\boldsymbol{Y}$$

使用与9.2.1.1小节中类似的方法，$\boldsymbol{\alpha}$ 和 $\boldsymbol{\beta}$ 的MLE误差可以表示为

$$\boldsymbol{Y}^{\mathrm{T}}\widetilde{\boldsymbol{W}}(\boldsymbol{\alpha},\boldsymbol{\beta})\left[\widetilde{\boldsymbol{W}}^{\mathrm{T}}(\boldsymbol{\alpha},\boldsymbol{\beta})\widetilde{\boldsymbol{W}}(\boldsymbol{\alpha},\boldsymbol{\beta})\right]^{-1}\widetilde{\boldsymbol{W}}^{\mathrm{T}}(\boldsymbol{\alpha},\boldsymbol{\beta})\boldsymbol{Y} \tag{9.40}$$

式(9.40)中给出的标准函数是 $\boldsymbol{\alpha}$ 和 $\boldsymbol{\beta}$ 的高度非线性函数，所以 $\boldsymbol{\alpha}$ 和 $\boldsymbol{\beta}$ 的MLE不能以闭合形式获得，Saha和Kay建议使用文献[49]所述方法来最大化式(9.40)。[53]此外，也可以使用其他不同的方法来最大化式(9.40)。

根据上述分析很容易看出，上面获得的MLE与LSE相同。Kundu和Nandi首先推导了误差随机变量遵循假设9.1的LES的一致性和渐近正态性，结果表明作为样本量，当 $n\to\infty$ 时，LSE具有很强的一致性。[31] Kundu和Nandi得到了以下一致性和渐近正态性结果。[31]

定理9.15　假设存在一个 K，当 $j=1,\cdots,p,0<|A_j^0|+|B_j^0|<K,0<\alpha_j^0$ 和 $\beta_j^0<\pi$ 时 α_j^0 是不同的，β_j^0 同理且 $\sigma^2>0$。如果 $\{X(t)\}$ 满足假设9.1，则 $\hat{\boldsymbol{\Gamma}}_j=(\hat{A}_j,\hat{B}_j,\hat{\alpha}_j,\hat{\beta}_j)^{\mathrm{T}}$ 是 $\boldsymbol{\Gamma}_j^0=(A_j^0,B_j^0,\alpha_j^0,\beta_j^0)^{\mathrm{T}}$ 的强一致估计。

定理9.16　在与定理9.15相同的假设下，当 $j=1,\cdots,p$ 时，

$$(n^{1/2}(\hat{A}_j-A_j^0),n^{1/2}(\hat{B}_j-B^0),n^{3/2}(\hat{\alpha}_j-\alpha_j^0),n^{5/2}(\hat{\beta}_j-\beta_j^0))^{\mathrm{T}}\xrightarrow{\mathrm{d}}N_4(\mathbf{0},2c\sigma^2\boldsymbol{\Sigma}_j) \tag{9.41}$$

式中，$\boldsymbol{\Sigma}_j$ 可从定理9.6定义的矩阵 $\boldsymbol{\Sigma}$ 推导得到。A^0 和 B^0 分别替换为 A_j^0 和 B_j^0，c 与定理9.4中的定义相同。此外当 $j\neq k$ 时，$\hat{\boldsymbol{\Gamma}}_j$ 和 $\hat{\boldsymbol{\Gamma}}_k$ 是渐近独立分布的。

在上述一致性结果中，Kundu和Nandi已经获得了 $\hat{\boldsymbol{\Gamma}}_j$ 的渐近正态性，但渐近方差协方差矩阵的形式相当复杂。[31] Lahiri、Kundu和Mitra使用结果9.1简化了渐近方差协方差矩阵的条件。[37]

9.2.4　顺序估计法

众所周知，MLE是最有效的估计量，但要计算MLE需要解决 $2p$ 维优化问题。因此，对于中等或较大的 p，这是一个具有计算挑战性的问题。同时，由于似然(最小二乘)曲面的高度非线性性质，数值算法通常收敛到局部最大值(最小值)而不是全局最大值(最小值)，除非初始猜测非常接近真实最大值(最小值)。

为了避免这个问题，Lin和Djurić，Lahiri、Kundu和Mitra提出了一种数值有效的序列估计技术[37,38]，该技术可以产生与LSE渐近等价的估计量，但它只涉及解决 p 个独立的二维优化问题。因此，其在计算上易于实现，即使对于大的 p 也可以非常方便地使用。以下算法可用于获得多分量Chirp模型(9.37)未知参数的序列估计量。

算法9.3

步骤(1) 首先根据式(9.15)，关于 (α,β) 最大化 $Z(\alpha,\beta)$，并将 α 和 β 的估计作为 $Z(\alpha,\beta)$ 的最大参数，通过使用文献[48]中的可分离最小二乘法获取关联 A 和 B 的估计。$\hat{\alpha}_1,\hat{\beta}_1,\hat{A}_1$ 和 $\hat{B}_1$ 分别表示 $\alpha_1^0,\beta_1^0,A_1^0$ 和 B_1^0 的估计值。

步骤(2) 计算 $\alpha_2^0,\beta_2^0,A_2^0$ 和 B_2^0 的估计值，从信号中去掉第一个分量的影响。将新的

数据向量写为

$$\boldsymbol{Y}^1 = \boldsymbol{Y} - \boldsymbol{W}(\hat{\alpha}_1, \hat{\beta}_1)\begin{bmatrix}\hat{A}_1 \\ \hat{B}_1\end{bmatrix}$$

式中，矩阵 $\boldsymbol{W}$ 与式(9.11)中的定义相同。

步骤(3) 重复步骤(1)，用 $\boldsymbol{Y}^1$ 替换 $\boldsymbol{Y}$ 并分别获得 $\alpha_2^0, \beta_2^0, A_2^0, B_2^0$ 的估计值 $\hat{\alpha}_2, \hat{\beta}_2, \hat{A}_2, \hat{B}_2$。

步骤(4) 重复 p 次处理过程并按顺序获得估计值。

上述算法大大减少了计算时间，但同时也带来了一个新的问题：这些序列估计的效率如何？Lahiri、Kundu 和 Mitra 证明[37]，如果以下著名的数论猜想（参见文献[42]）成立，则序列估计量是强一致的，并且它们具有与 LSE 相同的渐近分布。大量的仿真结果表明，序列估计在均方误差和偏差方面的表现与 LSE 非常相似。

猜想：如果 $\xi, \eta, \xi', \eta' \in (0, \pi)$，在样本点个数无穷大的情况下，

$$\lim_{n\to\infty} \frac{1}{n^{k+1/2}} \sum_{t=1}^{n} n^k \sin(\xi t + \eta t^2)\cos(\xi' t + \eta' t^2) = 0, \quad t = 0,1,2$$

另外如果 $\eta \neq \eta'$，那么

$$\lim_{n\to\infty} \frac{1}{n^{k+1/2}} \sum_{t=1}^{n} n^k \cos(\xi t + \eta t^2)\cos(\xi' t + \eta' t^2) = 0, \quad t = 0,1,2$$

且

$$\lim_{n\to\infty} \frac{1}{n^{k+1/2}} \sum_{t=1}^{n} n^k \sin(\xi t + \eta t^2)\sin(\xi' t + \eta' t^2) = 0, \quad t = 0,1,2$$

在同一篇参考文献中，已经确定了如果连续过程超过 p 步，则相应的振幅估计几乎会收敛到 0。因此，顺序法在某种程度上提供了分量 p 的数量估计量，这在实践中通常是未知的。

最近，Grover、Kundu 和 Mitra 提出了另一个基于 9.2.1.5 小节所提 ALSE 的序列估计量。[20]在各个步骤中，作者建议使用 ALSE，而不是 LSE。Grover、Kundu 和 Mitra 已经证明，如果上述猜想成立，其估计量是强一致的，并且具有与 LSE 相同的渐近分布。[20]与 LSE 类似，在 p 被高估的情况下，已知如果连续过程超过 p 步，则相应的振幅估计几乎收敛到 0。根据大量仿真结果进一步观察到，如果使用 ALSE 代替 Lahiri、Kundu 和 Mitra 研究中的 LSE[37]，那么尽管性能在本质上非常相似，但是计算时间会显著缩短。这里应该提到的是，针对单分量 Chirp 模型提出的所有方法也可以依次用于多分量 Chirp 模型。

对于多分量 Chirp 模型(9.37)，未使用 LAD 估计方法。因此，我们提出开放问题 9.8 来研究多分量 Chirp 模型 LAD 估计量的性质。

开放问题 9.8 推导多分量 Chirp 模型 LAD 估计量的性质。

9.2.5 重尾误差

到目前为止，我们已经讨论了当误差具有二阶和高阶矩时 Chirp 模型中未知参数的

估计。最近，Nandi、Kundu 和 Grover 考虑了存在重尾误差时单分量和多分量 Chirp 模型的估计。[45]假设误差随机变量$\{X(t)\}$是零均值的独立同分布随机变量，但它的方差不是有限的。在这种情况下，Nandi、Kundu 和 Grover 做出了以下明确假设。[45]

假设 9.5　误差随机变量序列$\{X(t)\}$是一个零均值的独立同分布随机变量序列，在某些$0<\delta<1$的情况下，$E\mid X(t)\mid^{1+\delta}<\infty$。

假设 9.6　误差随机变量$\{X(t)\}$是一个零均值的独立同分布随机变量序列，是对称α稳定分布，尺度参数$\gamma>0$，其中$1+\delta<\alpha<2$，$0<\delta<1$。这意味着$X(t)$的特征函数具有以下形式：

$$E[\mathrm{e}^{\mathrm{i}tX(t)}]=\mathrm{e}^{-\gamma^{\alpha}|t|^{\alpha}}$$

Nandi、Kundu 和 Grover 考虑单分量和多分量 Chirp 模型的未知参数的 LSE 和 ALSE。[45]在单分量 Chirp 模型(9.6)的情况下，得到了以下结果。详细信息可在文献[45]中找到。

定理 9.17　如果存在K满足$0<|A^0|^2+|B^0|^2<K$，$0<\alpha^0$和$\beta^0<\pi$，$\{X(t)\}$满足假设 9.5，则$\boldsymbol{\Gamma}^0$的最小二乘估计$\hat{\boldsymbol{\Gamma}}=(\hat{A},\hat{B},\hat{\alpha},\hat{\beta})^{\mathrm{T}}$是强一致的。

定理 9.18　在与定理 9.17 相同的假设下，如果$\{X(t)\}$满足假设 9.6，则

$$\left(n^{\frac{\alpha-1}{\alpha}}(\hat{A}-A^0),n^{\frac{\alpha-1}{\alpha}}(\hat{B}-B^0),n^{\frac{2\alpha-1}{\sigma}}(\hat{\alpha}-\alpha^0),n^{\frac{3\alpha-1}{\sigma}}(\hat{\beta}-\beta^0)\right)^{\mathrm{T}}$$

收敛到四维对称α稳定分布。

由此证明了 LSE 和 ALSE 是渐近等价的。此外，在多 Chirp 模型(9.37)的情况下，可以采用顺序过程，并且它们的渐近性质与定理 9.17 和定理 9.18 相同。在存在重尾误差的情况下，LSE 或 ALSE 可能是不稳健的，所以可以考虑更稳健的M估计。

9.2.6　多项式相位线性调频模型

q阶实值单分量多项式相位线性调频(PPC)模型可以写为

$$y(t)=A^0\cos(\alpha_1^0t+\alpha_2^0t^2+\cdots+\alpha_q^0t^q)+B^0\sin(\alpha_1^0t+\alpha_2^0t^2+\cdots+\alpha_q^0t^q)+X(t) \tag{9.42}$$

式中，$y(t)$是在$t=1,\cdots,n$处观察到的实信号；A^0和B^0是振幅；$\alpha_m^0\in(0,\pi)$，$m=1,\cdots,q$是多项式相位的参数。这里α_1^0是频率，频率变化由误差分量$\alpha_2^0,\cdots,\alpha_q^0$控制，误差分量$\{X(t)\}$来自平稳线性过程，并满足假设 9.1。问题保持不变，即估计给定大小为n的样本未知参数$A^0,B^0,\alpha_1^0,\cdots,\alpha_q^0$。Djurić和 Kay 最初提出了相应的复杂模型[8]，Nandi 和 Kundu 建立了复杂 PPC 模型未知参数 LSE 的一致性和渐近正态性。[43]沿着类似的路线，可以很容易地建立模型(9.42)未知参数 LSE 的一致性和渐近正态性结果。

定理 9.19　假设存在K，对于$j=1,\cdots,p$，有$0<|A^0|+|B^0|<K$，$0<\alpha_1^0,\cdots,\alpha_k^0<\pi$和$\sigma^2>0$。如果$\{X(t)\}$满足假设 9.1，那么$\hat{\boldsymbol{\Gamma}}=(\hat{A},\hat{B},\hat{\alpha}_1,\cdots,\hat{\alpha}_q)^{\mathrm{T}}$就是$\boldsymbol{\Gamma}^0=(A^0,B^0,\alpha_1^0,\cdots,\alpha_q^0)^{\mathrm{T}}$的强一致估计。

定理 9.20　在与定理 9.19 相同的假设下，

$$\left(n^{1/2}(\hat{A}-A^0),n^{1/2}(\hat{B}-B^0),n^{3/2}(\hat{\alpha}_1-\alpha_1^0),\cdots,n^{(2q+1)/2}(\hat{\alpha}_q-\alpha_q^0)\right)^{\mathrm{T}}$$

$$\xrightarrow{\mathrm{d}} N_{q+2}(\mathbf{0}, 2c\sigma^2 \boldsymbol{\Sigma})$$

其中

$$\boldsymbol{\Sigma}^{-1} = \begin{bmatrix} 1 & 0 & \dfrac{B^0}{2} & \dfrac{B^0}{3} & \cdots & \dfrac{B^0}{q+1} \\ 0 & 1 & -\dfrac{A^0}{2} & -\dfrac{A^0}{3} & \cdots & -\dfrac{A^0}{q+1} \\ \dfrac{B^0}{2} & -\dfrac{A^0}{2} & \dfrac{A^{0^2}+B^{0^2}}{3} & \dfrac{A^{0^2}+B^{0^2}}{4} & \cdots & \dfrac{A^{0^2}+B^{0^2}}{q+2} \\ \dfrac{B^0}{3} & -\dfrac{A^0}{3} & \dfrac{A^{2^2}+B^{0^2}}{4} & \dfrac{A^{0^2}+B^{0^2}}{5} & \cdots & \dfrac{A^{0^2}+B^{0^2}}{q+3} \\ \vdots & \vdots & \vdots & \vdots & & \vdots \\ \dfrac{B^0}{q+1} & -\dfrac{A^0}{q+1} & \dfrac{A^{0^2}+B^{0^2}}{q+2} & \dfrac{A^{0^2}+B^{0^2}}{q+3} & \cdots & \dfrac{A^{0^2}+B^{0^2}}{2q+1} \end{bmatrix}$$

这里的 σ^2 和 c 与定理 9.4 中的定义相同。

据此，可以获得模型(9.42)参数 LSE 的理论性质，但同时，LSE 的计算是一个具有挑战性且缺乏关注的问题。此外，定理 9.20 中提供的 LSE 的渐近分布可用于构造置信区间，也可用于解决假设问题的不同测试。

开放问题 9.9 设计数值高效算法来计算模型(9.42)未知参数的 LSE。

开放问题 9.10 在不同的误差假设下，构造模型(9.42)未知参数的不同置信区间，并比较它们在平均置信长度和覆盖率方面的性能。

开放问题 9.11 考虑多分量多项式相位信号，发展 LSE 的理论性质。

其他文献中提出的其他一些方法也非常适用于复杂 Chirp 模型，它们基于复杂数据及其共轭形式，参见 Ikram、Abed Meraim 和 Hua[25]，Besson、Giannakis 和 Gini[5]，Zhao、Ran 和 Zhou[61]，Zhang 等人[64]，Liu 和 Yu[39]，Wang、Su 和 Chen[57] 的文章及其引用的参考文献。有一些相关的模型已经被用来代替 Chirp 模型，我们将在第 11 章详细讨论这些问题。下一节我们讨论二维 Chirp 模型。

9.3 二维线性调频模型

多分量二维 Chirp 模型可表示为

$$\begin{aligned} y(m,n) = \sum_{k=1}^{p} [& A_k^0 \cos(\alpha_k^0 m + \beta_k^0 m^2 + \gamma_k^0 n + \delta_k^0 n^2) \\ & + B_k^0 \sin(\alpha_k^0 m + \beta_k^0 m^2 + \gamma_k^0 n + \delta_k^0 n^2)] + X(m,n) \\ & m = 1, \cdots, M; \quad n = 1, \cdots, N \end{aligned} \tag{9.43}$$

式中，$y(m,n)$是观测值；$A_k^0 s$，$B_k^0 s$ 是振幅；$\alpha_k^0 \mathrm{s}$，$\gamma_k^0 s$ 是频率；$\beta_k^0 \mathrm{s}$，$\delta_k^0 s$ 是调频率。误差随机变量 $X(m,n)$的均值为 0，可能具有某种相关结构，具体情况将在后文中介绍。

模型(9.43)是一维 Chirp 模型的自然推广。模型(9.43)及其改进已被广泛用于建模和分析磁共振成像(MRI)、光学成像和不同纹理成像,同时也被广泛应用于建模黑白"灰色"图像和分析指纹图像数据。该模型在模拟合成孔径雷达(SAR)数据,特别是干涉SAR 数据方面有着广泛应用。参见 Pelag 和 Porat[47], Hedley 和 Rosenfeld[24], Friedlander 和 Francos[17]、Francos 和 Friedlander[15-16], Cao、Wang 和 Wang[6], Zhang 和 Liu[65], Zhang、Wang 和 Cao[66]的文章及其引用的参考文献。

在本节中,我们还将讨论单分量二维 Chirp 模型的不同估计过程及其性质,接着我们考虑多个二维 Chirp 模型。

单分量二维 Chirp 模型可以写为

$$\begin{aligned} y(m,n) = {} & A^0\cos(\alpha^0 m + \beta^0 m^2 + \gamma^0 n + \delta^0 n^2) + B^0\sin(\alpha^0 m + \beta^0 m^2 + \gamma^0 n + \delta^0 n^2) \\ & + X(m,n) \\ & m = 1,\cdots,M;\quad n = 1,\cdots,N \end{aligned} \tag{9.44}$$

这里所有数量与模型(9.43)定义的数量相同。该问题与一维 Chirp 模型相同,即根据观测数据$\{y(m,n)\}$,在适当的误差假设下估计未知参数。首先假设 $X(m,n)$具有零均值和方差 σ^2 的独立同分布 Gauss 随机变量,其中 $m=1,\cdots,M;n=1,\cdots,N$。后续章节将考虑更一般的误差假设。

9.3.1　最大似然估计和最小二乘估计

不含加性常数观测数据的对数似然函数可以写为

$$\begin{aligned} l(\boldsymbol{\Theta}) = {} & -\frac{MN}{2}\ln\sigma^2 - \frac{1}{2\sigma^2}\sum_{m=1}^{M}\sum_{n=1}^{N}[y(m,n) - A\cos(\alpha m + \beta m^2 + \gamma n + \delta n^2) \\ & - B\sin(\alpha m + \beta m^2 + \gamma n + \delta n^2)]^2 \end{aligned}$$

这里 $\boldsymbol{\Theta} = (A,B,\alpha,\beta,\gamma,\delta,\sigma^2)^{\mathrm{T}}$。类似一维 Chirp 模型,可以得到未知参数向量 $\boldsymbol{\Gamma}^0 = (A^0,B^0,\alpha^0,\beta^0,\gamma^0,\delta^0)^{\mathrm{T}}$ 的 MLE:

$$\begin{aligned} Q(\boldsymbol{\Gamma}) = {} & \sum_{m=1}^{M}\sum_{n=1}^{N}[y(m,n) - A\cos(\alpha m + \beta m^2 + \gamma n + \delta n^2) \\ & - B\sin(\alpha m + \beta m^2 + \gamma n + \delta n^2)]^2 \end{aligned} \tag{9.45}$$

如果 $\hat{\boldsymbol{\Gamma}} = (\hat{A},\hat{B},\hat{\alpha},\hat{\beta},\hat{\gamma},\hat{\delta})^{\mathrm{T}}$ 是 $\boldsymbol{\Gamma}^0$ 的 MLE,也就是式(9.45)最小化,则 $\hat{\sigma}^2$ 的 MLE 可推导为

$$\begin{aligned} \hat{\sigma}^2 = {} & \frac{1}{MN}\sum_{m=1}^{M}\sum_{n=1}^{N}[y(m,n) - \hat{A}\cos(\alpha m + \hat{\beta} m^2 + \hat{\gamma} n + \hat{\delta} n^2) \\ & - \hat{B}\sin(\hat{\alpha} m + \hat{\beta} m^2 + \hat{\gamma} n + \delta n^2)]^2 \end{aligned}$$

正如预期的那样,MLE 无法以显式形式获得,需要引入数值方法来计算 MLE,如 Newton-Raphson 法、Gauss-Newton 法、遗传算法或模拟退火法,或者也可用 9.2.1.1 小节所提方法寻找未知参数的 MLE。[53]

Lahiri 和 Lahiri、Kundu 建立了 MLE 的渐近性质。[32-33]在一般条件下,证明了 MLE

是强一致的，且它们是渐近正态分布的。结果详见下文。

定理 9.21　如果存在 K，有 $0<|A^0|+|B^0|<K, 0<\alpha^0, \beta^0, \gamma^0, \delta^0<\pi, \sigma^2>0$，那么 $\hat{\boldsymbol{\Theta}}=(\hat{A}, \hat{B}, \hat{\alpha}, \hat{\beta}, \hat{\gamma}, \hat{\delta}, \hat{\sigma}^2)^{\mathrm{T}}$ 是 $\boldsymbol{\Theta}^0=(A^0, B^0, \alpha^0, \beta^0, \gamma^0, \delta^0, \sigma^2)^{\mathrm{T}}$ 的强一致估计。

定理 9.22　在与定理 9.21 相同的假设下，如果我们将 $\boldsymbol{D}$ 表示为 6×6 对角矩阵

$$\boldsymbol{D}=\operatorname{diag}\{M^{1/2}N^{1/2}, M^{1/2}N^{1/2}, M^{3/2}N^{1/2}, M^{5/2}N^{1/2}, M^{1/2}N^{3/2}, M^{1/2}N^{5/2}\}$$

那么

$$\boldsymbol{D}(\hat{A}-A^0, \hat{B}-B^0, \hat{\alpha}-\alpha^0, \hat{\beta}-\beta^0, \hat{\gamma}-\gamma^0, \hat{\delta}-\delta^0)^{\mathrm{T}} \xrightarrow{\mathrm{d}} N_6(\mathbf{0}, 2\sigma^2\boldsymbol{\Sigma})$$

其中

$$\boldsymbol{\Sigma}^{-1}=\begin{bmatrix} 1 & 0 & \dfrac{B^0}{2} & \dfrac{B^0}{3} & \dfrac{B^0}{2} & \dfrac{B^0}{3} \\ 0 & 1 & -\dfrac{A^0}{2} & -\dfrac{A^0}{3} & -\dfrac{A^0}{2} & -\dfrac{A^0}{3} \\ \dfrac{B^0}{2} & -\dfrac{A^0}{2} & \dfrac{A^0+B^{0^2}}{3} & \dfrac{A^{0^2}+B^{0^2}}{4} & \dfrac{A^{0^2}+B^{0^2}}{4} & \dfrac{A^{0^2}+B^{0^2}}{4.5} \\ \dfrac{B^0}{3} & -\dfrac{A^0}{3} & \dfrac{A^{0^2}+B^{0^2}}{4} & \dfrac{A^{0^2}+B^{0^2}}{5} & \dfrac{A^{0^2}+B^{0^2}}{4.5} & \dfrac{A^{0^2}+B^{0^2}}{5} \\ \dfrac{B^0}{2} & -\dfrac{A^0}{2} & \dfrac{A^{0^2}+B^{0^2}}{4} & \dfrac{A^{0^2}+B^{0^2}}{4.5} & \dfrac{A^{0^2}+B^{0^2}}{3} & \dfrac{A^{0^2}+B^{0^2}}{4} \\ -\dfrac{B^0}{3} & -\dfrac{A^0}{3} & \dfrac{A^{0^2}+B^{0^2}}{4.5} & \dfrac{A^{0^2}+B^{0^2}}{5} & \dfrac{A^{0^2}+B^{0^2}}{4} & \dfrac{A^{0^2}+B^{0^2}}{5} \end{bmatrix}$$

可以看出，MLE 的渐近分布可用于构造未知参数的置信区间，也可用于假设问题的检验。

由于 LSE 是在独立同分布 Gauss 误差假设下的 MLE，上述 MLE 也是 LSE。事实上，对于更一般的误差假设，可以通过最小化式(9.45)来获得 LSE。对误差分量 $X(m,n)$ 做如下假设。

假设 9.7　误差分量 $X(m,n)$ 具有以下形式：

$$X(m,n)=\sum_{j=-\infty}^{\infty}\sum_{k=-\infty}^{\infty}a(j,k)e(m-j,n-k)$$

且有

$$\sum_{j=-\infty}^{\infty}\sum_{k=-\infty}^{\infty}|a(j,k)|<\infty$$

其中 $\{e(m,n)\}$ 是具有零均值、σ^2 方差和有限四阶矩的独立同分布随机变量的双数组序列。

注意假设 9.7 是从假设 9.1 的一维到二维的自然推广。满足假设 9.7 的 $X(m,n)$ 的加性误差被称为二维线性过程。Lahiri 证明，在假设 9.7 下，$\boldsymbol{\Theta}^0$ 的最小二乘估计在与定理 9.21 相同的假设下的结果是强一致的。[32] 此外，LSE 是渐近正态分布的，如下定理所示，用 $\hat{\boldsymbol{\Gamma}}$ 来表示为 $\boldsymbol{\Gamma}^0$ 的 LSE。

定理 9.23　在与定理 9.21 和假设 9.7 相同的假设下，

$$\boldsymbol{D}(\hat{\boldsymbol{\Gamma}} - \boldsymbol{\Gamma}^0) \xrightarrow{d} N_6(\mathbf{0}, 2c\sigma^2 \boldsymbol{\Sigma})$$

式中，矩阵 $\boldsymbol{D}$ 和矩阵 $\boldsymbol{\Sigma}$ 与定理 9.22 和中定义的相同，

$$c = \sum_{j=-\infty}^{\infty} \sum_{k=-\infty}^{\infty} a^2(j, k)$$

9.3.2　近似最小二乘估计

类比一维 Chirp 信号模型，Grover、Kundu 和 Mitra 考虑如下二维周期图类型函数[21]：

$$I(\alpha, \beta, \gamma, \delta) = \frac{2}{MN} \left\{ \left[\sum_{m=1}^{M} \sum_{n=1}^{N} y(m, n) \cos(\alpha m + \beta m^2 + \gamma n + \delta n^2) \right]^2 + \left[\sum_{m=1}^{M} \sum_{n=1}^{N} y(m, n) \sin(\alpha m + \beta m^2 + \gamma n + \delta n^2) \right]^2 \right\} \tag{9.46}$$

8.2.3 小节已讨论了上述二维周期图类型函数的主要思想。Kundu 和 Nandi 认为[30]，二维正弦模型的二维周期图估计量与相应的 LSE 一致且渐近等价。二维 Chirp 模型的二维周期图估计量或 ALSE 可根据式(9.46)，在给定范围 $(0,\pi)\times(0,\pi)\times(0,\pi)\times(0,\pi)$ 内使得 $I(\alpha,\beta,\gamma,\delta)$ 最大来获得。$I(\alpha,\beta,\gamma,\delta)$ 最大的显式解不具有解析表达式，需要通过数值方法来计算 ALSE。Grover、Kundu 和 Mitra 进行了广泛的仿真实验，发现 2.4.2 小节所述的下降单纯形法在初始值非常接近真实值的前提下计算 ALSE 的性能良好。[21]在仿真研究中观察到，尽管 LSE 和 ALSE 都涉及解决四维优化问题，但 ALSE 的计算时间明显少于 LSE。已知 LSE 和 ALSE 是渐近等价的，所以 ALSE 是强一致的，并且 ALSE 的渐近分布与 LSE 相同。

因为 LSE 或 ALSE 的计算是一个具有挑战性的问题，所以许多研究提供了其他几种有效的计算方法。但在大多数情况下，这些方法要么渐近性质未知，要么可能没有与 LSE 或 ALSE 相同的效率。接下来，我们提供了具有与 LSE 或 ALSE 相同渐近效率的估计量，且它们的计算效率比 LSE 或 ALSE 更高。

9.3.3　二维有限步长有效算法

Lahiri、Kundu 和 Mitra 对一维高效算法进行了拓展[35]，如 9.2.1.4 小节所述，而二维 Chirp 信号模型可以通过类比得到。如果我们从初始值开始，α^0 和 γ^0 分别具有 $O_p(M^{-1}N^{-1/2})$ 和 $O_p(N^{-1}M^{-1/2})$ 收敛速度，β^0 和 δ^0 分别具有 $O_p(M^{-2}N^{-1/2})$ 和 $O_p(N^{-2}M^{-1/2})$ 收敛速度。经过四次迭代后，算法分别产生具有估计收敛速度为 $O_p(M^{-3/2}N^{-1/2})$ 和 $O_p(N^{-3/2}M^{-1/2})$ 的 α^0 和 γ^0，以及收敛速度为 $O_p(M^{-5/2}N^{-1/2})$ 和 $O_p(N^{-5/2}M^{-1/2})$ 的 β^0 和 δ^0。因此，高效算法产生的估计与 LSE 或 ALSE 具有相同的收敛速度，且保证算法在四次迭代后停止。

在详细介绍算法之前，我们先介绍以下符号和一些与 9.2.1.4 小节类似的初步结果。如果 $\tilde{\alpha}$ 是 α^0 的估计量，对于某些 $0<\lambda_{11}$ 和 $\lambda_{12}\leqslant 1/2$，有 $\tilde{\alpha}-\alpha^0=O_p(M^{-1-\lambda_{11}}N^{-\lambda_{12}})$；$\tilde{\beta}$ 是

β^0 的估计量，对于某些 $0<\lambda_{21}$ 和 $\lambda_{22}\leqslant 1/2$，有 $\tilde{\beta}-\beta^0=O_p(M^{-2-\lambda_{21}}N^{-\lambda_{22}})$，那么可以得到 α^0 的改进估计量为

$$\tilde{\tilde{\alpha}} = \tilde{\alpha} + \frac{48}{M^2}\mathrm{Im}\left(\frac{P_{MN}^{\alpha}}{Q_{MN}^{\alpha,\beta}}\right) \tag{9.47}$$

其中

$$P_{MN}^{\alpha} = \sum_{n=1}^{N}\sum_{m=1}^{M} y(m,n)\left(m - \frac{M}{2}\right)\mathrm{e}^{-\mathrm{i}(\tilde{\alpha}m+\tilde{\beta}m^2)} \tag{9.48}$$

$$Q_{MN}^{\alpha,\beta} = \sum_{n=1}^{N}\sum_{m=1}^{M} y(m,n)\mathrm{e}^{-\mathrm{i}(\tilde{\alpha}m+\tilde{\beta}m^2)} \tag{9.49}$$

类似地，可获得的 β^0 改进估计量为

$$\tilde{\tilde{\beta}} = \tilde{\beta} + \frac{45}{M^4}\mathrm{Im}\left(\frac{P_{MN}^{\beta}}{Q_{MN}^{\alpha,\beta}}\right) \tag{9.50}$$

其中

$$P_{MN}^{\beta} = \sum_{n=1}^{N}\sum_{m=1}^{M} y(m,n)\left(m^2 - \frac{M^2}{3}\right)\mathrm{e}^{-\mathrm{i}(\tilde{\alpha}+\tilde{\beta}m^2)} \tag{9.51}$$

$Q_{MN}^{\alpha,\beta}$ 与式(9.49)的定义相同。

以下两个定理为改进的估计量提供了原理支撑，其证明可在文献[35]中获得。

定理 9.24 如果 $\tilde{\alpha}-\alpha^0=O_p(M^{-1-\lambda_{11}}N^{-\lambda_{12}})$，$\lambda_{11},\lambda_{12}>0$，则

$$(\tilde{\tilde{\alpha}}-\alpha^0)=O_p(M^{-1-2\lambda_{11}}N^{-\lambda_{12}}),\quad \lambda_{11}\leqslant 1/4$$

$$M^{3/2}N^{1/2}(\tilde{\tilde{\alpha}}-\alpha^0)\xrightarrow{\mathrm{d}} N(0,\sigma_1^2),\quad \lambda_{11}>1/4,\lambda_{12}=1/2$$

式中，$\sigma_1^2=\dfrac{384c\sigma^2}{A^0+B^0}$ 是 α^0 的 LSE 的渐近方差，c 与定理 9.23 中的定义相同。

定理 9.25 如果 $\tilde{\beta}-\beta^0=O_p(M^{-2-\lambda_{21}}N^{-\lambda_{22}})$，$\lambda_{21},\lambda_{22}>0$，则

$$(\tilde{\tilde{\beta}}-\beta^0)=O_p(M^{-2-\lambda_{21}}N^{-\lambda_{22}}),\quad \lambda_{21}\leqslant 1/4$$

$$M^{5/2}N^{1/2}(\tilde{\tilde{\beta}}-\beta^0)\xrightarrow{\mathrm{d}} N(0,\sigma_2^2),\quad \lambda_{21}>1/4,\lambda_{22}=1/2$$

式中，$\sigma_2^2=\dfrac{360c\sigma^2}{A^{0^2}+B^{0^2}}$ 是 β^0 的 LSE 的渐近方差，c 与定理 9.23 中的定义相同。

为了找到 γ^0 和 δ^0 的估计量，交换 M 和 N 的角色。对于某些 $0<\kappa_{11}$ 和 $\kappa_{12}\leqslant 1/2$，$\tilde{\gamma}$ 是 γ^0 的估计量，存在 $\tilde{\gamma}-\gamma^0=O_p(N^{-1-\kappa_{11}}N^{-\kappa_{12}})$，对于某些 $0<\kappa_{21},\kappa_{22}\leqslant 1/2$，$\tilde{\delta}$ 是 δ^0 的估计量，满足 $\tilde{\delta}-\delta^0=O_p(M^{-2-\kappa_{21}}N^{-\kappa_{22}})$，那么可以得到 γ^0 的改进估计量为

$$\tilde{\tilde{\gamma}} = \tilde{\gamma} + \frac{48}{N^2}\mathrm{Im}\left(\frac{P_{MN}^{\gamma}}{Q_{MN}^{\gamma,\delta}}\right) \tag{9.52}$$

其中

$$P_{MN}^{\gamma} = \sum_{n=1}^{N}\sum_{m=1}^{M} y(m,n)\left(n - \frac{N}{2}\right)\mathrm{e}^{-\mathrm{i}(\tilde{\gamma}n+\tilde{\delta}n^2)} \tag{9.53}$$

$$Q_{MN}^{\gamma,\delta} = \sum_{n=1}^{N}\sum_{m=1}^{M} y(m,n)\mathrm{e}^{-\mathrm{i}(\tilde{\gamma}n+\tilde{\delta}n^2)} \tag{9.54}$$

并且可以得到一个改进的 δ^0 估计量

$$\widetilde{\widetilde{\delta}} = \widetilde{\delta} + \frac{45}{N^4}\mathrm{Im}\left(\frac{P_{MN}^{\delta}}{Q_{MN}^{\widetilde{\gamma},\widetilde{\delta}}}\right) \tag{9.55}$$

其中

$$P_{MN}^{\delta} = \sum_{n=1}^{N}\sum_{m=1}^{M} y(m,n)\left(n^2 - \frac{N^2}{3}\right)\mathrm{e}^{-\mathrm{i}(\widetilde{\gamma}n+\widetilde{\delta}n^2)} \tag{9.56}$$

$Q_{MN}^{\widetilde{\gamma},\widetilde{\delta}}$与式(9.54)中的定义相同。

在这种情况下,以下两个结果为改进的估计量提供了依据,具体证明参见文献[35]。

定理 9.26　如果 $\widetilde{\gamma} - \gamma^0 = O_p(N^{-1-\kappa_{11}}M^{-\kappa_{12}})$,$\kappa_{11},\kappa_{12} > 0$,则

$$(\widetilde{\widetilde{\gamma}} - \gamma^0) = O_p(N^{-1-2\kappa_{11}}M^{-\kappa_{12}}),\quad \kappa_{11} \leqslant 1/4$$

$$N^{3/2}M^{1/2}(\widetilde{\widetilde{\gamma}} - \gamma^0) \xrightarrow{\mathrm{d}} N(0,\sigma_1^2),\quad \kappa_{11} > 1/4, \kappa_{12} = 1/2$$

这里 σ_1^2 和 c 与定理 9.24 中的定义相同。

定理 9.27　如果 $\widetilde{\delta} - \delta^0 = O_p(N^{-2-\kappa_{21}}M^{-\kappa_{22}})$,$\kappa_{21},\kappa_{22} > 0$,则

$$(\widetilde{\widetilde{\delta}} - \delta^0) = O_p(N^{-2-\kappa_{21}}M^{-\kappa_{22}}),\quad \kappa_{21} \leqslant 1/4$$

$$N^{5/2}M^{1/2}(\widetilde{\widetilde{\delta}} - \delta^0) \xrightarrow{\mathrm{d}} N(0,\sigma_2^2),\quad \kappa_{21} > 1/4, \kappa_{22} = 1/2$$

这里 σ_2^2 和 c 与定理 9.25 中的定义相同。

在下文中,我们将展示从初始值 $\widetilde{\alpha}$,$\widetilde{\beta}$ 分别以收敛速度 $\widetilde{\alpha} - \alpha^0 = O_p(M^{-1}N^{-1/2})$和 $\widetilde{\beta} - \beta^0 = O_p(M^{-2}N^{-1/2})$开始,如何使用上述结果获得具有与 LSE 相同收敛速度的有效估计量。

类似 9.2.1.4 小节讨论的一维 Chirp 模型的有限步高效算法,这里的思路是在开始时使用部分样本,然后逐步走向完整样本。我们将在第 j 次迭代中得到 α^0 和 β^0 的估计,分别表示为 $\widetilde{\alpha}^{(j)}$ 和 $\widetilde{\beta}^{(j)}$。

算法 9.4

步骤(1) 选择 $M_1 = M^{8/9}$,$N_1 = N$,有

$$\widetilde{\alpha}^{(0)} - \alpha^0 = O_p(M^{-1}N^{-1/2}) = O_p(M_1^{-1-1/8}N_1^{-1/2})$$

$$\widetilde{\beta}^{(0)} - \beta^0 = O_p(M^{-2}N^{-1/2}) = O_p(M_1^{-2-1/4}N_1^{-1/2})$$

执行式(9.47)和式(9.50),在第一次迭代之后,我们得到

$$\widetilde{\alpha}^{(1)} - \alpha^0 = O_p(M_1^{-1-1/4}N_1^{-1/2}) = O_p(M^{-10/9}N^{-1/2})$$

$$\widetilde{\beta}^{(1)} - \beta^0 = O_p(M_1^{-2-1/2}N_1^{-1/2}) = O_p(M^{-20/9}N^{-1/2})$$

步骤(2) 选择 $M_2 = M^{80/81}$,$N_1 = N$,有

$$\widetilde{\alpha}^{(1)} - \alpha^0 = O_p(M_2^{-1-1/8}N_2^{-1/2})$$

$$\widetilde{\beta}^{(1)} - \beta^0 = O_p(M_2^{-2-1/4}N_2^{-1/2})$$

执行式(9.47)和式(9.50),经过第二次迭代,我们得到

$$\widetilde{\alpha}^{(2)} - \alpha^0 = O_p(M_2^{-1-1/4}N_2^{-1/2}) = O_p(M^{-100/81}N^{-1/2})$$

$$\widetilde{\beta}^{(2)} - \beta^0 = O_p(M_2^{-2-1/2}N_2^{-1/2}) = O_p(M^{-200/81}N^{-1/2})$$

步骤(3) 选择 $M_3 = M$,$N_3 = N$,有

$$\widetilde{\alpha}^{(2)} - \alpha^0 = O_p(M_3^{-1-19/81}N_3^{-1/2})$$

$$\widetilde{\beta}^{(2)} - \beta^0 = O_p(M_2^{-2-38/81}N_3^{-1/2})$$

执行式(9.47)和式(9.50),在第三次迭代之后,我们得到

$$\widetilde{\alpha}^{(3)} - \alpha^0 = O_p(M^{-1-38/81}N^{-1/2})$$

$$\widetilde{\beta}^{(3)} - \beta^0 = O_p(M^{-2-76/81}N^{-1/2})$$

步骤(4) 选择 $M_4 = M, N_4 = N$,并执行式(9.47)和式(9.50),我们获得所需的收敛速度,

$$\widetilde{\alpha}^{(4)} - \alpha^0 = O_p(M^{-3/2}N^{-1/2})$$

$$\widetilde{\beta}^{(4)} - \beta^0 = O_p(M^{-5/2}N^{-1/2})$$

同样,交换 M 和 N 的角色,我们可以得到与 γ^0 对应的 δ^0 算法。Lahiri 进行了广泛的仿真实验[32],观察到有限步算法在均方误差和偏差方面的性能相当令人满意。在初始步骤中,选择部分样本,使相关结构保持在子样本中。有限步算法的 MSE 和偏差与 LSE 的相应性能非常相似,所以有限步算法可以在实践中获得良好的表现性能。接下来我们介绍更为一般的二维多项式相位模型,并讨论其应用、估计过程及其性质。

9.4 二维多项式相位信号模型

在前面的内容中,我们已经详细讨论了一维 Chirp 模型和二维 Chirp 模型。而在信号处理文献中,二维多项式相位信号模型也得到了极大的关注。Francos 和 Friedlander 首先介绍了最通用的二维多项式(r 阶)相位信号模型[15]:

$$y(m,n) = A^0\cos\left[\sum_{p=1}^{r}\sum_{j=0}^{p}\alpha^0(j,p-j)m^jn^{p-j}\right] + B^0\sin\left[\sum_{p=1}^{r}\sum_{j=0}^{p}\alpha^0(j,p-j)m^jn^{p-j}\right] + X(m,n)$$

$$m = 1,\cdots,M;\quad n = 1,\cdots,N \tag{9.57}$$

式中,$X(m,n)$是均值为 0 的加性误差;A^0 和 B^0 是非零振幅;对于 $j = 0,\cdots,p$, $p=1,\cdots,r$, $\alpha^0(j,p-j)$分别是严格介于 0 和 π 之间的$(j,p-j)$阶的不同调频率。这里 $\alpha^0(0,1)$和 $\alpha^0(1,0)$被称为频率,接下来将提供误差 $X(m,n)$的明确假设。

模型(9.57)的多种特定形式在以往的研究文献中被广泛使用,Friedlander 和 Francos 使用二维多项式相位信号模型来分析指纹类型数据[17],Djurović、Wang 和 Ioana 使用在 SAR 数据建模中被广泛应用的特定二维立方相位信号模型[12],分析干涉 SAR 数据。此外,二维多项式相位信号模型还被用于建模和分析 MRI 数据、光学成像和不同纹理成像。对于该模型的其他一些具体应用,可以参考 Djukanović和 Djurović[9], Ikram 和 Zhou[26], Wang 和 Zhou[59], Tichavsky 和 Handel[55], Amar、Leshem 和 van der Veen[2] 的文章及其引用的参考文献。

基于误差分量为具有零均值和有限方差的独立同分布随机变量的假设,文献介绍了不同的估计方法。例如,Farquharson、O'Shea 和 Ledwich 提供了多项式相位信号未知

参数的有效计算估计方法。[13] Djurović和 Stanković提出了基于误差随机变量正态性假设的准最大似然估计。[11]最近,Djurović、Simeunović和 Wang 考虑了一种利用三次相位函数来有效估计多项式相位信号参数的方法[10],多项式相位信号的一些参数估计结果可参见文献[46]。

目前,基于不同估计方法的多项式相位信号的参数估计计算已经有了大量研究进展,但在估计量的特性方面还没有做深入研究。在大多数情况下,只是将估计量的 MSE 或方差与相应的 Cramer-Rao 下界进行比较,而不是正式确定 MLE 的渐近方差达到下界,以防误差是独立同分布正态随机变量。最近,Lahiri 和 Kundu 在误差随机变量的一般假设下,正式建立了模型(9.57)中参数 LSE 的渐近性质。[33]从结果中可以很容易地看出,当误差为独立同分布正态分布时,MLE 的渐近方差达到 Cramer-Rao 下界。

Lahiri 和 Kundu 在一般误差假设下,建立了模型(9.57)参数 LSE 的一致性和渐近正态性。[33]假设误差 $X(m,n)$符合 9.3.1.1 小节中定义的假设 9.7,参数向量满足假设 9.8,为了建立 LSE 的一致性和渐近正态性,需要进一步发展以下假设。

假设 9.8　定义真实参数为 $\boldsymbol{\Gamma}^0=(A^0,B^0,\alpha^0(j,p-j))^{\mathrm{T}}(j=0,\cdots,p;p=1,\cdots,r)$,参数空间为 $\boldsymbol{\Theta}=[-K,K]\times[-K,K]\times[0,\pi]^{r(r+3)/2}$。这里 $K>0$ 是一个任意常数,$[0,\pi]^{r(r+3)/2}$表示$[0,\pi]$的 $r(r+3)/2$ 倍。假设 $\boldsymbol{\Gamma}^0$ 是 $\boldsymbol{\Theta}$ 的一个内部点。

Lahiri 和 Kundu 在二维平稳误差过程的假设下建立了以下结果。[33]

定理 9.28　如果满足假设 9.7 和假设 9.8,则 $\boldsymbol{\Gamma}^0$ 的最小二乘估计 $\hat{\boldsymbol{\Gamma}}$ 是 $\boldsymbol{\Gamma}^0$ 的强一致估计。

定理 9.29　在假设 9.7 和假设 9.8 下,$\boldsymbol{D}(\hat{\boldsymbol{\Gamma}}-\boldsymbol{\Gamma}^0)\to N_d(\boldsymbol{0},2c\sigma^2\boldsymbol{\Sigma}^{-1})$,其中矩阵 $\boldsymbol{D}$ 是 $a\left(2+\frac{r(r+3)}{2}\right)\times\left(2+\frac{r(r+3)}{2}\right)$形式的对角矩阵:

$$\boldsymbol{D}=\mathrm{diag}(M^{\frac{1}{2}}N^{\frac{1}{2}},M^{\frac{1}{2}}N^{\frac{1}{2}},M^{j+\frac{1}{2}}N^{(p-j)+\frac{1}{2}}),\quad j=0,\cdots,p;\quad p=1,\cdots,r$$

且

$$\boldsymbol{\Sigma}=\begin{bmatrix}1 & 0 & \boldsymbol{V}_1\\ 0 & 1 & \boldsymbol{V}_2\\ \boldsymbol{V}_1^{\mathrm{T}} & \boldsymbol{V}_2^{\mathrm{T}} & \boldsymbol{W}\end{bmatrix}\tag{9.58}$$

式中,$\boldsymbol{V}_1=\frac{B^0}{(j+1)(p-j+1)}(j=0,\cdots,p;p=1,\cdots,r)$,$\boldsymbol{V}_2=-\frac{A^0}{(j+1)(p-j+1)}$ $(j=0,\cdots,p;p=1,\cdots,r)$,它们是$\frac{r(r+3)}{2}$阶向量;$\boldsymbol{W}=\frac{A^{0^2}+B^{0^2}}{(j+k+1)(p+q-j-k+1)}$ $(j=0,\cdots,p;p=1,\cdots,r;k=0,\cdots,q;q=1,\cdots,r)$是$\frac{r(r+3)}{2}\times\frac{r(r+3)}{2}$矩阵。$c=\sum_{j=-\infty}^{\infty}\sum_{k=-\infty}^{\infty}a(j,k)^2$,$d=2+\frac{r(r+3)}{2}$。

Lahiri 和 Kundu 已经建立了 LSE 的理论性质[33],但发现 LSE 在计算上具有很大挑战性,后续也没有跟进研究。这是一个非常重要的实际问题,所以这方面还有待进一步深入研究。

开放问题 9.12 开发一种有效的算法来估计二维多项式相位信号模型的未知参数。

9.5 结　　论

在本章中，我们简要回顾了一维 Chirp 模型和二维 Chirp 模型以及近年来在信号处理文献中受到广泛关注的一些相关模型，这些模型已被有效地应用于现实生活中的信号或图像分析。值得注意的是，在分析这些模型和制定估计方法时，需要使用一些复杂的统计和计算技术。除此之外，我们为未来的研究方向提供了几个开放的问题。第 10 章和第 11 章将讨论近年来受到关注的 Chirp 信号相关模型，如随机振幅 Chirp 模型、谐波 Chirp 模型和类 Chirp 模型，结果表明，类 Chirp 模型在实际应用中可以很方便地代替多分量 Chirp 模型，对于分析实际信号非常有用。

参 考 文 献

[1] Abatzoglou T J. Fast maximum likelihood joint estimation of frequency and frequency rate[J]. IEEE Transactions on Aerospace and Electronic Systems, 1986 (6): 708-715.

[2] Amar A, Leshem A, van der Veen A J. A low complexity blind estimator of narrowband polynomial phase signals[J]. IEEE Transactions on Signal Processing, 2010, 58(9): 4674-4683.

[3] Bai Z D, Rao C R, Chow M, et al. An efficient algorithm for estimating the parameters of superimposed exponential signals[J]. Journal of Statistical Planning and Inference, 2003, 110 (1-2): 23-34.

[4] Besson O, Ghogho M, Swami A. Parameter estimation for random amplitude chirp signals[J]. IEEE Transactions on Signal Processing, 1999, 47(12): 3208-3219.

[5] Besson O, Giannakis G B, Gini F. Improved estimation of hyperbolic frequency modulated chirp signals[J]. IEEE Transactions on Signal Processing, 1999, 47(5): 1384-1388.

[6] Cao F, Wang S, Wang F. Cross-spectral method based on 2-D cross polynomial transform for 2-D chirp signal parameter estimation[C]. 2006 8th International Conference on Signal Processing. IEEE, 2006, 1. https://doi.org/10.1109/ICOSP.2006.344475.

[7] Dhar S S, Kundu D, Das U. On testing parameters of chirp signal model[J]. IEEE Transactions on Signal Processing, 2019, 67(16): 4291-4301.

[8] Djuric P M, Kay S M. Parameter estimation of chirp signals[J]. IEEE Transactions on Acoustics, Speech and Signal Processing, 1990, 38(12): 2118-2126.

[9] Djukanović S, Djurović I. Aliasing detection and resolving in the estimation of polynomial-phase signal parameters[J]. Signal Processing, 2012, 92(1): 235-239.

[10] Djurović I, Simeunović M, Wang P. Cubic phase function: A simple solution to polynomial phase signal analysis[J]. Signal Processing, 2017, 135: 48-66.

[11] Djurović I, Stanković L. Quasi-maximum-likelihood estimator of polynomial phase signals[J]. IET Signal Processing, 2014, 8(4): 347-359.

[12] Djurović I, Wang P, Ioana C. Parameter estimation of 2-D cubic phase signal using cubic phase function with genetic algorithm[J]. Signal Processing, 2010, 90(9): 2698-2707.

[13] Farquharson M, O'Shea P, Ledwich G. A computationally efficient technique for estimating the parameters of polynomial-phase signals from noisy observations[J]. IEEE Transactions on Signal Processing, 2005, 53(8): 3337-3342.

[14] Fourier D, Auger F, Czarnecki K, et al. Chirp rate and instantaneous frequency estimation: application to recursive vertical synchrosqueezing[J]. IEEE Signal Processing Letters, 2017, 24(11): 1724-1728.

[15] Francos J M, Friedlander B. Two-dimensional polynomial phase signals: Parameter estimation and bounds[J]. Multidimensional Systems and Signal Processing, 1998, 9(2): 173-205.

[16] Francos J M, Friedlander B. Parameter estimation of 2-D random amplitude polynomial-phase signals[J]. IEEE Transactions on Signal Processing, 1999, 47(7): 1795-1810.

[17] Friedlander B, Francos J M. An estimation algorithm for 2-D polynomial phase signals[J]. IEEE Transactions on Image Processing, 1996, 5(6): 1084-1087.

[18] Gabor D. Theory of communication. Part 1: The analysis of information[J]. Journal of the Institution of Electrical Engineers-Part Ⅲ: Radio and Communication Engineering, 1946, 93(26): 429-441.

[19] Gini F, Montanari M, Verrazzani L. Estimation of chirp radar signals in compound-Gaussian clutter: A cyclostationary approach[J]. IEEE Transactions on Signal Processing, 2000, 48(4): 1029-1039.

[20] Grover R, Kundu D, Mitra A. On approximate least squares estimators of parameters of one-dimensional chirp signal[J]. Statistics, 2018, 52(5): 1060-1085.

[21] Grover R, Kundu D, Mitra A. Asymptotic of approximate least squares estimators of parameters two-dimensional chirp signal[J]. Journal of Multivariate Analysis, 2018, 168: 211-220.

[22] Gu T, Liao G, Li Y, et al. Parameter estimate of multi-component LFM signals based on GAPCK[J]. Digital Signal Processing, 2020, 100: 102683.

[23] Guo J, Zou H, Yang X, et al. Parameter estimation of multicomponent chirp signals via sparse representation[J]. IEEE Transactions on Aerospace and Electronic Systems, 2011, 47(3): 2261-2268.

[24] Hedley M, Rosenfeld D. A new two-dimensional phase unwrapping algorithm for MRI images [J]. Magnetic Resonance in Medicine, 1992, 24(1): 177-181.

[25] Ikram M Z, Abed-Meraim K, Hua Y. Estimating the parameters of chirp signals: an iterative approach [J]. IEEE Transactions on Signal Processing, 1998, 46(12): 3436-3441.

[26] Ikram M Z, Zhou G T. Estimation of multicomponent polynomial phase signals of mixed orders [J]. Signal Processing, 2001, 81(11): 2293-2308.

[27] Jennrich R I. Asymptotic properties of the nonlinear least squares estimators[J]. Annals of Mathematical Statistics, 1969, 40: 633-643.

[28] Kennedy W J, Gentle J E. Statistical computing[M]. New York: Marcel Dekker Incorporated, 1980.

[29] Kim G, Lee J, Kim Y, et al. Sparse Bayesian representation in time-frequency domain[J]. Journal of Statistical Planning and Inference, 2015, 166: 126-137.

[30] Kundu D, Nandi S. Determination of discrete spectrum in a random field[J]. Statistica Neerlandica,

2003,57(2):258-284.

[31] Kundu D,Nandi S. Parameter estimation of chirp signals in presence of stationary noise[J]. Statistica Sinica,2008,18:187-201.

[32] Lahiri A. Estimators of parameters of chirp signals and their properties[D]. Kanpur: Indian Institute of Technology,2011.

[33] Lahiri A,Kundu D. On parameter estimation of two-dimensional polynomial phase signal model [J]. Statistica Sinica,2017,27:1779-1792.

[34] Lahiri A,Kundu D,Mitra A. Efficient algorithm for estimating the parameters of a chirp signal [J]. Journal of Multivariate Analysis,2012,108:15-27.

[35] Lahiri A, Kundu D, Mitra A. Efficient algorithm for estimating the parameters of two dimensional chirp signal[J]. Sankhya B,2013,75(1):65-89.

[36] Lahiri A, Kundu D, Mitra A. On least absolute deviation estimators for one-dimensional chirp model[J]. Statistics,2014,48(2):405-420.

[37] Lahiri A,Kundu D,Mitra A. Estimating the parameters of multiple chirp signals[J]. Journal of Multivariate Analysis,2015,139:189-206.

[38] Lin C C, Djurić P M. Estimation of chirp signals by MCMC[C]. 2000 IEEE International Conference on Acoustics, Speech and Signal Processing. Proceedings (Cat. No. 00CH37100). IEEE,2000,1:265-268.

[39] Liu X, Yu H. Time-domain joint parameter estimation of chirp signal based on SVR[J]. Mathematical Problems in Engineering,2013,2013:952743

[40] Lu Y, Demirli R, Cardoso G, et al. A successive parameter estimation algorithm for chirplet signal decomposition [J]. IEEE Transactions on Ultrasonics, Ferroelectrics and Frequency Control,2006,53(11):2121-2131.

[41] Mazumder S. Single step and multiple step forecasting in one dimensional single chirp signal using MCMC based Bayesian analysis [J]. Communications in Statistics-Simulation and Computation,2014,46(4):2529-2547.

[42] Montgomery H L. Ten lectures on the interface between analytic number theory and harmonic analysis[M]. Providence: American Mathematical Society,1990.

[43] Nandi S,Kundu D. Asymptotic properties of the least squares estimators of the parameters of the chirp signals[J]. Annals of the Institute of Statistical Mathematics,2004,56(3):529-544.

[44] Nandi S, Kundu D. Analyzing non-stationary signals using a cluster type model[J]. Journal of Statistical Planning & Inference,2006,136(11):3871-3903.

[45] Nandi S, Kundu D, Grover R. Estimation of parameters of multiple chirp signal in presence of heavy tailed errors[J]. arXiv:1807-01138,2018.

[46] O'Shea P. On refining polynomial phase signal parameter estimates[J]. IEEE Transactions on Aerospace and Electronic Systems,2010,46(3):978-987.

[47] Pelag S, Porat B. Estimation and classification of polynomial-phase signals[J]. IEEE Transactions on Information Theory,1991,37(2):422-430.

[48] Richards F S G. A method of maximum-likelihood estimation[J]. Journal of the Royal Statistical Society: SeriesB (Methodological),1961,23(2):469-475.

[49] Pincus M. A closed form solution of certain programming problems[J]. Operations Research, 1969,16:690-694.

[50] Rihaczek A W. Principles of high-resolution radar[M]. New York: McGraw-Hill, 1969.

[51] Robertson S D. Generalization and application of the linear chirp[D]. State of Texas: Southern Methodist University, 2008.

[52] Robertson S D, Gray H L, Woodward W A. The generalized linear chirp process[J]. Journal of Statistical Planning & Inference, 2010, 140(12): 3676-3687.

[53] Saha S, Kay S M. Maximum likelihood parameter estimation of superimposed chirps using Monte Carlo importance sampling[J]. IEEE Transactions on Signal Processing, 2002, 50(2): 224-230.

[54] Seber G A F, Wild C J. Nonlinear regression[M]. New York: Wiley, 1989.

[55] Tichavsky P, Handel P. Multicomponent polynomial phase signal analysis using a tracking algorithm [J]. IEEE Transactions on Signal Processing, 1999, 47(5): 1390-1395.

[56] Volcker B, Ottersten B. Chirp parameter estimation from a sample covariance matrix[J]. IEEE Transactions on Signal Processing, 2001, 49(3): 603-612.

[57] Wang J Z, Su S Y, Chen Z P. Parameter estimation of chirp signal under low SNR[J]. Science China Information Sciences, 2015, 58(2): 1-13.

[58] Wang P, Yang J. Multicomponent chirp signals analysis using product cubic phase function[J]. Digital Signal Processing, 2006, 16(6): 654-669.

[59] Wang Y, Zhou G. On the use of high-order ambiguity function for multi-component polynomial phase signals[J]. Signal Processing, 1998, 65(2): 283-296.

[60] Wu C F. Asymptotic theory of nonlinear least squares estimation[J]. Annals of Statistics, 1981, 9 (3): 501-513.

[61] Zhao X H, Ran T, Zhou S Y. A novel sequential estimation algorithm for chirp signal parameters[C]. IEEE, International Conference on Neural Networks and Signal Processing, 2003. 2003, 1: 628-631.

[62] Yaron D, Alon A, Israel C. Joint model order selection and parameter estimation of chirps with harmonic components[J]. IEEE Transactions on Signal Processing, 2015, 63(7): 1765-1778.

[63] Yang P, Liu Z, Jiang W L. Parameter estimation of multi-component chirp signals based on discrete chirp Fourier transform and population Monte Carlo[J]. Signal, Image and Video Processing, 2015, 9(5): 1137-1149.

[64] Zhang H, Liu H, Si C, et al. Parameter estimation of chirp signals based on fractional Fourier transform[J]. The Journal of China Universities of Posts and Telecommunications, 2013, 20: 95-100.

[65] Zhang H L, Liu Q Y. Estimation of instantaneous frequency rate for multicomponent polynominal phase signals[C]. 2006 8th International Conference on Signal Processing. IEEE, 2006, 1: 498-502.

[66] Zhang K, Wang S, Cao F. Product cubic phase function algorithm for estimating the instantaneous frequency rate of multicomponent two-dimensional chirp signals[C]. 2008 Congress on Image and Signal Processing. IEEE, 2008, 5: 498-502.

第10章 随机幅度正弦模型和线性调频模型

10.1 引　　言

本书中我们已经考虑了正弦频率模型及其在一维和更高维情形下的许多变体。迄今为止所考虑模型的幅度均假定为未知常量。本章我们将允许幅度是随机的，或者是某种关于索引的确定函数，这种随机幅度正弦模型和 Chirp 模型是对之前考虑的大多数模型的推广，所以需要采用一套不同的假设。随机幅度可以视为一种乘性误差，本章我们将考虑带加性和乘性观测误差的正弦分量模型。

本章讨论的部分模型是复值模型。值得注意的是，尽管所有实际信号都是实值的，但从解析的角度来看，使用信号的解析形式（即复值模型）可能更有利于信号分析，详情参阅 Gabor 的研究。[9]通过 Hilbert 变换可得到实值连续信号的解析形式，所以建立复值模型的相关理论并将其应用于对应的实际模型有时是十分有效的。复值模型不仅可用于分析任意实信号，大量相关信号处理的文献还将其用于信号解析推导或信号处理算法设计，具体示例参阅 Stoica 和 Moses 的研究。[17]

在许多应用中考虑乘性噪声正弦模型比考虑常用的加性噪声模型更加合适。例如，当利用车载多普勒雷达估计车辆速度时，由于车体不同点的反射和轨迹影响，正弦模型幅度缓慢变化。这种现象在某种程度上与信号衰落有关，在许多场景中都能观察到。为了描述这种现象，Besson 和 Castanie 引入了一种被称为 ARCOS（自回归余弦调幅）的乘性正弦模型。[2]该模型可描述为

$$y(t) = z(t)\cos(t\omega^0 + \varphi) \tag{10.1}$$

式中，$z(t)$是 p 阶自回归过程 AR(p)，定义为

$$z(t) = -\sum_{k=1}^{P} \varphi_k z(t-k) + \varepsilon(t) \tag{10.2}$$

$\{\varepsilon(t)\}$是均值为 0、方差 σ_ε^2 有限的独立同分布随机变量序列。频率 ω^0 被称为多普勒频率。AR(p)过程 $z(t)$的特征方程为

$$\Phi(x) = 0,\quad \Phi(x) = \sum_{k=0}^{p} \varphi_k x^{-k},\quad \varphi_0 = 1$$

只要上述多项式方程的根在单位圆内，AR(p)过程就是平稳的。文献[2]和文献[1]考虑

了式(10.1)所示模型,该模型描述了乘性噪声中的正弦信号,其特征方程 $\Phi(x)$的零点远小于 ω^0。

Besson 和 Stoica 提出了一个比 ARCOS 模型更一般的模型,其既存在乘性误差,也存在加性误差。[5]该模型是一个复值模型,表示为

$$y(t) = A\alpha(t)\mathrm{e}^{\mathrm{i}\omega^0 t} + e(t) \tag{10.3}$$

式中,A 是复幅度,$\alpha(t)$是时变实包络,ω^0 是频率,$\{e(t)\}$是零均值、方差 σ_e^2 有限的独立同分布循环复 Gauss 随机变量序列。感兴趣参数为 ω^0,时变幅度 $A\alpha(t)$被视为多余参数。Besson 和 Stoica 在文献[5]中没有指定包络$\{\alpha(t)\}$的结构。随机幅度正弦模型在信号处理领域受到了广泛关注。例如,Francos 和 Friedlander[8]、Besson 和 Stoica[4]以及 Zhou 和 Ginnakis[18]等人都对该模型进行了研究。如果 $\alpha(t)$恒等于 1,则模型(10.3)就是单分量复正弦模型。Ghogho、Nandi 和 Swami 研究了随机幅相调制信号的最大似然估计。[10] Ciblata 等人研究了模型(10.3)及其等价实模型,并解决了谐波恢复问题。[6]

为了估计模型(10.3)中的感兴趣参数 ω^0,可以对一个容量为 n 的样本进行周期图最大化处理。在幅度恒定,即 $\alpha(t)=1$ 的情况下,非线性最小二乘法等价于周期图最大化法,此时 ω^0 的估计可表示为

$$\hat{\omega}_c = \arg\max_{\omega} \frac{1}{n}\left|\sum_{t=1}^{n} y(t)\mathrm{e}^{-\mathrm{i}\omega t}\right|^2 \tag{10.4}$$

Besson 和 Stoica 针对 $\alpha(t)$是时变且未知的情形提出了另一种形式的周期图[5],此时 ω^0 的估计表示为

$$\hat{\omega}_r = \arg\max_{\omega} \frac{1}{n}\left|\sum_{t=1}^{n} y^2(t)\mathrm{e}^{-\mathrm{i}2\omega t}\right|^2 = \arg\max_{\omega} I_R(\omega) \tag{10.5}$$

如果 $y^2(t)=x(t)$且 $2\omega=\beta$,则 $I_R(\omega)$就是$\{x(t)\}$的周期图。$I_R(\omega)$也可视为隔行为 0 的平方数据点集$\{y^2(1),0,y^2(2),0,\cdots\}$的周期图。因为计算是交替的,$I_R(\omega)$最大值是 ω^0 估计频率的两倍,所以可将 $I_R(\omega)$最大值除以 2 来作为 ω^0 的估计。

我们将在 10.2 节详细讨论随机复幅度 Chirp 信号,介绍随机复幅度 Chirp 信号的单分量和多分量模型。对模型相关结果的证明将在章末的附录 D 中给出。10.3 节会介绍一种更一般的实值模型。10.4 节将对一些相关问题进行讨论。考虑到正弦模型是频率变化率为零的 Chirp 模型,本章没有对随机幅度正弦模型进行单独讨论,后续章节讨论的估计方法和结果也适用于随机幅度正弦模型。

10.2　随机幅度线性调频模型:复值模型

Nandi 和 Kundu 研究并提出了一种随机时变复幅度 Chirp 信号模型[16],其表达式为

$$y(t) = \alpha(t)\mathrm{e}^{\mathrm{i}(\theta_1^0 t+\theta_2^0 t^2)} + e(t), \quad t = 1,\cdots,n \tag{10.6}$$

其中 θ_1^0 和 θ_2^0 分别表示频率和线性调频率,其定义与式(9.1)中定义的恒幅 Chirp 模型类

似。幅度$\{\alpha(t)\}$是具有非零均值μ_α和方差σ_α^2的独立同分布实随机变量序列。加性误差$\{e(t)\}$是零均值、方差为σ^2的独立同分布复随机变量序列。记$e(t)=e_R(t)+\mathrm{i}e_I(t)$，则$\{e_R(t)\}$和$\{e_I(t)\}$均是服从$\left(0,\frac{\sigma^2}{2}\right)$的独立同分布随机变量序列，均具有有限的四阶矩$\gamma$且相互独立。此外，还假设乘性误差$\{\alpha(t)\}$与$\{e(t)\}$相互独立且$\{\alpha(t)\}$的四阶矩存在。

模型(10.6)称为随机幅度 Chirp 信号模型，由 Besson、Ghogho 和 Swami 首次提出[3]，他们最初考虑的模型和模型(10.6)稍有不同，其具体形式为

$$y(t)=\alpha(t)\mathrm{e}^{\mathrm{i}(\theta_0^0+\theta_1^0t+\theta_2^0t^2)}+e(t),\quad t=1,\cdots,n \tag{10.7}$$

其中$\alpha(t)$，$e(t)$，θ_1^0和θ_2^0与式(10.6)一致，但在模型(10.7)中存在一个模型(10.6)未考虑的相位项θ_0^0。当乘性误差均值μ_α和相位项θ_0^0同时存在且均未知时，两种参数无法辨识。因此，如果两种参数都存在，则其中一个参数必须已知。基于这一点，Nandi 和 Kundu 在其模型中并未考虑单独的相位项，而是不失一般性地将其合并到了$\alpha(t)$中。[16]因此，模型(10.6)和模型(10.7)实际上是等价的。

Nandi 和 Kundu 研究了文献[3]所述提出的估计量的理论性质。[16]他们通过最大化一种与式(10.5)中$\mathrm{I_R}(\omega)$相类似的周期图，估计了频率θ_1^0和频率变化率θ_2^0。该周期图由下式给出：

$$Q(\boldsymbol{\theta})=\frac{1}{n}\left|\sum_{t=1}^{n}y^2(t)\mathrm{e}^{-\mathrm{i}2(\theta_1t+\theta_2t^2)}\right|^2 \tag{10.8}$$

式中，$\boldsymbol{\theta}=(\theta_1,\theta_2)$。Nandi 和 Kundu 证明了在模型(10.6)的假设下，如果(θ_1^0,θ_2^0)是其参数空间的一个内点，那么使$Q(\boldsymbol{\theta})$最大的$\hat{\boldsymbol{\theta}}=(\hat{\theta}_1,\hat{\theta}_2)$具有强相合性。[16]在相同的假设下，$\hat{\boldsymbol{\theta}}$的渐近分布可推导为

$$\left(n^{\frac{3}{2}}(\hat{\theta}_1-\theta_1^0),n^{\frac{5}{2}}(\hat{\theta}_2-\theta_2^0)\right)\xrightarrow{\mathrm{d}}N_2\left(\mathbf{0},4(\sigma_\alpha^2+\mu_\alpha^2)^2\boldsymbol{\Sigma}^{-1}\boldsymbol{\Gamma}\boldsymbol{\Sigma}^{-1}\right)$$

其中

$$\boldsymbol{\Sigma}=\frac{2(\sigma_\alpha^2+\mu_\alpha^2)^2}{3}\begin{pmatrix}1 & 1\\ 1 & \frac{16}{15}\end{pmatrix},\quad \boldsymbol{\Gamma}=C_\alpha\begin{bmatrix}\frac{1}{3} & \frac{1}{4}\\ \frac{1}{4} & \frac{1}{5}\end{bmatrix}$$

$$C_\alpha=8(\sigma_\alpha^2+\mu_\alpha^2)\sigma^2+\frac{1}{2}\gamma+\frac{1}{8}\sigma^4$$

附录 D 对$\hat{\boldsymbol{\theta}}$的强相合性给予了证明，同时附录 E 推导了$\hat{\boldsymbol{\theta}}$的渐近分布。

备注 10.1 $\hat{\theta}_1$和$\hat{\theta}_2$的渐近方差取决于随机幅度的均值μ_α和方差σ_α^2以及加性误差的方差σ^2和四阶矩γ。根据渐近分布可知，$\hat{\theta}_1=O_p(n^{-\frac{3}{2}})$和$\hat{\theta}_2=O_p(n^{-\frac{5}{2}})$与第 2 章讨论的恒幅 Chirp 模型类似。这意味着对于给定的样本容量，线性调频率θ_2可以比频率θ_1估计得更准确。

备注 10.2 随机幅度正弦信号模型$y(t)=\alpha(t)\mathrm{e}^{\mathrm{i}\theta_1^0t}+e(t)$是模型(10.6)的一个特例。此时频率变化率$\theta_2^0=0$，因此有效频率不随时间变化，始终保持恒定。未知频率可通

过最大化一个式(10.8)定义的 $Q(\boldsymbol{\theta})$的类似函数来估计。估计量具有与随机幅度线性调频模型相同的相合性和渐近正态性。随机幅度正弦模型的估计过程和理论性质可以从随机幅度 Chirp 模型推导,因此不再单独讨论。

备注 10.3　随机幅度广义 Chirp 模型是一种复值模型,其形式为 $y(t)=\alpha(t)e^{i(\theta_1^0 t+\theta_2^0 t^2+\cdots+\theta_q^0 t^q)}+e(t)$,也被称为随机幅度多项式相位信号。此时频率变化率不再是线性的,频率变化由相位项 $\theta_2^0 t^2+\cdots+\theta_q^0 t^q$ 控制,参数可通过一个类似平方信号的周期图估计得到。在与模型(10.6)相似的$\{\alpha(t)\}$,$\{e(t)\}$假设和参数真值下,可以推得估计量的相合性和渐近正态性。对于随机幅度多项式相位信号,多项式阶数 q 的估计是另一个重要问题。

10.2.1　多分量随机幅度线性调频模型

多分量随机幅度 Chirp 模型是一种通用模型,包含多对频率和线性调频率,而非模型(10.6)中的单对频率和线性调频率。该模型可以表示为

$$y(t)=\sum_{k=1}^{p}\alpha_k(t)e^{i(\theta_{1k}^0 t+\theta_{2k}^0 t^2)}+e(t) \tag{10.9}$$

其中加性误差序列$\{e(t)\}$与模型(10.6)相同。第 k 个幅度分量$\{\alpha_k(t)\}$的相应乘性误差是一个均值为 $\mu_{k\alpha}$、方差为 $\sigma_{k\alpha}^2$ 且四阶矩有限的随机变量序列,满足 $\mu_{k\alpha}\neq 0$ 且 $\sigma_{k\alpha}^2>0$ $(k=1,\cdots,p)$。这里假定对于 $j\neq k$,$\{\alpha_j(t)\}$和$\{\alpha_k(t)\}$相互独立,同时$\{e(t)\}$和$\{\alpha_1(t)\},\cdots,\{\alpha_p(t)\}$相互独立。

多分量模型(10.9)的未知参数可通过局部最大化式(10.8)定义的 $Q(\boldsymbol{\theta})$进行估计。记 $\boldsymbol{\theta}_k=(\theta_{1k},\theta_{2k})$,设 $\boldsymbol{\theta}_k^0$ 是$\boldsymbol{\theta}_k$ 的真值,同时记 $\boldsymbol{\theta}_k^0$ 的邻域为N_k,于是 $\boldsymbol{\theta}_k$ 可通过下式估计:

$$\hat{\boldsymbol{\theta}}_k=\arg\max_{(\theta_1,\theta_2)\in N_k}\frac{1}{n}\left|\sum_{t=1}^{n}y^2(t)e^{-i2(\theta_1 t+\theta_2 t^2)}\right|^2$$

其中 $y(t)$已在式(10.9)中给出。

若$\{(\theta_{11}^0,\theta_{21}^0),(\theta_{12}^0,\theta_{22}^0),\cdots,(\theta_{1p}^0,\theta_{2p}^0)\}$是参数空间的一个内点,并且对于 $j\neq k(j,k=1,\cdots,p)$满足$(\theta_{1j}^0,\theta_{2j}^0)\neq(\theta_{1k}^0,\theta_{2k}^0)$,则在上述条件下,$N_k$ 中使$Q(\boldsymbol{\theta})$最大的 $\hat{\boldsymbol{\theta}}_k$ 是$\boldsymbol{\theta}_k^0$ 的强相合估计。相同条件下,若 $n\to\infty$,则

$$\left(n^{\frac{3}{2}}(\hat{\theta}_{1k}-\theta_{1k}^0),n^{\frac{5}{2}}(\hat{\theta}_{2k}-\theta_{2k}^0)\right)\xrightarrow{d}N_2\left(\mathbf{0},4\,(\sigma_{k\alpha}^2+\mu_{k\alpha}^2)^2\,\boldsymbol{\Sigma}_k^{-1}\boldsymbol{\Gamma}_k\boldsymbol{\Sigma}_k^{-1}\right)$$

其中

$$\boldsymbol{\Sigma}_k=\frac{2\,(\sigma_{k\alpha}^2+\mu_{k\alpha}^2)^2}{3}\begin{pmatrix}1 & 1\\ 1 & \frac{16}{15}\end{pmatrix},\quad \boldsymbol{\Gamma}_k=C_{k\alpha}\begin{bmatrix}\frac{1}{3} & \frac{1}{4}\\ \frac{1}{4} & \frac{1}{5}\end{bmatrix}$$

$$C_{k\alpha}=8(\sigma_{k\alpha}^2+\mu_{k\alpha}^2)\sigma^2+\frac{1}{2}\gamma+\frac{1}{8}\sigma^4$$

此外,对于 $k\neq j$,$\left(n^{\frac{3}{2}}(\hat{\theta}_{1k}-\theta_{1k}^0),n^{\frac{5}{2}}(\hat{\theta}_{2k}-\theta_{2k}^0)\right)$和$\left(n^{\frac{3}{2}}(\hat{\theta}_{1j}-\theta_{1j}^0),n^{\frac{5}{2}}(\hat{\theta}_{2j}-\theta_{2j}^0)\right)$的分布相互渐近独立。

利用附录 D 中针对单分量模型(10.6)的分析方法可以类似地证明估计$\hat{\boldsymbol{\theta}}_k$($k=1,\cdots,p$)的相合性。此时附录 D 中定义的 $z_R(t)$和 $z_I(t)$将基于模型(10.9)中的 p 分量 $y(t)$构造。只要从多分量模型(10.9)中导出与引理 10.5(见附录 D)相等价的结果，就可以采用附录 E 所述的方法来推导模型(10.9)未知参数估计的渐近分布。因为不同分量的相应估计服从渐近正态分布，所以可以通过协方差来证明它们的渐近独立性。感兴趣的读者可参考 Nandi 和 Kundu 在文献[16]中的论述。

10.2.2 一些实际问题

需要强调的是所有的实际数据集都是实值的。为便于解析推导，相关文献和本小节只考虑复值模型。利用 Hilbert 变换可以得到连续实信号的相应解析(复)形式。接下来举例说明，这里使用模型(10.9)对真实数据集“aaa”(已在第 7 章中讨论)进行分析。数据集包含以 10 kHz 频率采样得到的 512 个数据点，如图 10.1 所示。由于“aaa”是一个实数据集，相应的虚部分量不易获取，为了得到复值模型(10.9)，我们对实数据集进行 Hilbert 变换。将 Chirp 周期图

$$I_C(\alpha,\beta)=\frac{1}{n}\left|\sum_{t=1}^{n}y(t)\mathrm{e}^{-\mathrm{i}(\alpha t+\beta t^2)}\right|^2$$

以细网格$\left(\frac{\pi j}{M},\frac{\pi k}{M^2}\right)$ ($j=1,\cdots,M;k=1,\cdots,M^2$)上的最大值点作为频率和频率变化率的初始估计。与 Grover、Kundu 和 Mitra 的研究相同[11]，将用于描述数据集的信号模型分量数设为 9，同时使用 10.2.1 小节介绍的方法对未知参数 θ_{1k} 和 θ_{2k} ($k=1,\cdots,9$)进行估计。为了对观测数据进行预测，需要估计每个分量的随机幅度均值，实部估计为

$$\hat{y}_{\mathrm{R}}(t)=\sum_{k=1}^{p}\hat{\mu}_{k\alpha}\cos(\hat{\theta}_{1k}t+\hat{\theta}_{2k}t^2)$$

其中 $\mu_{k\alpha}$($k=1,\cdots,p$)的估计可表示为

$$\hat{\mu}_{k\alpha}=\frac{1}{n}\sum_{t=1}^{n}\left[y_{\mathrm{R}}(t)\cos(\hat{\theta}_{1k}t+\hat{\theta}_{2k}t^2)+y_{\mathrm{I}}(t)\sin(\hat{\theta}_{1k}t+\hat{\theta}_{2k}t^2)\right] \tag{10.10}$$

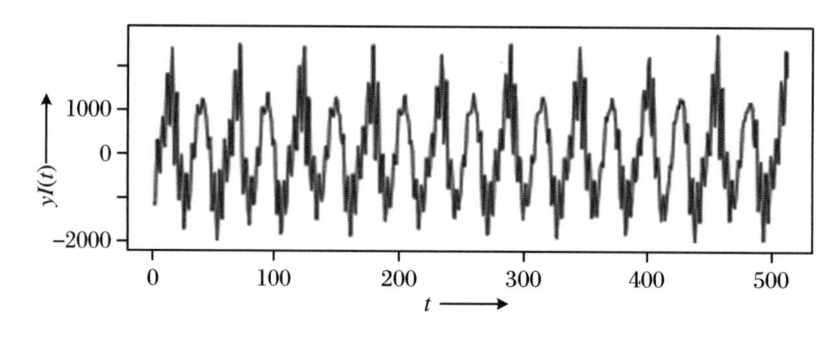

图 10.1 观测信号“aaa”

当 $n\to\infty$ 时，对于 $k=1,\cdots,p$ 必然有

$$n(\hat{\theta}_{1k}-\theta_{1k}^0)\to 0,\quad n^2(\hat{\theta}_{2k}-\theta_{2k}^0)\to 0$$

故可以证明 $\hat{\mu}_{k\alpha} \to \mu_{k\alpha}$。这里不对证明做详细讨论。图 10.2 给出了数据集"aaa"的预测值与平均校正结果，可以看到两种结果非常匹配。

对实数据集的分析阐明了模型(10.9)的使用方法。这也是一个为复值模型建立理论的例子，不过这里将该模型应用于实数据集。

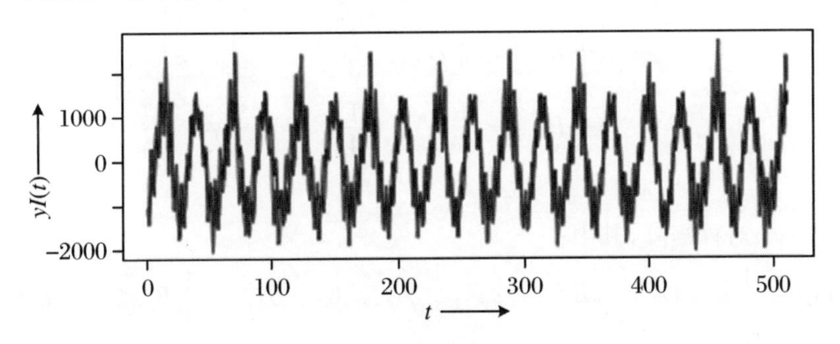

图 10.2　"aaa"观测信号和估计信号

10.3　随机幅度线性调频模型：实值模型

本节我们考虑随机实幅度 Chirp 模型，它在某种程度上是 10.2 节所述的复值模型的一般形式。该模型由以下公式给出：

$$y(t) = A^0\delta(t)\cos(\alpha^0 t + \beta^0 t^2) + B^0\delta(t)\sin(\alpha^0 t + \beta^0 t^2) + e(t) \quad (10.11)$$

式中，A^0 和 B^0 表示幅度的常数部分，且假定有界；α^0 和 β^0 分别表示频率和频率变化率，并且$(\alpha^0, \beta^0) \in (0, \pi)$。$\{\delta(t)\}$是一个具有非零均值 $\mu_{\delta 0}$、方差为 $\sigma_{\delta 0}^2$ 的独立同分布随机变量序列，并且其四阶矩存在。$\{e(t)\}$是零均值、方差为 σ^2 的独立同分布随机变量序列。有效幅度 $A^0\delta(t)$和 $B^0\delta(t)$随机但不相互独立。为防止出现可辨识性问题，假定 $\mu_{\delta 0}$已知。因此，可以不失一般性地假设 $\mu_{\delta 0}$为 1，同时假设$\{\delta(t)\}$和$\{e(t)\}$相互独立，于是

$$E[y(t)] = A^0\cos(\alpha^0 t + \beta^0 t^2) + B^0\sin(\alpha^0 t + \beta^0 t^2)$$

模型(10.6)中 $y(t)$的实部为 $\alpha(t)\cos(\alpha^0 t + \beta^0 t^2) + e_R(t)$，而模型(10.11)中 $y(t)$的实部存在额外的正弦项，这是由于有效幅度 $A^0\delta(t)$和 $B^0\delta(t)$不相互独立导致的。

为了估计未知参数 A, B, α 和β，我们关于 $\boldsymbol{\xi}$ 对以下函数进行最小化：

$$R(\boldsymbol{\xi}) = \sum_{t=1}^{n} [y(t) - A\cos(\alpha t + \beta t^2) - B\sin(\alpha t + \beta t^2)]^2$$

其中 $\boldsymbol{\xi} = (A, B, \alpha, \beta)$，记$\boldsymbol{\xi}^0 = (A^0, B^0, \alpha^0, \beta^0)$为 $\boldsymbol{\xi}$ 的真值，$\hat{\boldsymbol{\xi}} = (\hat{A}, \hat{B}, \hat{\alpha}, \hat{\beta})$为使 $R(\boldsymbol{\xi})$最小的 $\boldsymbol{\xi}$，于是在本节的设定下，可以证明 $\hat{\boldsymbol{\xi}}$ 是$\boldsymbol{\xi}^0$ 的一个强相合估计，同时可以导出以下渐近分布：

$$(\sqrt{n}(\hat{A} - A^0), \sqrt{n}(\hat{B} - B^0), n\sqrt{n}(\hat{\alpha} - \alpha^0), n^2\sqrt{n}(\hat{\beta} - \beta^0)) \xrightarrow{\text{d}} N_4(\mathbf{0}, \boldsymbol{\Sigma}^{-1}\boldsymbol{\Gamma}\boldsymbol{\Sigma}^{-1})$$

其中

$$\boldsymbol{\Sigma} = \begin{pmatrix} 1 & 0 & \frac{1}{2}B^0 & \frac{1}{3}B^0 \\ 0 & 1 & -\frac{1}{2}A^0 & -\frac{1}{3}A^0 \\ \frac{1}{2}B^0 & -\frac{1}{2}A^0 & \frac{1}{3}\rho^0 & \frac{1}{4}\rho^0 \\ \frac{1}{3}B^0 & -\frac{1}{3}A^0 & \frac{1}{4}\rho^0 & \frac{1}{5}\rho^0 \end{pmatrix}$$

$$(A^{0^2} + B^{0^2}) = \rho^0$$

$\boldsymbol{\Gamma} = (\gamma_{ij})$是一个对称矩阵，其中

$$\gamma_{11} = \frac{1}{2}\sigma_\delta^2(3A^{0^2} + B^{0^2}) + 2\sigma^2, \quad \gamma_{12} = 0, \quad \gamma_{13} = \frac{1}{4}B^0\sigma_{\delta}^2\rho^0 + B^0\sigma^2$$

$$\gamma_{14} = \frac{1}{6}B^0\sigma_{\delta}^2\rho^0 + \frac{2}{3}B^0\sigma^2, \quad \gamma_{22} = \frac{1}{2}\sigma_\delta^2(A^{0^2} + 3B^{0^2}) + 2\sigma^2$$

$$\gamma_{23} = -\frac{1}{4}A^0\sigma_{\delta}^2\rho^0 - A^0\sigma^2, \quad \gamma_{24} = -\frac{1}{6}A^0\sigma_{\delta}^2\rho^0 - \frac{2}{3}A^0\sigma^2$$

$$\gamma_{33} = \frac{1}{6}\sigma_{\delta}^2\rho^{0^2} + \frac{2}{3}\sigma^2\rho^0, \quad \gamma_{34} = \frac{1}{8}\sigma_{\delta}^2\rho^0 + \frac{1}{2}\sigma^2\rho^0$$

$$\gamma_{44} = \frac{1}{10}\sigma_{\delta}^2\rho^{0^2} + \frac{2}{5}\sigma^2\rho^0$$

如果我们将 $R(\boldsymbol{\xi})$与恒幅单 Chirp 模型(参见模型(9.1))的残差平方和进行比较，则不难发现 $A\mu_\delta$ 和$B\mu_\delta$ 分别对应余弦和正弦幅度，所以它们是线性参数。根据渐近分布特性可知，$\hat{A}$ 和 $\hat{B}$ 的收敛速度均为 $O_p(n^{-\frac{1}{2}})$，频率和频率变化率的收敛速度分别为 $O_p(n^{-\frac{3}{2}})$和 $O_p(n^{-\frac{5}{2}})$。因此，对于给定的样本容量 n，频率变化率的估计精度高于频率，而频率的估计精度高于 A 和B。恒幅 Chirp 模型也具有类似特征。

和模型(10.11)对应的多分量模型可表示为

$$y(t) = \sum_{k=1}^{p}[A_k^0\delta_k(t)\cos(\alpha_k^0 t + \beta_k^0 t^2) + B_k^0\delta_k(t)\sin(\alpha_k^0 t + \beta_k^0 t^2)] + e(t) \tag{10.12}$$

式中，$k=1,\cdots,p$，A_k^0 和B_k^0 是幅度的常数部分，$\{\delta_k(t)\}$是均值 $\mu_{k\delta 0=0}\neq 0$、方差为 $\sigma_{k\delta 0}^2$ 的独立同分布随机变量序列，$\{e(t)\}$是均值为零、方差为 σ^2 的独立同分布随机变量序列。这里假设对于 $k\neq j$，$\{\delta_k(t)\}$和$\{\delta_j(t)\}$相互独立，同时$\{e(t)\}$和$\{\delta_k(t)\}$，$k=1,\cdots,p$ 相互独立。类似单分量模型(10.11)，不失一般性地假设 $\mu_{k\delta 0}(k=1,\cdots,p)$已知且全为 1。

模型(10.12)中的未知参数可通过使一个类似多分量模型中定义的 $R(\boldsymbol{\xi})$函数最小来进行估计。记 $\boldsymbol{\xi}_k=(A_k,B_k,\alpha_k,\beta_k)$，$\boldsymbol{\eta}_p=(\boldsymbol{\xi}_1,\cdots,\boldsymbol{\xi}_p)$，设$\boldsymbol{\xi}_k$ 的真值为$\boldsymbol{\xi}_k^0$，$\boldsymbol{\eta}_p$ 的真值为$\boldsymbol{\eta}_p^0$。于是通过使关于 $\boldsymbol{\xi}_1,\cdots,\boldsymbol{\xi}_p$ 的函数

$$R(\boldsymbol{\eta}_p) = \sum_{t=1}^{n}\left\{y(t) - \sum_{k=1}^{p}[A_k\cos(\alpha_k t + \beta_k t^2) + B_k\sin(\alpha_k t + \beta_k t^2)]\right\}^2$$

最小求得 $\boldsymbol{\eta}_p$ 的估计。我们同样假设对于 $k \neq j = 1, \cdots, p$ 有 $(\alpha_k^0, \beta_k^0) \neq (\alpha_j^0, \beta_j^0)$，且 $(\boldsymbol{\xi}_1^0, \cdots, \boldsymbol{\xi}_p^0)$ 是其参数空间的一个内点。设 N_k 为 $\boldsymbol{\xi}_k^0$ 的一个邻域，则也可以通过局部最小化 $R(\boldsymbol{\eta}_p)$ 来估计未知参数，即 $\boldsymbol{\xi}_k$ 估计为

$$\hat{\xi}_k = \arg\min_{\xi \in N_k} \sum_{t=1}^{n} [y(t) - A\cos(\alpha t + \beta t^2) - B\sin(\alpha t + \beta t^2)]^2$$

其中 $y(t)$ 已在式(10.12)中给出。结果表明，该方法得到的参数估计具有强相合性。对于 $k = 1, \cdots, p$，估计 $\hat{\xi}_k$ 服从如下渐近分布：

$$[\sqrt{n}(\hat{A}_k - A_k^0), \sqrt{n}(\hat{B}_k - B_k^0), n\sqrt{n}(\hat{\alpha}_k - \alpha_k^0), n^2\sqrt{n}(\hat{\beta}_k - \beta_k^0)]$$
$$\xrightarrow{\mathrm{d}} N_4(\mathbf{0}, \boldsymbol{\Sigma}_k^{-1}\boldsymbol{\Gamma}_k\boldsymbol{\Sigma}_k^{-1})$$

式中，如果用 $A_k^0, B_k^0, \sigma_{k\delta}$ 和 ρ_k^0 替换 A^0, B^0, σ_δ 和 ρ^0，则 $\boldsymbol{\Sigma}_k, \boldsymbol{\Gamma}_k$ 与 $\boldsymbol{\Sigma}, \boldsymbol{\Gamma}$ 相同。此外，当 n 充分大且 $k \neq j$ 时分布 $[\sqrt{n}(\hat{A}_k - A_k^0), \sqrt{n}(\hat{B}_k - B_k^0), n\sqrt{n}(\hat{\alpha}_k - \alpha_k^0), n^2\sqrt{n}(\hat{\beta}_k - \beta_k^0)]$ 与 $[\sqrt{n}(\hat{A}_j - A_j^0), \sqrt{n}(\hat{B}_j - B_j^0), n\sqrt{n}(\hat{\alpha}_j - \alpha_j^0), n^2\sqrt{n}(\hat{\beta}_j - \beta_j^0)]$ 相互独立。

当然，我们还可以考虑如下形式的随机实幅度 Chirp 模型：

$$y(t) = a(t)\cos(\alpha^0 t + \beta^0 t^2) + b(t)\sin(\alpha^0 t + \beta^0 t^2) + e(t) \qquad (10.13)$$

式中，$\{a(t)\}$ 和 $\{b(t)\}$ 是非零均值、方差有限的随机变量序列，同时 $\{a(t)\}$ 和 $\{b(t)\}$ 相互独立。模型参数的估计、估计量性质和模型的实际应用是一些有趣的问题。

10.4　讨　　论

本章探讨了随机幅度正弦和 Chirp 模型。随机幅度 Chirp 模型是基本正弦模型在两种情形下的推广。第一种情形是频率不恒定且保持线性变化，第二种情形是幅度随机。最通用的随机幅度 Chirp 模型是随机幅度多项式相位信号模型，它是一种工程中被广泛应用的非平稳信号模型。在该模型中，正弦模型频率由一个关于索引 t 的多项式代替。Morelande 和 Zoubir 考虑了一种受非平稳随机过程调制的多项式相位信号。[14] 他们使用带序贯泛化 Bonferroni 检验的非线性最小二乘法估计相位和幅度。Fourt 和 Benidir 提出了一种鲁棒的随机幅度多项式相位信号参数估计方法。[7] 随机幅度多项式相位信号的一个重要问题是如何在不同(乘性和加性)误差假设下估计参数并对参数估计性质进行分析。其他有趣的问题包括如何估计多项式次数以及设计有效的参数估计算法。之所以存在这些问题，一方面是因为随机幅度多项式相位信号模型关于参数高度非线性；另一方面，具有良好理论特性的估计器在实际中可能无法有效应用。

当然还有许多其他的开放式问题：

(1) 如何对模型(10.6)中的 σ_α^2 以及模型(10.9)中的 $\sigma_{k\alpha}^2 (k = 1, \cdots, p)$ 进行估计。

(2) 如何对本章所有模型的加性误差方差进行估计。为了在实际中使用渐近分布，需要对这些参数进行估计。

(3) 对于模型(10.11)我们还需要估计 $\sigma_{\delta 0}^2$ 和 σ^2，这里并没有展开讨论，所以这也是

一个开放式问题。

(4) 如何估计复值和实值多分量模型中的分量个数。

(5) 随机幅度模型研究中最关键的判决问题是随机幅度的检测。检测问题可利用恒幅和随机幅度的渐近分布来描述，描述形式可以选择似然比检验。

附　录　D

本附录对 10.2 节中 $\hat{\boldsymbol{\theta}}$ 的相合性进行证明。记 $z(t)=y^2(t)=z_R(t)+\mathrm{i}z_I(t)$，则

$$z_R(t)=\alpha^2(t)\cos[2(\theta_1^0 t+\theta_2^0 t^2)]+[e_R^2(t)-e_I^2(t)]$$
$$+2\alpha(t)e_R(t)\cos(\theta_1^0 t+\theta_2^0 t^2)-2\alpha(t)e_I(t)\sin(\theta_1^0 t+\theta_2^0 t^2) \tag{10.14}$$

$$z_I(t)=\alpha^2(t)\sin[2(\theta_1^0 t+\theta_2^0 t^2)]+2\alpha(t)e_I(t)\cos(\theta_1^0 t+\theta_2^0 t^2)$$
$$+2\alpha(t)e_R(t)\sin(\theta_1^0 t+\theta_2^0 t^2)+2e_R(t)e_I(t) \tag{10.15}$$

以上结果的证明需要用到下述引理。

引理 10.1　若 $(\theta_1,\theta_2)\in(0,\pi)\times(0,\pi)$，则除了点数可数的情况外，以下结果均成立[13]：

$$\lim_{n\to\infty}\frac{1}{n}\sum_{t=1}^{n}\cos(\theta_1 t+\theta_2 t^2)=\lim_{n\to\infty}\frac{1}{n}\sum_{t=1}^{n}\sin(\theta_1 t+\theta_2 t^2)=0$$

$$\lim_{n\to\infty}\frac{1}{n^{k+1}}\sum_{t=1}^{n}t^k\cos^2(\theta_1 t+\theta_2 t^2)=\lim_{n\to\infty}\frac{1}{n^{k+1}}\sum_{t=1}^{n}t^k\sin^2(\theta_1 t+\theta_2 t^2)=\frac{1}{2(k+1)}$$

$$\lim_{n\to\infty}\frac{1}{n^{k+1}}\sum_{t=1}^{n}t^k\cos(\theta_1 t+\theta_2 t^2)\sin(\theta_1 t+\theta_2 t^2)=0,\quad k=0,1,2$$

引理 10.2　设 $\hat{\boldsymbol{\theta}}=(\hat{\theta}_1,\hat{\theta}_2)$ 是使式(10.8) $Q(\boldsymbol{\theta})$ 最大的 $\boldsymbol{\theta}^0=(\theta_1^0,\theta_2^0)$ 估计，对于任意的 $\varepsilon>0$，设对于某个固定的 $\boldsymbol{\theta}^0\in(0,\pi)\times(0,\pi)$ 有 $S_\varepsilon=\{\boldsymbol{\theta}:|\boldsymbol{\theta}-\boldsymbol{\theta}^0|>\varepsilon\}$ 成立，于是对于任意的 $\varepsilon>0$，必然满足

$$\overline{\lim_{n\to\infty}}\sup_{S_\varepsilon}\frac{1}{n}[Q(\boldsymbol{\theta})-Q(\boldsymbol{\theta}^0)]<0 \tag{10.16}$$

故 $n\to\infty$ 时，必然有 $\hat{\boldsymbol{\theta}}\to\boldsymbol{\theta}^0$，即 $\hat{\theta}_1\to\theta_1^0$ 时必然有 $\hat{\theta}_2\to\theta_2^0$。

引理 10.2 的证明：我们分别将 $\hat{\boldsymbol{\theta}}$ 和 $Q(\boldsymbol{\theta})$ 改写为 $\hat{\boldsymbol{\theta}}_n$ 和 $Q_n(\boldsymbol{\theta})$，以强调这些量取决于 n。假设式(10.16)为真，且 $n\to\infty$ 时 $\hat{\boldsymbol{\theta}}_n$ 不收敛于 $\boldsymbol{\theta}^0$，于是存在一个 $\varepsilon>0$ 和一个 $\{n\}$ 的子序列 $\{n_k\}$ 满足 $|\hat{\boldsymbol{\theta}}_{n_k}-\boldsymbol{\theta}^0|>\varepsilon$，$k=1,2,\cdots$。因此，对于所有的 $k=1,2,\cdots$ 有 $\hat{\boldsymbol{\theta}}_{n_k}\in S_\varepsilon$。根据定义，$\hat{\boldsymbol{\theta}}_{n_k}$ 是 $n=n_k$ 时使 $Q_{n_k}(\boldsymbol{\theta})$ 最大的 $\boldsymbol{\theta}^0$ 估计，这意味着

$$Q_{n_k}(\hat{\boldsymbol{\theta}}_{n_k})\geqslant Q_{n_k}(\boldsymbol{\theta}^0)\Rightarrow\frac{1}{n_k}[Q_{n_k}(\hat{\boldsymbol{\theta}}_{n_k})-Q_{n_k}(\boldsymbol{\theta}^0)]\geqslant 0$$

故有$\overline{\lim_{n\to\infty}}\sup_{\boldsymbol{\theta}_{n_k}\in S_\varepsilon}\frac{1}{n_k}[Q_{n_k}(\hat{\boldsymbol{\theta}}_{n_k})-Q_{n_k}(\boldsymbol{\theta}^0)]\geqslant 0$，这与不等式(10.16)相矛盾，所以前述结果成立。

引理 10.3　设$\{e(t)\}$为零均值、有限方差$\sigma^2>0$的独立同分布实随机变量序列，则$n\to\infty$时必然有[15]

$$\sup_{a,b}\left|\frac{1}{n}\sum_{t=1}^{n}e(t)\cos(at)\cos(bt^2)\right|\xrightarrow{\text{a.s.}}0$$

上述结果对于所有的正余弦函数组合均成立。

引理 10.4　如果$(\beta_1,\beta_2)\in(0,\pi)\times(0,\pi)$，则除了点数可数的情况外，以下结果均成立[11]：

$$\lim_{n\to\infty}\frac{1}{n^{\frac{2m+1}{2}}}\sum_{t=1}^{n}t^m\cos(\beta_1 t+\beta_2 t^2)=\lim_{n\to\infty}\frac{1}{n^{\frac{2m+1}{2}}}\sum_{t=1}^{n}t^m\sin(\beta_1 t+\beta_2 t^2)=0,\quad m=0,1,2$$

引理 10.5　在 10.2 节的条件下，以下结果对于模型(10.6)均成立：

$$\frac{1}{n^{m+1}}\sum_{t=1}^{n}t^m z_R(t)\cos(2\theta_1^0 t+2\theta_2^0 t^2)\xrightarrow{\text{a.s.}}\frac{1}{2(m+1)}(\sigma_\alpha^2+\mu_\alpha^2)\tag{10.17}$$

$$\frac{1}{n^{m+1}}\sum_{t=1}^{n}t^m z_I(t)\cos(2\theta_1^0 t+2\theta_2^0 t^2)\xrightarrow{\text{a.s.}}0\tag{10.18}$$

$$\frac{1}{n^{m+1}}\sum_{t=1}^{n}t^m z_R(t)\sin(2\theta_1^0 t+2\theta_2^0 t^2)\xrightarrow{\text{a.s.}}0\tag{10.19}$$

$$\frac{1}{n^{m+1}}\sum_{t=1}^{n}t^m z_I(t)\sin(2\theta_1^0 t+2\theta_2^0 t^2)\xrightarrow{\text{a.s.}}\frac{1}{2(m+1)}(\sigma_\alpha^2+\mu_\alpha^2)\tag{10.20}$$

式中，$m=0,1,\cdots,4$。

引理 10.5 证明：注意到$e_R(t)$和$e_I(t)$都是均值为零、方差为$\frac{\sigma^2}{2}$和四阶矩为γ的独立同分布序列，且相互独立，于是有$E[e_R(t)e_I(t)]=0$和$\mathrm{Var}[e_R(t)e_I(t)]=\frac{\sigma^4}{2}$成立，故此可得$\{e_R(t)e_I(t)\}\overset{\text{i.i.d.}}{\sim}\left(0,\frac{\sigma^4}{2}\right)$。类似地，假设$\alpha(t)$是均值为$\mu_\alpha$、方差为$\sigma_\alpha^2$的独立同分布序列，且$\alpha(t)$和$e(t)$相互独立，于是可以得到

$$\begin{aligned}&\{e_R^2(t)-e_I^2(t)\}\overset{\text{i.i.d.}}{\sim}\left(0,2\gamma-\frac{\sigma^4}{2}\right)\\&\{\alpha(t)e_R(t)\}\overset{\text{i.i.d.}}{\sim}\left(0,(\sigma_\alpha^2+\mu_\alpha^2)\frac{\sigma^2}{2}\right)\\&\{\alpha(t)e_I(t)\}\overset{\text{i.i.d.}}{\sim}\left(0,(\sigma_\alpha^2+\mu_\alpha^2)\frac{\sigma^2}{2}\right)\end{aligned}\tag{10.21}$$

现在考虑

$$\begin{aligned}&\frac{1}{n^{m+1}}\sum_{t=1}^{n}t^m z_R(t)\cos(2\theta_1^0 t+2\theta_2^0 t^2)\\&=\frac{1}{n^{m+1}}\sum_{t=1}^{n}t^m\alpha^2(t)\cos^2(2\theta_1^0 t+2\theta_2^0 t^2)\end{aligned}$$

$$+\frac{1}{n^{m+1}}\sum_{t=1}^{n}t^{m}(e_R^2(t)-e_I^2(t))\cos(2\theta_1^0 t+2\theta_2^0 t^2)$$

$$+\frac{2}{n^{m+1}}\sum_{t=1}^{n}t^{m}\alpha(t)e_R(t)\cos(\theta_1^0 t+\theta_2^0 t^2)\cos(2\theta_1^0 t+2\theta_2^0 t^2)$$

$$+\frac{2}{n^{m+1}}\sum_{t=1}^{n}t^{m}\alpha(t)e_I(t)\sin(\theta_1^0 t+\theta_2^0 t^2)\cos(2\theta_1^0 t+2\theta_2^0 t^2)$$

由于$(e_R^2(t)-e_I^2(t))$是一个零均值有限方差随机过程，利用引理 10.3 可知 $n\to\infty$ 时上式的第二项收敛于 0。类似地，利用式(10.21)可知 $n\to\infty$ 时上式的第三项和第四项也收敛于 0。于是利用引理 10.1 和引理 10.3 可将上式第一项写为

$$\frac{1}{n^{m+1}}\sum_{t=1}^{n}t^{m}\alpha^2(t)\cos^2(2\theta_1^0 t+2\theta_2^0 t^2)$$

$$=\frac{1}{n^{m+1}}\Big(\sum_{t=1}^{n}t^{m}\{\alpha^2(t)-E[\alpha^2(t)]\}\cos^2(2\theta_1^0 t+2\theta_2^0 t^2)$$

$$+\sum_{t=1}^{n}t^{m}E[\alpha^2(t)]\cos^2(2\theta_1^0 t+2\theta_2^0 t^2)\Big)\xrightarrow{\text{a.s.}}0+\frac{1}{2(m+1)}E[\alpha^2(t)]$$

$$=\frac{1}{2(m+1)}(\sigma_\alpha^2+\mu_\alpha^2)$$

注意，这里我们利用了 $\alpha(t)$四阶矩存在这一事实。以类似方法可以证明式(10.18)、式(10.19)和式(10.20)。

$\hat{\boldsymbol{\theta}}$ 的相合性证明：

将 $Q(\boldsymbol{\theta})$展开并利用 $y^2(t)=z(t)=z_R(t)+\mathrm{i}z_I(t)$可得

$$\begin{aligned}\frac{1}{n}[Q(\boldsymbol{\theta})-Q(\boldsymbol{\theta}^0)]=&\left\{\frac{1}{n}\sum_{t=1}^{n}[z_R(t)\cos(2\theta_1 t+2\theta_2 t^2)+z_I(t)\sin(2\theta_1 t+2\theta_2 t^2)]\right\}^2\\&+\left\{\frac{1}{n}\sum_{t=1}^{n}[-z_R(t)\sin(2\theta_1 t+2\theta_2 t^2)+z_I(t)\cos(2\theta_1 t+2\theta_2 t^2)]\right\}^2\\&-\left\{\frac{1}{n}\sum_{t=1}^{n}[z_R(t)\cos(2\theta_1^0 t+2\theta_2^0 t^2)+z_I(t)\sin(2\theta_1^0 t+2\theta_2^0 t^2)]\right\}^2\\&-\left\{\frac{1}{n}\sum_{t=1}^{n}[-z_R(t)\sin(2\theta_1^0 t+2\theta_2^0 t^2)+z_I(t)\cos(2\theta_1^0 t+2\theta_2^0 t^2)]\right\}^2\\=&S_1+S_2+S_3+S_4\end{aligned}$$

由引理 10.5 可得

$$\frac{1}{n}\sum_{t=1}^{n}z_R(t)\cos(2\theta_1^0 t+2\theta_2^0 t^2)\xrightarrow{\text{a.s.}}\frac{1}{2}(\sigma_\alpha^2+\mu_\alpha^2)$$

$$\frac{1}{n}\sum_{t=1}^{n}z_I(t)\cos(2\theta_1^0 t+2\theta_2^0 t^2)\xrightarrow{\text{a.s.}}0$$

$$\frac{1}{n}\sum_{t=1}^{n}z_R(t)\sin(2\theta_1^0 t+2\theta_2^0 t^2)\xrightarrow{\text{a.s.}}0$$

$$\frac{1}{n}\sum_{t=1}^{n} z_I(t)\sin(2\theta_1^0 t + 2\theta_2^0 t^2) \xrightarrow{\text{a.s.}} \frac{1}{2}(\sigma_\alpha^2 + \mu_\alpha^2)$$

于是有

$$\lim_{n\to\infty} S_3 = -(\sigma_\alpha^2 + \mu_\alpha^2)^2 \quad 和 \quad \lim_{n\to\infty} S_4 = 0$$

又由式(10.21)、引理 10.1 和引理 10.3 可得

$$\begin{aligned}
\overline{\lim_{n\to\infty}} \sup_{S_\varepsilon} S_1 &= \overline{\lim_{n\to\infty}} \sup_{S_\varepsilon} \left\{ \frac{1}{n}\sum_{t=1}^{n} [z_R(t)\cos(2\theta_1 t + 2\theta_2 t^2) + z_I(t)\sin(2\theta_1 t + 2\theta_2 t^2)] \right\}^2 \\
&= \overline{\lim_{n\to\infty}} \sup_{S_\varepsilon} \Big(\frac{1}{n}\sum_{t=1}^{n} \{ \alpha^2(t)\cos[2(\theta_1^0 - \theta_1)t + 2(\theta_2^0 - \theta_2)t^2] \\
&\quad + 2e_R^2(t)e_I^2(t)\sin(2\theta_1 t + 2\theta_2 t^2) + [e_R^2(t) - e_I^2(t)]\cos(2\theta_1 t + 2\theta_2 t^2) \\
&\quad + 2\alpha(t)e_R(t)\cos[(2\theta_1^0 - \theta_1)t + (2\theta_2^0 - \theta_2)t^2] \\
&\quad + 2\alpha(t)e_I(t)\sin[(2\theta_1^0 - \theta_1)t + (2\theta_2^0 - \theta_2)t^2]\} \Big)^2 \\
&= \overline{\lim_{n\to\infty}} \sup_{|\boldsymbol{\theta}^0 - \boldsymbol{\theta}| > \varepsilon} \Big(\frac{1}{n}\sum_{t=1}^{n} \{ [\alpha^2(t) - (\sigma_\alpha^2 + \mu_\alpha^2)]\cos[2(\theta_1^0 - \theta_1)t + 2(\theta_2^0 - \theta_2)t^2] \\
&\quad + 2\alpha(t)e_R(t)\cos[(2\theta_1^0 - \theta_1)t + (2\theta_2^0 - \theta_2)t^2] \\
&\quad + 2\alpha(t)e_I(t)\sin[(2\theta_1^0 - \theta_1)t + (2\theta_2^0 - \theta_2)t^2] \\
&\quad + (\sigma_\alpha^2 + \mu_\alpha^2)\cos[2(\theta_1^0 - \theta_1)t + 2(\theta_2^0 - \theta_2)t^2]\} \Big)^2 \longrightarrow 0, \quad \text{a.s.}
\end{aligned}$$

上式中，第二项和第三项与 $\boldsymbol{\theta}^0$ 相互独立，所以可以利用引理 10.3 将其消掉。类似地，我们可以证明 $\overline{\lim_{n\to\infty}} \sup_{S_\varepsilon} S_2 \xrightarrow{\text{a.s.}} 0$。于是由

$$\overline{\lim_{n\to\infty}} \sup_{S_\varepsilon} \frac{1}{n}[Q(\boldsymbol{\theta}) - Q(\boldsymbol{\theta}^0)] = \overline{\lim_{n\to\infty}} \sup_{S_\varepsilon} \left[\sum_{i=1}^{4} S_i\right] \longrightarrow -(\sigma_\alpha^2 + \mu_\alpha^2)^2 < 0, \quad \text{a.s.}$$

和引理 10.2 可得，使 $Q(\boldsymbol{\theta})$ 最大的 $\hat{\theta}_1$ 和 $\hat{\theta}_2$ 是 θ_1^0 和 θ_2^0 的强相合估计。

附　录　E

本附录中我们推导 10.2 节中模型(10.6)未知参数估计的渐近分布。$Q(\boldsymbol{\theta})$ 关于 θ_k $(k=1,2)$ 的一阶导数为

$$\begin{aligned}
\frac{\partial Q(\boldsymbol{\theta})}{\partial \theta_k} &= \frac{2}{n}\left[\sum_{t=1}^{n} z_R(t)\cos(2\theta_1 t + 2\theta_2 t^2) + \sum_{t=1}^{n} z_I(t)\sin(2\theta_1 t + 2\theta_2 t^2)\right] \\
&\quad \times \left[\sum_{t=1}^{n} z_I(t) 2t^k \cos(2\theta_1 t + 2\theta_2 t^2) - \sum_{t=1}^{n} z_R(t) 2t^k \sin(2\theta_1 t + 2\theta_2 t^2)\right] \\
&\quad + \frac{2}{n}\left[\sum_{t=1}^{n} z_I(t)\cos(2\theta_1 t + 2\theta_2 t^2) - \sum_{t=1}^{n} z_R(t)\sin(2\theta_1 t + 2\theta_2 t^2)\right]
\end{aligned}$$

$$\times\left[-\sum_{t=1}^{n}z_I(t)2t^k\sin(2\theta_1 t+2\theta_2 t^2)-\sum_{t=1}^{n}z_R(t)2t^k\cos(2\theta_1 t+2\theta_2 t^2)\right]$$

$$=\frac{2}{n}f_1(\boldsymbol{\theta})g_1(k;\boldsymbol{\theta})+\frac{2}{n}f_2(\boldsymbol{\theta})g_2(k;\boldsymbol{\theta}) \tag{10.22}$$

其中

$$f_1(\boldsymbol{\theta})=\sum_{t=1}^{n}z_R(t)\cos(2\theta_1 t+2\theta_2 t^2)+\sum_{t=1}^{n}z_I(t)\sin(2\theta_1 t+2\theta_2 t^2)$$

$$g_1(k;\boldsymbol{\theta})=\sum_{t=1}^{n}z_I(t)2t^k\cos(2\theta_1 t+2\theta_2 t^2)-\sum_{t=1}^{n}z_R(t)2t^k\sin(2\theta_1 t+2\theta_2 t^2)$$

$$f_2(\boldsymbol{\theta})=\sum_{t=1}^{n}z_I(t)\cos(2\theta_1 t+2\theta_2 t^2)-\sum_{t=1}^{n}z_R(t)\sin(2\theta_1 t+2\theta_2 t^2)$$

$$g_2(k;\boldsymbol{\theta})=-\sum_{t=1}^{n}z_I(t)2t^k\sin(2\theta_1 t+2\theta_2 t^2)-\sum_{t=1}^{n}z_R(t)2t^k\cos(2\theta_1 t+2\theta_2 t^2)$$

由引理10.5可得

$$\lim_{n\to\infty}\frac{1}{n}f_1(\boldsymbol{\theta}^0)=(\sigma_\alpha^2+\mu_\alpha^2)\quad 和\quad \lim_{n\to\infty}\frac{1}{n}f_2(\boldsymbol{\theta}^0)=0,\quad \text{a.s.} \tag{10.23}$$

因此，当 n 充分大时可以省略式(10.22)中关于 $f_2(\boldsymbol{\theta})$ 的第二项，得到 $\frac{\partial Q(\boldsymbol{\theta})}{\partial\theta_k}=\frac{2}{n}f_1(\boldsymbol{\theta})g_1(k;\boldsymbol{\theta})$。$Q(\boldsymbol{\theta})$关于 $\theta_k(k=1,2)$的二阶导数为

$$\begin{aligned}
\frac{\partial^2 Q(\boldsymbol{\theta})}{\partial\theta_k^2}=&\frac{2}{n}\left[-\sum_{t=1}^{n}z_R(t)2t^k\sin(2\theta_1 t+2\theta_2 t^2)+\sum_{t=1}^{n}z_I(t)2t^k\cos(2\theta_1 t+2\theta_2 t^2)\right]^2\\
&+\frac{2}{n}\left[\sum_{t=1}^{n}z_R(t)\cos(2\theta_1 t+2\theta_2 t^2)+\sum_{t=1}^{n}z_I(t)\sin(2\theta_1 t+2\theta_2 t^2)\right]\\
&\times\left[-\sum_{t=1}^{n}z_R(t)4t^{2k}\cos(2\theta_1 t+2\theta_2 t^2)-\sum_{t=1}^{n}z_I(t)4t^{2k}\sin(2\theta_1 t+2\theta_2 t^2)\right]\\
&+\frac{2}{n}\left[-\sum_{t=1}^{n}z_R(t)2t^k\cos(2\theta_1 t+2\theta_2 t^2)-\sum_{t=1}^{n}z_I(t)2t^k\sin(2\theta_1 t+2\theta_2 t^2)\right]^2\\
&+\frac{2}{n}\left[-\sum_{t=1}^{n}z_R(t)\sin(2\theta_1 t+2\theta_2 t^2)+\sum_{t=1}^{n}z_I(t)\cos(2\theta_1 t+2\theta_2 t^2)\right]\\
&\times\left[\sum_{t=1}^{n}z_R(t)4t^{2k}\sin(2\theta_1 t+2\theta_2 t^2)-\sum_{t=1}^{n}z_I(t)4t^{2k}\cos(2\theta_1 t+2\theta_2 t^2)\right]
\end{aligned}$$

$$\begin{aligned}
\frac{\partial^2 Q(\boldsymbol{\theta})}{\partial\theta_1\partial\theta_2}=&\frac{2}{n}\left[\sum_{t=1}^{n}z_R(t)\cos(2\theta_1 t+2\theta_2 t^2)+\sum_{t=1}^{n}z_I(t)\sin(2\theta_1 t+2\theta_2 t^2)\right]\\
&\times\left[-\sum_{t=1}^{n}z_R(t)4t^3\cos(2\theta_1 t+2\theta_2 t^2)-\sum_{t=1}^{n}z_I(t)4t^3\sin(2\theta_1 t+2\theta_2 t^2)\right]\\
&+\frac{2}{n}\left[-\sum_{t=1}^{n}z_R(t)2t^2\sin(2\theta_1 t+2\theta_2 t^2)+\sum_{t=1}^{n}z_I(t)2t^2\cos(2\theta_1 t+2\theta_2 t^2)\right]
\end{aligned}$$

$$\times\left[-\sum_{t=1}^{n}z_R(t)2t\sin(2\theta_1 t+2\theta_2 t^2)+\sum_{t=1}^{n}z_I(t)2t\cos(2\theta_1 t+2\theta_2 t^2)\right]$$

$$+\frac{2}{n}\left[-\sum_{t=1}^{n}z_R(t)\sin(2\theta_1 t+2\theta_2 t^2)+\sum_{t=1}^{n}z_I(t)\cos(2\theta_1 t+2\theta_2 t^2)\right]$$

$$\times\left[\sum_{t=1}^{n}z_R(t)4t^3\sin(2\theta_1 t+2\theta_2 t^2)-\sum_{t=1}^{n}z_I(t)4t^3\cos(2\theta_1 t+2\theta_2 t^2)\right]$$

$$+\frac{2}{n}\left[-\sum_{t=1}^{n}z_R(t)2t^2\cos(2\theta_1 t+2\theta_2 t^2)-\sum_{t=1}^{n}z_I(t)2t^2\sin(2\theta_1 t+2\theta_2 t^2)\right]$$

$$\times\left[-\sum_{t=1}^{n}z_R(t)2t\cos(2\theta_1 t+2\theta_2 t^2)-\sum_{t=1}^{n}z_I(t)2t\sin(2\theta_1 t+2\theta_2 t^2)\right]$$

于是由引理10.5可得

$$\lim_{n\to\infty}\frac{1}{n^3}\frac{\partial^2 Q(\boldsymbol{\theta})}{\partial\theta_1^2}\bigg|_{\boldsymbol{\theta}^0}=-\frac{2}{3}(\sigma_\alpha^2+\mu_\alpha^2)^2 \tag{10.24}$$

$$\lim_{n\to\infty}\frac{1}{n^5}\frac{\partial^2 Q(\boldsymbol{\theta})}{\partial\theta_2^2}\bigg|_{\boldsymbol{\theta}^0}=-\frac{32}{45}(\sigma_\alpha^2+\mu_\alpha^2)^2 \tag{10.25}$$

$$\lim_{n\to\infty}\frac{1}{n^4}\frac{\partial^2 Q(\boldsymbol{\theta})}{\partial\theta_1\partial\theta_2}\bigg|_{\boldsymbol{\theta}^0}=-\frac{2}{3}(\sigma_\alpha^2+\mu_\alpha^2)^2 \tag{10.26}$$

记 $Q'(\boldsymbol{\theta})=\left(\frac{\partial Q(\boldsymbol{\theta})}{\partial\theta_1},\frac{\partial Q(\boldsymbol{\theta})}{\partial\theta_2}\right)$和 $Q''(\boldsymbol{\theta})=\begin{pmatrix}\frac{\partial^2 Q(\boldsymbol{\theta})}{\partial\theta_1^2} & \frac{\partial^2 Q(\boldsymbol{\theta})}{\partial\theta_1\partial\theta_2}\\ \frac{\partial^2 Q(\boldsymbol{\theta})}{\partial\theta_1\partial\theta_2} & \frac{\partial^2 Q(\boldsymbol{\theta})}{\partial\theta_2^2}\end{pmatrix}$,定义一个对角矩阵 $\boldsymbol{D}=\operatorname{diag}\left\{\frac{1}{n^{\frac{3}{2}}},\frac{1}{n^{\frac{5}{2}}}\right\}$,将 $Q'(\hat{\boldsymbol{\theta}})$在 $\boldsymbol{\theta}^0$ 附近进行二元泰勒级数展开得到

$$Q'(\hat{\boldsymbol{\theta}})-Q'(\boldsymbol{\theta}^0)=(\hat{\boldsymbol{\theta}}-\boldsymbol{\theta}^0)Q''(\bar{\boldsymbol{\theta}})$$

其中 $\bar{\boldsymbol{\theta}}$ 是过 $\hat{\boldsymbol{\theta}}$ 和 $\boldsymbol{\theta}^0$ 的直线上一点。因为 $\hat{\boldsymbol{\theta}}$ 使 $Q(\boldsymbol{\theta})$最大,所以 $Q'(\hat{\boldsymbol{\theta}})=0$,假设$[\boldsymbol{D}Q''(\bar{\boldsymbol{\theta}})\boldsymbol{D}]$是一个可逆矩阵,则上述方程可写成

$$-[Q'(\boldsymbol{\theta}^0)\boldsymbol{D}]=(\hat{\boldsymbol{\theta}}-\boldsymbol{\theta}^0)\boldsymbol{D}^{-1}\boldsymbol{D}Q''(\bar{\boldsymbol{\theta}})\boldsymbol{D}\Rightarrow$$

$$(\hat{\boldsymbol{\theta}}-\boldsymbol{\theta}^0)\boldsymbol{D}^{-1}=-[Q'(\boldsymbol{\theta}^0)\boldsymbol{D}][\boldsymbol{D}Q''(\bar{\boldsymbol{\theta}})\boldsymbol{D}]^{-1}$$

由于 $\hat{\boldsymbol{\theta}}\to\boldsymbol{\theta}^0$ 并且 $Q''(\boldsymbol{\theta})$是关于 $\boldsymbol{\theta}$ 的连续函数,利用连续映射定理可得

$$\lim_{n\to\infty}[\boldsymbol{D}Q''(\bar{\boldsymbol{\theta}})\boldsymbol{D}]=\lim_{n\to\infty}[\boldsymbol{D}Q''(\boldsymbol{\theta}^0)\boldsymbol{D}]=-\boldsymbol{\Sigma}$$

其中 $\boldsymbol{\Sigma}$ 可利用式(10.24)～式(10.26)进行计算,即 $\boldsymbol{\Sigma}=\frac{2(\sigma_\alpha^2+\mu_\alpha^2)^2}{3}\begin{pmatrix}1 & 1\\ 1 & \frac{16}{15}\end{pmatrix}$。于是在 n 充分大时利用式(10.23)可计算 $Q'(\boldsymbol{\theta}^0)\boldsymbol{D}$ 的元素,即

$$\frac{1}{n^{\frac{3}{2}}}\frac{\partial Q(\boldsymbol{\theta}^0)}{\partial\theta_1}=2\frac{1}{n}f_1(\boldsymbol{\theta}^0)\frac{1}{n^{\frac{3}{2}}}g_1(1;\boldsymbol{\theta}^0)\quad\text{和}\quad\frac{1}{n^{\frac{5}{2}}}\frac{\partial Q(\boldsymbol{\theta}^0)}{\partial\theta_2}=2\frac{1}{n}f_1(\boldsymbol{\theta}^0)\frac{1}{n^{\frac{5}{2}}}g_1(2;\boldsymbol{\theta}^0)$$

因此,为了得到 $Q'(\boldsymbol{\theta}^0)\boldsymbol{D}$ 的渐近分布,我们需要研究$\frac{1}{n^{\frac{3}{2}}}g_1(1;\boldsymbol{\theta}^0)$和$\frac{1}{n^{\frac{5}{2}}}g_1(2;\boldsymbol{\theta}^0)$的大

样本分布。将 $z_R(t)$ 和 $z_I(t)$ 代入 $g_1(k;\boldsymbol{\theta}^0)$，$k=1,2$ 可得

$$\begin{aligned}
\frac{1}{n^{\frac{2k+1}{2}}}g_1(k;\boldsymbol{\theta}^0) &= \frac{2}{n^{\frac{2k+1}{2}}}\sum_{t=1}^{n} t^k z_I(t)\cos(2\theta_1^0 t + 2\theta_2^0 t^2) \\
&\quad - \frac{2}{n^{\frac{2k+1}{2}}}\sum_{t=1}^{n} t^k z_R(t)\sin(2\theta_1^0 t + 2\theta_2^0 t^2) \\
&= \frac{4}{n^{\frac{2k+1}{2}}}\sum_{t=1}^{n} t^k e_R(t)e_I(t)\cos(2\theta_1^0 t + 2\theta_2^0 t^2) \\
&\quad + \frac{4}{n^{\frac{2k+1}{2}}}\sum_{t=1}^{n} t^k \alpha(t)e_I(t)\cos(\theta_1^0 t + \theta_2^0 t^2) \\
&\quad - \frac{4}{n^{\frac{2k+1}{2}}}\sum_{t=1}^{n} t^k \alpha(t)e_R(t)\sin(\theta_1^0 t + \theta_2^0 t^2) \\
&\quad - \frac{2}{n^{\frac{2k+1}{2}}}\sum_{t=1}^{n} t^k [e_R^2(t) - e_I^2(t)]\sin(2\theta_1^0 t + 2\theta_2^0 t^2)
\end{aligned}$$

$e_R(t)e_I(t)$，$\alpha(t)e_R(t)$，$\alpha(t)e_I(t)$ 和 $[e_R^2(t)-e_I^2(t)]$ 均为零均值有限方差随机变量。因此，当 n 充分大时有 $E\left[\frac{1}{n^{\frac{3}{2}}}g_1(1;\boldsymbol{\theta}^0)\right]=0$ 和 $E\left[\frac{1}{n^{\frac{5}{2}}}g_1(2;\boldsymbol{\theta}^0)\right]=0$ 成立，且上式所有项均满足 Lindeberg-Feller 条件。故 $\frac{1}{n^{\frac{3}{2}}}g_1(1;\boldsymbol{\theta}^0)$ 和 $\frac{1}{n^{\frac{5}{2}}}g_1(2;\boldsymbol{\theta}^0)$ 均收敛于零均值有限方差的正态分布。为求解 $Q'(\boldsymbol{\theta}^0)\boldsymbol{D}$ 的大样本协方差矩阵，首先需要求解 $\frac{1}{n^{\frac{3}{2}}}g_1(1;\boldsymbol{\theta}^0)$ 和 $\frac{1}{n^{\frac{5}{2}}}g_1(2;\boldsymbol{\theta}^0)$ 的方差和协方差，即

$$\begin{aligned}
\mathrm{Var}\left[\frac{1}{n^{\frac{3}{2}}}g_1(1;\boldsymbol{\theta}^0)\right] &= \mathrm{Var}\left[\frac{4}{n^{\frac{3}{2}}}\sum_{t=1}^{n} te_R(t)e_I(t)\cos(2\theta_1^0 t + 2\theta_2^0 t^2)\right. \\
&\quad + \frac{4}{n^{\frac{3}{2}}}\sum_{t=1}^{n} t\alpha(t)e_I(t)\cos(\theta_1^0 t + \theta_2^0 t^2) \\
&\quad - \frac{4}{n^{\frac{3}{2}}}\sum_{t=1}^{n} t\alpha(t)e_R(t)\sin(\theta_1^0 t + \theta_2^0 t^2) \\
&\quad \left. - \frac{2}{n^{\frac{3}{2}}}\sum_{t=1}^{n} t(e_R^2(t) - e_I^2(t))\sin(2\theta_1^0 t + 2\theta_2^0 t^2)\right] \\
&= E\left[\frac{16}{n^3}\sum_{t=1}^{n} t^2 e_R^2(t)e_I^2(t)\cos^2(2\theta_1^0 t + 2\theta_2^0 t^2)\right. \\
&\quad + \frac{16}{n^3}\sum_{t=1}^{n} t^2 \alpha^2(t)e_I^2(t)\cos^2(\theta_1^0 t + \theta_2^0 t^2) \\
&\quad + \frac{16}{n^3}\sum_{t=1}^{n} t^2 \alpha^2(t)e_R^2(t)\sin^2(\theta_1^0 t + \theta_2^0 t^2) \\
&\quad \left. + \frac{4}{n^3}\sum_{t=1}^{n} t^2 (e_R^2(t) - e_I^2(t))^2\sin^2(2\theta_1^0 t + 2\theta_2^0 t^2)\right] \rightarrow
\end{aligned}$$

$$16\cdot\frac{\sigma^2}{2}\cdot\frac{\sigma^2}{2}\cdot\frac{1}{6}+16\cdot\frac{\sigma^2}{2}\cdot(\sigma_\alpha^2+\mu_\alpha^2)\cdot\frac{1}{6}+16\cdot\frac{\sigma^2}{2}\cdot(\sigma_\alpha^2+\mu_\alpha^2)\cdot\frac{1}{6}+4\cdot\left(2\gamma-\frac{\sigma^4}{2}\right)\cdot\frac{1}{6}$$

$$=\frac{8}{3}\left[(\sigma_\alpha^2+\mu_\alpha^2)\sigma^2+\frac{1}{2}\gamma+\frac{1}{8}\sigma^4\right]$$

其中叉乘项趋于 0 可根据引理 10.1 和 $\alpha(t),e_R(t),e_I(t)$之间的相互独立性推得。类似地,我们可以证明对于充分大的 n,有

$$\mathrm{Var}\left[\frac{1}{n^{\frac{5}{2}}}g_1(2;\boldsymbol{\theta}^0)\right]\to\frac{8}{5}\left[(\sigma_\alpha^2+\mu_\alpha^2)\sigma^2+\frac{1}{2}\gamma+\frac{1}{8}\sigma^4\right]$$

$$\mathrm{Cov}\left[\frac{1}{n^{\frac{3}{2}}}g_1(1;\boldsymbol{\theta}^0),\frac{1}{n^{\frac{5}{2}}}g_1(2;\boldsymbol{\theta}^0)\right]\to 2\left[(\sigma_\alpha^2+\mu_\alpha^2)\sigma^2+\frac{1}{2}\gamma+\frac{1}{8}\sigma^4\right]$$

又注意到 $Q'(\boldsymbol{\theta}^0)\boldsymbol{D}$ 可以写为

$$Q'(\boldsymbol{\theta}^0)\boldsymbol{D}=\frac{2}{n}f_1(\boldsymbol{\theta}^0)\left[\frac{1}{n^{\frac{3}{2}}}g_1(1;\boldsymbol{\theta}^0),\frac{1}{n^{\frac{5}{2}}}g_1(2;\boldsymbol{\theta}^0)\right]$$

于是当 $n\to\infty$ 时,必然有$\frac{2}{n}f_1(\boldsymbol{\theta}^0)\xrightarrow{\text{a.s.}}2(\sigma_\alpha^2+\mu_\alpha^2)$,同时

$$\left[\frac{1}{n^{\frac{3}{2}}}g_1(1;\boldsymbol{\theta}^0),\frac{1}{n^{\frac{5}{2}}}g_1(2;\boldsymbol{\theta}^0)\right]\xrightarrow{\text{d}}N_2(\mathbf{0},\boldsymbol{\Gamma})$$

其中

$$\boldsymbol{\Gamma}=8\left[(\sigma_\alpha^2+\mu_\alpha^2)\sigma^2+\frac{1}{2}\gamma+\frac{1}{8}\sigma^4\right]\begin{bmatrix}\frac{1}{3}&\frac{1}{4}\\\frac{1}{4}&\frac{1}{5}\end{bmatrix}$$

因此,由 Slutsky 定理可知,当 $n\to\infty$ 时有

$$Q'(\boldsymbol{\theta}^0)\boldsymbol{D}\xrightarrow{\text{d}}N_2(\mathbf{0},4(\sigma_\alpha^2+\mu_\alpha^2)^2\boldsymbol{\Gamma})$$

故

$$(\hat{\boldsymbol{\theta}}-\boldsymbol{\theta}^0)\boldsymbol{D}^{-1}\xrightarrow{\text{d}}N_2(\mathbf{0},4(\sigma_\alpha^2+\mu_\alpha^2)^2\boldsymbol{\Sigma}^{-1}\boldsymbol{\Gamma}\boldsymbol{\Sigma}^{-1})$$

这便是 10.2 节中参数估计的渐进分布。

参 考 文 献

[1] Besson O. Improved detection of a random amplitude sinusoid by constrained least-squares technique [J]. Signal Processing, 1995, 45(3): 347-356.

[2] Besson O, Castanié F. On estimating the frequency of a sinusoid in autoregressive multiplicative noise [J]. Signal Processing, 1993, 30(1): 65-83.

[3] Besson O, Ghogho M, Swami A. Parameter estimation for random amplitude chirp signals[J]. IEEE Transactions on Signal Processing, 1999, 47(12): 3208-3219.

[4] Besson O, Stoica P. Sinusoidal signals with random amplitude: least-squares estimators and their statistical analysis[J]. IEEE Transactions on Signal Processing, 1995, 43(11): 2733-2744.

[5] Besson O, Stoica P. Nonlinear least-squares approach to frequency estimation and detection for sinusoidal signals with arbitrary envelope[J]. Digital Signal Processing, 1999, 9(1): 45-56.

[6] Ciblata P, Ghogho M, Forster P, et al. Harmonic retrieval in the presence of non-circular Gaussian multiplicative noise: Performance bounds[J]. Signal Processing, 2005, 85(4): 737-749.

[7] Fourt O, Benidir M. Parameter estimation for polynomial phase signals with a fast and robust algorithm[C]//2009 17th European Signal Processing Conference. IEEE, 2009: 1027-1031.

[8] Francos J M, Friedlander B. Bounds for estimation of multicomponent signals with random amplitude and deterministic phase[J]. IEEE Transactions on Signal Processing, 1995, 43(5): 1161-1172.

[9] Gabor D. Theory of communication. Part 1: The analysis of information[J]. Journal of the Institution of Electrical Engineers-Part Ⅲ: Radio and Communication Engineering, 1946, 93 (26): 429-441.

[10] Ghogho M, Nandi A K, Swami A. Cramer-Rao bounds and maximum likelihood estimation for random amplitude phase-modulated signals [J]. IEEE Transactions on Signal Processing, 1999, 47 (11): 2905-2916.

[11] Grover R, Kundu D, Mitra A. On approximate least squares estimators of parameters of one-dimensional chirp signal[J]. Statistics, 2018, 52(5): 1060-1085.

[12] Kundu D, Nandi S. Statistical signal processing: frequency estimation[M]. New Delhi: Springer, 2012.

[13] Lahiri A, Kundu D, Mitra A. Estimating the parameters of multiple chirp signals[J]. Journal of Multivariate Analysis, 2015, 139: 189-206.

[14] Morelande M R, Zoubir A A. Model selection of random amplitude polynomial phase signals[J]. IEEE Transactions on Signal Processing, 2002, 50(3): 578-589.

[15] Nandi S, Kundu D. Asymptotic properties of the leastsquares estimators of the parameters of the chirp signals[J]. Annals of the Institute of Statistical Mathematics, 2004, 56(3): 529-544.

[16] Nandi S, Kundu D. Estimation of parameters in random amplitude chirp signal[J]. Signal Processing, 2020, 168: 107328.

[17] Stoica P, Moses R L. Spectral analysis of signals[M]. Upper Saddle River: Prentice Hall, 2005.

[18] Zhou G, Giannakis G. On estimating random amplitude-modulated harmonics using higher order spectra[J]. IEEE Journal of Oceanic Engineering, 1994, 19(4): 529-539.

第 11 章 相关模型

11.1 引 言

正弦频率模型是科学技术领域中一种广为人知的模型,如前几章所述,它非常适用于解释近周期性数据。当然还存在其他一些模型,它们实际上是多分量正弦模型在某些形式下的推广,利用了数据的一些额外特征。大多数情况下,这些模型除了要满足正弦模型的基本假设外,其参数还必须符合一些附加条件。例如,在复正弦模型中,根据指数项 β_j 的形式可以定义一些相关模型。如果 β_j 是实数,则可得到一个实房室模型。有时不同的幅度调制形式会产生不同的幅度调制信号。如果在线性或高次多项式趋势函数中引入一般的正弦模型,则可以得到一个部分正弦模型。另一个特殊调幅模型是突发式模型,它具有突发的特征。静态和动态正弦模型都属于阻尼正弦模型。基频模型在频率 $\lambda, 2\lambda, \cdots, p\lambda$ 处存在谐波分量,基频 λ 的谐波已在第 6 章中进行了详细讨论。将基频模型推广到 Chirp 模型可以得到谐波 Chirp 模型或基波 Chirp 模型,对于 p 个信号分量的情况,其有效频率分别为 $\lambda, 2\lambda, \cdots, p\lambda$,频率变化率分别为 $\mu, 2\mu, \cdots, p\mu$。彩色纹理三维 Chirp 模型是第 8 章讨论的三维正弦模型的一种推广。类 Chirp 模型是正弦频率模型和线性调频率模型的结合。对于线性调频率部分,初始频率为零且频率随时间线性变化。当信号数据由信道固有频率相同、但幅度两两不同的同一系统生成时,用多信道正弦模型描述将非常有效。

本章结构编排如下:11.2 节和 11.3 节分别讨论阻尼正弦模型和调幅模型,这两种模型都是复值模型,而本章讨论的其他模型都是实值模型;11.4 节和 11.5 节分别讨论部分正弦频率模型和突发式模型;11.6 节讨论静态正弦模型和动态正弦模型;11.7 节讨论谐波线性调频模型;11.8 节介绍彩色纹理的三维线性调频模型;11.9 节讨论频率加线性调频率模型;11.10 节介绍多信道正弦模型;11.11 节对一些更相关的模型进行简要讨论并对本章进行总结。

11.2 阻尼正弦模型

带噪声的叠加阻尼指数信号是信号处理领域中的一个重要模型,它是一种一般形式

的复值模型,可以写成

$$y(t) = \mu(\boldsymbol{\alpha},\boldsymbol{\beta},t) + \varepsilon(t) = \sum_{j=1}^{p}\alpha_j\exp\{\beta_j t\} + \varepsilon(t), \quad t = t_i \tag{11.1}$$

式中,$\boldsymbol{\alpha}=(\alpha_1,\cdots,\alpha_p)$,$\boldsymbol{\beta}=(\beta_1,\cdots,\beta_p)$,$t_i(i=1,\cdots,n)$表示等间隔时刻,$\alpha_j(j=1,\cdots,p)$表示未知复幅度,$p$ 表示正弦波分量数。这里假设 $\alpha_j(j=1,\cdots,p)$互不相同,并且$\{\varepsilon(t_1),\cdots,\varepsilon(t_n)\}$是零均值有限方差复随机变量。

模型(11.1)是复正弦模型的一般形式,并且有三种特例:① 无阻尼正弦模型;② 阻尼正弦模型;③ 实房室模型。实房室模型取决于 $\beta_j(j=1,\cdots,p)$的取值,当 $\beta_j=i\omega_j$,$\omega_j\in(0,\pi)$时,模型(11.1)是无阻尼正弦波;如果对于所有的 j 都有$\beta_j=-\delta_j+i\omega_j$,同时 $\delta_j>0$ 且 $\omega_j\in(0,\pi)$,则模型(11.1)是阻尼正弦波,其中 δ_j 为阻尼系数,ω_j 为第j 个信号分量频率;如果对于所有的 j,α_j 和β_j 都是实数,则模型(11.1)表示实房室模型。这三种模型得到了工程师和科学家的广泛使用。关于阻尼模型和无阻尼模型的应用读者可参考 Kay 的研究[11],关于实房室模型的应用读者可参考 Seber 和 Wild 以及 Bates 和 Watts 的研究。[1,31]

Tufts 和 Kumaresan 在一系列论文中对 $t_i=i$ 时的模型(11.1)进行了探讨。一些研究人员对 Prony 的估计方法进行了修改,读者可参考 Kumaresan[12]、Kumaresan 和 Tufts[13]、Kannan 和 Kundu[10]以及 Kundu 和 Mitra[16-17]的论文。Rao 指出,这些方法得到的解可能不是相合估计。[29]此外,Wu 的研究表明模型(11.1)未知参数的任何估计在 $t_i=i$ 时都不是相合估计。[35]因此,Kundu 提出了下面的替代模型,将模型(11.1)改写为[15]:

$$y_{ni} = \mu(\boldsymbol{\alpha}^0,\boldsymbol{\beta}^0,t_{ni}) + \varepsilon_{ni}, \quad i = 1,\cdots,n \tag{11.2}$$

式中,$t_{ni}=i/n(i=1,\cdots,n)$为单位间隔内的取值。$\boldsymbol{\theta}=(\boldsymbol{\alpha},\boldsymbol{\beta})^{\mathrm{T}}=(\alpha_1,\cdots,\alpha_p,\beta_1,\cdots,\beta_p)^{\mathrm{T}}$表示参数向量。为估计该模型的未知参数,最自然想到的方法是最小二乘估计(LSE)法。Kundu 扩展了 Jennrich 的 LSE 研究[8,14],得到的 LSE 对于复参数具有相合性和渐近正态性,但阻尼正弦信号并不满足 Kundu 条件。LSE 具有相合性的必要条件是 t_{ni},$i=1,\cdots,n$;$n=1,2,\cdots$有界。同时假设$\{\varepsilon_{ni}\}$,$i=1,\cdots,n$;$n=1,2,\cdots$是一个复随机变量的双精度数组序列,数组每一行$\{\varepsilon_{n1},\cdots,\varepsilon_{nn}\}$均为零均值独立同分布随机变量,$\varepsilon_{ni}$的实部和虚部具有有限的四阶矩且相互独立。参数空间 Θ 是Q^p 的紧子集,真参数向量 $\boldsymbol{\theta}^0$ 是 Θ 的一个内点。进一步假设函数

$$\int_0^1 |\mu(\boldsymbol{\alpha}^0,\boldsymbol{\beta}^0,t) - \mu(\boldsymbol{\alpha},\boldsymbol{\beta},t)|^2\mathrm{d}t \tag{11.3}$$

在$(\boldsymbol{\alpha},\boldsymbol{\beta})=(\boldsymbol{\alpha}^0,\boldsymbol{\beta}^0)$处具有唯一极小值。在这些假设下,模型(11.1)未知参数的 LSE 具有强相合性,并且经过适当的归一化后,LSE 变为渐近正态估计。

11.3 调幅模型

调幅模型是一种特殊的调幅无阻尼信号模型,与阻尼正弦模型或无阻尼正弦模型一

样幅度为复数。包含 p 个子载波调幅信号的离散时间随机过程 $\{y(t)\}$ 由下式给出：

$$y(t) = \sum_{k=1}^{p} A_k[1 + \mu_k e^{i v_k t}]e^{i\omega_k t} + X(t), \quad t = 1,\cdots,n \tag{11.4}$$

式中，对于 $k=1,\cdots,p$，A_k 为信号分量的复载波幅度；μ_k 为调制指数，可以取实数或复数；ω_k 为载波角频率；v_k 为调制角频率；加性误差序列 $\{X(t)\}$ 是一个复平稳线性过程。

该模型首先由 Sircar 和 Syali 提出。[33] Nandi、Kundu 以及 Nandi、Kundu 和 Iyer 推导了该模型未知参数的 LSE 和 ALSE，并研究了两种估计量在 n 充分大时的理论性质。[20,24] Sircar 和 Syali 提出一种基于累积相关函数、功率谱和 Prony 差分方程的参数估计方法[33]，该方法在 $\{X(t)\}$ 为独立同分布复随机变量序列时也适用。关于不同模型参数的物理解释读者可参考 Sircar 和 Syali 的研究论文[33]。模型(11.4)在稳态分析中常用于分析一些特殊的非平稳信号。如果对于所有的 k 都有 $\mu_k=0$ 成立，则模型(11.4)变成复指数信号之和，等价于 11.2 节讨论的无阻尼模型。无阻尼模型非常适用于描述暂态非平稳信号，但当信号不随时间衰减时，它可能导致阶数过高的问题。Sircar 和 Syali 认为复调幅模型更适用于描述稳态非平稳信号[33]，该模型可用于分析一些短时语音数据，分析示例可参阅 Nandi、Kundu 以及 Nandi、Kundu 和 Iyer 的研究论文。[20,24]

需要给模型参数真值施加以下约束条件：对于所有的 k，都有 $A_k \neq 0$ 和 $\mu_k \neq 0$，且 A_k 和 μ_k 有界，同时，$0<v_k<\pi$，$0<\omega_k<\pi$ 且

$$\omega_1 < \omega_1 + v_1 < \omega_2 < \omega_2 + v_2 < \cdots < \omega_M < \omega_M + v_M \tag{11.5}$$

因为 $X(t)$ 是复平稳线性过程，所以 $X(t)$ 可表示为

$$X(t) = \sum_{k=0}^{\infty} a(k)e(t-k)$$

其中 $\{e(t)\}$ 是零均值、方差 $\sigma^2<\infty$ 的独立同分布复随机变量序列，其实部和虚部都是零均值、方差为 $\frac{\sigma^2}{2}$ 的独立同分布随机变量序列，且实部和虚部不相关。任意的复常值序列 $\{a(k)\}$ 满足

$$\sum_{k=0}^{\infty} |a(k)| < \infty$$

于是在约束条件(11.5)下关于参数 $\boldsymbol{A}=(A_1,\cdots,A_p)^{\mathrm{T}}$，$\boldsymbol{\mu}=(\mu_1,\cdots,\mu_p)^{\mathrm{T}}$，$\boldsymbol{v}=(v_1,\cdots,v_p)^{\mathrm{T}}$，$\boldsymbol{\omega}=(\omega_1,\cdots,\omega_p)^{\mathrm{T}}$ 最小化如下函数：

$$Q(\boldsymbol{A},\boldsymbol{\mu},\boldsymbol{v},\boldsymbol{\omega}) = \sum_{t=1}^{n}\left| y(t) - \sum_{k=1}^{p} A_k(1+\mu_k e^{i v_k t})e^{i\omega_k t}\right|^2 \tag{11.6}$$

可求得模型(11.4)未知参数的最小(范数)二乘估计。

类似地，在约束条件(11.5)下关于 $\boldsymbol{v}$ 和 $\boldsymbol{\omega}$ 最大化如下函数：

$$I(\boldsymbol{v},\boldsymbol{\omega}) = \sum_{k=1}^{p}\left\{\frac{1}{n}\left|\sum_{t=1}^{n} y(t)e^{-i\omega_k t}\right|^2 + \frac{1}{n}\left|\sum_{t=1}^{n} y(t)e^{-i(\omega_k+v_k)t}\right|^2\right\} \tag{11.7}$$

可得到未知参数的 ALSE。对于 $k=1,\cdots,p$，记 $(\tilde{\omega}_k,\tilde{v}_k)$ 为 (ω_k,v_k) 的 ALSE，则线性参数 A_k 和 μ_k 对应的 ALSE 可表示为

$$\tilde{A}_k = \frac{1}{n}\sum_{t=1}^{n} y(t)e^{-i\tilde{\omega}_k t}, \quad \tilde{A}_k\tilde{\mu}_k = \frac{1}{n}\sum_{t=1}^{n} y(t)e^{-i(\tilde{\omega}_k+\tilde{v}_k)t} \tag{11.8}$$

$Q(\boldsymbol{A},\boldsymbol{\mu},\boldsymbol{v},\boldsymbol{\omega})$的最小化是一个$5p$或$6p$维优化问题，具体维度取决于$\mu_k$是实数还是复数。然而，与多分量正弦模型的序贯方法一样，最小化问题可以简化为$2p$个二维优化问题。$I(\boldsymbol{v},\boldsymbol{\omega})$的最大化是一个$2p$维优化问题，它也可以用序贯方法求解，即一个$2p$维的最大化问题可以简化为$2p$个一维最大化问题。

Nandi、Kundu以及Nandi、Kundu和Iyer证明了n充分大时LSE和ALSE的强相合性，并推导了LSE和ALSE在约束条件(11.5)和误差随机变量序列假设下的渐近分布，这里误差随机变量序列假设与平稳复线性过程假设相同。[20,24]此外，推导还要求$A_k\neq0$，$\mu_k\neq0$以及$v_k,\omega_k\in(0,\pi)$。推导结果表明该模型未知参数LSE和ALSE的渐近分布与多分量正弦模型情形相似，并且LSE和ALSE逐分量渐近独立，另外还发现线性参数，即幅度A_k和调制指数μ_k的实部和虚部估计速度为$O_p(n^{-1/2})$，其中$k=1,\cdots,p$，而频率估计速度为$O_p(n^{-3/2})$。

11.4 部分正弦频率模型

为分析叠加有多项式趋势分量的周期性数据，Nandi和Kundu提出了部分正弦频率模型。[22]当存在线性趋势分量时该模型具有最简形式，即

$$y(t)=a+bt+\sum_{k=1}^{p}[A_k\cos(\omega_k t)+B_k\sin(\omega_k t)]+X(t),\quad t=1,\cdots,n+1 \tag{11.9}$$

式中，$\{y(t);t=1,\cdots,n+1\}$是观测数据；a和b是未知实数，表示线性趋势分量参数。模型(11.9)中的正弦模型与4.6节中的多分量正弦模型(4.36)相同，即$A_k,B_k\in\mathbb{R}$是未知幅度，$\omega_k\in(0,\pi)$是未知频率。噪声序列$\{X(t)\}$满足以下假设。

假设11.1 $\{X(t)\}$是一个平稳的线性过程，其形式为

$$X(t)=\sum_{j=-\infty}^{\infty}a(j)e(t-j) \tag{11.10}$$

$\{e(t);t=1,2,\cdots\}$是独立同分布随机变量，并且有$E(e(t))=0$，$V(e(t))=\sigma^2$，$\sum_{j=-\infty}^{\infty}|a(j)|<\infty$。

假设11.1与第2章中的假设3.2类似。正弦分量的数量为p，且假定事先已知。因为我们需要计算观测序列的一阶差分，所以将初始样本容量设为$n+1$，而不是常用的n。于是我们最终可以得到n个样本用于估计和推断。

如果b为0，则模型(11.9)变成带常均值项的模型(4.36)。更一般的部分正弦频率模型除了包含线性项$a+bt$外，还包含一个多项式次数$q(2<q\ll n)$，该模型针对一些真实数据集而建立。

考虑$p=1$时的模型(11.9)，此时模型为

$$y(t)=a+bt+A\cos(\omega t)+B\sin(\omega t)+X(t),\quad t=1,\cdots,n+1 \tag{11.11}$$

定义 $z(t)=y(t+1)-y(t)$，$t=1,\cdots n$，则

$$z(t) = b + A[\cos(\omega t + \omega) - \cos(\omega t)] + B[\sin(\omega t + \omega) - \sin(\omega t)] + x_d(t) \tag{11.12}$$

其中 $x_d(t)=X(t+1)-X(t)$是$\{X(t)\}$的一阶差分，可以写成

$$x_d(t) = \sum_{k=-\infty}^{\infty} \beta(k)e(t-k)$$

其中$\{\beta(k)\}=\{a(k+1)-a(k)\}$。因为$\{a(k)\}$绝对可和，所以$\{\beta(k)\}$也绝对可和，并且$\{x_d(t)\}$满足假设 11.1，即平稳线性过程假设。差分序列$\{z(t)\}$中不再包含线性趋势分量的常数项。利用矩阵表示法，式(11.12)可写为矩阵形式

$$\boldsymbol{Z} = b\boldsymbol{1} + \boldsymbol{X}(\omega)\boldsymbol{\eta} + \boldsymbol{E} \tag{11.13}$$

其中 $\boldsymbol{Z}=(z(1),z(2),\cdots,z(n))^{\mathrm{T}}$，$\boldsymbol{1}=(1,1,\cdots,1)^{\mathrm{T}}$，$\boldsymbol{E}=(x_d(1),\cdots,x_d(n))^{\mathrm{T}}$，$\boldsymbol{\eta}=(A,B)^{\mathrm{T}}$，并且

$$X(\omega) = \begin{bmatrix} \cos(2\omega)-\cos(\omega) & \sin(2\omega)-\sin(\omega) \\ \cos(3\omega)-\cos(2\omega) & \sin(3\omega)-\sin(2\omega) \\ \vdots & \vdots \\ \cos((n+1)\omega)-\cos(n\omega) & \sin((n+1)\omega)-\sin(n\omega) \end{bmatrix} \tag{11.14}$$

因$\{\beta(k)\}$ 绝对可和，故$\frac{1}{n}\sum_{t=1}^{n} x_d(t) = O_p(n^{-1})$。因此，关于 t 取平均我们有

$$\frac{1}{n}\sum_{t=1}^{n} z(t) = b + O(n^{-1}) + O_p(n^{-1})$$

二次近似中用到了 Mangulis 的研究结果(详见结果 2.2)。[18] 于是对于充分大的 n，b 的估计可写为 $\hat{b}=\frac{1}{n}\sum_{t=1}^{n} z(t)$，且该估计是 b 的相合估计，详情可参考 Nandi 和 Kundu 的研究论文。[22] 将 $\hat{b}$ 代入式(11.13) 可得

$$\boldsymbol{Z}^* = \boldsymbol{Z} - \hat{b}\boldsymbol{1} = \boldsymbol{X}(\omega)\boldsymbol{\eta} + \boldsymbol{E} \tag{11.15}$$

于是根据观测 $\boldsymbol{Z}^*$ 可以求出 $\boldsymbol{\eta}$ 和 ω 的最小二乘估计(LSE)，该 LSE 使以下残差平方和最小：

$$Q(\boldsymbol{\eta},\omega) = \boldsymbol{E}^{\mathrm{T}}\boldsymbol{E} = (\boldsymbol{Z}^* - \boldsymbol{X}(\omega)\boldsymbol{\eta})^{\mathrm{T}}(\boldsymbol{Z}^* - \boldsymbol{X}(\omega)\boldsymbol{\eta}) \tag{11.16}$$

对于给定的 ω，$\boldsymbol{\eta}$ 的估计是 ω 的函数，即

$$\hat{\boldsymbol{\eta}}(\omega) = [\boldsymbol{X}(\omega)^{\mathrm{T}}\boldsymbol{X}(\omega)]^{-1}\boldsymbol{X}(\omega)^{\mathrm{T}}\boldsymbol{Z}^* = (\hat{A}(\omega),\hat{B}(\omega))^{\mathrm{T}} \tag{11.17}$$

将 $\hat{\boldsymbol{\eta}}(\omega)$代入式(11.16)可得

$$R(\omega) = Q(\hat{\boldsymbol{\eta}}(\omega),\omega) = \boldsymbol{Z}^{*\mathrm{T}}\{\boldsymbol{I} - \boldsymbol{X}(\omega)[\boldsymbol{X}(\omega)^{\mathrm{T}}\boldsymbol{X}(\omega)]^{-1}\boldsymbol{X}(\omega)^{\mathrm{T}}\}\boldsymbol{Z}^* \tag{11.18}$$

通过最大化 $R(\omega)$可得 ω 的 LSE，即 $\hat{\omega}$，然后将得到的 $\hat{\omega}$ 代入式(11.17)可得 $\boldsymbol{\eta}$ 的估计 $\hat{\boldsymbol{\eta}}(\hat{\omega})$。这种两步估计过程本质上是一种可分离回归方法，该方法已在 2.2.1 小节讨论过。

另一个有趣的问题是检验 b 是否为 0，该问题到目前为止还未得到解决。

备注 11.1 对于 q 次多项式与单个正弦波相叠加的模型，为了确定 $z^*(t)$需要求观

测数据的 q 阶差分,同时 ω 可通过最大化式(11.18)中 $R(\omega)$ 的相似函数估计。而矩阵 $\boldsymbol{X}(\omega)$ 关于 ω 的函数将更复杂,并且需要的初始数据点个数为 $n+q$。

Nandi 和 Kundu 考察了大样本容量时估计的强相合性,并推导了估计量分布。[22]以 A^0, B^0 和 ω^0 分别表示 A, B 和 ω 的真值。可以证明若 $A^{0^2}+B^{0^2}>0$,则对应的估计是相合估计,并且在 n 充分大时有

$$\left[\sqrt{n}(\hat{A}-A^0), \sqrt{n}(\hat{B}-B^0), n\sqrt{n}(\hat{\omega}-\omega^0)\right] \xrightarrow{\mathrm{d}} N_3(\mathbf{0}, \boldsymbol{\Sigma}(\boldsymbol{\theta}^0))$$

成立。其中 $\boldsymbol{\theta}^0=(A^0, B^0, \omega^0)^{\mathrm{T}}$ 并且

$$\boldsymbol{\Sigma}(\boldsymbol{\theta}^0)=\frac{\sigma^2 c_{\text{par}}(\omega^0)}{(1-\cos(\omega^0))(A^{0^2}+B^{0^2})}\begin{bmatrix} A^{02}+4B^{02} & -3A^0B^0 & -6B^0 \\ -3A^0B^0 & 4A^{0^2}+B^{0^2} & 6A^0 \\ -6B^0 & 6A^0 & 12 \end{bmatrix}$$

$$c_{\text{par}}(\omega)=\left|\sum_{k=-\infty}^{\infty}(a(k+1)-a(k))\mathrm{e}^{-\mathrm{i}\omega k}\right|^2 \tag{11.19}$$

注意 $c_{\text{par}}(\omega)$ 与式(4.10)中为差分误差过程 $\{x_d(t)\}$ 定义的 $c(\omega)$ 形式相同,此外

$$\operatorname{Var}(\hat{\boldsymbol{\theta}}^1)=\frac{c_{\text{par}}(\omega^0)}{2(1-\cos(\omega^0))c(\omega^0)}\operatorname{Var}(\hat{\boldsymbol{\theta}}^2)$$

式中,$\hat{\boldsymbol{\theta}}^1=(\hat{A}^1, \hat{B}^1, \hat{\omega}^1)^{\mathrm{T}}$ 表示模型(11.11)中 $(A, B, \omega)^{\mathrm{T}}$ 的 LSE,$\hat{\boldsymbol{\theta}}^2=(\hat{A}^2, \hat{B}^2, \hat{\omega}^2)^{\mathrm{T}}$ 表示模型(11.11)无趋势分量时 $(A, B, \omega)^{\mathrm{T}}$ 的 LSE。

模型(11.9)的估计方法与单频率分量叠加线性趋势分量的模型(11.11)相同。模型频率和幅度需要用差分数据估计。系数 b 的估计通过对差分数据取平均得到。相应的设计矩阵 $\boldsymbol{X}$ 阶数为 $n\times 2p$。因 $k\neq j$ 时 $\boldsymbol{X}(\omega_j)$ 和 $\boldsymbol{X}(\omega_k)$ 是正交矩阵,故 n 充分大时有 $\boldsymbol{X}(\omega_j)^{\mathrm{T}}\boldsymbol{X}(\omega_k)/n=\mathbf{0}$ 成立。因此,每个正弦分量参数可利用序贯方法估计。为了可以使用序贯方法,我们假设

$$A_1^{0^2}+B_1^{0^2}>A_2^{0^2}+B_2^{0^2}>\cdots>A_p^{0^2}+B_p^{0^2}>0 \tag{11.20}$$

Nandi 和 Kundu 观察到估计量具有相合性,并且第 j 个频率分量参数具有类似模型(11.11)的渐近分布,此外,第 j 个频率分量的估计与第 k 个频率分量的估计在 $j\neq k$ 时渐近独立。[22]记 $\hat{\boldsymbol{\theta}}_j=(\hat{A}_j, \hat{B}_j, \hat{\omega}_j)^{\mathrm{T}}$ 为模型(11.9)第 j 个频率分量参数 $\boldsymbol{\theta}_j^0=(A_j^0, B_j^0, \omega_j^0)^{\mathrm{T}}$ 的 LSE,于是在 n 充分大时有

$$\left[\sqrt{n}(\hat{A}_j-A_j^0), \sqrt{n}(\hat{B}_j-B_j^0), n\sqrt{n}(\hat{\omega}_j-\omega_j^0)\right] \xrightarrow{\mathrm{d}} N_3(\mathbf{0}, \Sigma(\boldsymbol{\theta}_j^0))$$

其中 $\Sigma(\boldsymbol{\theta})$ 与前述定义相同,且 $\hat{\boldsymbol{\theta}}_k$ 和 $\hat{\boldsymbol{\theta}}_j$ 在 $j\neq k$ 时渐近独立。

备注 11.2 为了在实际中得到渐近理论结果,需要估计 σ^2 和在频率 ω 处的 $c_{\text{par}}(\omega)$。我们无法单独估计这两种参数,但估计 $\sigma^2 c_{\text{par}}(\omega)$ 是可能的,因为存在

$$\sigma^2 c_{\text{par}}(\omega)=E\left(\frac{1}{n}\left|\sum_{t=1}^{n}x_d(t)\mathrm{e}^{-\mathrm{i}\omega t}\right|^2\right)$$

上式就是 $z^*(t)$ 中的误差变量 $\{x_d(t)\}$ 的周期图期望值。上述期望对于参数渐近置信区间的形成是必要的。数值计算中通常在估计频率附近的双边窗上对估计噪声的周期图取平均。

11.5 突发式模型

突发式信号模型由 Sharma 和 Sircar 提出,用于描述心电图信号片段。[32]该模型是具有特定形式时变幅度的多分量正弦模型的推广。该模型不定期突发,其表达式为

$$y(t) = \sum_{j=1}^{p} A_j \exp[b_j\{1-\cos(\alpha t + c_j)\}]\cos(\theta_j t + \varphi_j) + X(t), \quad t = 1,\cdots,n \tag{11.21}$$

式中,$j = 1,\cdots,p$;A_j 表示载波 $\cos(\theta_j t + \varphi_j)$的幅度;$b_j$ 和c_j 分别表示指数调制信号的增益和相位;α 表示调制角频率;θ_j 表示载波角频率;φ_j 表示与载波角频率 θ_j 对应的相位;$\{X(t)\}$ 表示加性误差随机变量序列。分量个数 p 表示信号中存在的载频数量。假设所有分量的调制角频率 α 相同,这可以确保在规定时间内出现不定期突发。Nandi 和 Kundu 在$\{X(t)\}$ 独立同分布且 p 已知的假设下研究了模型未知参数的 LSE。[21] 模型(11.21) 可视为具有时变幅度的正弦模型$\sum_{j=1}^{p} A_j s_j(t)\cos(\theta_j t + \varphi_j) + X(t)$,其中 $s_j(t)$ 具有特定的指数形式 $\exp\{b_j[1-\cos(\alpha t + c_j)]\}$。

Mukhopadhyay 和 Sircar 提出了一个与模型(11.21)类似但参数表达式不同的模型,用于分析心电图信号。[19]他们假设 θ_j 是α 的整数倍。Nandi 和 Kundu 证明了 LSE 的强相合性,并在误差独立同分布且 $\exp\{|b^0|\}<J$ 的假设下推导了估计的渐近正态分布,其中 b^0 表示 b 的真值,且不对 θ_j 施加诸如α 整数倍的任何约束。[21]可以看到在其他相关模型中载波角频率 $\theta_j(j=1,\cdots,p)$和调制角频率 α 的估计速度为$O_p(n^{-3/2})$,而其他参数的估计速度为 $O_p(n^{-1/2})$。当 $p=1$ 时,参数对(A,b),(α,c)和(θ,φ)的估计量之间相互渐近独立,但每对参数中的两个参数估计量渐近相关;当 $p>1$ 时,α 的估计量依赖于所有分量的参数。这是很自然的结果,因为不同分量的 α 均相同。不同载波角频率 θ_j 对应的调制角频率可以取不同值,此时可得到一个一般模型,Nandi 和 Kundu 在文献[23]中对该模型进行了研究。

11.6 静态正弦模型和动态正弦模型

下面给出一种不同形式的阻尼正弦模型:

$$y(t) = \sum_{l=1}^{L} \rho_l^t[i_l\cos(\omega_l t) + q_l\sin(\omega_l t)] + e(t) \tag{11.22}$$

式中,$t=1,\cdots,n$ 表示对数据进行了均匀采样,未知参数 $i_l,q_l,\omega_l\in[0,\pi]$以及 $\rho_l\in(0,1)$分别表示第 l 个正弦分量的无阻尼同相分量、无阻尼正交分量、频率和阻尼系数,

$\{e(t)\}$是一个零均值、方差 $\sigma_e^2>0$ 有限的随机变量序列。Nielsen 等人假设加性误差 $\{e(t)\}$具有正态性。[25]该模型也可以写成

$$y(t) = \sum_{l=1}^{L} \rho_l^t \alpha_l \cos(\omega_l t - \varphi_l) + e(t) \tag{11.23}$$

式中，$\alpha_l = \sqrt{i_l^2 + q_l^2}$和$\varphi_l = \tan^{-1}(q_l/i_l)$分别表示第$l$个正弦分量的无阻尼幅度和相位。Nielsen 等人将该模型命名为静态正弦模型[25]，以便与下文将讨论的动态正弦模型进行区分。

静态正弦模型及其变体是一类重要模型，尤其是该模型在实际中应用广泛，长期以来一直深受大量研究人员的关注。从数学上讲，信号模型是关于阻尼系数 ρ_l 和频率的非线性模型，这使得未知参数估计变得尤为复杂。这里假定模型(11.22)的同相分量 i_l 和正交分量 q_l 以及模型(11.23)的无阻尼幅度 α_l 和相位 φ_l 在一个 n 点采样片段上恒定。这两种模型被广泛用于表示自然界中的阻尼周期特性。然而，许多实际信号并不符合模型(11.22)和模型(11.23)的条件和假设。因此，Nielsen 等人提出动态正弦模型，模型中的同相分量 i_l 和正交分量 q_l 表示为一阶 Gauss-Markov 过程。[25]通过松弛 i_l 和 q_l 的常量假设可以得到动态正弦模型，即

$$\text{(观测方程)}：y(t) = \boldsymbol{b}^{\mathrm{T}} \boldsymbol{s}(t) + e(t) \tag{11.24}$$

$$\text{(状态方程)}：\boldsymbol{s}(t+1) = \boldsymbol{A}\boldsymbol{s}(t) + \boldsymbol{v}(t) \tag{11.25}$$

式中，$\boldsymbol{s}(t)$是时间点 t 处的 $2L$ 阶状态向量，$\boldsymbol{v}(t)$是零均值 Gauss 状态噪声向量，其协方差矩阵为

$$\boldsymbol{\Sigma}_v = \mathrm{diag}\{\sigma_{v,1}^2 \boldsymbol{I}_2, \cdots, \sigma_{v,l}^2 \boldsymbol{I}_2, \cdots \sigma_{v,L}^2 \boldsymbol{I}_2\}$$

不同分量的状态噪声向量相互独立，并且状态噪声向量与观测噪声$\{e(t)\}$相互独立。另外，

$$\boldsymbol{b} = [1 \quad 0 \quad \cdots \quad 1 \quad 0]^{\mathrm{T}} \tag{11.26}$$

$$\boldsymbol{A} = \mathrm{diag}\{\boldsymbol{A}_1, \cdots, \boldsymbol{A}_l, \cdots, \boldsymbol{A}_L\} \tag{11.27}$$

$$\boldsymbol{A}_l = \rho_l \begin{bmatrix} \cos(\omega_l) & \sin(\omega_l) \\ -\sin(\omega_l) & \cos(\omega_l) \end{bmatrix} \tag{11.28}$$

由于 $\boldsymbol{A}$ 和$\boldsymbol{\Sigma}_v$ 具有分块对角结构，状态方程(11.25)可以写成

$$\boldsymbol{s}^l(t+1) = \boldsymbol{A}_l \boldsymbol{s}^l(t) + \boldsymbol{v}^l(t)$$

式中，$\boldsymbol{s}^l(t)$和 $\boldsymbol{v}^l(t)$均为二阶向量，分别由 $\boldsymbol{s}(t)$和 $\boldsymbol{v}(t)$的第$(2l-1)$个分量和第 $2l$ 个分量组成。在无状态噪声的情况下，动态正弦模型简化为静态正弦模型。而在一般动态模型中，同相分量和正交分量类似一阶 Gauss-Markov 过程。将状态方程代入观测方程可以观察到这一点，即

$$\begin{aligned} y(t) &= \boldsymbol{b}^{\mathrm{T}} \boldsymbol{s}(t) + e(t) \\ &= \boldsymbol{b}^{\mathrm{T}}(\boldsymbol{A}\boldsymbol{s}(t-1) + \boldsymbol{v}(t-1)) + e(t) \\ &= \boldsymbol{b}^{\mathrm{T}} \boldsymbol{A}^t \left(\boldsymbol{A}^{-1}\boldsymbol{s}(1) + \boldsymbol{A}^{-t} \sum_{k=1}^{t-1} \boldsymbol{A}^{k-1} \boldsymbol{v}(t-k)\right) + e(t) \\ &= \sum_{l=1}^{L} [i_{t,l}\cos(\omega_l t) + q_{t,l}\cos(\omega_l t)] + e(t) \end{aligned} \tag{11.29}$$

其中 $i_{t,l}$ 和 $q_{t,l}$ 的定义为

$$\begin{bmatrix} i_{t,l} \\ q_{t,l} \end{bmatrix} \stackrel{\text{def}}{=} \rho_l^t \left[\boldsymbol{A}_l^{-1} \boldsymbol{s}^l(1) + \boldsymbol{A}_l^{-t} \sum_{k=1}^{t-1} \boldsymbol{A}_l^{k-1} \boldsymbol{v}^l(t-k) \right] \tag{11.30}$$

模型(11.29)与模型(11.22)相似,一个重要区别在于模型(11.29)的同相分量和正交分量是时变的。因此,模型(11.23)中的幅度和相位也是时变的。

定义一个随机过程 $\boldsymbol{z}^l(t) \stackrel{\text{def}}{=} [i_{t,l}\ q_{t,l}]^{\mathrm{T}}$,则 $\boldsymbol{z}^l(t)$ 可以写成如下的递归形式:

$$\boldsymbol{z}^l(t+1) = \rho_l \boldsymbol{z}^l(t) + (\rho^{-1} \boldsymbol{A}_l)^{-(t+1)} \boldsymbol{v}^l(t) \tag{11.31}$$

同时满足 $\boldsymbol{z}^l(1) = \rho_l \boldsymbol{A}_l^{-1} \boldsymbol{s}^l(1)$。如果为初始状态 $\boldsymbol{s}^l(1)$ 指定一个 Gauss 分布,即 $\boldsymbol{s}^l(1) \sim N_2(\boldsymbol{\mu}_{\boldsymbol{s}^l(1)}, \sigma^2_{\boldsymbol{s}^l(1)} \boldsymbol{I}_2)$,则 $\boldsymbol{z}^l(t)$ 是有限阶 Gauss-Markov 过程。记 $\tilde{\boldsymbol{v}}^l(t) = (\rho_l^{-1}\boldsymbol{A}_l)^{-(n+1)} \boldsymbol{v}^l(t)$,则该变换是一个正交变换,且 $\tilde{\boldsymbol{v}}^l(t)$ 的分布与 $\boldsymbol{v}^l(t)$ 相同,$\boldsymbol{v}^l(t)$ 服从 $N(\boldsymbol{0}, \sigma^2_{v,l}\boldsymbol{I}_2)$,故 $\boldsymbol{z}^l(t+1) = \rho_l \boldsymbol{z}^l(t) + \tilde{\boldsymbol{v}}^l(t)$ 具有与式(11.31)相同的统计特性。因此 $\boldsymbol{z}^l(t)$ 是一个与频率参数相互独立的简单一阶 Gauss-Markov 过程。当 $\boldsymbol{\mu}_{\boldsymbol{s}^l(1)} = \boldsymbol{0}$ 且 $\sigma^2_{\boldsymbol{s}^l(1)} = \sigma^2_{v,l}/(1-\rho_l^2)$ 时,$\boldsymbol{z}^l(t)$ 表示一个平稳 AR(1) 过程。此外,如果 $e(t) = 0$,则动态正弦模型(11.29)简化为 AR(1) 过程。根据上述讨论,一般动态正弦模型等价于

$$\tilde{y}(t) = \sum_{l=1}^{L} [\cos(\omega_l t) \sin(\omega_l t)] \begin{bmatrix} \tilde{i}_{t,l} \\ \tilde{q}_{t,l} \end{bmatrix} + e(t)$$

$$\begin{bmatrix} \tilde{i}_{t+1,l} \\ \tilde{q}_{t+1,l} \end{bmatrix} = \rho_l \begin{bmatrix} \tilde{i}_{t,l} \\ \tilde{q}_{t,l} \end{bmatrix} + \boldsymbol{v}^l(t) \tag{11.32}$$

在计量经济学中,这类动态模型称为随机周期模型,详情可参考 Harvey 和 Harvey 和 Jaeger 的研究论文。[6-7] 为了估计动态正弦模型参数,Dubois 和 Davy 以及 Vincent 和 Plumbley 在最近发表的论文中提出了一种 Bayes 推理方法[3,34],同时 Nielsen 等人用到了 MCMC 方法和 Gibbs 采样算法。[25] 他们均假设只有模糊的先验信息可用,并将所有未知参数的联合先验分布视为单个未知参数先验分布的乘积。Nielsen 等人也考虑了数据缺失的情况,所提算法的计算复杂度很高,并且非常依赖初始化。[25]

11.7 谐波线性调频模型

标准周期信号的一种推广形式是谐波 Chirp 模型(或基波 Chirp 模型),其表达式为

$$y(t) = \sum_{k=1}^{p} \{A_k \cos[k(\lambda t + \mu t^2)] + B_k \sin[k(\lambda t + \mu t^2)]\} + X(t), \quad t = 1, \cdots, n \tag{11.33}$$

式中,$k = 1, \cdots, p$,A_k 和 B_k 为未知实幅度,λ 为基频,μ 为基波线性调频率(或基频变化率),p 为谐波数量。谐波 Chirp 模型是谐波正弦模型(第 6 章讨论的基频模型)在基频随时间线性变化时的推广。在许多实际场景中,谐波 Chirp 模型比谐波正弦模型更适用,

详情参考 Pantazis、Rosec 和 Stylianou[27]，Doweck、Amar 和 Cohen[2]，Norholm、Jensen 和 Christensen[26]以及 Jensen 等人[9]的研究论文。Grover 研究了谐波 Chirp 模型的参数估计及其理论性质。[4]

非线性最小二乘(NLS)法可用于估计谐波 Chirp 模型(11.33)的未知参数，NLS 在独立同分布正态误差假设下与最大似然估计等价。Doweck、Amar 和 Cohen 讨论了许多近似方法。[2]Jensen 等人提出了一种基于 LS 优化准则函数的矩阵结构和均匀网格快速 Fourier 变换的估计算法。[9]第 6 章讨论的一些关于基频模型的方法和结果可以推广到谐波 Chirp 模型，谐波 Chirp 模型是第 2 章讨论的一般多分量 Chirp 模型在频率 $\lambda_k = k\lambda$ 和线性调频率 $\mu_k = k\mu$ 时的特例，其中 $k=1,\cdots,p$。如果模型(11.33)的特殊结构适用于特定数据集，则估计方法的复杂度将大大降低，这是因为此时非线性参数的数量从 $2p$ 降至 2。因此，利用谐波 Chirp 模型的特殊结构可以对第 9 章中用于多分量线性调频模型的估计方法进行修改。

11.8 彩色纹理的三维线性调频模型

类似第 8 章中讨论的三维彩色正弦模型(8.3)，我们提出彩色纹理的三维 Chirp 模型，其表达式为

$$\begin{aligned} y(m,n,s) = \sum_{k=1}^{p} [& A_k \cos(m\alpha_k + m^2\beta_k + n\gamma_k + n^2\delta_k + s\lambda_k + s^2\mu_k) \\ & + B_k \sin(m\alpha_k + m^2\beta_k + n\gamma_k + n^2\delta_k + s\lambda_k + s^2\mu_k)] + X(m,n,s) \\ & m = 1,\cdots,M; \quad n = 1,\cdots,N; \quad s = 1,\cdots,S \end{aligned} \tag{11.34}$$

式中，$k=1,\cdots,p$；A_k, B_k 为实幅度；$\{\alpha_k,\gamma_k,\lambda_k\}$为未知频率；$\{\beta_k,\delta_k,\mu_k\}$为频率变化率；$\{X(m,n,s)\}$为三维零均值有限方差平稳(弱)误差随机变量序列；$p$ 为三维线性调频分量数。

模型(11.34)可用于彩色纹理建模，详细内容可参考 Prasad 和 Kundu 的研究论文。[28]第三个维度表示不同的颜色强度。在 RGB 彩色图片的数字表示中，像素颜色由红色、绿色和蓝色分量强度决定。像素元素的确定需要用到三个值，即 RGB 三元组，所以彩色纹理的 $S=3$。样本容量越大则对应的彩色图片越大，这意味着 M 和 N 趋于无穷大，但第三个维度始终等于 3。

未知参数可通过 LS 方法或 Richards 提出的可分离回归序贯方法进行估计。[30]估计量在 M 和 N 充分大时理论上将是渐近的。在频率和频率变化率属于$(0,\pi)$且参数真值向量是参数空间内点的假设下，估计量相合性和渐近正态性的证明是一个令人感兴趣的问题。

11.9 频率加线性调频率模型

最近，Grover、Kundu 和 Mitra 提出了频率加 Chirp 模型(或类 Chirp 模型)。[5]该模型某种程度上是对 Chirp 模型的简化，其表达式为

$$y(t)=\sum_{k=1}^{p}\left[A_k^0\cos(\alpha_k^0 t)+B_k^0\sin(\alpha_k^0 t)\right]+\sum_{k=1}^{q}\left[C_k^0\cos(\beta^0 t^2)+D_k^0\sin(\beta^0 t^2)\right]+X(t) \tag{11.35}$$

式中，$A_k^0 s$，$B_k^0 s$，$C_k^0 s$ 和 $D_k^0 s$ 表示未知幅度；$\alpha_k^0 s$ 和 $\beta_k^0 s$ 分别表示频率和频率变化率。注意，如果 $C_k^0=D_k^0=0(k=1,\cdots,q)$，则模型(11.35)简化为正弦模型(3.1)；如果 $A_k^0=B_k^0=0(k=1,\cdots,p)$，则模型(11.35)简化为线性调频率模型。

该模型的提出基于这样一个事实，即 Grover、Kundu 和 Mitra 提出的语音数据“aaa”也可以用模型(11.35)分析。[5]因此，Chirp 模型能分析的数据也可以用类 Chirp 模型建模。Grover 以及 Grover、Kundu 和 Mitra 将 LS 方法应用于模型参数估计。[4,5]Grover、Kundu 和 Mitra 观察到，与 Chirp 模型相比，类 Chirp 模型的 LSE 计算要简单得多。[5]为了减少 LSE 计算量，他们提出了序贯估计方法，同时在关于$\{X(t)\}$的假设 11.1 和如下条件下，推导了估计量的相合性和大样本分布：

$$\infty > A_1^{0^2}+B_1^{0^2} > A_2^{0^2}+B_2^{0^2} > \cdots > A_p^{0^2}+B_p^{0^2} > 0$$

$$\infty > C_1^{0^2}+D_1^{0^2} > C_2^{0^2}+D_2^{0^2} > \cdots > C_q^{0^2}+D_q^{0^2} > 0$$

类 Chirp 模型中幅度、频率和频率变化率的估计收敛速度与 Chirp 模型相同。当 $p=q=1$ 时，利用序贯方法估计未知参数需要求解两个一维优化问题，而对于 LSE 则需要求解一个二维优化问题。对于多分量类 Chirp 模型，如果分量数 p 和 q 很大，则 LSE 的计算变得非常困难。利用序贯方法，可将一个 $p+q$ 维的优化问题简化为 $p+q$ 个一维优化问题。

Chirp 信号被广泛应用于科学和工程领域，所以其参数估计在信号处理中具有重要意义。然而该模型的参数估计尤其是 LSE 计算十分复杂，类 Chirp 模型可以作为 Chirp 模型的替代模型。因为能用 Chirp 模型分析的数据也可以使用类 Chirp 模型建模，并且在用序贯 LSE 估计模型未知参数时，类 Chirp 模型比 Chirp 模型的参数估计简单，所以类 Chirp 模型在实际应用中具有很大潜力。

11.10 多信道正弦模型

单分量双信道正弦模型具有如下形式：

$$\begin{pmatrix} y_1(t) \\ y_2(t) \end{pmatrix} = \begin{pmatrix} A_1^0 & B_1^0 \\ A_2^0 & B_2^0 \end{pmatrix} \begin{pmatrix} \cos(\omega^0 t) \\ \sin(\omega^0 t) \end{pmatrix} + \begin{pmatrix} e_1(t) \\ e_2(t) \end{pmatrix} \tag{11.36}$$

$$\boldsymbol{y}(t) = \boldsymbol{A}^0 \boldsymbol{\theta}(\omega^0, t) + \boldsymbol{e}(t) = \boldsymbol{\mu}(t) + \boldsymbol{e}(t) \tag{11.37}$$

$$\boldsymbol{\mu}(t) = \begin{pmatrix} \mu_1(t) \\ \mu_2(t) \end{pmatrix} \tag{11.38}$$

式中，A_1^0 和 B_1^0 为第一信道幅度，A_2^0 和 B_2^0 为第二信道幅度，ω^0 为两个信道的公共频率。二元随机向量 $\boldsymbol{e}(t)$为二元数据 $\boldsymbol{y}(t)$的误差，其中 $t=1,\cdots,n$。我们的目的是在给定的 $\boldsymbol{e}(t)$假设和样本容量下，估计幅度矩阵 $\boldsymbol{A}^0$ 和频率 ω^0。假设$\{\boldsymbol{e}(t), t=1,\cdots,n\}$是均值为 0、离差矩阵如下的独立同分布随机变量序列：

$$\boldsymbol{\Sigma} = \begin{pmatrix} \sigma_1^2 & \sigma_{12} \\ \sigma_{21} & \sigma_2^2 \end{pmatrix}$$

式中，$\sigma_1^2, \sigma_2^2 > 0$ 且 $\sigma_{12} = \sigma_{21} \neq 0$。

注意，可通过将 $\boldsymbol{y}(t)$的元素相加（即 $y_1(t) + y_2(t)$）来估计 ω^0，此时有效误差过程的方差将增大，并且线性参数 A_1^0, A_2^0, B_1^0 和 B_2^0 不可辨识，虽然可以估计 $A_1^0 + A_2^0$ 和 $B_1^0 + B_2^0$，但不能单独估计每个参数。一种可选的估计方法是关于未知参数最小化如下函数：

$$\sum_{t=1}^{n} [y_1(t) - \mu_1(t)]^2 + \sum_{t=1}^{n} [y_2(t) - \mu_2(t)]^2$$

设 $\boldsymbol{\xi} = (A_1, B_1, A_2, B_2, \omega)^{\mathrm{T}}$，$\boldsymbol{\xi}$ 的真值为$\boldsymbol{\xi}^0$，则 $\boldsymbol{\xi}$ 的 LSE（即 $\hat{\boldsymbol{\xi}}$）就是使残差平方和最小的 $\boldsymbol{\xi}$，残差平方和定义为

$$\begin{aligned} R(\boldsymbol{\xi}) &= \sum_{t=1}^{n} e^{\mathrm{T}}(t) e(t) \\ &= \sum_{t=1}^{n} [e_1^2(t) + e_2^2(t)] \\ &= \sum_{t=1}^{n} [y_1(t) - A_1\cos(\omega t) - B_1\sin(\omega t)]^2 \\ &\quad + \sum_{t=1}^{n} [y_2(t) - A_2\cos(\omega t) - B_2\sin(\omega t)]^2 \end{aligned}$$

使用矩阵表示法，$R(\boldsymbol{\xi})$可表示为

$$R(\boldsymbol{\xi}) = (\boldsymbol{Y}_1 - \boldsymbol{X}(\omega)\boldsymbol{\beta})^{\mathrm{T}}(\boldsymbol{Y}_1 - \boldsymbol{X}(\omega)\boldsymbol{\beta}_1) + (\boldsymbol{Y}_2 - \boldsymbol{X}(\omega)\boldsymbol{\beta}_2)^{\mathrm{T}}(\boldsymbol{Y}_2 - \boldsymbol{X}(\omega)\boldsymbol{\beta}_2) \tag{11.39}$$

$\boldsymbol{Y}_k = (y_k(1), \cdots, y_k(n))^{\mathrm{T}}$，$\boldsymbol{\beta}_k = (A_k, B_k)^{\mathrm{T}}$，$k=1,2$，同时

$$\boldsymbol{X}^{\mathrm{T}}(\omega) = \begin{pmatrix} \cos(\omega) & \cos(2\omega) & \cdots & \cos(n\omega) \\ \sin(\omega) & \sin(2\omega) & \cdots & \sin(n\omega) \end{pmatrix}$$

对于给定的 ω，关于 $\boldsymbol{\beta}_1$ 和 $\boldsymbol{\beta}_2$ 最小化式(11.39)，我们得到

$$\hat{\boldsymbol{\beta}}_k(\omega) = (\boldsymbol{X}^{\mathrm{T}}(\omega)\boldsymbol{X}(\omega))^{-1}\boldsymbol{X}^{\mathrm{T}}(\omega)\boldsymbol{Y}_k, \quad k = 1,2 \tag{11.40}$$

将 $R(\boldsymbol{\xi}) = R(\boldsymbol{\beta}_1, \boldsymbol{\beta}_2, \omega)$中的$\boldsymbol{\beta}_k$ 用$\boldsymbol{\beta}_k(\omega)$替换，我们有

$$\begin{aligned}R(\hat{\boldsymbol{\beta}}_1(\omega),\hat{\boldsymbol{\beta}}_2(\omega),\omega) &= (\boldsymbol{Y}_1 - P_{\boldsymbol{X}(\omega)}\boldsymbol{Y}_1)^{\mathrm{T}}(\boldsymbol{Y}_1 - P_{\boldsymbol{X}(\omega)}\boldsymbol{Y}_1)\\ &\quad + (\boldsymbol{Y}_2 - P_{\boldsymbol{X}(\omega)}\boldsymbol{Y}_2)^{\mathrm{T}}(\boldsymbol{Y}_2 - P_{\boldsymbol{X}(\omega)}\boldsymbol{Y}_2)\\ &= \boldsymbol{Y}_1^{\mathrm{T}}(\boldsymbol{I} - P_{\boldsymbol{X}(\omega)})\boldsymbol{Y}_1 + \boldsymbol{Y}_2^{\mathrm{T}}(\boldsymbol{I} - P_{\boldsymbol{X}(\omega)})\boldsymbol{Y}_2\end{aligned}$$

式中，$P_{\boldsymbol{X}(\omega)} = \boldsymbol{X}(\omega)[\boldsymbol{X}^{\mathrm{T}}(\omega)\boldsymbol{X}(\omega)]^{-1}\boldsymbol{X}^{\mathrm{T}}(\omega)$。如果模型有两个信道和 p 个频率，且每个信道频率相同，则可以得到和上式类似的表达式，式中仅 $\boldsymbol{\beta}_1,\boldsymbol{\beta}_2$ 和 $\boldsymbol{X}(\omega)$会发生变化。如果我们有 m 个信道，且每个信道具有单一频率 ω，则估计可通过最小化以下函数得到：

$$Q(\omega) = R(\hat{\boldsymbol{\beta}}_1(\omega),\hat{\boldsymbol{\beta}}_2(\omega),\cdots,\hat{\boldsymbol{\beta}}_m(\omega),\omega) = \sum_{k=1}^{m}\boldsymbol{Y}_k^{\mathrm{T}}(\boldsymbol{I} - \boldsymbol{P}_{\boldsymbol{X}(\omega)})\boldsymbol{Y}_k$$

其中 $\hat{\boldsymbol{\beta}}_k(\omega)$的定义与式(11.40)相同。可以证明$\boldsymbol{\xi}^0$ 的 LSE(即 $\hat{\boldsymbol{\xi}}$)是强相合估计，该估计具有如下大样本分布：

$$\boldsymbol{D}_1(\hat{\boldsymbol{\xi}} - \boldsymbol{\xi}^0)\xrightarrow{\mathrm{d}} N_5(\boldsymbol{0},\boldsymbol{\Gamma}^{-1}\boldsymbol{\Sigma}\boldsymbol{\Gamma}^{-1}) \tag{11.41}$$

矩阵 $\boldsymbol{D}_1 = \mathrm{diag}\{\sqrt{n},\sqrt{n},\sqrt{n},\sqrt{n},n\sqrt{n}\}$，$\boldsymbol{\Sigma} = (\Sigma_{ij})$具有以下形式：

$$\begin{aligned}&\Sigma_{11} = 2\sigma_1^2,\quad \Sigma_{12} = 0,\quad \Sigma_{13} = 2\sigma_{12},\quad \Sigma_{14} = 0,\quad \Sigma_{15} = B_1\sigma_1^2 + B_2\sigma_{12}\\ &\Sigma_{22} = 2\sigma_1^2,\quad \Sigma_{23} = 0,\quad \Sigma_{24} = 2\sigma_{12},\quad \Sigma_{25} = -A_1\sigma_1^2 - A_2\sigma_{12}\\ &\Sigma_{33} = 2\sigma_2^2,\quad \Sigma_{34} = 0,\quad \Sigma_{35} = B_2\sigma_2^2 + B_1\sigma_{12}\\ &\Sigma_{44} = 2\sigma_2^2,\quad \Sigma_{45} = -A_2\sigma_2^2 - A_1\sigma_{12}\\ &\Sigma_{55} = \frac{2}{3}[\sigma_1^2(A_1^2 + B_1^2) + \sigma_2^2(A_2^2 + B_2^2) + \sigma_{12}(A_1A_2 + B_1B_2)]\end{aligned}$$

令 $\rho_s = (A_1^2 + B_1^2 + A_2^2 + B_2^2)$，则矩阵 $\boldsymbol{\Gamma}$ 等于

$$\begin{bmatrix} 1+\dfrac{3B_1^2}{\rho_s} & -\dfrac{3A_1B_1}{\rho_s} & \dfrac{3B_1B_2}{\rho_s} & -\dfrac{3A_2B_1}{\rho_s} & -\dfrac{6B_1}{\rho_s}\\ -\dfrac{3A_1B_1}{\rho_s} & 1+\dfrac{3A_1^2}{\rho_s} & -\dfrac{3A_1B_2}{\rho_s} & \dfrac{3A_1A_2}{\rho_s} & \dfrac{6A_1}{\rho_s}\\ \dfrac{3B_1B_2}{\rho_s} & -\dfrac{3A_1B_2}{\rho_s} & 1+\dfrac{3B_2^2}{\rho_s} & -\dfrac{3A_2B_2}{\rho_s} & -\dfrac{6B_2}{\rho_s}\\ -\dfrac{3A_2B_1}{\rho_s} & \dfrac{3A_1A_2}{\rho_s} & -\dfrac{3A_2B_2}{\rho_s} & 1+\dfrac{3A_2^2}{\rho_s} & \dfrac{6A_2}{\rho_s}\\ -\dfrac{6B_1}{\rho_s} & \dfrac{6A_1}{\rho_s} & -\dfrac{6B_2}{\rho_s} & \dfrac{6A_2}{\rho_s} & \dfrac{12}{\rho_s}\end{bmatrix}$$

频率数为 p 的多分量双信道正弦模型可定义为p 个模型(11.36)的类似项之和。模型未知参数的 LSE 可以通过最小化 $\boldsymbol{e}(t)^{\mathrm{T}}\boldsymbol{e}(t)$之和求得。如果 $\boldsymbol{\Sigma}$ 的对角元、σ_1^2 和 σ_2^2 已知，那么我们可以使用加权最小二乘法估计未知参数并推导估计的理论性质。对于 σ_1^2 和 σ_2^2 未知的情况，假设可以得到 σ_1^2 和 σ_2^2 的相合估计，则同样可以利用加权最小二乘法得到未知参数的相合估计，同时导出估计的渐近分布。如果 $\boldsymbol{e}(t)$的方差结构完全已知(即对于双信道模型，σ_1^2，σ_2^2 和 σ_{12}为已知)，则可以得到未知参数的广义最小二乘估计。

11.11 讨 论

除了本章讨论的模型外，还有许多在实际应用中发挥重要作用的模型，它们都可以归类为正弦频率模型的相关模型。在阵列信号处理中，传感器记录信号包含了信号的结构信息，即信号源的频率和幅度信息。阵列信号处理的基本问题就是噪声中多分量指数信号的识别问题。对于二维正弦和线性调频模型，通过在正余弦函数中引入交互项可以对模型进行推广，得到的模型可用于解决许多的实际图像处理问题，如指纹识别。在统计信号处理中存在许多本书讨论模型的变体，本书已对作者认为统计学家感兴趣的模型进行了讨论。

参 考 文 献

[1] Bates D M, Watts D G. Nonlinear regression analysis and its applications[M]. New York: Wiley, 1988.

[2] Doweck Y, Amar A, Cohen I. Joint model order selection and parameter estimation of chirps with harmonic components[J]. IEEE Transactions on Signal Processing, 2015, 63(7): 1765-1778.

[3] Dubois C, Davy M. Joint detection and tracking of time-varying harmonic components: A flexible Bayesian approach[J]. IEEE Transactions on Audio, Speech and Language Processing, 2007, 15(4): 1283-1295.

[4] Grover R. Frequency and frequency rate estimation of some non-stationary signal processing models[D]. Kanpur: Indian Institute of Technology Kanpur, 2018.

[5] Grover R, Kundu D, Mitra A. On approximate least squares estimators of parameters of one-dimensional chirp signal[J]. Statistics, 2018, 52(5): 1060-1085.

[6] Harvey A C. Forecasting, structural time series models and the kalman filter[M]. Cambridge: Cambridge University Press, 1989.

[7] Harvey A C, Jaeger A. Detrending, stylized facts and the business cycle[J]. Journal of Applied Econometrics, 1993, 8(3): 231-247.

[8] Jennrich R I. Asymptotic properties of non-linear least squares estimators[J]. The Annals of Mathematical Statistics, 1969, 40(2): 633-643.

[9] Jensen T L, Nielsen J K, Jensen J R, et al. A fast algorithm for maximum-likelihood estimation of harmonic chirp parameters[J]. IEEE Transactions on Signal Processing, 2017, 65(19): 5137-5152.

[10] Kannan N, Kundu D. Estimating parameters in the damped exponential model[J]. Signal Processing, 2001, 81(11): 2343-2351.

[11] Kay S M. Fundamentals of statistical signal processing, volume II- detection theory[M]. New

York: Prentice hall, 1988.

[12] Kumaresan, R. Estimating the parameters of exponential signals[D]. Rhode Island: University of Rhode Island, 1982.

[13] Kumaresan R, Tufts D. Estimating the parameters of exponentially damped sinusoids and pole-zero modeling in noise[J]. IEEE Transactions on Acoustics, Speech and Signal Processing, 1982, 30(6): 833-840.

[14] Kundu D. Asymptotic properties of the complex valued non-linear regression model[J]. Communications in Statistics-Theory and Methods, 1991, 20(12): 3793-3803.

[15] Kundu D. A modified Prony algorithm for sum of damped or undamped exponential signals[J]. Sankhya, 1994, 56: 524-544.

[16] Kundu D, Mitra A. Estimating the parameters of exponentially damped/undamped sinusoids in noise: A non-iterative approach[J]. Signal Processing, 1995, 46(3): 363-368.

[17] Kundu D, Mitra A. Estimating the number of signals of the damped exponential models[J]. Computational Statistics & Data Analysis, 2001, 36(2): 245-256.

[18] Mangulis V. Handbook of series for scientists and engineers[M]. New York: Academic Press, 1965.

[19] Mukhopadhyay S, Sircar P. Parametric modelling of ECG signal[J]. Medical & Biological Engineering & Computing, 1996, 34(2): 171-174.

[20] Nandi S, Kundu D. Complex AM model for non stationary speech signals[J]. Calcutta Statistical Association Bulletin, 2002, 52(1-4): 349-370.

[21] Nandi S, Kundu D. Estimating the parameters of burst-type signals[J]. Statistica Sinica, 2010, 20: 733-746.

[22] Nandi S, Kundu D. Estimation of parameters of partially sinusoidal frequency model[J]. Statistics, 2013, 47(1): 45-60.

[23] Nandi S, Kundu D. Asymptotic properties of the least squares estimators of the parameters of the chirp signals[J]. Annals of the Institute of Statistical Mathematics, 2004, 56: 529-544.

[24] Nandi S, Kundu D, Iyer S K. Amplitude modulated model for analyzing non-stationary speech signals [J]. Statistics, 2004, 38(5): 439-456.

[25] Nielsen J K, Christensen M G, Cemgil A T, et al. Bayesian interpolation and parameter estimation in a dynamic sinusoidal model[J]. IEEE Transactions on Audio, Speech and Language Processing, 2011, 19(7): 1986-1998.

[26] Nrholm S M, Jensen J R, Christensen M G. Instantaneous fundamental frequency estimation with optimal segmentation for nonstationary voiced speech[J]. IEEE Transactions on Audio, Speech and Language Processing, 2016, 24, 2354-2367.

[27] Pantazis Y, Rosec O, Stylianou Y. Chirp rate estimation of speech based on a time-varying quasi-harmonic model[C]//2009 IEEE International Conference on Acoustics, Speech and Signal Processing. IEEE, 2009: 3985-3988.

[28] Prasad A, Kundu D. Modeling and estimation of symmetric colour textures[J]. Sankhya: The Indian Journal of Statistics, 2009, 71(1): 30-54.

[29] Rao C R. Some recent results in signal detection[M]// Gupta S S, Berger J O. Decision theory and related topics: IV. New York: Springer, 1988: 319-332.

[30] Richards F S G. A method of maximum-likelihood estimation[J]. Journal of the Royal Statistical Society: Series B, 1961, 23(2): 469-475.

[31] Seber A，Wild B. Nonlinear regression[M]. New York：Wiley，1989.

[32] Sharma R K，Sircar P. Parametric modelling of burst-type signals[J]. Journal of the Franklin Institute，2001，338(7)：817-832.

[33] Sircar P，Syali M S. Complex AM signal model for non-stationary signals[J]. Signal Processing，1996，53(1)：35-45.

[34] Vincent E，Plumbley M D. Efficient Bayesian inference for harmonic models via adaptive posterior factorization[J]. Neurocomputing，2008，72(1-3)：79-87.

[35] Wu C F. Asymptotic theory of nonlinear least squares estimation[J]. The Annals of Statistics，1981，9(3)：501-513.